黄艳　总主编

变化环境下流域超标准洪水综合应对关键技术研究丛书

超标准洪水
调度决策支持系统
研究及应用

■ 孟建川 唐海华 刘翠杰 等 著

长江出版社
CHANGJIANG PRESS

图书在版编目（CIP）数据

超标准洪水调度决策支持系统研究及应用 / 孟建川等著 .
—武汉 ： 长江出版社，2021.12
（变化环境下流域超标准洪水综合应对关键技术研究丛书）
ISBN 978-7-5492-8166-4

Ⅰ．①超… Ⅱ．①孟… Ⅲ．①决策支持系统－应用－
洪水调度－研究 Ⅳ．① TV872-39

中国版本图书馆 CIP 数据核字 (2022) 第 024051 号

超标准洪水调度决策支持系统研究及应用
CHAOBIAOZHUNHONGSHUIDIAODUJUECEZHICHIXITONGYANJIUJIYINGYONG
孟建川等　著

选题策划： 赵冕　郭利娜
责任编辑： 郭利娜　李恒
装帧设计： 刘斯佳
出版发行： 长江出版社
地　　址： 武汉市江岸区解放大道 1863 号
邮　　编： 430010
网　　址： http://www.cjpress.com.cn
电　　话： 027-82926557（总编室）
　　　　　 027-82926806（市场营销部）
经　　销： 各地新华书店
印　　刷： 湖北金港彩印有限公司
规　　格： 787mm×1092mm
开　　本： 16
印　　张： 28.75
彩　　页： 4
字　　数： 704 千字
版　　次： 2021 年 12 月第 1 版
印　　次： 2023 年 7 月第 1 次
书　　号： ISBN 978-7-5492-8166-4
定　　价： 268.00 元

流域超标准洪水是指按流域防洪工程设计标准调度后，主要控制站点水位或流量仍超过防洪标准（保证水位或安全泄量）的洪水（或风暴潮）。

流域超标准洪水具有降雨范围广、强度大、历时长、累计雨量大等雨情特点，空间遭遇恶劣、洪水峰高量大、高水位历时长等水情特点，以及受灾范围广、灾害损失大、工程水毁严重、社会影响大等灾情特点，始终是我国灾害防御的重点和难点。在全球气候变暖背景下，极端降水事件时空格局及水循环发生了变异，暴雨频次、强度、历时和范围显著增加，水文节律非平稳性加剧，导致特大洪涝灾害的发生概率进一步增大；流域防洪体系的完善虽然增强了防御洪水的能力，但流域超标准洪水的破坏力已超出工程体系常规防御能力，防洪调度决策情势复杂且协调难度极大，若处置不当，流域将面临巨大的洪灾风险和经济损失。因此，基于底线思维、极限思维，深入研究流域超标准洪水综合应对关键科学问题和重大技术难题，对于保障国家水安全、支撑经济社会可持续发展具有重要的战略意义和科学价值。

2018年12月，长江勘测规划设计研究有限责任公司联合河海大学、长江水利委员会水文局、中国水利水电科学研究院、中水淮河规划设计有限责任公司、武汉大学、长江水利委员会长江科学院、中水东北勘测设计研究有限责任公司、武汉区域气候中心、深圳市腾讯计算机系统有限公司等10家产、学、研、用单位，依托国家重点研发计划项目"变化环境下流域超标准洪水及其综合应对关键技术研究与示范"（项目编号：2018YFC1508000），围绕变化环境下流域水文气象极端事件演变规律及超标准洪水致灾机理、高洪监测与精细预报预警、灾害实时动态评估技术研究与应用、综合应对关键技术、调度决策支持系统研究及应用等方面开展了全面系统的科技攻关，形成了流域超标准洪水"立体监测—预报预警—灾害评估—风险调控—应急处置—决策支持"全链条综合应对技术体系和成套解决方案，相关成果在长江和淮河沂沭泗流域 2020 年、嫩江 2021 年流域性大洪水应对中发挥了重要作用,防洪减灾效益显著。原创性成果主要包括:揭示了气候变化和工程建设运用等人类活动对极端洪水的影响规律,阐明了流域超标准洪水致灾机理与损失突变和风险传递的规律,提出了综合考虑防洪工程体系防御能力及风险程度的流域超标准洪水等级划分方法,破解了流域超标准洪水演变规律与致灾机理难题,完善了融合韧性理念的超标准洪水灾害评估方法,构建了流域超标准洪水风险管理理论体系;提出了流域超标准洪水天空地水一体化应急监测与洪灾智能识别技术,研发了耦合气象—水文—水动力—工程调度的流域超标准洪水精细预报模型,提出了长—中—短期相结合的多层次分级预警指标体系,建立了多尺度融合的超标准洪水灾害实时动态评估模型,提高了超标准洪水监测—预报—预警—评估的时效性和准确性;构建了基于知识图谱的工程调度效果与风险互馈调控模型,研发了基于位置服务技术的人群避险转移辅助平台,提出了流域超标准洪水防御等级划分方法,提出了堤防、水库、蓄滞洪区等不同防洪工程超标准运用方式,形成了流域超标准洪水防御预案编制技术标准;研发了多场景协同、全业务流程敏捷响应技术及超标准洪水模拟发生器,构建了流域超标准洪水调度决策支持系统。

　　本套丛书是以上科研成果的总结,从流域超标准洪水规律认知、技术研发、策略研究、集成示范几个方面进行编制,以便读者更加深入地了解相关技术及其应用环节。本套丛书的出版恰逢其时,希望能为流域超标准洪水综合应对提供强有力的支撑,并期望研究成果在生产实践中得以应用和推广。

2022 年 5 月

在全球各种自然灾害中,洪水灾害是给人类带来损失最大、影响最为广泛的自然灾害之一。而随着全球气候变暖,流域超标准洪水事件发生的频率增加,其强度高、历时长等特点决定了超标准洪水危害相比标准内洪水更为严重,对经济社会可持续发展造成了严重影响。

在过去相当长的时间内,防洪战略主要是依靠修建水库、蓄滞洪区,修筑堤防,整治河道等水利工程措施来控制洪水,降低洪水灾害。到20世纪70年代,国际上才有国家提出采用非工程措施来达到防灾减灾的目的,即通过洪水预报、防洪调度、灾情评估、防汛会商等手段来减少洪灾造成的各种人员和经济损失。防洪调度决策支持系统由上述各种非工程措施集成。我国于20世纪80年代中期提出防洪非工程措施的概念;在"八五"期间安排了重点科技攻关项目,长江、黄河、淮河防洪决策支持系统建设工作出现了一批优秀成果;在"九五"期间进行了系统的实际建设和后续开发工作。尤其是1998年长江大洪水后,水利部开始实施国家防汛抗旱指挥系统工程建设,工程分两期实施。在国家防汛抗旱指挥系统一期、二期建设成果的基础上,我国省级、市级和县级防汛抗旱决策支持系统建设取得了丰硕的成果,但也存在以下突出问题:

(1)系统通用性差,难以全面推广应用

国内现状系统业务范围主要集中于单个流域,如长江流域、黄河流域、淮河流域等。不同系统的集成和开发方式有所不同,在一定的区域或流域内形成了不同的信息系统,系统间的通用性较差。

(2)系统功能单一,可扩展性差

当前更多的信息源分布在不同的水利部门,分散在不同的系统中,信息系统很少考虑系统之间的数据交换,各系统独立完成自己的任务,协作能力差,这种"信息孤岛"成为资源整合的壁垒。系统大部分功能模块都存在不同程度的定制开发，整体较为固化，在不修改代码程序的前提下，难以扩展水工程对象节点规模，更难直接移植到其他流域或地区进行应用，系统功能的扩展能力、可移植性和普适性不足，也不利于系统建设成果的推广应用。

（3）系统应用效率低

防汛决策支持系统是一项复杂的系统工程，决策的过程涉及大量的数据、模型、方法以及其他影响因素。计算机技术和网络技术的不断发展使得客户机/服务器体系结构得到蓬勃发展，但是随着应用水平的不断提高、应用范围的不断扩大以及应用复杂程度的增加，构建在两层客户机/服务器之上的计算机应用系统在应用效率上的局限性愈发地暴露出来。

同时，现状国内防汛决策支持系统主要针对标准内洪水，对超标准洪水的预测预警、调度决策、风险调控等尚没有业务模型支持，无法应用于超标准洪水综合调控决策，亟须自主研发一套适配性强的流域超标准洪水调度决策支持系统。为此，2018—2021年，中水淮河规划设计研究有限公司、长江勘测规划设计研究有限责任公司、中水东北勘测设计研究有限责任公司联合开展了超标准洪水调度决策支持系统的研究与示范应用。该研究紧密围绕"基于多场景协同的超标准洪水调度决策支持系统研发"的关键技术问题开展，研究内容包括超标准洪涝灾害数据库建设、超标准洪水多组合敏捷响应技术以及超标准洪水调度决策支持系统研发，研究成果在长江荆江河段、淮河沂沭泗流域、嫩江齐齐哈尔河段开展了示范应用。

示范效果证明，超标准洪水调度决策支持系统可全面支撑示范流域重要防洪工程体系的防汛调度决策，全面应对示范流域的超标准洪水调度决策，并可对现有防洪系统形成有效补充，大幅提升了流域的洪水调度决策水平和超标准洪水应对能力，为进一步夯实防洪非工程体系、高效支撑科学防汛奠定了重要基础。

本书系合作研究成果，由孟建川、唐海华、赵梦杰、段蕾、李琪、周超、黄渝桂、王慧凤、王建中、王蓓、周立霞、黄瓅瑶、殷卫国执笔撰写，孟建川、唐海华、刘翠杰负责全书的统稿。

本书在编写过程中得到了孔祥光、屈璞、唐劲松、王永强等专家的指导，在此一并表示感谢。

限于作者的认知水平等原因，本书难免有错误和不足之处，敬请读者批评指正。

作 者
2022 年 5 月

目　录

第1章 绪 论

1.1 超标准洪水及其危害

在全球各种自然灾害中,洪水灾害是给人类带来损失最大、影响最为广泛的自然灾害之一。据统计,世界范围内每年的洪涝灾害约有 2.24 亿人口受灾、1400 万间房屋及其他建筑物遭到破坏,洪涝灾害损失高达 98.85 亿美元,超过同期世界银行对世界的累计贷款约 4.69 亿美元。据美国统计,随着经济发展洪灾损失越来越大,1957 年、1966 年及 1980 年分别为 15.96 亿美元、17.37 亿美元及 24.39 亿美元。而 1993 年密西西比河大洪水损失达 150 亿美元。日本明治维新以来至 1969 年防洪总投资约 100 亿美元,洪水损失重建费达 52.78 亿美元。虽然日本政府投入大量资金,但是洪灾损失还是越来越大,第二次世界大战前,每年因洪灾死亡失踪 280 人,经济损失 9200 万美元;战后为 1340 人,经济损失 8.39 亿美元,洪灾损失占国家收入比例也从 1.4% 增至 3.0%,严重危及人类生存和发展。

我国幅员辽阔、地形复杂、气候多样、河流众多,属多暴雨国家。独特的自然地理气候条件决定了我国洪涝灾害十分频繁,属全球洪涝灾害最严重的国家之一。据史料记载,自公元前 206 年到 1949 年的 2155 年间,我国共发生较大洪涝灾害 1092 次,平均每 2 年发生一次。其中洪涝灾害特别严重的黄河下游,自公元前 602 年至 1938 年的 2540 年间,决口泛滥的年份 543 年,决溢次数达 1590 余次,重要改道 26 次。长江流域自唐代至清末(公元 618—1911年)的 1293 年间,共发生较大洪涝灾害 223 次;20 世纪初至 50 年代的 40 年中,共发生较大的洪涝灾害 8 次,其中 1931 年、1935 年、1949 年和 1954 年 4 次最为严重,受灾农田 988 万 hm²,受灾人口 6549 万人,死亡人数达 32.6 万人。随着近代人类活动的加剧,变化环境下洪涝灾害随时间推移而日趋频繁,从古代的 20 年左右一遇,演变到 10～5 年一遇。20 世纪 90 年代以来,长江中下游已经相继在 1991 年、1996 年、1998 年发生 3 次严重的洪涝灾害。其他江河如淮河、海河、辽河、松花江、珠江等,也频繁发生大洪水。淮河流域在 1921 年、1931 年、1954 年、1975 年、1991 年发生大洪水,其中 1931 年、1954 年是百年一遇的特大洪水;1975 年 8 月,淮河上游洪水导致死亡人数高达 26000 多人,京广铁路被冲毁 102km。1957 年松花江大洪水,黑龙江全省受灾人口 370 万人,直接经济损失 2.4 亿元。海河流域在 1917 年、1939年、1956 年、1936 年发生大洪水,其中 1939 年洪水造成 13300 人死亡。辽河流域在 1917

年、1951 年、1953 年、1960 年、1962 年、1985 年、1986 年出现过 7 次大范围的洪水。珠江流域在 1915 年、1931 年、1949 年、1968 年、1974 年、1982 年、1994 年、1998 年都发生了大洪水。钱塘江在 1955 年 6 月发生暴雨洪水。闽江在 1968 年 6 月和 1992 年 7 月发生了 50 年一遇的洪水,1998 年 6 月发生了百年一遇的大洪水。

随着我国经济高速发展,洪涝灾害造成的经济损失也呈倍速增长。据调查,1991—2017 年我国洪涝灾害造成的直接经济损失以平均每年 64% 的速度增长,其中 2009—2017 年有 6 年的洪灾损失超过了 2000 亿元。

流域洪水灾害一直以来是流域经济社会可持续发展的巨大威胁,特别是超过流域防洪工程体系防御标准的洪水(以下简称"超标准洪水")。如 1870 年,长江流域发生了 700 多年来(1153 年以来)最大的洪水,四川、湖北、湖南等地遭受空前罕见的洪涝灾害,洪水在松滋老城下 10km 处的庞家湾黄铺处溃口,遂冲成松滋河,宜昌至汉口 3 万余 km^2 平原地区受灾严重;1931 年,淮河流域发生超标准洪水,造成 100 多个县 2100 多万人受灾,7.5 万人死亡,513 余万 hm^2 农田受淹,经济损失高达 5.64 亿银圆;1998 年,松花江流域发生超标准洪水,造成 1733 万人、494.5 万 hm^2 农作物受灾,直接经济损失达 480.23 亿元(当年价);2020 年,长江流域连续发生 5 次编号洪水,其中,鄱阳湖发生流域性超历史大洪水,岷江、洪湖、长湖、巢湖发生超历史洪水,长江上游干流发生超保证洪水(寸滩站还原后洪峰流量位于历史第 1 位,约 90 年一遇,最大 7d 洪量约 130 年一遇),三峡水库发生建库以来最大入库洪峰 75000m^3/s,长江干流监利以下江段及两湖湖区主要控制站超警戒水位累计天数达 28～60 天,湖北、湖南、江西、安徽、江苏等 5 省运用(溃决)861 处洲滩民垸蓄洪,淹没耕地 14.10 万 hm^2,影响人口 60.12 万人。因此,流域超标准洪水危害严重,对经济社会可持续发展造成了严重影响,一直以来都是我国灾害防御的重点。

1.2　防洪调度决策支持系统概述

防洪调度决策支持系统,是防洪减灾非工程措施的核心内容之一,是用于支持防洪决策的计算机系统。它是利用系统工程原理和方法,集成自动测报技术、防汛抢险技术、通信和计算机技术以及地理信息技术于一体的规模庞大、结构复杂、功能强、涉及面广的计算机运用系统,实现迅速规范处理、及时共享各类防洪信息,显著增加信息类别和信息量,显著提高防洪通信效率和迅速下达防洪调度指挥命令;及时上报重要汛情,明显提高暴雨、洪水预报的及时性和准确性;及时发出洪水警报,全面了解灾情和预报灾情发展;及时提供灾区实况和评估信息,提高对突发险情的反应速度;为制定防洪调度方案、防洪预案和决策指挥提供灵活、方便的计算分析手段;为开展防洪减灾和防汛管理工作提供决策依据和信息服务,从而在保证防洪工程安全的前提下,充分发挥防洪工程效益,达到防洪减灾、确保人民财产安全和最大限度减少洪灾损失的目的。

防洪调度决策支持系统主要包括数据存储系统、信息采集系统、天气雷达应用系统、洪水预报系统、防洪调度系统、灾情评估系统等。

（1）数据存储系统

数据存储系统是基于数据库的存储管理系统，主要包括水情数据库、工情数据库、雨情数据库、灾情数据库、气象数据库、历史灾情数据库、地理信息数据库、灾情预警数据库、会商决策与调度数据库、灾情统计数据库等。

（2）信息采集系统

信息采集系统是采集防洪决策需要的雨情、水情、工情、灾情、险情等信息资料的系统，是防洪调度决策支持系统应用的前提和基础，主要包括水情信息采集系统、工情信息采集系统、工程视频应用系统等。

（3）天气雷达应用系统

天气雷达应用系统是洪水预报获取降水信息的通道，通过雷达定量估算降水，与洪水预报系统衔接，为得出准确的洪水预报提供依据。

（4）洪水预报系统

洪水预报系统主要由降雨径流预报、河道洪水预报、水库洪水预报等专业模型组成，对洪水发生与发展趋势进行预测。

（5）防洪调度系统

防洪调度系统通过洪水仿真模拟对不同洪水调度措施进行评估，分析较为合理的洪水调度方案，为防洪决策提供参考。

（6）灾情评估系统

灾情评估系统将洪水信息与经济信息相结合，对不同洪水调度方案或已经发生的洪水灾害即将造成（灾前）或已经造成（灾后）的经济损失进行评估，为洪水调度和救灾工作提供信息支持。

防洪调度决策支持系统开发需要高新信息技术支持，如数据库技术（DB）、网络多媒体技术（WEB）、地理信息系统（GIS）、遥感技术（RS）等。信息技术在防洪调度决策支持系统数据存储、查询、展示、传输以及系统集成等方面起到十分关键的作用。

1.3　防洪调度决策支持系统发展现状

在过去相当长的时间内，防洪战略主要是依靠修建水库、蓄滞洪区，修筑堤防，整治河道等水利工程措施来控制洪水，降低洪水灾害。虽然防洪工程在防灾减灾中起到了重要的作用，但受目前的科学技术水平以及财力、物力的限制，在防洪水利工程建设到一定规模以后，想要再继续建设水利工程，其造价、建设难度、移民迁占补偿费用都是非常巨大的，而且防洪工程标准再高也会遇到超标准的洪水。因此，防洪工程建设投资年年增加，而洪水灾害损失仍不断发生。人们也逐渐认识到仅仅采用水利工程措施抵御洪水、减轻洪水灾害已不能完全满足要求,尤其是当发生特大洪水时,借助水利工程来保障安全并不那么容易。

20世纪70年代,美国首先提出采用非工程措施来达到防灾减灾的目的,即通过洪水预报、防洪调度、灾情评估、防汛会商等手段来减少洪水灾害造成的各种人员和经济损失。防洪调度决策支持系统则是实现上述各种非工程措施集成应用的载体。Riverware是美国垦务部开发局、田纳西河流域管理局和科罗拉多大学先端水资源水环境决策支持系统研究中心开发的通用于流域水资源规划和管理、水资源优化配置的一种综合性的决策支持系统。其功能包括拟建水库群的位置及规模的确定、水库群联合调度和优化调度、洪水预报、洪水模拟、水质模拟、环境及生态影响评价等。1998年,田纳西河流域管理局对其进行优化与改进后,正式应用并且执行了流域规划和水库调度等多项任务。

我国于20世纪80年代中期提出防洪非工程措施概念。20世纪80年代以后,我国防洪调度方法及理论从无到有,逐步向前发展。

"八五"期间,国家安排了重点科技攻关项目,长江、黄河、淮河防洪决策支持系统建设工作出现了一批优秀成果,如黄河防洪防凌决策支持系统、长江防洪决策支持系统、全国防洪调度系统。黄河防洪防凌决策支持系统由信息查询、暴雨洪水预报、防洪调度、灾情评估和减灾对策、防凌等5个子系统组成,总结了历年来黄河防洪防凌的历史经验和防洪调度规律,应用决策支持系统和专家系统开发技术,为黄河防洪防凌决策提供支持。长江防洪决策支持系统,针对长江三峡工程至螺山河段防洪系统的防洪调度运行决策问题,开发了基于文本和图片信息查询的防洪知识库,研制了可量化的防洪决策风险分析模型,建立了为长江中游防洪调度提供决策支持的系统模型。国家防汛抗旱总指挥部办公室(以下简称"国家防办")和水利部水利信息中心主持的"全国防洪调度系统研究",是一个国家级防洪管理的DSS原型,系统包括国家防办计算机局域网、原型防洪综合数据库、原型防洪信息查询和会商系统、原型淮河干流正阳关以上调度系统和交互式洪水预报系统,其中部分系统已于1994年投入运行,取得了良好的效果。

"九五"期间,我国进行了系统的实际建设和后续开发工作。1995年,水利部组织开展了国家防汛抗旱指挥系统工程建设工作,总体目标是建成一个以水旱灾情信息采集系统和雷达测雨系统为基础,通信系统为保障,计算机网络系统为依托,决策支持系统为核心的国家防汛抗旱指挥系统。1998年长江大洪水后,水利部开始实施国家防汛抗旱指挥系统建设,工程分两期实施。2005年11月,开始实施国家防汛抗旱指挥系统一期工程建设,2014年5月二期工程开工建设。

在国家防汛抗旱指挥系统一期、二期工程建设成果的基础上,我国省级、市级和县级防汛决策支持系统建设也取得了丰硕的成果。

1.3.1 长江防洪预报调度系统

长江防洪预报调度系统是以满足长江防洪调度实际需要为目标,兼顾防洪调度工作未来的发展,充分利用现有水文气象预报技术手段、长江流域各种调度研究成果,通过对洪水预报方案的修订和补充、江河湖库调度模型的研究,以实时雨水情、工情数据、历史洪水数据、图形数据等信息资源为基础,依托计算机网络环境,遵循统一的技术架构,全面覆盖长江流域主要防洪地区的预报调度系统,为长江防洪调度指挥决策提供有力的分析计算支撑。

(1)业务流程

系统以大型水库、重要水文站、防汛节点等为控制断面,构建了覆盖长江流域主要防洪地区的预报调度体系。研究开发了适用于长江流域的水文预报模型(方法)、调度模型(方法)库,满足构建覆盖长江流域主要防洪地区的长江防洪预报调度体系的需求;研究开发了适用于长江流域的防洪调度规则库,满足长江实时调度的需求。预报调度系统以电子地图、专用数据库、水雨情信息、防洪预报调度相关模型为基本支撑,实现模型与系统的紧密集成,辅以友好的交互界面和人机对话过程,完成防洪形势分析、水文预报、调度计算、调度方案仿真与可视化、调度方案评价比较、调度成果管理、调度系统管理等业务功能,为流域防洪调度决策提供有效的业务支撑。

(2)功能体系

系统现有的主要功能包括实时监视、防洪形势分析、水雨情查询、预报调度、分析工具、水情服务、气象信息、数据维护、系统管理等。各功能的相关描述及具体实现内容见表1.3-1。

表 1.3-1　　　　　　　　　长江防洪预报调度系统现有功能概览表

序号	模块名称	功能描述	具体内容
1	实时监视	以 GIS 底图为依托,在地图上配以各类要素和预警图标等,以完全自动、直观醒目的方式提供实时汛情、工情自动监视和险情告警服务信息	底图前端采用 WebGIS、空间数据分析、ArcGIS Server 发布动态图层。 水情、雨情、工情以列表形式展示,均可对监视对象进行查询及详情查看;对预警的站点提供闪烁、声音提醒功能,能主动推送预警信息。 提供报告模块,可查看各水雨情报表内容;"我的关注"以列表形式展示,均可对关注的站点进行详情查看
2	防洪形势分析	根据实时洪水预报以及考虑不同预见期降雨预报的洪水预报成果,初步判明需启用的防洪工程,明确当前的调度任务与目标,编制防洪形势分析报告,初步确定各控制性工程的防洪形势	提供防洪形势分析内容和流程配置。 根据实时数据,选择模板,自动形成报告初稿,编辑修改形成最终的防洪形势分析结果,提供导出功能;提供防洪形势分析报告管理功能,能对历史报告进行归档查询

序号	模块名称	功能描述	具体内容
3	水雨情查询	实时水雨情、预报计算结果和调度计算结果,将监测数据和预报调度分析结果以形象、直观的方式提供给用户	综合过程线包括水雨情信息、历史洪水信息;基本信息包括水库、工程概况、运行资料;基于事件的综合展现功能,以时间轴为核心要素形式,将水雨情、预报、调度有机地整合起来,通过时间演进,重现一次事件的各个节点,并对预报、调度事件的结果进行直观的对比展现
4	预报调度	提供自动预报、交互预报计算及分析功能,输出预报成果,作为调度依据,对调度方案进行仿真模拟计算,协助制定洪水调度方案	预报计算,提供河系多站连续预报演算功能,以概化图方式展示不同水系的站点分布,可选择预报起始站点和结束站点自动多站(或单站)预报,并查看预报结果;交互调度,通过多次调整预报边界值信息(出入库流量)完成预报计算,形成不同的临时预报方案,可对比、查看临时方案,保存最优方案;预见期降雨设置,设置站点(区域)未来一段时间的降雨情况;调度成果对比,多方案成果可选择进行对比,包括从仿真与可视化、工程运用情况、运用效果比较、可行性分析、决策分析评估各个方面进行对比查看;预报成果上报,将预报及调度结果上报至水利部防洪调度系统数据库(或开发专门的调度结果展示页面供其调用);方案管理,预报及调度方案维护;调度规则详情查看
5	分析工具	提供分析计算预报及调度结果,包含雨洪对照分析、分流比计算、涨差分析、静库容反推入库、分段库容反推入库	雨洪对照分析,提供测站降雨径流计算机过程对比功能;分流比计算;涨差分析,根据前期上下游站的涨差关系对比,可分析测站未来的水位流量涨幅;静库容反推入库;分段库容反推入库;相关图;调洪演算;GR水力学模型;水面线
6	水情服务	提供各种水雨情报表、预报成果表以及生成临时报表,同时支持自定义报表功能	通用报表;自定义报表;水雨情报表;水情简报
7	气象信息	提供防汛相关气象信息的查询,如单站雷达、雷达拼图、卫星云图、台风信息、天气图、降雨预报及模式产品、预报产品等查询功能	实况信息查询;模式产品查询;预报产品查询

序号	模块名称	功能描述	具体内容
8	数据维护	维护系统所需数据的基础数据	水雨情报表维护;概化图维护;预报产品维护;雨情量级维护;通用报表维护;文档管理;径流区域维护;计算任务
9	系统管理	系统用户权限管理、数据源管理、数据字典管理	组织机构信息维护;用户角色信息维护;用户信息维护;数据字典维护;授权管理

（3）框架结构

以信息安全和行业信息化标准为基础保障,采用 SOA（Service-Oriented Architecture）的设计思想,将系统进行纵向切分为业务应用、基础服务、数据存储三个层面。分类和分层的原则是用户可见的程度由浅入深,切分过程中对具体的应用系统与具体的数据存储通过中间的业务服务体系进行解耦,从而使得系统中的业务应用与数据保持相对独立,减少应用系统各功能模块间的依赖关系,通过定义良好的访问接口与通信协议形成松散耦合型系统,在保证系统间信息交换的同时,还能尽可能保持各系统相对独立运行。具体结构见图1.3-1。

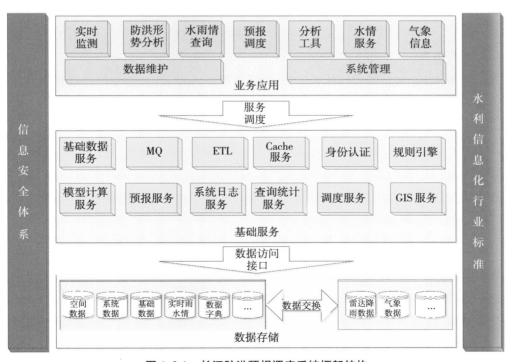

图 1.3-1 长江防洪预报调度系统框架结构

（4）运行架构

系统的运行主要在两个层面体现，客户端表现为用户通过浏览器在网络上发送数据请求，服务端表现为接到用户请求到用户请求应答（单次运行结束）。服务端运行机理上又可分为负载均衡、Web 容器中间件、服务中间件、数据访问控制中间件以及存储数据的数据源（包括关系式数据库、空间数据库、文件数据库等）等 5 个层面。具体的系统运行结构见图 1.3-2。

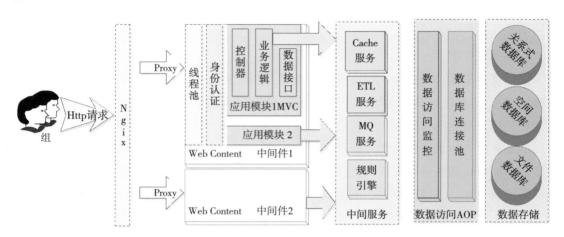

图 1.3-2　长江防洪预报调度系统运行结构

（5）技术体系

系统基于 J2EE 规范的软件体系架构，广泛采用成熟的 J2EE 的中间件以及组件库作为系统搭建的基础。采用 Java 作为平台运行的核心语言，系统平台的搭建支持跨平台（Windows/Linux/Unix）部署。其中，包括采用 Tomcat 作为主要的 Web Content 中间件、ActiveMQ 作为消息中间件、Redis 作为缓存服务、ArcGIS Server 作为 GIS 服务的中间件、Kettle 作为数据转换的工具集、Nginx 作为负载均衡的方案（在需要时采用）等。而在数据存储层面系统通过采用自主研发的数据访问中间件支持对主流数据库的访问，包括但不限于 Oracle/Ms SQL/MySQL/Sybase/DB2 等。

（6）接口标准

系统采用统一的技术规范作为外部、内部的数据接口的访问标准。目前，在业界的重要标准之一是 Web Services。Web Services 将 XML/JSON 作为数据格式，将标准 Http 协议作为传输协议，以此方式将现有应用集成到系统中。与其他方法（如 CORBA 或消息传送）相比，这种方法的侵入性不强，因而是与现有系统集成的最佳方法。Web Services 技术描述了一些操作的接口，通过标准化的 XML/JSON 消息传递机制，可以通过网络访问这些操作。Web Services 用标准的、规范的基于 XML/JSON 语言描述，它隐藏了服务实现的细节，允许独立于硬件或软件平台、独立于编写服务所用的编程语言方式使用该服务。这使得基于 Web Services 的应用程序具备松散耦合、面向组件和跨技术实现的特点。本系统主要接口均采用 Web Services 作为实现和调用途径。

（7）服务端环境

服务端的软件要求主要包括服务器系统 Windows Server 2003、Windows Server 2008 或更高版本系统；IIS 6 或更高版本；Microsoft. NET Framework 3.5 及以上；JDK 7.0 以上；JSP 服务器 Tomcat 7.0.40；数据库 SQL Server 2008 及以上/ Oracle 10g 及以上；ArcGIS Server 10 及以上等。应用服务器的硬件要求主要包括：CPU 4 核 4 线程、频率 1.6GHz 以上，内存 16GB 以上，存储 500GB 以上，千兆网卡等。GIS 服务器的硬件要求主要包括：CPU 四核四线程、频率 1.6GHz 以上，内存 16GB 以上，存储 2TB 以上，千兆网卡等。数据库服务器的硬件要求主要包括：CPU 四核四线程、频率 1.6GHz 以上，内存 16GB 以上，存储 2TB 以上，千兆网卡等。服务端的集成部署总体结构见图 1.3-3。

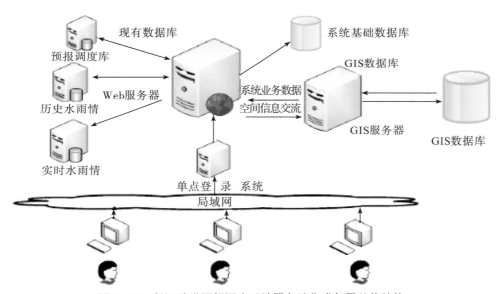

图 1.3-3 长江防洪预报调度系统服务端集成部署总体结构

（8）客户端环境

客户端的软件要求包括操作系统 Windows XP 或更高版本系统，浏览器 IE10 及以上、Chrome。客户端的硬件要求包括：CPU 单核及以上，主频 1G 及以上，内存 2GB 以上，存储空间 100GB 及以上，网络控制器百兆网卡等。

1.3.2　淮河防洪预报调度系统

淮河防洪预报调度系统是国家防汛抗旱指挥系统二期工程的成果，以防洪调度和管理为核心，针对淮河流域工程调度及智慧水利的需要，根据防洪预报调度系统的总体设计思路，构建从防洪形势分析到调度成果评价的可交互式的应用决策支持系统。基于大数据信息,应用水文及水力学模型、智能算法、洪水预报与防洪调度技术,开发淮河流域防洪调度系统,实现人机交互控制、调度方案自动生成、方案模拟仿真等功能,最终实现淮河流域防汛抗旱指挥的实时化、智能化、可视化,构建科学、高效、安全的流域级防汛抗旱决策支撑体系。具体结构见图 1.3-4。

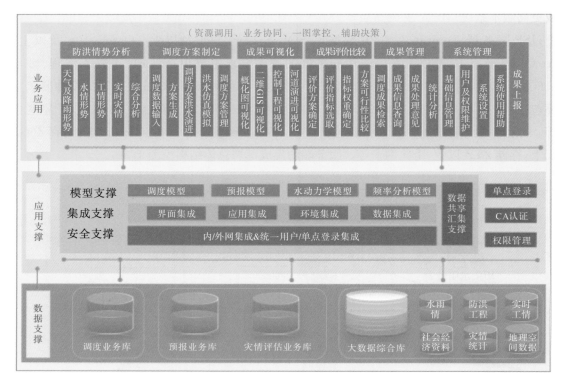

图 1.3-4 淮河防洪预报调度系统框架结构

1.3.2.1 总体框架

系统严格按照国家防汛抗旱指挥系统"两台一库"的框架体系,采用 WebGIS 技术、B/S 结构,基于"一张图"地图背景,以调度对象为主体,基于防洪调度主线,实现降雨影响范围自动分析、防洪工程提示预警、防洪工程关联资料多方式综合展示。总体上以需求为导向、应用为目的,强化资源整合、促进信息共享,提升防汛指挥信息化管理效率与水平。淮河防洪预报调度系统中各类功能模块归入"两台一库"体系,主要包括业务应用层、应用支撑层、数据支撑层 3 层体系架构。

(1)业务应用层

建立基于 Web Services 服务架构的人机交互应用层,主要包括:防洪情势分析、调度方案制定、成果可视化、成果评价比较、成果管理、系统管理等应用,将流域运行调度管理过程涉及的众多分析方法、表现手段通过数据输出与界面表现。既可以以图表界面方式直接面向用户直观展示,也可以通过统一接口访问标准体系,为抗旱业务、灾害评估、洪水预报、综合服务等外部系统提供预警监视、模拟仿真、评估评价等信息访问与交互响应服务,并由这些外部系统自主决定数据的界面表现形式。

(2)应用支撑层

应用支撑层的建设是对平台业务服务层的开发和完善,主要包括模型支撑(调度模型、预报模型、水动力学模型、频率分析模型等)、集成支撑(界面集成、应用集成、环境集成、数据集成)、安全支撑,实现对流域运行调度管理过程中各专项服务之间的相互调用、触发及数据交换,实现对各种专题服务的总体集成。

(3)数据支撑层

主要包含各种信息成果数据库服务,包括大数据综合库、调度业务库、预报业务库、灾情评估业务库等,其中大数据综合库包括水雨情库、防洪工程库、实时工情库、社会经济资料库、灾情统计库、地理空间数据库等;根据防洪调度系统对数据信息的实际需求,数据支撑层可对现有数据资料进行可拓展的补充完善。

1.3.2.2 技术支持

系统采用的技术路线中的核心技术包括 Java Spring MVC 技术、Web API 技术、ArcGIS API for JavaScript 技术、Dojo 框架、JSON 技术、MyBatis 技术、Tomcat 等。后台服务以 Java Spring MVC 技术为核心,基于 JAVA MVC 构建,部署在 Tomcat MVC 运行环境中运行,并通过 B/S 模式为用户提供服务。系统采用的地图使用 ArcGIS API for JavaScript 技术实现,系统配置、项目管理信息的传递和处理都采用流行的数据格式 JSON 实现,并提供 JSON、XML、二进制文件格式的数据访问接口,可提供分布式部署。使用 Echarts 和 Easyui 实现图表的展示功能,使用 JavaScript 实现界面之间的交互,使用 CSS 和 HTML 实现界面样式的动态控制,SVG 工具矢量图实现概画图的动态控制, Dojo 框架使各个控件之间灵活调用,使用 Bootstrap 来布局整个界面,GIS 作为地图展示与处理工具。

1.3.2.3 应用设计

系统基于“一张图”地图背景,在一期防洪调度系统软件的基础上,结合防洪调度的实际需求,利用大数据、智能化等新技术,实现二期需要扩充功能的完善。通过二期的建设,实现防汛抗旱“一张图”宏观应用及防洪调度“一张图”微观应用。“一张图”可视化应用服务提供多数据信息叠加展示效果,避免用户在进行数据比对时,多个功能间不断切换,从而提升系统的信息查询效率,增加系统的友好度。采用“一张图”可视化应用服务,在 GIS 展现平台里,用户只需简单方便的选择,便可将需要的各类信息统一展现在 GIS 平台上,用户可以全面了解各类防汛信息,从而为快速准确地做出防汛决策提供技术支撑。

(1)防汛抗旱“一张图”宏观应用

宏观应用即“一张图”应用于防汛抗旱指挥系统中。在宏观层面上,防汛抗旱“一张图”

面向防汛与抗旱服务目标,基于统一基础地理空间参考,对淮河水雨情、工情、旱情、灾情等各类防汛抗旱专业信息进行综合集成与展示,实现水雨情业务应用、防汛业务应用、抗旱业务应用和综合信息服务,是全国展示防汛抗旱状况的"电子沙盘",真正实现大数据的综合应用,见图1.3-5。

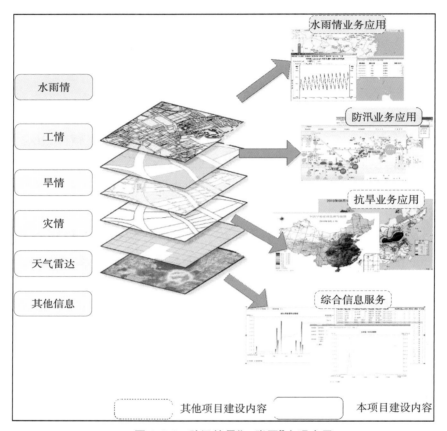

图1.3-5 防汛抗旱"一张图"宏观应用

(2)防洪调度"一张图"微观应用

微观应用即"一张图"应用于淮河防洪预报调度系统。在微观层面上,防洪调度"一张图"面向防洪调度目标,基于统一基础地理空间参考,对淮河雨情、水情、工情、实时灾情、历史洪水等各类防洪调度信息进行综合集成与展示,实现防洪形势分析、调度成果管理、调度成果可视化、调度成果评价比较、专用数据库的管理等功能,见图1.3-6。

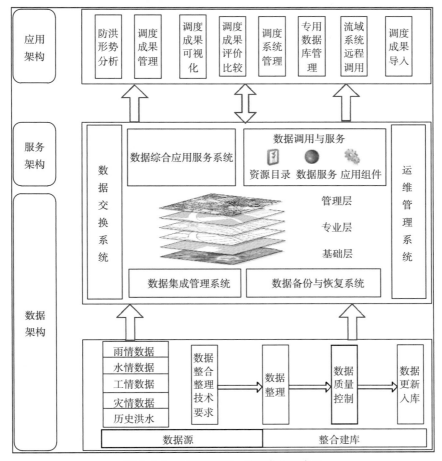

图 1.3-6 防洪调度"一张图"微观应用

1.3.3 松辽水利委员会国家防汛抗旱指挥系统

松辽水利委员会(以下简称"松辽委")国家防汛抗旱指挥系统二期工程是国家防汛抗旱指挥系统建设成果之一,系统主要包括水情信息采集系统、工情信息采集系统、综合数据库系统、数据汇集与应用支撑平台、天气雷达应用系统、洪水预报系统、洪灾评估系统、防洪调度系统、综合信息服务系统、移动应急指挥平台、计算机网络与安全系统等部分。系统建成了覆盖松辽委中央报汛站的水情信息采集系统,涵盖了松花江、辽河流域重要江河断面洪水预报方案,构建了科学、高效、安全的流域级防汛抗旱决策支撑体系。

1.3.3.1 总体架构

按照国家防汛抗旱指挥系统二期工程总体建设要求,松辽委国家防汛抗旱指挥系统二期工程基于"两台一库"技术架构,由分层支持体系、两个保障体系共同构成,其中分层支持体系包括信息采集传输、计算机网络、硬件设施、数据资源、应用支撑、业务应用和应用交互;两个保障体系包括信息安全体系和标准规范体系,架构见图 1.3-7。

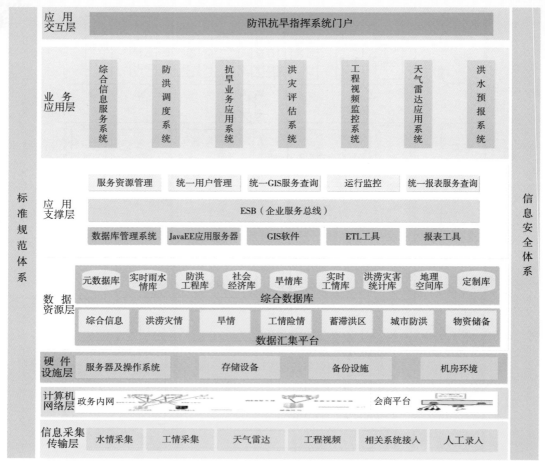

图 1.3-7　松辽委国家防汛抗旱指挥系统二期工程总体构架

（1）信息采集传输层

采集、传输各类监测信息，主要包括水情采集、工情采集、天气雷达、工程视频等监测信息。

（2）计算机网络层

根据防汛抗旱各业务系统的应用范围、重要性和安全性要求，计算机网络系统在已有水利政务外网基础上进行扩展建设。本项目各应用系统主要部署在政务外网上，政务外网是与因特网逻辑隔离的非涉密网络。

（3）硬件设施层

硬件设施为防汛抗旱指挥系统提供基础的硬件支撑环境，包括支撑各类应用运行和各类数据存储的服务器、存储、备份、显示及会商环境等。硬件设施的设计和建设，要根据业务应用的需求进行建设或在已有硬件设施之上进行扩充。

（4）数据资源层

建设防汛抗旱综合数据库，主要包括实时雨水情库、防洪工程库、社会经济库、旱情库、实时工情库、洪涝灾害统计库、地理空间库、元数据库及各类定制库（各业务系统专用数据库）。建设数据汇集平台，汇集洪涝灾情、旱情、工情险情、蓄滞洪区、城市防洪、物资储备、综合信息 7 大类数据。

（5）应用支撑层

提供统一的技术架构和运行环境，为防汛抗旱指挥系统建设提供通用应用服务和集成服务，为资源整合和信息共享提供运行平台。主要包括数据库管理系统、JavaEE 应用服务器、GIS 软件、ETL 工具、报表工具、ESB 等商业软件及统一用户管理和服务资源管理、运行监控等开发类软件。其中，ESB 为企业服务总线，支撑服务注册、发布、路由等功能实现，通过 ESB 将二期工程中各应用系统对外发布的服务及 GIS、报表、统一用户等各类公共服务进行统一管理，消除不同应用之间的技术差异，为上层应用系统提供统一的、标准化格式的服务支撑。

（6）业务应用层

业务应用层是防汛抗旱业务应用的核心，构建综合信息服务系统、防洪调度系统、抗旱业务应用系统、洪灾评估系统、工程视频监控系统、天气雷达应用系统、洪水预报系统等，为防汛抗旱业务提供应用支撑。

（7）应用交互层

建设防汛抗旱指挥系统门户，并被定义为防汛抗旱业务的总门户。

（8）标准规范体系

标准规范体系是支撑二期工程建设和运行的基础，是实现应用协同和信息共享的需要，是节省项目建设成本、提高项目建设效率的需要，是系统不断扩充、持续改进和版本升级的需要。

（9）信息安全体系

信息安全体系是保障系统安全应用的基础，包括物理安全、网络安全、信息安全及安全管理等。

1.3.3.2 系统部署

系统采用 B/S 结构，分为服务器端运行环境和客户端运行环境（表 1.3-2）。

1.3.3.3 数据库组成

数据库建设的逻辑库包括 7 大公共数据库和 12 大专用数据库。公共数据库有防洪工程库、社会经济库、旱情库、实时工情库、洪涝灾害统计库、地理空间库、实时雨水情库；专用数据库有防汛抗旱系统门户、综合信息服务系统、应用支撑平台、数据汇集平台、抗旱业务应用系统、防洪调度系统、洪灾评估系统、工情信息采集系统、水情信息采集系统、工程视频监控系统、洪水预报系统及天气雷达应用系统。其中,社会经济库、实时工情库、洪涝灾情统计库由中央统一下发;防洪工程库、旱情库、地理空间库在中央指导的基础上,进行本地建设。数据库结构框架见图 1.3-8。

表 1.3-2 松辽委国家防汛抗旱指挥系统部署环境

类别	标准配置	
	服务器端运行环境	客户端运行环境
计算机硬件	CPU:8 核;内存:32GB;硬盘:500GB	CPU:2 核以上;内存:≥2GB;硬盘:≥50GB
操作系统软件	Windows Server 2012;Oracle 11g(64bit);ArcGIS Server 10.2（64bit）;Tomcat 7.0＋(64bit)	Windows7 以上操作系统;IE10 以上/Firefox/chrome 浏览器;Flash Player 10.0
网络通信	水利专网、外网	水利专网、外网

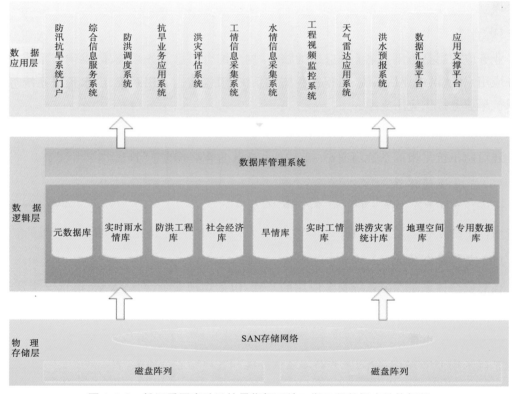

图 1.3-8 松辽委国家防汛抗旱指挥系统二期工程数据库结构框架

1.4 超标准洪水调度决策支持系统开发需求

现阶段,国内各大防汛决策支持系统虽成果丰硕,但也存在以下突出问题。

（1）信息系统通用性差，难以全面推广应用

国内现状系统业务范围主要集中于单个流域，如长江流域、黄河流域、淮河流域等，由于投资和管理渠道不同，系统的集成和开发方式不同，在一定的行政区域内，形成了不同的信息系统，系统间最大的差异表现在系统软件和底层结构的异构。防汛决策支持系统的不同规模、不同级别、运行在不同操作系统及硬件环境的特点，大大影响了其通用性。

（2）信息系统功能单一，可扩展性差

从应用系统的结构和功能上来看，随着应用研究的深入和计算机、网络技术的发展，人们不再满足于解决小范围问题、功能单一的应用系统，而是更愿意也有能力把眼光放在大范围、多功能的跨平台分布式应用系统的建立上。当前更多的信息源分布在不同的水利部门，分散在不同的系统中，信息系统很少考虑系统之间的数据交换，各系统只能独立完成自己的任务，协作能力差，这种"信息孤岛"成为资源整合的壁垒。这些基于传统开发方式所建立的应用系统，在系统应用的扩展上也存在着较大的局限性，当上层应用的需求发生变化，难以通过简单的改进达到要求，通常要重新进行开发。这就造成大量已有资源闲置和浪费，也给开发和应用造成了一定困难。

（3）系统应用效率低

防汛决策支持系统是一项复杂的系统工程，决策过程涉及大量的数据、模型、方法以及其他影响因素。计算机技术和网络技术的不断发展使得客户机/服务器体系结构得到蓬勃发展，但是随着应用水平的不断提高、应用范围的不断扩大以及应用复杂程度的提高，构建在两层客户机/服务器之上的计算机应用系统，在应用效率上的局限性愈发地暴露出来。

（4）缺乏超标准洪水决策支持模块

现状国内防汛决策支持系统，主要针对标准内洪水，对超标准洪水的预测预警、调度决策、风险调控等尚没有业务模型支持，当前系统无法应用于超标准洪水综合调控决策。并且现状防汛决策系统多为定制化开发的系统，通用性差、资源难以共享、模型软件规范化程度低，无法应对超标准洪水场景的敏捷响应需求。

超标准洪水情景下事件决策任务具有不确定性高的特点，国外这类系统需要大量数据作为支持，在国内的适用性较差。例如，其专业模型难以直接应用于国内各流域的具体研究环境，更不能支撑超标准洪水调控业务需求，同时因其产品体系高度封闭，无法快速在我国流域管理机构开展集成调用。

因此，亟须自主研发一套适配性强的流域超标准洪水调度决策支持系统，在现有信息化研究与手段基础之上，从规范标准、模型管理、动态业务敏捷响应、决策会商动态配置等多个层次和角度出发，进一步实现超标准洪水决策模型与服务集成。

第 2 章　超标准洪涝灾害数据库

2.1　概述

在全球气候变化背景下,我国洪涝事件的强度、持续时间及空间分布等特性均发生了深刻变化,与洪涝事件伴随的洪涝灾害正在急剧增加。大范围持续强降雨产生的流域洪水灾害一直以来威胁着流域经济社会的可持续发展,特别是超过流域防洪工程体系防洪标准的洪水,导致的经济损失严重、社会影响巨大。流域超标准洪水综合应对是一项兼具长期性、艰巨性、复杂性的系统工程,已成为目前防洪减灾的"现实短板",亦是未来一段时期亟须统筹谋划、科技攻关的技术难题。

流域超标准洪涝灾害数据库建设研究是其中的基础性问题,目前尚未有系统性的研究成果与建设思路。本章主要开展流域超标准洪涝灾害数据库建设研究工作,建设的流域超标准洪涝灾害数据库主要存储超标准洪水、洪涝灾害及与超标准洪水调度决策支持系统模拟研究相关的信息,以期为我国超标准洪水的信息采集、预测预报、洪灾评估、调度决策及综合应对等方面的应用研究提供技术支撑。

采用大数据、云技术,结合洪水风险数据关系模型应用,搭建流域超标准洪涝灾害数据库。以数据共享、业务协同为根本出发点,整合重构各类信息资源,实现数据集中采集、存储、管理、使用,一体化地解决信息资源整合与应用系统集成问题,为超标准洪水应对多场景分析模拟提供数据技术体系支持。主要研究内容包括:

(1)数据库表结构研究

梳理研究洪涝灾害的特性及影响,明晰洪涝灾害可能涉及的不同类别数据库表,包括基本信息类、气象雨情类、水情信息类、工程信息类、地理信息类、社会经济类、洪灾信息类、计算成果类等信息,确定不同类型表结构的逻辑结构、相关关系、表结构功能、服务对象等,整合重构各类信息资源,避免重复表的建设,力求表结构设计分类清楚、功能清晰、数据需求量少、读取方便快捷。

(2)数据库建设

主要包括数据库的选型,保证整个数据库的先进性、开放性、标准性和扩展性等性能,明确超标准洪涝灾害数据库建设步骤和超标准洪涝灾害数据库应包含的内容,理清规范化的表结构设计应包含的内容,明晰逻辑化的数据库设计中表与表之间的关系,实现链接库技术远程数据访问与动态链接,解决数据存储与数据冗余问题,建立标准化格式的超标准洪涝灾害数据库,录入典型年数据,为超标准洪水调度决策支持系统不同功能业务应用模块的运用提供数据支撑。

2.2　数据库建设技术

数据库建设一般包括数据库的选型、平台安装、数据库创建和运维管理等部分,本节将介绍常用数据库及数据库建设关键技术。

2.2.1　常用数据库简介

目前,应用较为广泛的国外大型数据库有 SQL Server、Oracle、Sybase、DB2,小型数据库有 Access、MySQL、BD2 等。与此同时,当前国产数据库也有了较大的进步与发展,达梦、人大金仓、TiDB 等数据库也都有各自的优势,也在不同行业领域有相关的业务应用。部分数据库简介如下:

(1)SQL Server

SQL Server 是由 Microsoft 开发和推广的关系数据库管理系统(DBMS)。它最初是由 Microsoft、Sybase 和 Ashton-Tate 三家公司共同开发的,并于 1988 年推出了第一个 OS/2 版本。Microsoft SQL Server 近年来不断更新版本。1996 年,Microsoft 推出了 SQL Server 6.5 版本;1998 年,SQL Server 7.0 版本和用户见面;SQL Server 2000 由 Microsoft 公司于 2000 年推出,目前最新版本是 2019 年推出的 SQL Server 2019。SQL Server 是一种应用广泛的数据库管理系统,具有易用性、适合分布式组织的可伸缩性、用于决策支持的数据仓库功能、与许多其他服务器软件紧密关联的集成性、良好的性价比等特点。

(2)Oracle

Oracle 数据库系统是美国 Oracle 公司(甲骨文)提供的以分布式数据库为核心的一组软件产品,是目前最流行的客户/服务器(CLIENT/SERVER)或 B/S 体系结构的数据库之一。Oracle 数据库是目前世界上使用最为广泛的数据库管理系统,作为一个通用的数据库系统,它具有完整的数据管理功能;作为一个关系数据库,它是一个完备关系的产品;作为分布式数据库,它实现了分布式处理功能。Oracle 数据库系统是目前世界上流行的关系数据库管理系统,系统可移植性好、使用方便、功能强,适用于各类大、中、小、微机环境。

(3)MySQL

MySQL 是最流行的数据库之一,是一个免费开源的关系型数据库管理系统,由瑞典

MySQLAB 公司开发，目前属于 Oracle 公司。MySQL 适合中小型软件，是一个真正的多用户、多线程 SQL 数据库服务器。它能够快速、有效和安全地处理大量的数据。相对于 Oracle 等数据库来说，MySQL 的使用是非常简单的，其特点是快速、健壮和易用，而且在任何平台上都能使用，占用的空间相对较小。但是对于大型项目来说，MySQL 的容量和安全性就略逊于 Oracle 数据库。

（4）达梦

达梦数据库管理系统是达梦公司推出的具有完全自主知识产权的高性能数据库管理系统，简称 DM。DM 采用创新的混合数据库模型、扩展的多媒体和 GIS 数据类型等技术，成功实现了空间数据、多媒体数据与常规数据的一体化定义、存储和管理，在空间地理信息及多媒体信息管理方面具有明显的优势。此外，其可用性、兼容性、安全性在国产数据库中均处于领先地位。

（5）人大金仓

北京人大金仓数据库管理系统 KingbaseES，简称金仓数据库或 KingbaseES，是北京人大金仓信息技术股份有限公司自主研制开发的具有自主知识产权的通用关系型数据库管理系统。KingbaseES 从规模上分为企业版、标准版、工作组版等 3 种基本版本，用户可以根据自己的实际需要选择相应的版本。KingbaseES 是一个大型通用跨平台系统，KingbaseES 数据库系统在各种操作系统平台上都易于安装，设置简单，且功能全面，但运行成本较高。

2.2.2 数据库实例化搭建技术

以下将以当前水利行业较为流行通用的 SQL Server 数据库为例介绍数据库的平台安装、数据库创建等技术，选择的 SQL Server 数据库版本为 SQL Server 2012。

2.2.2.1 平台安装

（1）安装环境需求

建议在使用 NTFS 文件格式的计算机上运行 SQL Server 2012。SQL Server 安装程序将阻止在只读驱动器、映射的驱动器或压缩驱动器上进行安装。详细的环境组件需求见表 2.2-1。

（2）安装步骤

SQL Server 集成了向导式的安装步骤，运行软件光盘目录下的安装可执行文件，依次按需求配置。安装完成后，SQL Server 会自动生成一个数据库实例，运行 SQL Server 管理器，连接数据库实例，可以正常访问数据库，如需外网远程访问数据库，需要进行一些配置。

远程访问模块选中 SQL Server 和 Windows 身份验证模式,连接模块,确认"允许远程连接到此服务器"选中。

打开 SQL Server 配置管理器,选中 MSSQLSERVER 的协议,将 TCP/IP 协议状态改成已启用(默认是禁用),完毕后重启 SQL Server。

在服务列表中,双击"SQL Server Browser",在"SQL Server 浏览器属性"窗口中,单击"启动"或"停止",在服务启动或停止时,单击"确定"。

表 2.2-1　　　　　　　**SQL Server 平台安装组件需求列表(以 2012 版本为例)**

组件	要求
. NET Framework	在选择数据库引擎、Reporting Services、Master Data Services、Data Quality Services、复制或 SQL Server Management Studio 时,. NET 3.5 SP1 是 SQL Server 2012 所必需的,但不再由 SQL Server 安装程序安装。 在使用 Windows Vista SP2 或 Windows Server 2008 SP2 操作系统的计算机上运行安装程序且 . NET 3.5 SP1 尚未安装,则 SQL Server 安装程序将要求先下载并安装 . NET 3.5 SP1,然后才能继续 SQL Server 安装。错误消息中包含指向下载中心的链接,也可以从 Windows Update 下载 . NET 3.5 SP1。若要避免在 SQL Server 安装期间中断,可在运行 SQL Server 安装程序之前,先下载并安装 . NET 3.5 SP1。 在使用 Windows Server 2008 R2 SP1 操作系统的计算机上运行安装程序,则必须先启用 . NET Framework 3.5 SP1,然后才能安装 SQL Server 2012。 在使用 Windows Server 2012 或 Windows 8 操作系统的计算机上运行安装程序,则自动下载 SQL Server 安装程序,并安装 . NET Framework 3.5 SP1。该过程需要 Internet 访问。 如果没有 Internet 访问,则在运行安装程序之前下载并安装 . NET Framework 3.5 SP1,以安装上文所述的任意组件。 . NET 4.0 是 SQL Server 2012 所必需的。SQL Server 在功能安装步骤中安装 . NET 4.0
Windows PowerShell	SQL Server 2012 不安装或启用 Windows PowerShell 2.0;但对于数据库引擎组件和 SQL Server Management Studio 而言,Windows PowerShell 2.0 是一个安装必备组件。如果安装程序报告缺少 Windows PowerShell 2.0,可以按照 Windows 管理框架页中的说明安装或启用它
网络软件	SQL Server 2012 支持的操作系统具有内置网络软件。独立安装的命名实例和默认实例支持以下网络协议:共享内存、命名管道、TCP/IP 和 VIA

组件	要求
虚拟化	在以下版本中以 Hyper-V 角色运行的虚拟机环境中支持 SQL Server 2012： Windows Server 2008 SP2 Standard、Enterprise 和 Datacenter 版本； Windows Server 2008 R2 SP1 Standard、Enterprise 和 Datacenter 版本； Windows Server 2012 Datacenter 和 Standard 版本； 除了父分区所需的资源以外，还必须为每个虚拟机（子分区）的 SQL Server 2012 实例提供足够的处理器资源、内存和磁盘资源。具体要求在本主题的后面章节中列出。 在 Windows Server 2008 SP2 或 Windows Server 2008 R2 SP1 的 Hyper-V 角色中最多可以为运行 Windows Server 2008 SP2 32 位/64 位或 Windows Server 2008 R2 SP1 64 位或 Windows Server 2012 64 位版本的虚拟机分配 4 个虚拟处理器。 在 Windows Server 2012 上的 Hyper-V 角色内，最多可以为运行 Windows Server 2008 SP2 32 位/64 位的虚拟计算机分配 8 个虚拟处理器。 最多可以为运行 Windows Server 2008 R2 SP1 64 位或 Windows Server 2012 64 位版本的虚拟机分配 64 个虚拟处理器。 有关不同 SQL Server 2012 版本的计算能力限制以及在具有超线程处理器的物理和虚拟化环境中计算能力限制有何不同的详细信息，请参阅 SQL Server 版本划分的计算能力限制。有关 Hyper-V 角色的详细信息，请参阅 Windows Server 2008 网站
Internet 软件	Microsoft 管理控制台（MMC）、SQL Server Data Tools（SSDT）、Reporting Services 的报表设计器组件和 HTML 帮助都需要 Internet Explorer 7 或更高版本
硬盘	SQL Server 2012 要求最少 6GB 的可用硬盘空间
驱动器	从磁盘进行安装时需要相应的 DVD 驱动器
显示器	SQL Server 2012 要求有 Super-VGA（800×600）或更高分辨率的显示器
Internet	使用 Internet 功能需要连接 Internet
内存	最小 1GB，建议 4GB 并且应该随着数据库大小的增加而增加，以便确保最佳的性能
处理器速度	最小值：x86 处理器 1.0 GHz，x64 处理器 1.4GHz。 建议：2.0 GHz 或更快
处理器类型	x64 处理器：AMD Opteron、AMD Athlon 64、支持 Intel EM64T 的 Intel Xeon、支持 EM64T 的 Intel Pentium IV x86 处理器：Pentium III 兼容处理器或更快

2.2.2.2 数据库创建

（1）创建数据库

运行 SQL Server 管理器，在数据库选项中选择新建数据库，输入数据库名称和存储路径即可建立相应数据库。也可使用 SQL Server 脚本创建数据库，典型实例如下：

```
go
create database 数据库名称
on primary
(
        name='主文件逻辑名',
        filename='数据库文件存储物理路径文件名',
        size=数据库文件初始大小,
        filegrowth=数据库文件增长比例
)
log on
(
        name='日志文件名称',
        filename='数据库日志文件物理路径文件名',
        size=日志文件初始大小,
        filegrowth=日志文件增长比例
)
```

（2）创建表格

创建表格就是设计表的列数据类型与约束类型。简单语法如下：

```
use 数据库;       ——表示这张表格存储在哪一个数据库下面
    create table 架构名 . 表名       ——架构名可以省略
(
        字段名 类型名 null | not null,       ——当前的列能不能够为空
        字段名 类型名 null | not null,
        字段名 类型名 null | not null,
        字段名 类型名 null | not null
)
```

（3）约束

约束，即限定一个表格能够取什么样的值，它是保证数据完整性的一种机制。主要约束分为下面几种。

1)Primary Key 约束

在表中常有一列或多列的组合,其值能唯一标识表中的每一行,这样的一列或多列成为表的主键(Primary Key)。一个表只能有一个主键,而且主键约束中的列不能为空值,只有主键列才能被作为其他表的外键所创建。常见操作:

——删除主键

alter table 表名 drop constraint 主键名

——添加主键

alter table 表名 add constraint 主键名 primary key(字段名 1,字段名 2,……)

2)Foreign Key 约束

外键约束是用来加强两个表(主表和从表)的一列或多列数据之间的连接。创建外键约束的顺序是先定义主表的主键,然后定义从表的外键。也就是说,只有主表的主键才能被从表用来作为外键使用,被约束的从表中的列可以不是主键,主表限制了从表更新和插入的操作。常见操作:

alter table 外键表名 add constraint 约束名 foreign key(外键字段)references 主键表名(约束列名)

3)Unique 约束

唯一约束确保表中的一列数据没有相同的值。与主键约束类似,唯一约束也强制唯一性,但唯一约束用于非主键的一列或者多列的组合,且一个表可以定义多个唯一约束。常见操作示例:

create unique index u_index on table(id,name,sex)

ALTER TABLE [dbo].[T_Question] ADD UNIQUE NONCLUSTERED

(

    [IdentityFlag],[FK_CatalogID] ASC

)

4)Default 约束

若在表中定义了默认值约束,用户在插入新的数据行时,如果该行没有指定数据,那么系统将默认值赋给该列,如果不设置默认值,系统默认为 NULL。常见操作:

——给指定列添加默认约束

alter table 表名 add constraint 约束名 default(约束值)for 列名

5)Check 约束

Check 约束通过逻辑表达式来判断数据的有效性,用来限制输入一列或多列的值的范围。在列中更新数据时,所要输入的内容必须满足 Check 约束的条件,否则将无法正确输入。常见操作:

ALTER TABLE table_name

ADD CONSTRAINT constraint _ name CHECK (column _ name condition)

［DISABLE］；

其中,DISABLE 关键字是可选项。如果使用了 DISABLE 关键字,当 Check 约束被创建后,Check 约束的限制条件不会生效。示例:

——创建 Check 约束

alter table tb_supplier

add constraint check_tb_supplier

check(supplier_name IN('IBM','LENOVO','Microsoft'));

给一个表格添加约束的语法:

alter table TableName

add

    constraint 约束名   约束类型与条件,

一般在添加约束的时候,约束名的取法是:约束简称_表格名_字段名。

6)触发器。

在 SQL Server 数据库中触发器大致分为两种:DDL、DML 触发器,即系统触发器与表触发器,系统触发器是对数据库对象进行操作的触发器,表触发器是对表格增删改时所进行的触发器。在这里我们就只说表的触发器。

表的触发器也分为两种,分别为:instead of、after(for),分别在表操作之前与表操作之后进行触发。而且两种触发器都有 3 个触发条件:insert、delete、update。基本语法为:

create trigger tgr_name

on table_name

with encrypion——加密触发器(一般不用写)

for——触发器类型(如 instead of/after/for)

update——触发类型(如 insert/update/delete)

as

begin

——Transact－SQL

end

触发器是一种特殊类型的存储过程,但它不同于存储过程。触发器主要是通过事件进行触发被自动调用执行的。而存储过程可以通过存储过程的名称被调用。触发器有两个特殊的表:插入表(inserted 表)和删除表(deleted 表)。这两张是逻辑表也是虚表。由系统在内存中创建这两张表,不会存储在数据库中,而且两张表都是只读的,只能读取数据而不能修改数据。这两张表的结果总是与被改触发器应用的表结构相同,当触发器完成工作后,这两张表就会被删除。

2.2.3 数据库运维及管理

2.2.3.1 备份

数据库文件备份是数据库日程管理中一项必不可缺的工作,SQL Server 管理器中提供了数据库备份向导,可实现数据库文件定时自动备份。

2.2.3.2 存储过程

SQL Server 中的存储过程是使用 T_SQL 编写的代码段。它的目的在于能够方便地从系统表中查询信息,或者完成与更新数据库表相关的管理任务和其他的系统管理任务。T_SQL 语句是 SQL Server 数据库与应用程序之间的编程接口。在很多情况下,一些代码会被开发者重复编写多次,如果每次都编写相同功能的代码,不但烦琐,而且容易出错,而且由于 SQL Server 逐条地执行语句会降低系统的运行效率。

简而言之,存储过程就是 SQL Server 为了实现特定任务,而将一些需要多次调用的固定操作语句编写成程序段,这些程序段存储在服务器上,由数据库服务器通过程序来调用。

2.2.3.3 日志管理

每个 SQL Server 数据库都具有事务日志,用于记录所有事务以及每个事务对数据库所做的修改。事务日志是数据库的重要组件,如果系统出现故障,则可能需要使用事务日志将数据库恢复到一致状态。

日志的变化会严重影响系统,需要对日志进行监控、管理、控制,其中重要的就是控制日志大小。

(1)监控日志

使用 select * from sys. dm_db_log_space_usage 可以查看到日志空间情况。
select * from sys. database_files 可以看到日志的配置情况。

(2)日志截断

日志截断主要用于阻止日志填充。日志截断从 SQL Server 数据库的逻辑事务日志中删除不活动的虚拟日志文件,释放逻辑日志中的空间以便物理事务日志重用这些空间。如果事务日志从不截断,它最终将填满分配给物理日志文件的所有磁盘空间。但是,在截断日志前,必须执行检查点操作。检查点将当前内存中已修改的页(称为"脏页")和事务日志信息从内存写入磁盘。执行检查点时,事务日志的不活动部分将标记为可重用。此后,日志截断可以释放不活动的部分。

2.3 超标准洪涝灾害数据库建设方案

2.3.1 建设原则

充分考虑相关数据库的现状及存在的问题,超标准洪涝灾害数据库建设主要遵循以下原则：

（1）继承性

在现有紧密相关的 4 个数据库中，选择与超标准洪涝灾害相关的数据库表，新设计的数据库表应尽可能在之前相关数据库表的基础上完善拓展，特别是运用较为成熟的雨水情数据库表。

（2）时效性

新设计的数据库表中的专业术语、符号、代号、字段名、字段名标识符、单位等应与最新的数据库或者规定一致，保证新建数据库符合最新的规定及要求。

（3）创新性

着力挖掘超标准洪涝灾害数据库的特点、亮点，保证新建数据库不同于其他类似数据库，体现新建数据库的原创性。

（4）实用性

新建数据库要能够满足超标准洪水调度决策支持系统在典型流域的示范应用，设计的库表要简单实用，并且能够为其他流域或者区域超标准洪涝灾害的模拟研究提供参考。

2.3.2 建设的数据库与现有数据库、系统的关系

对于建设的超标准洪涝灾害数据库，需要处理好与流域或区域现有常用雨水情数据库、现有防洪调度系统的关系。这也是决定超标准洪水调度决策支持系统能否在各示范流域或区域落地应用的关键。

（1）与现有常用雨水情数据库的关系

由于"实时雨水情数据库""基础水文数据库表"中存储着大量的历史雨水情数据，这些雨水情数据是历史洪水模拟研究的基础。建设的超标准洪涝灾害数据库中涉及雨水情库表的，尽可能与"实时雨水情数据库""基础水文数据库表"一致，对于扩展完善的雨水情库表，相关库表的表结构设计、标识符设计应参考最新的《实时雨水情数据库表结构与标识符》(SL 323—2011)规定；对于非雨水情数据库表，根据相关业务系统、应用需求进行设计。相关库表设计好后，新建超标准洪涝灾害数据库，在新建的数据库中构建相关库表并存储数据，构建完整的示例数据库业务逻辑结构见图 2.3-1。

（2）与现有防洪调度系统的关系

通过国家防汛指挥系统一期工程、二期工程，各流域机构已经建成了相对完善的防洪调度系统，相关防洪调度系统涉及的数据库主要有"实时雨水情数据库""防洪工程数据库"等。建设的超标准洪涝灾害数据库主要为超标准洪水调度决策支持系统在各流域示范应用提供数据支撑，而超标准洪水调度决策支持系统与各流域现有防洪调度系统存在联系，故新建的超标准洪涝灾害数据库与现有防洪调度系统存在交叉联系的数据库表应该尽可能衔接继承

过来，从而满足超标准洪水调度决策支持系统的应用。

图 2.3-1   构建完整的示例数据库业务逻辑结构

（3）现有系统数据库数据对超标准洪涝灾害数据库支撑度

通过前期国家防汛抗旱指挥系统建设，目前各流域已经基本具备了相对成熟的数据库表结构体系，并已经录入了相对完整的数据信息，雨情信息、水情信息、工程信息、地理信息等能够基本满足超标准洪涝灾害数据库的数据需求，可直接或经调整数据结构之后导入新建的数据库表中；对于暂时缺少的其他数据，可通过调研、网络爬虫等方法进行数据的采集；数据采集过程中对于因存储介质、生产单位、生产时期、执行标准规范、空间参考系统、数据格式、管理维护部门（单位）和管理软件、存储物理位置等方面存在差异，导致数据不能协同使用和共享的情况,可依据各流域地理、水文水资源及数据信息特点,对现有多过程、多尺度、实时动态的信息开展本地化改造,数据加工时可执行标准规范的方法规定、数据指标体系规定、空间数据加工流程规定、图形要素加工规定、空间数据关联方法规定等,从而实现对海量水信息的实时监控、采集、存储、融合与加工。

2.3.3 数据库整体结构

超标准洪涝灾害数据库建设的关键核心问题主要涉及超标准洪涝灾害数据库应包含哪些内容、如何设计相关表结构能够更好地支撑超标准洪水调度决策支持系统的运行与应用等。

超标准洪水是指超出江河湖库防洪标准的洪水,防洪标准通常以洪水的重现期来表示,也有设定典型历史大洪水为参照标准的。超标准洪水虽然较常规洪水发生频率低、概率小,但近些年在局部流域或区域也有发生。比如,流域防洪工程体系是通过工程措施逐步建设起来的,现状实际达到的防洪标准并不等同于规划的防洪标准,现状情况下可能发生超现状防洪标准的洪水;同一流域中,上下游、干支流、左右岸因保护对象不同,各类防洪排涝工程设计采用的标准也是不同的,随着经济社会的发展,由于防洪保护对象的升级,其需要的防洪标准可能提高,故现状实际的防洪标准变成不达标的,可能发生超标准洪水。此外,近些年随着水利工程群的建设以及城市化发展,显著改变了河湖水域的产汇流特征,在遇到极端降水情况下,也可能发生超标准洪水的情况。

超标准洪水并非一蹴而就,是由常规洪水逐步发展形成,故超标准洪涝灾害数据库表涵盖常规洪水的一些基本信息表,但两者也有一些不同之处。

2.3.3.1 超标准洪涝灾害数据库内容

根据现行的《实时雨水情数据库表结构与标识符》(SL 323—2011)、《基础水文数据库表结构及标识符标准》(SL 324—2005)、《历史大洪水数据库表结构及标识符》(SL 591—2014)、流域洪灾评估系统、流域防洪调度系统等数据库表结构进行汇总研究,梳理超标准洪涝灾害的特性及影响,研究超标准洪水调度决策支持系统不同功能业务运用模块对数据多元化的需求,考虑到数据库建设的继承性、时效性、创新性、实用性,拟建设超标准洪涝灾害数据库主要为"一主一辅",以结构化数据为主、非结构化数据为辅。主要数据信息存储结构化数据包括基本信息类、气象雨情类、水情信息类、工程信息类、地理信息类、经济社会类、洪灾信息类、计算成果类共计8类信息;辅助数据信息存储非结构化数据,主要包括文档信息库、多媒体信息库等。拟建数据库逻辑结构见图2.3-2。

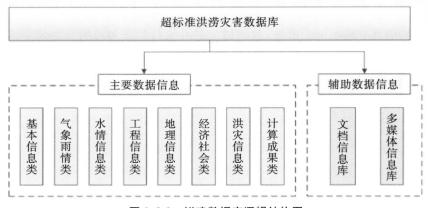

图 2.3-2 拟建数据库逻辑结构图

（1）主要数据信息

1）基本信息类

主要存储测站基本属性表、河道站防洪指标表、库（湖）站防洪指标表、库（湖）站汛限水位表、库（湖）水位库容泄量表、水位流量关系曲线表、洪水频率分析参数表、洪水频率分析成果表、河流基本属性表、河段基本情况表、洪水传播时间表、河道断面信息表、超标准洪水基本信息表、河道站超标准场次洪水信息表、库（湖）站超标准场次洪水信息表、洪水预警信息表、洪水编号基本信息表、流域分区名录表等信息。本部分为完善内容。

2）气象雨情类

主要存储天气形势图表、卫星云图表、雷达回波图表、台风路径图表、降雨情况统计表、日雨量过程表、时段雨量摘录表、月降水量表、降雨预报图表等信息。本部分为完善内容。

3）水情信息类

主要存储河道水情表、水库水情表、堰闸水情表、闸门启闭情况表、泵站水情表、河道水情极值表、水库水情极值表、堰闸水情极值表、泵站水情极值表、代表站洪水过程线图表、水文站水文要素摘录表、调查洪水成果表等信息。本部分为完善内容。

4）工程信息类

主要存储工程名录表、堤防基本信息表、堤防水文特征表、堤防历史决溢记录表、蓄滞洪区基础信息表、蓄滞洪区基本情况表、蓄滞洪区水位面积—容积—人口—资产关系表、蓄滞洪区运用方案表、蓄滞洪区历次运用情况表、行洪区历次运用情况表、水库大坝基础信息表、水库大坝特征信息表、泵站基础信息表、泵站特征信息表、水闸基础信息表、水闸特征信息表、水闸泄流曲线表、水闸出险记录表、水闸运用历史记录表等信息。本部分为完善内容。

5）地理信息类

主要存储行政区划表、DEM 信息表、土地覆盖数据表、遥感影像数据表等信息。其中，空间数据的存储需要借助于 ArcGIS 里面的 ArcSDE 地理数据库（或其他同等功能数据库），这部分信息充分利用流域水利一张图信息,读取水利一张图的相关服务。本部分为新建内容。

6)经济社会类

主要存储社会经济数据表、地区人口情况表、地区耕地及播种面积情况表、地区经济产值信息表、地区私有财产统计表、地区房屋情况表、地区工矿企业情况表、地区水利设施情况表等信息。本部分为新建内容。

7)洪灾信息类

主要存储洪水淹没图表、灾情图表、受灾区县表、洪涝灾害基本情况统计表、农林牧渔业洪涝灾害统计表、工业交通运输业洪涝灾害统计表、城市受淹情况统计表、水利设施洪涝灾害统计表、洪水风险图分区表、洪水风险图格点信息表、洪水风险图方案表、风险图格点计算成果表、图层加载信息表、洪灾指标表、洪灾损失计算曲线代码表、洪灾损失计算曲线表、洪灾统计指标定义表、洪灾统计值表等信息。本部分为新建内容。

8)计算成果类

主要存储降水量预报表、河道水情预报表、堰闸水情预报表、库(湖)水情预报表、单个库(湖)调度成果表、单个行蓄洪区(闸坝)调度成果表、联合调度后库(湖)成果表、联合调度后河道与闸坝成果表、单个对象调度状态记录表、联合调度后调度对象状态记录表、联合调度后河道站成果统计表、联合调度后蓄滞洪区与闸坝成果统计表、联合调度方案成果统计指标定义表、联合调度方案成果统计指标值表等信息。本部分为新建内容。

(2)辅助数据信息

辅助数据信息为非结构化数据,主要包括文档信息库、多媒体信息库等。文档信息库、多媒体信息库建议充分利用国家防汛抗旱指挥系统二期工程数据资源。其他非结构化数据根据实际需求补充完善。

1)文档信息库

文档信息库用于存储与综合调度相关的文档资料,涉及各类调度方案、应急预案、知识文档等信息,辅助综合调度认知与分析服务。调度方案、应急预案相关文档在各流域防洪调度系统中均有涉及,建议重复部分不再收集建设。

2)多媒体信息库

多媒体信息库用于存储多媒体文件,如各类图像、视频、音频记录文件,包括音视频数据、图像数据等。

对于非结构化数据的存储,一种方法是根据实际需求建设数据文档包直接存储于服务器,统一读取调用;另一种方法是将非结构化数据转成二进制文件存储在数据库中,通过数据库读取调用。

2.3.3.2 超标准洪涝灾害数据库表结构设计

数据库表结构设计一般包括表结构设计、标识符设计。数据库表结构的设计,应遵循科学、实用、简洁和可扩展性的原则,应使常用数据查询中表链接最少,以提高查询效率,表结构描述一般包括中文表名、表主题、表标识、表编号、表体和字段描述6个部分;标识符分为表标识符和字段标识符两类,具有唯一性,标识符由英文字母、数字和下划线("_")组成,首字符应为大写英文字母,标识符与其名称的对应关系应简单明了,体现其标识内容的含义。关于表结构设计、标识符设计的一般规定与基本内容可以参考水利行业最新的《实时雨水情数据库表结构与标识符》制定。

对于超标准洪水调度决策支持系统不同功能模块运行与应用所需的数据库表,应该尽可能考虑采用规范化的表结构设计、逻辑化的表结构设计、链接库技术的优化设计、数据存储与避免数据冗余设计等。

2.4 超标准洪涝灾害数据库设计

2.4.1 数据库表结构设计

2.4.1.1 表结构设计的一般规定

参考《实时雨水情数据库表结构与标识符》(SL 323—2011)的相关规定,超标准洪涝灾害数据库表结构设计的一般规定为:

①超标准洪涝灾害数据库表结构的设计,应遵循科学、实用、简洁和可扩展性的原则。

②应使常用数据查询中表链接最少,以提高查询效率。

2.4.1.2 表结构设计的基本内容

参考《实时雨水情数据库表结构与标识符》(SL 323—2011)的相关规定,表结构设计的基本内容一般为:

①包括基本信息类、气象雨情类、水情信息类、工程信息类、地理信息类、经济社会类、洪灾信息类和计算成果类等8大类信息的存储结构,涉及超标准洪水、洪涝灾害及与超标准洪水调度决策支持系统计算相关的数据表。

②表结构描述包括中文表名、表主题、表标识、表编号、表体和字段描述6个部分。

③中文表名是每个表结构的中文名称,用简明扼要的文字表达该表所描述的内容。

④表主题用于进一步描述该表存储的数据内容、目的和意义。

⑤表标识用于识别表的分类及命名,表标识为其中文表名的英文缩写。

⑥表编号是给每一个表指定的代码,用于反映表的分类或表间的逻辑顺序。

⑦表体以表格形式表示,包括字段名、标识符、类型及长度、是否允许空值、计量单位、主键序号。

字段名采用中文字符表征表字段的名称。

标识符为数据库中该字段的唯一标识。

字段类型及长度描述该字段的数据类型和数据长度。

是否允许空值一栏中,"N"表示表中该字段不允许有空值,保留为空表示表中该字段可以取空值。

主键序号一栏中,有数字的表示该字段是表的主键,为空表示非主键;数字顺序表示在数据库建设时需按照此顺序建立索引,数字越小,优先级越高。

⑧字段描述用于描述每个字段的意义以及取值范围、数值精度、计量单位等。

2.4.2 数据库标识符设计

2.4.2.1 标识符设计的一般规定

参考《实时雨水情数据库表结构与标识符》(SL 323—2011)的相关规定,标识符设计的一般规定为:

①标识符分为表标识符和字段标识符两类,具有唯一性;标识符由英文字母、数字和下划线("_")组成,首字符应为大写英文字母。

②标识符应按表名和字段名中文词组对应的术语符号或常用符号命名,也可按表名和字段名英文译名或中文拼音的缩写命名。在同一数据库表中应统一使用英文或汉语拼音缩写,不应将英文和汉语拼音混合使用。

③标识符与其名称的对应关系应简单明了,体现其标识内容的含义。

④当标识符采用英文译名缩写命名时应符合下列规定:

a. 应按组成表名或字段名的汉语词组英文词缩写,以及在中文名称中的位置顺序排列。

b. 英文单词或词组有标准缩写的应直接采用;没有标准缩写的,取对应英文单词缩写的前 1~3 个字母,缩写应顺序保留英文单词中的辅音字母,首字母为元音字母时应保留首字母。

c. 当英文单词长度不超过 6 个字母时,可直接取其全拼。

⑤当标识符采用中文词的汉语拼音缩写命名时应符合下列规定:

a. 应按表名或字段名的汉语拼音缩写顺序排列。

b. 汉语拼音缩写取每个汉字首辅音顺序排列,当遇汉语拼音以元音开始时,应保留该元音。

c. 当形成的标识符重复或易引起歧义时,可取某些字的全拼作为标识符的组成成分。

2.4.2.2 标识符设计的基本内容

参考《实时雨水情数据库表结构与标识符》(SL 323—2011)的相关规定,标识符设计的基本内容一般为:

(1)表标识

表标识由前缀"ES"、主体标识和分类后缀三部分,用下划线("_")连接组成。其编写格式为:

ES_X_X1

其中:ES 为专业分类码,代表超标准洪涝灾害数据库;X 为表代码,表标识的主体标识;X1 为表标识分类后缀,用于标识表的分类,应按表 2.4-1 确定。

表 2.4-1　　　　　　　　　　　　表标识分类后缀取值

序号	表分类	分类后缀	序号	表分类	分类后缀
1	基本信息类	B	5	地理信息类	G
2	气象雨情类	P	6	社会经济类	S
3	水情信息类	R	7	洪灾信息类	D
4	工程信息类	E	8	计算成果类	C

（2）表编号

表编号是表标识的数字化识别代码,由 9 位字符或数字组成,其中前 2 位为专业分类代码;第 3—5 位为一级分类码;第 6—9 位为二级分类码。

表编号的格式如下:

ES_AAA_BBBB

其中:ES 为同表标识。AAA 为表编号的一级分类码,3 位数字。表类代码应按表 2.4-2 确定。BBBB 为表编号的二级分类码,4 位数字,每类表从 0001 开始编号,依次递增。

表 2.4-2　　　　　　　　　　　　　表编号分类代码

AAA	表分类	内容
001	基本信息类	主要存储测站、河段、防汛任务及方案等基本信息
002	气象雨情类	主要存储雨量站点实时及统计相关的信息
003	水情信息类	主要存储河道、水库、闸坝站点实时及统计相关的信息
004	工程信息类	主要存储堤防、蓄滞洪区等防洪工程的基本信息
005	地理信息类	主要存储有关区域的地理、空间信息
006	社会经济类	主要存储相关区域的社会经济类信息
007	洪灾信息类	主要存储洪水所造成灾害的统计信息
008	计算成果类	主要存储预报及调度计算得到的水文要素的特征值信息

（3）字段标识

字段标识长度不宜超过 10 个字符,10 位编码不能满足字段描述需求时可向后依次扩展。

（4）字段类型及长度

字段类型主要有字符、数值、时间共 3 种类型。各类型长度应按照以下格式描述:

1)字符数据类型

其长度的描述格式为：

$$C(d) \text{ 或 } VC(d)$$

其中：C为定长字符串型的数据类型标识；VC为变长字符串型的数据类型标识；()为固定不变；d为十进制数，用来描述字符串长度或最大可能的字符串长度。

2)数值数据类型

其长度描述格式为：

$$N(D[,d])$$

其中：N为数值型的数据类型标识；()为固定不变；[]为表示小数位描述，可选；D为描述数值型数据的总位数(不包括小数点位)；,为固定不变，分隔符；d为描述数值型数据的小数位数。

3)时间数据类型

用于表示一个时刻。时间数据类型采用公元纪年的北京时间。

（5）字段取值范围

采用连续数字描述，在字段描述中给出它的取值范围。

采用枚举方法描述取值范围的，应给出每个代码的具体解释。

（6）计量单位及精度

除特别说明外，数据库中使用的水文要素的计量单位及数值精度应按表2.4-3确定。

表 2.4-3　　　　　　　　　常用水文要素计量单位和数值精度

水文要素	计量单位(英文符号)	精度或表达方式
高程	米(m)	精确到0.001
水位	米(m)	精确到0.001
流量	立方米每秒(m^3/s)	保留3位有效数字
库容或蓄水量	百万立方米($\times 10^6 m^3$)	保留3位有效数字
雨量或降水量	毫米(mm)	精确到0.1
蒸发量	毫米(mm)	精确到0.1
温度	摄氏度(℃)	精确到0.1
流速	米每秒(m/s)	保留3位有效数字
洪量	百万立方米($\times 10^6 m^3$)	保留4位有效数字
引(排)水量	立方米(m^3)	保留4位有效数字

超标准洪涝灾害数据库库表内容及说明见表2.4-4。

表 2.4-4 超标准洪涝灾害数据库库表内容及说明

分类	序号	表名称	表标识	表编号	备注
基本信息类	1	测站基本属性表	ES_STBPRP_B	ES_001_0001	本张表参考《实时雨水情数据库表结构与标识符》(SL 323—2011)中的测站基本属性表(ST_STBPRP_B)
	2	河道站防洪指标表	ES_RVFCCH_B	ES_001_0002	本张表参考《实时雨水情数据库表结构与标识符》(SL 323—2011)中的河道站防洪指标表(ST_RVFCCH_B)
	3	库(湖)站防洪指标表	ES_RSVRFCCH_B	ES_001_0003	本张表参考《实时雨水情数据库表结构与标识符》(SL 323—2011)中的库(湖)站防洪指标表(ST_RSVRFCCH_B)
	4	库(湖)站汛限水位表	ES_RSVRFSR_B	ES_001_0004	本张表参考《实时雨水情数据库表结构与标识符》(SL 323—2011)中的库(湖)站汛限水位表(ST_RSVRFSR_B)
	5	库(湖)水位库容泄量表	ES_RWACDR_B	ES_001_0005	
	6	水位流量关系曲线表	ES_ZQRL_B	ES_001_0006	本张表引用《实时雨水情数据库表结构与标识符》(SL 323—2011)中的水位流量关系曲线表(ST_ZQRL_B)
	7	洪水频率分析参数表	ES_FRAPAR_B	ES_001_0007	本张表参考《实时雨水情数据库表结构与标识符》(SL 323—2011)中的洪水频率分析参数表(ST_FRAPAR_B)
	8	洪水频率分析成果表	ES_FFRAR_B	ES_001_0008	本张表引用《实时雨水情数据库表结构与标识符》(SL 323—2011)中的洪水频率分析成果表(ST_FFRAR_B)
	9	河流基本属性表	ES_RVBPRP_B	ES_001_0009	
	10	河段基本情况表	ES_RVRCDS_B	ES_001_0010	
	11	洪水传播时间表	ES_FLSPTM_B	ES_001_0011	本张表引用《实时雨水情数据库表结构与标识符》(SL 323—2011)中的洪水传播时间表(ST_FSDR_B)

续表

分类	序号	表名称	表标识	表编号	备注
基本信息类	12	河道断面信息表	ES_RCSECT_B	ES_001_0012	本张表参考《实时雨水情数据库表结构与标识符》(SL 323—2011)中的大断面测验成果表(ST_RVSECT_B)
	13	超标准洪水基本信息表	ES_ESFBINFO_B	ES_001_0013	本张表参考《历史大洪水数据库表结构及标识符》(SL 591—2014)中的历史大洪水基本信息表(HFD_G_FLDINFO)
	14	河道站超标准场次洪水信息表	ES_RVESFINFO_B	ES_001_0014	本张表为新建表
	15	库(湖)站超标准场次洪水信息表	ES_RRESFINFO_B	ES_001_0015	本张表为新建表
	16	洪水预警信息表	ES_FWARNINFO_B	ES_001_0016	本张表为新建表
	17	洪水编号基本信息表	ES_FNUMINFO_B	ES_001_0017	本张表为新建表
	18	流域分区名录表	ES_BAS_B	ES_001_0018	
气象雨情类	1	天气形势图表	ES_WTHP_P	ES_002_0001	本张表参考《历史大洪水数据库表结构及标识符》(SL 591—2014)中的天气形势图表(HFD_W_WTHP)
	2	卫星云图表	ES_CLDP_P	ES_002_0002	本张表参考《历史大洪水数据库表结构及标识符》(SL 591—2014)中的卫星云图表(HFD_W_CLDP)
	3	雷达回波图表	ES_RDP_P	ES_002_0003	本张表参考《历史大洪水数据库表结构及标识符》(SL 591—2014)中的雷达回波图表(HFD_W_RDP)
	4	台风路径图表	ES_TYPHOONP_P	ES_002_0004	本张表为新建表
	5	降雨情况统计表	ES_RFDPC_P	ES_002_0005	本张表参考《历史大洪水数据库表结构及标识符》(SL 591—2014)中的降雨情况统计表(HFD_P_RFDPC)

分类	序号	表名称	表标识	表编号	备注
气象雨情类	6	日雨量过程表	ES_STMCNTDR_P	ES_002_0006	本张表参考《历史大洪水数据库表结构及标识符》(SL 591—2014)中的日雨量过程表(HFD_P_STMCNTDR)
	7	时段雨量摘录表	ES_RFDURT_P	ES_002_0007	本张表参考《历史大洪水数据库表结构及标识符》(SL 591—2014)中的时段雨量摘录表(HFD_P_RFDURT)
	8	月降水量表	ES_MTP_P	ES_002_0008	本张表参考《基础水文数据库表结构及标识符标准》(SL 324—2005)中的月降水量表(HY_MTP_E)
	9	降雨预报图表	ES_RFP_P	ES_002_0009	本张表为新建表
水情信息类	1	河道水情表	ES_RIVER_R	ES_003_0001	本张表引用《实时雨水情数据库表结构与标识符》(SL 323—2011)中的河道水情表(ST_RIVER_R)
	2	水库水情表	ES_RSVR_R	ES_003_0002	本张表引用《实时雨水情数据库表结构与标识符》(SL 323—2011)中的水库水情表(ST_RSVR_R)
	3	堰闸水情表	ES_WAS_R	ES_003_0003	本张表引用《实时雨水情数据库表结构与标识符》(SL 323—2011)中的堰闸水情表(ST_WAS_R)
	4	闸门启闭情况表	ES_GATE_R	ES_003_0004	本张表引用《实时雨水情数据库表结构与标识符》(SL 323—2011)中的闸门启闭情况表(ST_GATE_R)
	5	泵站水情表	ES_PUMP_R	ES_003_0005	本张表引用《实时雨水情数据库表结构与标识符》(SL 323—2011)中的泵站水情表(ST_PUMP_R)
	6	河道水情极值表	ES_RVEVS_R	ES_003_0006	本张表引用《实时雨水情数据库表结构与标识符》(SL 323—2011)中的河道水情极值表(ST_RVEVS_R)
	7	水库水情极值表	ES_RSVREVS_R	ES_003_0007	本张表引用《实时雨水情数据库表结构与标识符》(SL 323—2011)中的水库水情极值表(ST_RSVREVS_R)
	8	堰闸水情极值表	ES_WASEVS_R	ES_003_0008	本张表引用《实时雨水情数据库表结构与标识符》(SL 323—2011)中的堰闸水情极值表(ST_WASEVS_R)

续表

分类	序号	表名称	表标识	表编号	备注
水情信息类	9	泵站水情极值表	ES_PMEVS_R	ES_003_0009	本张表引用《实时雨水情数据库表结构与标识符》(SL 323—2011)中的泵站水情极值表(ST_PMEVS_R)
	10	代表站洪水过程线图表	ES_MHYDCUR_R	ES_003_0010	本张表参考《历史大洪水数据库表结构及标识符》(SL 591—2014)中的代表站洪水过程线图表(HFD_H_MHYDCUR)。
	11	水文站水文要素摘录表	ES_HYSTRECD_R	ES_003_0011	本张表参考《历史大洪水数据库表结构及标识符》(SL 591—2014)中的水文站水文要素摘录表(HFD_H_HYSTRECD)
	12	调查洪水成果表	ES_SLDINVIN_R	ES_003_0012	本张表参考《历史大洪水数据库表结构及标识符》(SL 591—2014)中的调查洪水成果表(HFD_H_SLDINVIN)
工程信息类	1	工程名录表	ES_PRNMSR_E	ES_004_0001	
	2	堤防基本信息表	ES_DIKEBSINFO_E	ES_004_0002	
	3	堤防水文特征表	ES_DIKEBSFST_E	ES_004_0003	
	4	堤防历史决溢记录表	ES_DIKEHOSB_E	ES_004_0004	
	5	蓄滞洪区基础信息表	ES_FSDABSINFO_E	ES_004_0005	
	6	蓄滞洪区基本情况表	ES_HSGFSBI_E	ES_004_0006	

分类	序号	表名称	表标识	表编号	备注
工程信息类	7	蓄滞洪区水位面积—容积—人口—资产关系表	ES_HSWACPSR_E	ES_004_0007	
	8	蓄滞洪区运用方案表	ES_HSGFSUS_E	ES_004_0008	
	9	蓄滞洪区历次运用情况表	ES_HSGFSAPI_E	ES_004_0009	
	10	行洪区历次运用情况表	ES_HGFSAPI_E	ES_004_00010	
	11	水库大坝基础信息表	ES_DAMBSINFO_E	ES_004_00011	
	12	水库大坝特征信息表	ES_DAMINFO_E	ES_004_00012	
	13	泵站基础信息表	ES_PUSTBSINFO_E	ES_004_00013	
	14	泵站特征信息表	ES_PUSTINFO_E	ES_004_00014	
	15	水闸基础信息表	ES_WAGABSINFO_E	ES_004_00015	
	16	水闸特征信息表	ES_WAGAINFO_E	ES_004_00016	

续表

分类	序号	表名称	表标识	表编号	备注
工程信息类	17	水闸泄流曲线表	ES_WAGAESCPP_E	ES_004_00017	
	18	水闸出险记录表	ES_WAGASLDNNT_E	ES_004_00018	
	19	水闸运用历史记录表	ES_SLHSUSNT_E	ES_004_00019	
地理信息类	1	行政区划表	ES_ADDV_G	ES_005_0001	本张表为新建表
	2	DEM信息表	ES_DEMINFO_G	ES_005_0002	本张表为新建表
	3	土地覆盖数据表	ES_LANDCOV_G	ES_005_0003	本张表为新建表
	4	遥感影像数据表	ES_RSIMAGE_G	ES_005_0004	本张表为新建表
社会经济类	1	经济社会数据表	ES_FINAINFO_S	ES_006_0001	本张表为新建表
	2	地区人口情况表	ES_FSDAPEO_S	ES_006_0002	本张表为新建表
	3	地区耕地及播种面积情况表	ES_FSDAPLG_S	ES_006_0003	本张表为新建表
	4	地区经济产值信息表	ES_FSDAFINA_S	ES_006_0004	本张表为新建表
	5	地区私有财产统计表	ES_FSDAPRIFINA_S	ES_006_0005	本张表为新建表
	6	地区房屋情况表	ES_FSDAHOUSE_S	ES_006_0006	本张表为新建表
	7	地区工矿企业情况表	ES_FSDAENPRIS_S	ES_006_0007	本张表为新建表
	8	地区水利设施情况表	ES_FSDAWCFA_S	ES_006_0008	本张表为新建表

分类	序号	表名称	表标识	表编号	备注
洪灾信息类	1	洪水淹没图表	ES_FLOODIMG_D	ES_007_0001	本张表参考《历史大洪水数据库表结构及标识符》(SL 591—2014)中的洪水淹没图表(HFD_D_FLAPFP)
	2	灾情图表	ES_DISAIMG_D	ES_007_0002	本张表参考《历史大洪水数据库表结构及标识符》(SL 591—2014)中的灾情图表(HFD_D_CLMP)
	3	受灾区县表	ES_DISAADDV_D	ES_007_0003	本张表为新建表
	4	洪涝灾害基本情况统计表	ES_DISAINFO_D	ES_007_0004	本张表为新建表
	5	农林牧渔业洪涝灾害统计表	ES_DISAFFAF_D	ES_007_0005	本张表为新建表
	6	工业交通运输业洪涝灾害统计表	ES_DISAFST_D	ES_007_0006	本张表为新建表
	7	城市受淹情况统计表	ES_CITYDROWN_D	ES_007_0007	本张表为新建表
	8	水利设施洪涝灾害统计表	ES_WATCONEST_D	ES_007_0008	本张表为新建表
	9	洪水风险图分区表	ES_RISKMPPART_D	ES_007_0009	本张表为新建表
	10	洪水风险图格点信息表	ES_RISKMPGRID_D	ES_007_00010	本张表为新建表
	11	洪水风险图方案表	ES_RISKMPPLAN_D	ES_007_00011	本张表为新建表
	12	风险图格点计算成果表	ES_GRIDRESULT_D	ES_007_00012	本张表为新建表
	13	图层加载信息表	ES_LAYERS_D	ES_007_00013	本张表为新建表
	14	洪灾指标表	ES_DISAINDEX_D。	ES_007_00014	本张表为新建表

续表

分类	序号	表名称	表标识	表编号	备注
洪灾信息类	15	洪灾损失计算曲线代码表	ES_LSCURVEID_D	ES_007_00015	本张表为新建表
	16	洪灾损失计算曲线表	ES_LSCURVE_D	ES_007_00016	本张表为新建表
	17	洪灾统计指标定义表	ES_LSINDEXDEF_D	ES_007_00017	本张表为新建表
	18	洪灾统计值表	ES_STAVAL _D	ES_007_00018	本张表为新建表
计算成果类	1	降水量预报表	ES_RNFLFNEW_C	ES_008_0001	本张表为新建表
	2	河道水情预报表	ES_RIVFNEW_C	ES_008_0002	本张表为新建表
	3	堰闸水情预报表	ES_WASFNEW_C	ES_008_0003	本张表为新建表
	4	库(湖)水情预报表	ES_RSVRFNEW_C	ES_008_0004	本张表为新建表
	5	单个库(湖)调度成果表	ES_RSVRSCHE_C	ES_008_0005	本张表为新建表
	6	单个行蓄洪区(闸坝)调度成果表	ES_FSDAWASSCHE_C	ES_008_0006	本张表为新建表
	7	联合调度后库(湖)成果表	ES_RSVRJOSCHE_C	ES_008_0007	本张表为新建表
	8	联合调度后河道与闸坝成果表	ES_RIVJOSCHE_C	ES_008_0008	本张表为新建表
	9	单个对象调度状态记录表	ES_SINGSCHEST_C	ES_008_0009	本张表为新建表
	10	联合调度后调度对象状态记录表	ES_JOSCHEST_C	ES_008_00010	本张表为新建表

分类	序号	表名称	表标识	表编号	备注
计算成果类	11	联合调度后河道站成果统计表	ES_RIVJOSTAC_C	ES_008_00011	本张表为新建表
	12	联合调度后蓄滞洪区与闸坝成果统计表	ES_FSDAWAS JOSTAC_C	ES_008_00012	本张表为新建表
	13	联合调度方案成果统计指标定义表	ES_STINDICDEF_C	ES_008_00013	本张表为新建表
	14	联合调度方案成果统计指标值表	ES_STINDICVAL_C	ES_008_00014	本张表为新建表

2.5　超标准洪涝灾害数据库建设实例

以淮河流域沂沭泗水系典型示范区超标准洪涝灾害数据库实例搭建为例说明。流域超标准洪涝灾害数据库包括基本信息、气象雨情、水情信息、工程信息、地理信息、经济社会、洪灾信息和计算成果等 8 大类信息的存储结构，涉及超标准洪水、洪涝灾害及与超标准洪水调度决策支持系统计算相关的数据表。

2.5.1　数据库实例化搭建

数据库实例化搭建一般可通过两种方式：一种是通过图形界面直接操作，另一种是通过运行数据库建库 SQL 语句生成。通过图形界面直接创建数据库操作（图 2.5-1），输入拟创建的数据库名，设置初始大小、自动增长、存储路径等属性之后，点击确定即可创建完成。

通过运行 SQL 语句创建超标准洪涝灾害数据库，其建库 SQL 语句如下：

```
USE［master］
GO
CREATE DATABASE［esflood］
CONTAINMENT＝NONE
ON PRIMARY
(NAME＝N'ESFLOOD',FILENAME＝N'C:\Program Files\Microsoft SQL Server\
```

MSSQL11. MSSQLSERVER \ MSSQL \ DATA \ ESFLOOD. mdf ´，SIZE ＝ 5120kB，MAXSIZE＝UNLIMITED，FILEGROWTH＝10%）

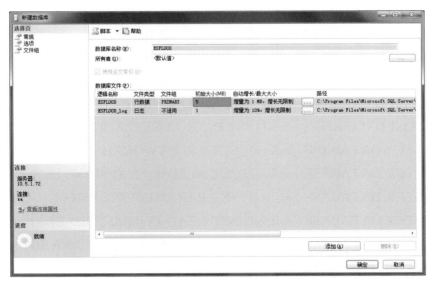

图 2.5-1　图形界面创建数据库

LOG ON

(NAME ＝ N´ESFLOOD _log´，FILENAME ＝ N´C：\ Program Files \ Microsoft SQL Server \ MSSQL11. MSSQLSERVER \ MSSQL \ DATA \ ESFLOOD _ log. ldf´，SIZE ＝ 1024KB，MAXSIZE＝2048GB，FILEGROWTH＝10%）

GO：ALTER DATABASE [esflood] SET COMPATIBILITY_LEVEL＝110

GO：IF(1＝FULLTEXTSERVICEPROPERTY(´IsFullTextInstalled´))

begin

EXEC [esflood]. [dbo]. [sp_fulltext_database] @action＝´enable´

end

GO：ALTER DATABASE [esflood] SET ANSI_NULL_DEFAULT OFF

GO：ALTER DATABASE [esflood] SET ANSI_NULLS OFF

GO：ALTER DATABASE [esflood] SET ANSI_PADDING OFF

GO：ALTER DATABASE [esflood] SET ANSI_WARNINGS OFF

GO：ALTER DATABASE [esflood] SET ARITHABORT OFF

GO：ALTER DATABASE [esflood] SET AUTO_CLOSE OFF

GO：ALTER DATABASE [esflood] SET AUTO_CREATE_STATISTICS ON

GO：ALTER DATABASE [esflood] SET AUTO_SHRINK OFF

GO：ALTER DATABASE [esflood] SET AUTO_UPDATE_STATISTICS ON

GO：ALTER DATABASE [esflood] SET CURSOR_CLOSE_ON_COMMIT OFF

GO：ALTER DATABASE［esflood］SET CURSOR_DEFAULT GLOBAL

GO：ALTER DATABASE［esflood］SET CONCAT_NULL_YIELDS_NULL OFF

GO：ALTER DATABASE［esflood］SET NUMERIC_ROUNDABORT OFF

GO：ALTER DATABASE［esflood］SET QUOTED_IDENTIFIER OFF

GO：ALTER DATABASE［esflood］SET RECURSIVE_TRIGGERS OFF

GO：ALTER DATABASE［esflood］SET DISABLE_BROKER

GO：ALTER DATABASE［esflood］SET AUTO_UPDATE_STATISTICS _ASYNC OFF

GO：ALTER DATABASE［esflood］SET DATE_CORRELATION_OPTIMIZATION OFF

GO：ALTER DATABASE［esflood］SET TRUSTWORTHY OFF

GO：ALTER DATABASE［esflood］SET ALLOW_SNAPSHOT_ISOLATION OFF

GO：ALTER DATABASE［esflood］SET PARAMETERIZATION SIMPLE

GO：ALTER DATABASE［esflood］SET READ_COMMITTED_SNAPSHOT OFF

GO：ALTER DATABASE［esflood］SET HONOR_BROKER_PRIORITY OFF

GO：ALTER DATABASE［esflood］SET RECOVERY FULL

GO：ALTER DATABASE［esflood］SET MULTI_USER

GO：ALTER DATABASE［esflood］SET PAGE_VERIFY CHECKSUM

GO：ALTER DATABASE［esflood］SET DB_CHAINING OFF

GO：ALTER DATABASE［esflood］SET FILESTREAM(NON_TRANSACTED_ACCESS =OFF)

GO：ALTER DATABASE［esflood］SET TARGET_RECOVERY_TIME=0 SECONDS

GO：EXEC sys. sp_db_vardecimal_storage_format N'esflood', N'ON'

2.5.2　数据库表的实例化搭建

数据库表的实例化搭建也可以通过图形界面操作和运行建表 SQL 语句两种方式实现。其中，图形界面创建数据见图 2.5-2，以河道站防洪指标表为例，按照数据库表结构设计的内容，编辑字段名、数据类型、是否允许空值、是否主键等属性，直接生成数据库表。

通过运行 SQL 语句直接生成数据库表，以河道站防洪指标表为例，其建表 SQL 语句如下：

/ ＊ ＊ ＊ ＊ ＊ Object：Table［dbo］.［ES_RVFCCH_B］Script Date：2020/9/16 8：30：08 ＊ ＊ ＊ ＊ ＊ ＊/

SET ANSI_NULLS ON

GO

SET QUOTED_IDENTIFIER ON

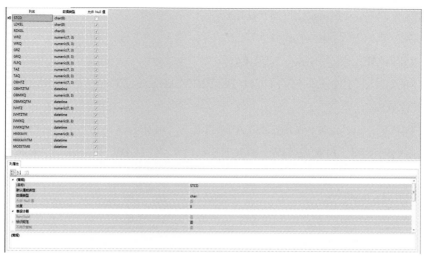

图 2.5-2 图形界面创建数据表

GO

SET ANSI_PADDING ON

GO

CREATE TABLE［dbo］.［ES_RVFCCH_B］(

　［STCD］［char］(8)NOT NULL,

　［LDKEL］［char］(8)NULL,

　［RDKEL］［char］(8)NULL,

　［WRZ］［numeric］(7,3)NULL,

　［WRQ］［numeric］(9,3)NULL,

　［GRZ］［numeric］(7,3)NULL,

　［GRQ］［numeric］(9,3)NULL,

　［FLPQ］［numeric］(9,3)NULL,

　［TAZ］［numeric］(7,3)NULL,

　［TAQ］［numeric］(9,3)NULL,

　［OBHTZ］［numeric］(7,3)NULL,

　［OBHTZTM］［datetime］NULL,

　［OBMXQ］［numeric］(9,3)NULL,

　［OBMXQTM］［datetime］NULL,

　［IVHTZ］［numeric］(7,3)NULL,

　［IVHTZTM］［datetime］NULL,

　［IVMXQ］［numeric］(9,3)NULL,

　［IVMXQTM］［datetime］NULL,

［HMXAVV］［numeric］(9,3)NULL,

［HMXAVVTM］［datetime］NULL,

［MODITIME］［datetime］NULL,

CONSTRAINT［PK_ES_RVFCCH_B］PRIMARY KEY CLUSTERED

（［STCD］ASC

）WITH（PAD_INDEX＝OFF,STATISTICS_NORECOMPUTE＝OFF,IGNORE_

DUP_KEY＝OFF,ALLOW_ROW_LOCKS＝ON,ALLOW_PAGE_LOCKS＝ON）ON

［PRIMARY］

）ON［PRIMARY］

GO

SET ANSI_PADDING OFF

GO

2.5.3　数据录入

数据库表中数据的录入一般有两种方式。对于少量记录的数据表,可采用图形界面直接编辑的方式;对于大量的数据录入,一般采用从其他数据源批量导入的方法,导入的数据源可以是其他数据库表中的数据或本地 Microsoft Excel 文件。以 Microsoft SQL Server 数据库为例,直接编辑数据记录的界面(图 2.5-3)。在单元格中输入相应内容,点击保存即可。

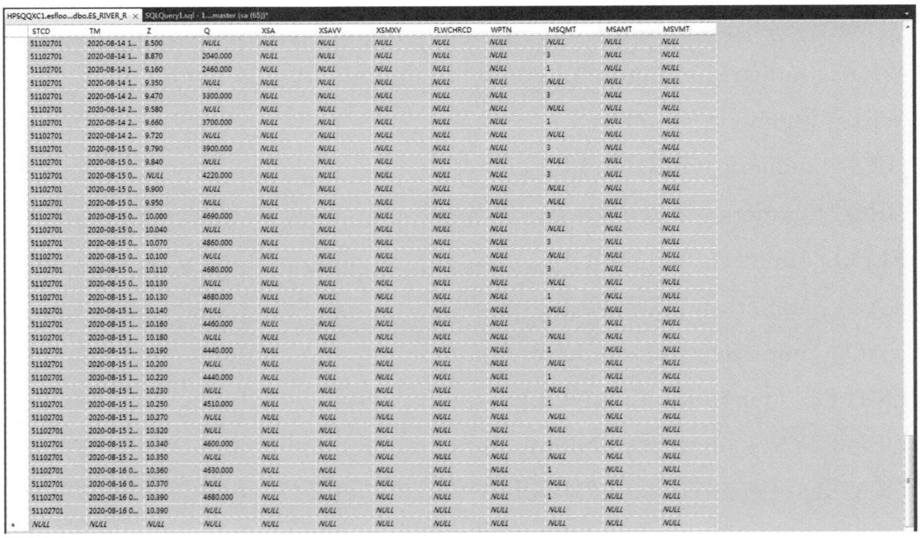

图 2.5-3　图形界面数据录入

对于大批量的数据导入,其操作步骤如下:

①选择数据源,见图 2.5-4。

图 2.5-4　选择数据源

②选择需要导入数据的目标数据库，见图 2.5-5。

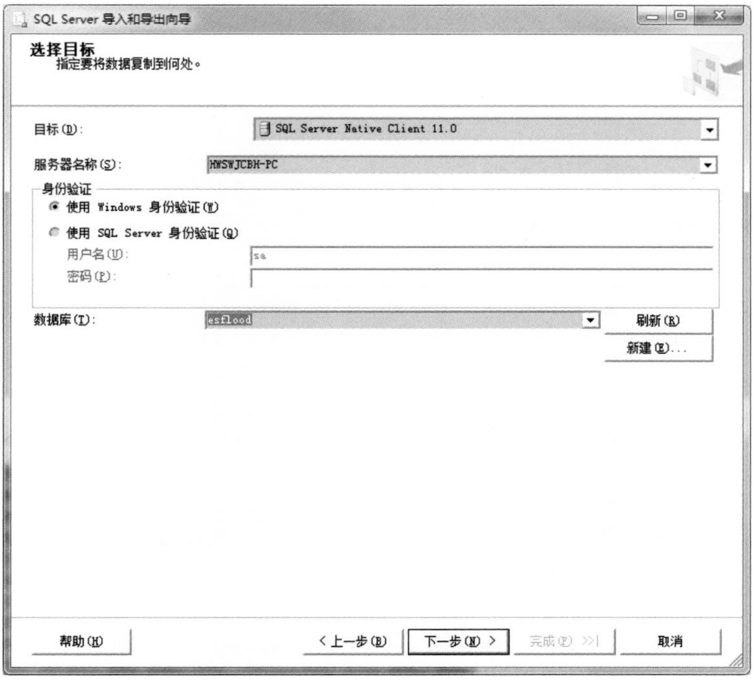

图 2.5-5　选择目标数据库

③选择需要导入的数据表,可选择一个或多个,对于单个表格,可以编辑数据源和目标表字段的映射关系,见图 2.5-6 和图 2.5-7。

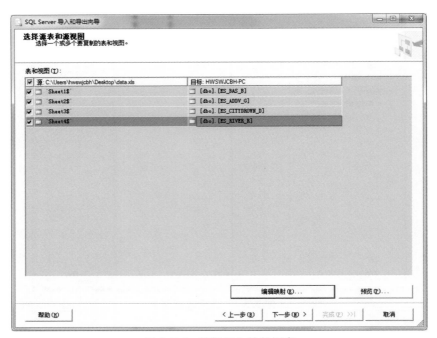

图 2.5-6　选择导入的数据表

图 2.5-7　编辑数据源和目标表字段映射关系

④设置完成后,点击运行,即可进行数据批量导入,导入完成后,出现数据导入完成提

示,见图 2.5-8。

图 2.5-8　数据批量导入完成

⑤数据导入完成,以河道实时水情表为例,数据导入后的数据库表所存储的数据见图 2.5-9。

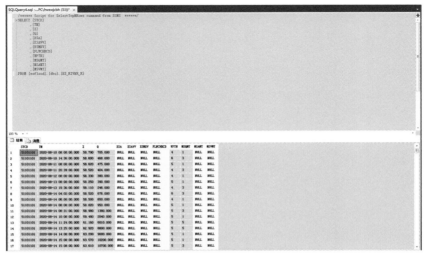

图 2.5-9　河道实时水情表数据存储

2.6 小结

流域超标准洪水综合应对已成为目前防洪减灾的"现实短板",而流域超标准洪涝灾害数据库建设研究又是流域超标准洪水综合应对亟须解决的基础性问题。本章通过系统梳理分析水利行业现有与防洪紧密相关的数据库及库表结构,开展了流域超标准洪涝灾害数据库及库表结构研究,简述了常用数据库及数据库建设关键技术,提出了流域超标准洪涝灾害数据库的建设原则、与现有数据库系统的关系、数据库整体结构、数据库表结构设计、数据库标识符设计等,开展了淮河流域典型示范区超标准洪涝灾害数据库实例搭建工作,为其他流域或区域超标准洪涝灾害数据库研究及应用提供了思路与支撑。

第3章 超标准洪水调度决策支持技术

3.1 关键技术分析

超标准洪水调度决策支持技术是系统支撑层面的主要环节、关键支撑技术及解决方案。首先面向超标准洪水调度决策,从实现信息系统的关键技术角度,总体分析关键问题及对应的技术需求;然后从通用化支撑的角度,介绍决策支持系统的主要架构;接下来结合超标准洪水决策业务,梳理业务流程,支撑应用功能;最后具体从通用服务、决策方案适配、模型封装、微服务治理等方面,分别进行技术阐述。

本关键技术的重点在于规范并整合超标准洪水计算模型,针对超标准洪水计算影响范围大、参数多、对象不确定等特点,为满足超标准洪水快速决策支持要求,提出超标准洪水下多组合敏捷响应技术的理论与方法,开发一套支撑软件,作为超标准洪水调度决策支持系统的配置工具。

决策支持技术以流程化技术为核心、以组件化技术为基础、以模型组装衔接为手段,规范输入输出表达,通过配置工具,实现系统建设。敏捷响应技术,一方面标准化各专业模型的访问调用方式,实现各模型在系统中的输入输出管理和自动衔接;另一方面支持敏捷搭建流程化配置、组件化管理和快速搭建应用,解决防洪调度业务中的专业计算成果孤岛问题,有效提高系统的管理水平和执行效率。

本章具体阐述以下内容:

(1)决策支持数据管理技术

决策支持技术所依赖的数据库管理方式,包括业务配置类、模型参数类、方案成果类等多种数据类型,并详细列出各表格的含义及字段设计。

(2)基础支撑服务及技术

为了支撑超标准洪水调度决策支持技术,需要依赖的基础支撑服务和技术,描述其具体定义以及在本技术中的运用方式。

(3)异构专业模型的封装技术

不同平台、不同开发语言、不同设计思路下,如何对专业模型进行规范化和封装,实现可被本技术体系识别的标准模型。

（4）变化决策方案的敏捷构建技术

超标准洪水调度决策支持技术以流程化技术为核心,通过敏捷构建技术方式反映流程化思路,并实现对象配置、模型配置、功能配置等多种配置,实现变化决策方案的业务场景搭建。

（5）数据流自诊断技术

在决策支持计算过程中,需要对不断变化的数据流进行诊断和校正。通过数据校验、流程衔接、不同类型计算节点的数据衔接等方式,保证数据流的正确性和完整性。

（6）计算流预处理技术

为了提高决策效率,需要在决策支持技术的构建过程中,增加缓存机制,同时运用异步计算、并发处理等方式,解决性能瓶颈,加快响应速度。

（7）基于微服务的系统治理技术

对比不同服务治理方式的优缺点,分析微服务架构的特点及优劣,描述微服务治理技术在超标准洪水调度决策支持中的运用。

（8）可视化搭建技术

通过可视化界面实现快速构建技术和配套工具,实现业务应用搭建的可视化配置,提升可用性和友好性。

3.2　决策支持数据管理技术

流域超标准洪水调度决策支持系统在运行时需要调用大量的目标对象信息和模型计算参数,并存储结果,需要建立一套独立于超标准洪涝灾害数据库,支撑敏捷响应构建技术的系统数据库,用来存储和管理业务流程执行时的数据流以及系统运行中的各种配置参数。与超标准洪涝灾害数据库不同,本数据库仅用于超标准洪水调度决策支持技术执行所必需的系统配置、业务搭建及应用数据管理。数据库体系结构见图 3.2-1。

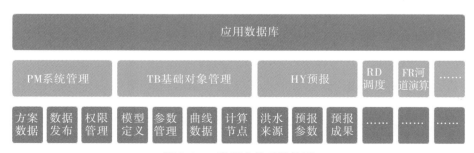

图 3.2-1　数据库体系结构图

（1）管理系统运行所必需的数据

包括系统参数数据、方案管理数据、权限管理数据、数据发布定义、系统日志、自动计算任务配置等。

（2）管理敏捷响应支撑软件中所有业务节点的对象建模数据

包括流域、区域、河流、河段、水文站、水库、水电站、雨量站、气象区间、预报区间、河道断面、蓄滞洪区等。

（3）管理超标准洪水调度决策支持相关的各类专业模型参数

包括产流模型（新安江模型、API 模型）、坡面汇流模型（LT 模型）、河道汇流模型（马斯京根模型）、水库调度模型（调度规程模型、优化调度模型、调洪交互模拟模型）、水动力模型等。

（4）管理超标准洪水调度决策支持的各类业务模块配置数据

包括洪水预报、水库调度、河道洪水演进、决策综合分析、水库溃坝模拟、防洪风险分析等。

（5）管理超标准洪水调度决策支持的各类业务方案成果发布数据

包括各站点水位和流量预演成果，水库调度的入库流量、出库流量、坝上水位成果，防洪风险分析的洪水淹没范围、洪灾风险评估成果等。

上述各类决策支持数据的库表结构及标识符设计遵循前述超标准洪涝灾害数据库的表结构及标识符设计要求。

3.3 基础支撑服务及技术

超标准洪水调度决策支持技术采用前后端分离的 B/S 架构模式，其中前端主要采用 HTML5＋JavaScript＋NodeJS＋Vue 的技术路线，通过网页端提供业务建模工具和系统搭建能力，支撑决策支持系统的建设；后端总体采用 Java＋Maven＋SpringBoot＋SpringCloud＋Nacos 的技术路线，通过后台服务提供流程引擎及模型承载等能力。基础中间件描述了单点登录、安全保障、日志管理、Tomcat 等支撑服务和功能。最后设计了决策支持技术的总体架构和功能模块划分。

3.3.1 前端技术框架

HTML5 是 HTML 的最新版本，2014 年 10 月由万维网联盟（W3C）完成标准制定，其目的是在移动设备上支持多媒体。目前，大部分现代浏览器已经具备了 HTML5 支持，主要特性元素包括：用于绘画的 canvas 元素；用于媒介回放的 video 和 audio 元素；对本地离线存储的良好支持；article、footer、header、nav、section 等特殊内容元素；calendar、date、time、email、url、search 等表单控件。

JavaScript 简称 JS,是一种基于对象和事件驱动的脚本编程语言,兼顾函数式编程和面向对象编程,是现阶段 Web 前端开发的唯一选择。JavaScript 涉及很多框架,如 jQuery、AngularJS、React、Vue 等。一个完整的 JavaScript 实现由 3 个不同部分组成:一是语言核心部分,描述了一套标准语言的基本语法(var、for、if、array 等)和数据类型(数字、字符串、布尔、函数、对象等);二是文档对象模型,提供了一套网页文档操作标准,把整个页面规划成由节点层级构成的文档,通过创建树来表示文档,从而使开发者对文档的内容和结构具有控制力;三是浏览器对象模型,约定了客户端和浏览器窗口的操作基础,提供详细的网络浏览器信息、页面信息、用户屏幕分辨率信息、cookies 支持等。

Node. js 是一个开源且支持跨平台的 JavaScript 运行环境,用于在本地计算机上运行 JavaScript 代码。Node. js 在浏览器外运行 V8 JavaScript 引擎,运行于单个进程中,不需要为每个请求创建新的线程。Node. js 在其标准库中提供了一组异步的 I/O 原生功能,并使用非阻塞的范式编写。npm 是 Node. js 的标准软件包管理器,现已成为前端 JavaScript 的主流使用工具,可以管理项目依赖的资源下载。

Vue 是一套用于构建用户界面的渐进式框架,可以自底向上逐层应用,是当前最主流的前端开发框架之一。Vue 的核心库只关注视图层,易于上手,还便于与第三方库或既有项目整合。另外,当与现代化的工具链以及各种支持类库结合使用时,Vue 也能够为复杂的页面应用提供驱动。

3.3.2 后端技术框架

Java 是一门面向对象的编程语言,它吸收了 C++语言的各种优点,具有功能强大和简单易用两个特征。Java 语言作为静态面向对象编程语言的代表,极好地实现了面向对象理论,允许程序员以敏捷的思维方式进行复杂编程。Java 具有简单性、面向对象、分布式、健壮性、安全性、平台独立与可移植性、多线程、动态性等特点,可以编写桌面应用程序、Web 应用程序、分布式系统和嵌入式系统应用程序。Java 语言具有强大的跨平台特征,需要独立的开发和运行环境支持。JDK(Java Development Kit)称为 Java 开发包或 Java 开发工具,是编写 Java 应用程序的开发支撑环境;Java API 类库中的 Java SE API 子集和 Java 虚拟机这两部分统称为 JRE(JAVA Runtime Environment),是支持 Java 程序运行的标准环境。因此,JRE 是一个运行环境,JDK 是一个开发环境,JDK 包含了 JRE。

Maven 是 Apache 公司提供的一个项目管理工具,它基于项目对象模型(POM)管理项目的构建、报告和文档。一个 Maven 项目在默认情况下会产生 jar 文件,编译后的 classes 会放在 ${basedir}/target/classes 下面,jar 文件会放在 ${basedir}/target 下面。任何人使用 Maven 项目,文件的存放位置都是一样的,通用性较好,有利于对开发项目进行统一管理。因此,Maven 本质上是一个项目管理和自动化构建工具,项目遵循"约定优于配置"的原则,这也是 Maven 项目的一大特色。另外,Maven 也是一个插件框架,它的核心不执行任何具体的构建工作,全部都交给插件去执行,Maven 插件是与 Maven 生命周期绑定在一起的。

对于超标准洪水调度决策支持的后端技术,采用 Maven 来进行项目和依赖的管理,是成熟可靠的。

Spring Boot 是一套功能强大的企业级系统框架,即便一个简单的开发项目,也需要进行大量配置,极为繁琐。因此,需要引入 Spring Boot 帮助开发人员自动配置,只要存在相应的 jar 包,Spring 就会自动去识别。如果默认配置不能满足需求,还可以替换掉自动配置类,使用自定义配置。另外,Spring Boot 还集成了嵌入式的 Web 服务器、系统监控等很多有用的功能,支持快速构建企业级应用程序。在超标准洪水调度决策支持技术中,Spring Boot 作为后端服务的建设框架,负责维护整个系统的组织结构、运行方式等。

Spring Cloud 是一系列框架的有序集合,利用 Spring Cloud 的开发便利性巧妙地简化了分布式系统基础设施的开发,如服务发现与注册、配置中心、消息总线、负载均衡、断路器、数据监控等,都可以用 Spring Cloud 框架做到一键启动和部署,最终给开发者留出一套简单易懂、易部署和易维护的分布式系统开发工具包。

3.3.3 微服务技术

微服务是一种软件开发技术,是面向服务架构(SOA)样式的一种变体。它提倡将单一应用程序划分成一组小的服务,服务之间互相协调、互相配合,为用户实现最终目标。每个服务运行在其独立的进程中,服务与服务间采用轻量级的通信机制互相沟通(通常是基于 HTTP 的 RESTful API)。每个服务都围绕着具体业务进行构建,并且能够独立地部署到生产环境、类生产环境中。另外,尽量避免统一的、集中式的服务管理机制,对具体的一个服务而言,应根据上下文,选择合适的语言、工具对其进行构建。微服务的主要特点包括:

(1)单一职责

每个微服务都需要满足单一职责原则,微服务本身是内聚的,因此微服务通常比较小。每个微服务按独立的业务逻辑划分职责,每个微服务仅负责处理自身业务职责内的功能。

(2)自治

一个微服务就是一个独立的实体,它可以独立部署、升级,服务与服务之间通过 REST 等形式的标准接口进行通信,任意一个微服务实例的变更,对其他的微服务都不产生直接影响。

(3)可扩展

应对系统业务增长的方法通常采用横向(Scale out)或纵向(Scale up)进行扩展。分布式系统中通常要采用 Scale out 的方式进行扩展。因为不同的功能会面对不同的负荷变化,所以采用微服务的系统相对单块系统具备更好的可扩展性。

(4)灵活组合

在微服务架构中,可以通过组合已有的微服务达到功能重用的目的。

（5）技术异构

在一个大型系统中,不同的功能具有不同的特点,并且不同的团队可能具备不同的技术能力。因为微服务间松耦合,不同的微服务可以选择不同的技术栈进行开发。同时,在应用新技术时,可以仅针对一个微服务进行快速改造,而不会影响系统中的其他微服务,有利于系统的迭代和演进。例如,若系统数据量变大,我们需要数据由当前的 sqlite 数据库修改为 MySQL 数据库时,可以仅修改 Inventory Service,而不需要对整个系统的数据库全部替换。

（6）高可靠

微服务间独立部署,一个微服务的异常不会导致其他微服务同时异常。通过隔离、熔断等技术可以避免异常服务对系统的整体影响,极大提升微服务的可靠性。

根据上述特征,微服务具有逻辑清晰、部署简化等优点。逻辑清晰是由微服务的单一职责的要求所带来的,一个仅负责一项很明确业务的微服务,在逻辑上肯定比一个复杂的系统更容易让人理解。逻辑清晰带来的是微服务的可维护性,在我们对一个微服务进行修改时,能够更容易分析到这个修改到底会产生什么影响,从而通过完备的测试保证修改质量。部署简化方面,在一个单块系统中,只要修改了一行代码,就需要对整个系统进行重新构建、测试,然后将整个系统进行部署,而微服务则可以只对一个微服务进行部署,从而可以更频繁地去维护升级软件,通过很低的集成成本,即可快速发布新的功能。

与之对应,微服务也不可避免存在一些缺点。首先是复杂度高。微服务间通过 REST、RPC 等形式交互,相对于 Monolithic 模式下的 API 形式,需要考虑被调用方故障、过载、消息丢失等各种异常情况,代码逻辑更加复杂。对于微服务间的事务性操作,因为不同的微服务采用了不同的数据库,将无法利用数据库本身的事务机制保证一致性,需要引入二阶段提交等技术;同时,在微服务间存在少部分共用功能但又无法提取成微服务时,各个微服务对于这部分功能通常需要重复开发,或至少要做代码复制,以避免微服务间的耦合,增加了开发成本。其次是运维复杂。在采用微服务架构时,系统由多个独立运行的微服务构成,需要一个设计良好的监控系统对各个微服务的运行状态进行监控,运维人员需要对系统有细致的了解才能够更好地运维系统。最后是影响性能。相对于 Monolithic 架构,微服务间通过 REST、RPC 等形式进行交互,通信时延会受到较大影响。

综上,超标准洪水调度决策支持技术采用微服务框架进行后台模型服务和系统应用服务的开发实现,可以充分提高不同模块的内聚性和管理能力。

3.3.4　基础中间件

3.3.4.1　单点登录

超标准洪水调度决策支持各业务功能与现有国家防汛抗旱指挥系统集成后,采用单点登录（Single Sign On,简称 SSO）方式进行授权认证。SSO 的定义是在多个应用系统（应用模块）中,用户只需要登录一次就可以访问所有相互信任的应用系统。单点登录通过以下方式实现：

（1）所有应用系统共享一个身份认证系统

统一的认证系统是 SSO 的前提之一。认证系统的主要功能是将用户的登录信息与用户信息库相比较，对用户进行登录认证；认证成功后，认证系统生成统一的认证标志（ticket），返还给用户。另外，认证系统还应对 ticket 进行效验，判断其有效性。

（2）所有应用系统能够识别和提取 ticket 信息

要实现 SSO 功能，让用户只登录一次，就必须让应用系统能够识别已经登录过的用户。应用系统应能对 ticket 进行识别和提取，通过与认证系统的通信，能自动判断当前用户是否登录过，从而完成单点登录功能。

3.3.4.2 安全保障

单点登录提供统一用户管理、权限认证管理等功能，实现系统用户、系统管理用户的"一站式"访问，统一认证。单点登录主要提供以下安全保障：

（1）用户认证服务

用于实现用户登录单点登录系统的身份加密验证功能，并支持自动登录功能。

（2）身份管理服务

用于实现单点登录用户信息的管理和检索。

（3）统一权限管理

通过对各类操作权限、数据权限和组织机构设置紧密配合，实现业务分工以及业务权限管理，为应用权限管理及权限授权管理提供保障。

（4）进程启动服务

通过进程注册管理，自动区分异构应用系统，并根据系统特性选择相应的登录策略启动相关的应用系统程序。

（5）登录策略服务

使用脚本对应用系统的登录进行检测和判断，并完成登录过程。

3.3.4.3 日志管理

超标准洪水调度决策支持各业务功能需记录用户操作日志。日志内容主要包括：时间、用户、操作形式、操作内容等。系统支持查看每个用户的操作记录，支持日志的备份和清除。

日志管理通过 Log4j 实现。Log4j 是 Apache 的一个开源项目，可以控制日志信息输送到控制台、文件、GUI 组件，甚至是套接口服务器、NT 的事件记录器、UNIX Syslog 守护进程，也可以控制每一条日志的输出格式；通过定义每一条日志信息的级别，还能够更加细致地控制日志的生成过程。Log4j 主要由 Loggers（日志记录器）、Appenders（输出端）和 Layout（日志格式化器）组成。其中，Loggers 控制日志的输出级别与日志是否输出；

Appenders 指定日志的输出方式(输出到控制台、文件等);Layout 控制日志信息的输出格式。所有日志功能都可通过配置文件灵活配置,不需要修改应用代码。

3.3.4.4 Tomcat

Tomcat 服务器是一个开源的轻量级 Web 应用服务器,是一个 servlet 容器,是 Apache 的扩展,自身独立运行,支持 Servlet 和 JSP 规范。它由一组嵌套的层次和组件组成,在中小型系统和并发量小的场合下被普遍使用,是开发和调试 Servlet、JSP 程序的首选。因为 Tomcat 技术先进、性能稳定,已成为目前比较流行的 Web 应用服务器。

3.3.5 决策支持技术总体架构

超标准洪水调度决策支持技术服务程序命名 WPD,模块统一采用 wpd 为前缀。总体架构见图 3.3-2。

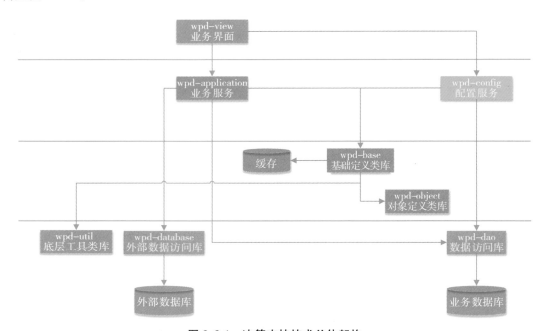

图 3.3-1 决策支持技术总体架构

流程引擎所有服务模块均采用微服务模式实现,服务支持直接调用接口或微服务模式调用接口。服务之间支持通过微服务的服务名互相调用。

业务数据在流转过程中通过缓存统一管理,缓存采用 redis 实现,支持内存缓存及硬盘备份,兼顾性能及容灾性。各服务程序的职责划分如下:

(1)wpd-application 业务服务

负责将业务逻辑按照配置进行执行处理,是流程引擎的主要执行部分。

(2)wpd-base 基础定义类库

用来组织流程引擎的流程结构、数据管理模式、数据流转方式等,是流程引擎的核心管理部分。

（3）wpd-object 对象定义库

管理和维护流程引擎所支持的所有节点类，包括数据结构和描述等。

（4）wpd-dao 数据访问库

通过接口形式为流程引擎提供业务数据库的访问能力，上层其他 wpd 库对业务数据库的访问也全部通过该类执行。

（5）wpd-config 配置服务

专用于系统配置的服务接口。

（6）wpd-database 外部数据访问库

负责提供非业务配置库的其他数据接口，各上层服务可以通过该服务请求其他数据。

（7）wpd-util 底层工具类库

存放各类通用工具和算法。

（8）wpd-view 业务界面

wpd-view 是流程引擎的表现形式，该部分不作为流程引擎的核心，而是配套产品。

3.3.5.1 wpd-util 底层工具类库

通用的底层工具。不允许依赖其他 wpd 库，存放各类通用小工具和算法。该底层工具所有开发人员共用，均可以为其增加功能。主要内容包括：通用数值计算函数、通用语言扩展类型、通用加密解密算法、通用文件处理函数、通用时间处理工具、通用反射工具及其他通用方法等。

3.3.5.2 wpd-dao 数据访问库

wpd 业务数据库访问。通过 spring-boot-jpa 实现，底层由 hibernate 提供，dao 由 jparepository 接口形式提供，上层其他 wpd 库对业务数据库的访问也全部通过该服务执行。该服务由数据开发人员独立控制，其他开发人员只能调用 dao 接口，不允许进行修改，避免产生冲突和冗余。wpd-dao 主要由两部分组成：一是 entity 实体类，用于映射 wpd 业务数据库，保持和数据库表结构的一致性；二是 dao 类，用于描述如何从数据库读取数据，主要通过 HQL 和 SQL 方式编写。wpd-dao 层仅控制直接从数据库读写原始数据的功能，不做二次加工处理。例如，查询的数据需要做插值、补全等，应作为业务功能在 wpd-data 或 wpd-business 层处理。

3.3.5.3 wpd-database 外部数据访问库

外部数据库访问。调用 wpd 业务数据库之外的第三方数据库时，采用该服务实现。该服务底层由原生 jdbc 提供，并通过配置 SQL 的方式进行灵活配置管理，以适应外部数据库的各种库表结构形式。该服务同样由数据开发人员独立控制，其他开发人员不允许修改。

3.3.5.4 wpd-base 基础定义类库

基础定义类库存放所有业务数据的类型定义及数据维护管理方式,用于后期开放 api 时供第三方调用并编写相应功能,支持按需增量式扩展。主要定义包括对象定义及功能方法、模型定义及功能方法、功能模块定义及功能方法、配置定义及功能方法、曲线结构定义及功能方法、拓扑结构定义及功能方法、单位定义及功能方法、数据集定义及功能方法等。

3.3.5.5 wpd-config 配置服务

wpd-config 专用于系统配置的服务接口,涵盖系统配置所有项,在搭建系统时调用,依赖 wpd-base 和 wpd-dao,对应系统配置界面,独立作为 jar/war 部署管理。配置结束后,所有配置项进入数据库,业务系统服务需重新加载以刷新系统。

3.3.5.6 wpd-model 模型服务

wpd-model 提供模型算法服务,内部包含各种纯 java 编写的模型计算算法,通过 json 格式管理输入输出接口信息。模型服务提供管理页面,支持按规范编写的模型 jar 包上传及注册功能,使模型可以在线扩展。同时,因提供了在线上传扩展模型功能,故模型编写规范中应约束模型开发者编写对应的模型文档及输入输出格式说明,在模型服务管理页面应提供这些说明,供用户及其他系统开发人员使用。对于外部模型算法封装的服务,外部仅提供模型库(fortran、C++、mike 等)成果,而非 java 代码的情况下,通过该服务进行封装,按照 Http 形式服务提供。外部模型由于其跨语言跨平台的特殊性,需通过开发打包重新生成部署,故不考虑在线上传注册功能。但为了提高系统整体兼容性,在开发外部模型包时应充分考虑 linux 等非 Windows 系统的运行支持。最后,为控制权限,所有模型服务应鉴权后才可被访问。

3.3.5.7 wpd-application 业务服务

wpd-application 提供业务功能服务接口。所有业务流程均通过该服务实现,作为支撑计算过程的核心服务,为预报、调度、河道演算、回水、溃坝模拟、淹没模拟、蓄滞洪区运用等专业应用提供界面支撑。主要包括预报计算流程、调度计算流程、方案创建管理流程、成果统计计算流程、配置项读取识别、接口的通用日志处理、统筹初始化其他各模块的启动方法、加载初始数据、加载和填充缓存、定义各业务的 Http 接口、定义各业务的服务方法、内部调用 wpd-business 业务流程及专业模型、前端交换用的数据定义、接口文档定义、核心业务配置文件定义等。业务服务的接口应鉴权后才可被访问,鉴权提供用户注册、登录、权限设置等功能及对应接口,并提供给权限配置界面。

3.3.5.8 wpd-view 用户界面

wpd-view 提供用户界面服务接口。界面服务和后台服务之间分离,并与 wpd-application、wpd-config 提供的接口进行对接。wpd-view 负责呈现决策支持技术生成的各功能模块具体界面。

3.4　异构专业模型的封装技术

在对水文预报模型（产流模型、汇流模型）、水库调度模型（供水调度、防洪调度）、河道洪水演进模型（水文演算、水动力演算）、一/二维水动力模型、溃坝模型、洪水风险分析模型等水利专业模型进行深入研究后，制定了模型服务集成的标准规范及调用模式。

3.4.1　模型调用技术模式

制定见图 3.4-1 的专业模型架构规范，以约定超标准洪水调度决策所涉及的各类专业模型建设方式。

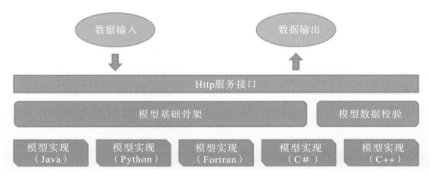

图 3.4-1　专业模型架构规范

模型实现不再包含数据的存储和管理。以前大多数专业模型都会把各种依赖数据、边界条件、模型参数作为文件或者数据库，与模型计算紧密耦合在一起。在这种方式下，每个模型在算法不变的情况下，用于其他流域、其他对象时都要重新编写模型。为了解决该问题，必须将数据和模型算法解耦，模型实现只做具体算法。

模型采用标准的 Http 服务形式提供接口，不再采用 dll 或者 RPC（Remote Process Call）方式提供。因为无法确定模型调用方采用的系统建设方式，所以提供与语言或平台绑定的 dll 或者 RPC 都不太合适。为了兼容绝大多数系统，采用标准的 Http 服务接口可以兼顾性能和兼容性。

模型基础骨架是专业模型标准化的基础。由于模型的编写者不同，所采用的技术和平台也各不相同，因此需要通过一个通用的模型抽象类作为统一的模型框架，来统一各类模型的调用方式，并与具体的模型实现适配，保证模型编写者在使用包括 java、python、fortran、C♯、C++等各种语言在内的开发方式编写的模型算法都能集成到系统中。通用模型抽象类设计如下：

```
/**
*模型抽象类
*/
```

```java
public abstract class AbstractModel implements Model {
    /**
     * 模型编码
     */
    protected String modelCode＝null;
    /**
     * 模型名称
     */
    protected String modelName＝null;
    /**
     * 模型类型
     */
    protected int modelType＝-1;
    /**
     * 模型描述
     */
    protected String modelDescription＝null;
    /**
     * 是否为联算模型
     */
    protected booleanisGroupModel＝false;
    /**
     * 模型类名
     */
    protected String modelClassName＝null;
    /**
     * 模型管理员
     */
    protected String modelManager＝null;
    /**
     * 模型创建时间
     */
    protected LocalDateTimemodelCreateTime＝null;
    /**
     * 模型存储路径
```

```
     */
protected String modelSavePath＝null；
/**
 *备注
 */
protected String reMark＝null；
}
```

基于以上研究,进一步提出多专业模型集成的总体技术架构。多模型集成的核心是模型库,包括子模型组件的分解与封装、模型的组件化耦合和多模型集成等三大关键控制环节,各环节及关键技术共同构成超标准洪水调度决策多模型集成的总体技术架构。

本架构以提供便捷的模型管理应用和高效的模型计算服务为主旨,主要面向与超标准洪水调度决策紧密相关的平台、系统、软件、模块和应用程序等人机交互载体。首先,从各类交互载体获取计算任务,并识别需要参与计算的水利工程对象(水库、控制站等)和模型支撑需求;其次,根据模型代码确定配置信息和服务接口,并按配置需求从数据库中提取对应数据构成输入信息集合;再次,通过模型服务接口访问模型库,传递输入参数与计算请求,并驱动对应的模型服务,包括模型组件实例提取、计算顺序确定、外部边界约束与内部模型参数之间的处理转换、信息交换规则确定等环节;最后,逐一完成各模型组件的实例计算和信息交换,并输出计算成果。总体技术架构见图 3.4-2。

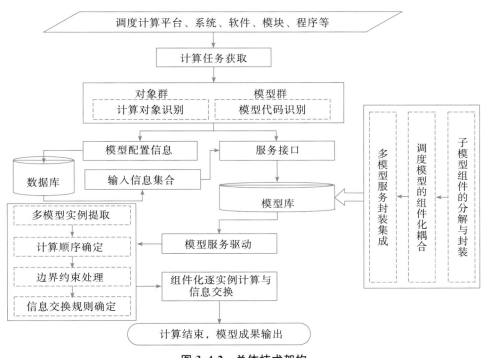

图 3.4-2 总体技术架构

同时,针对所有模型的实例化组件,根据不同的模型实例部署需求封装为独立的模型服务程序集,见图 3.4-3。模型服务类型按不同封装语言可选择 IIS 服务或 TOMCAT 服务;模型服务程序的响应请求统一采用 Http 接口方式,接口类型统一采用 POST,接口交互的输入和输出信息统一采用 JSON 格式。最后通过模型库对所有模型服务接口进行管理维护和响应驱动,从而实现多模型的调用集成。

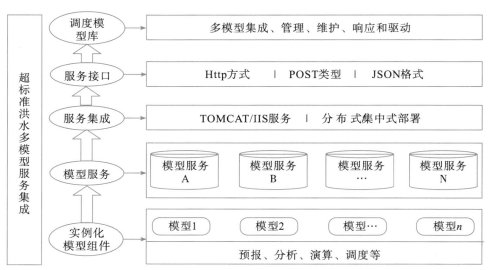

图 3.4-3　多模型集成调用技术架构

3.4.2　模型标准格式

3.4.2.1　模型定义

模型的规范化定义包括模型输入、模型实现、模型输出 3 个方面(图 3.4-4)。其中,模型实现是数据无关的算法,模型输入和模型输出都只约定输入输出项和格式,不在模型内预制任何数据。

图 3.4-4　模型定义结构

模型实现是核心算法部分,是模型实际计算主体。为了保证模型具有良好的普适性,模型实现中不应该包含任何具体数据,只包含算法本身。

模型输入包括模型实现需要的所有数据项和数据格式定义,包括边界条件、模型参数、地理空间数据等。不同模型所需的输入不同,应单独定义。例如,水文预报模型需要的输入包括降雨资料、产流参数、汇流参数等,防洪工程联合运用调度模型需要的输入包括径流资料、防洪工程特征信息等。对于具体的模型应用区域,如长江流域荆江河段,模型输入数据应该是长江流域荆江河段范围内的资料。

模型输出包括模型实现计算后得到的结果。例如,防洪工程联合运用调度模型的输出主要包含水库调度过程、各目标控制站调度后的水位和流量过程等。

3.4.2.2 模型规范

为便于各类异构模型集成,对水利专业模型统一做以下约定要求:

①模型实现的开发语言和工具不限,如可以使用 Java、Python 等编程语言直接开发模型实现,也可以用 MIKE 等专业软件进行模型实现。但最终提交的模型成果应该通过 Http 服务的方式封装后发布,模型使用者通过标准的 Http 请求方式传递输入给模型服务,模型计算结束后返回输出成果给模型使用者。避免不同模型开发方式过多,导致互相调用和系统集成困难。

②模型的输入和输出通过 JSON(Java Script Object Notation)格式来描述。JSON 是一种轻量级的数据交换格式,它采用完全独立于编程语言的文本格式来存储和表示数据。JSON 的层次结构简洁清晰,是理想的数据交换语言。易于阅读和编写,同时也易于机器解析和生成。

③模型应尽可能保证其独立性,对于计算对象之间没有直接关联的情况,每一个模型应该只计算最小对象单元。例如,预报模型应只计算一个预报区间或子流域,而不应该直接通过一个大模型计算整个流域;水库防洪调度模型如果按照规程调度,也应该只针对单个水库进行计算。这时模型输入和输出也只需要包含一个对象的相关数据即可。只有当出现模型需要计算的对象存在互相关联无法解耦时,才需要做多对象联合计算模型。

模型输入通过 JSON 格式定义,主要描述模型实现需要的所有数据,以某水库的防洪调度模型为例。其一般性输入定义示例如下。

```
{
    "rsvCode":"",//水库编码,String
    "stepNum":24,//调度期时段个数,int
    "stepMinutes":60,//时段步长分钟数,int
    "begUpZ":0.0,//调度期初水位,double
    "floodHighLevel":0.0,//防洪高水位,double
    "normalLevel":0.0,//正常蓄水位,double
    "deadLevel":0.0,//死水位,double
    "floodLevel":0.0,//汛限水位,double
    "minOutQ":0.0,//最小出库流量,double
    "zv":[ //水位库容曲线,二维数组,double
        [100,101,102,103],//水位
        [200,260,280,300] //库容,百万方
    ],
```

```
"zq":[ //泄流能力曲线,二维数组,double
    [100,101,102,103],//水位
    [3000,3500,4000,4500] //泄流能力
],
"stationInfo":[ //所有关联站点数据集
    {
        "staCode":"",//站点编码
        "staName":"",//站点名称
        "ZArr":[],//水位过程,double
        "QArr":[] //流量过程,double
    }
]
}
```

模型输出也通过 JSON 格式定义,主要描述模型实现计算后得到的成果数据,同样以某水库防洪调度模型为例。其一般性输出定义如下:

```
{
    "inQArr":[],//入库流量过程,double
    "upZArr":[],//调度期水位过程,double
    "avgOutflowArr":[],//平均出库流量过程,double
    "avgStoreflowArr":[] ,//平均蓄水流量过程,double
}
```

任何模型的所有输入项、输出项和各项的数据类型均由模型开发人员根据不同模型的实际需求进行定义并编写。

模型实现可以用各种编程语言,开发方式也不做具体要求。但最终模型实现成果需要通过 Http 服务的方式发布。部分主流开发语言的 Http 服务封装建议方案见表 3.4-1。

表 3.4-1　　　　　　　　　　　　　模型封装建议方案

开发框架	Http 封装建议	备注
Java	通过 springmvc 实现	
Python	通过 flask 实现	
C#	通过 asp.net 实现	
Fortran	需其他语言开发 Http 服务,然后调用 Fortran 写好的 exe 或者 dll	Fortran 缺少对 Http 服务开发的支持,所以需要通过其他语言从外部进行封装

续表

开发框架	Http 封装建议	备注
C/C++	同 Fortran,或通过底层库 mongoose 等实现	
MIKE 等第三方专业软件	需其他语言开发 Http 服务,然后调用专业软件的执行程序进行计算	取决于第三方专业软件是否提供了调用接口。或者通过输入文件和输出文件进行中转

模型调用采用 Http 服务方式调用。为统一调用方式,本规范约定模型服务统一采用如下定义进行服务接口开发:

接口类型:POST;

接口 Header:Content-Type:application/json;encoding=utf8;

接口输入 Body:模型输入 JSON;

接口返回响应:模型输出 JSON。

3.4.3 异构模型封装

不同语言及平台开发的异构模型封装方式各有不同,以下为几种主要语言原始模型封装到 Java 平台的方法。

3.4.3.1 C++模型封装

采用 C++语言开发的模型,可以通过 JNI(Java Native Interface)进行封装。JNI 通过使用 Java 本地接口编写程序,可以确保代码在不同的平台上方便移植。从 Java1.1 开始,JNI 标准就成为 Java 平台的一部分,它允许 Java 代码和其他语言编写的代码进行交互。JNI 一开始是为了本地已编译的代码,尤其是 C 和 C++而设计的,但是它并不妨碍使用其他编程语言,只要调用约定受支持就可以了。使用 Java 与本地已编译的代码交互,通常会丧失平台可移植性。但是,有些情况下这样做是可以接受的,甚至是必须的。例如,使用一些旧的库,与硬件、操作系统进行交互,或者为了提高程序的性能等。JNI 标准至少要保证本地代码能工作在任何 Java 虚拟机环境。主要环境要求包括 .Net Framework 4.5、Visual Studio 2015+Visual C++Redistributable、JDK8 及以上。

JNI 与 C++基础类型映射关系见表 3.4-2。

现以 Eclipse 开发工具为例,介绍用 Java 语言封装 C++模型的主要过程:

①Eclipse 工具中,在 Java(或 Web)工程下新建类文件 JNIModel,按 public native 方式定义需要调用的接口方法,如 public native boolean setParam(String modelCode,double dParamArr[],int iParamArr[])。

表 3. 4-2   **JNI 与 C＋＋基础类型映射关系**

Java 类型	C＋＋类型	JNI 中自定义类型	描述
int	long	jint/jsize	signed 32 bits
long	_int64	jlong	signed 64 bits
byte	signed char	jbyte	signed 8 bits
boolean	unsigned char	jboolean	unsigned 8 bits
char	unsigned short	jchar	unsigned 16 bits
short	short	jshort	signed 16 bits
float	float	jfloat	32 bits
double	double	jdouble	64 bits
void	void	void	N/A

②在该工程的 bin 目录下（Web 工程则为 build 的 classes 目录下），执行 Javah model. JNIModel 命令（其中 model 为当前目录下的类文件路径，JNIModel 为类文件名），在当前目录生成 model_JNIModel. h。

③VS 环境下新建 VC＋＋Win32 项目，命名 JNIModel，程序类型为 Dll。

④设置两个项目属性：一是项目属性——＞ 配置属性——＞ 常规："公共语言运行时支持"设为"公共语言运行时支持(/clr)"；二是项目属性——＞ 配置属性——＞C/C＋＋——＞ 代码生成："运行库"设为"多线程 Dll(/MD)"。

⑤将上一步生成的 model_JNIModel. h 和 jdk\include 目录下的 jni. h、jdk \include \win32 目录下的 jni_md. h 共 3 个头文件拷贝到 VC＋＋的 JNIModel 工程主目录下（即 cpp 所在目录）。

⑥在 JNIModel. cpp 中添加 ♯include "model_JNIModel. h"，引用 Java 接口，并转入 model_JNIModel. h 中拷贝函数定义到 cpp 文件中。

⑦在 JNIModel. cpp 中对拷贝过来的函数编写实现方法。

⑧若方法中含参数，则需先添加变量名，单值参数直接传递，数组参数则通过指针方式获取＜Type＞ ＊iarrp＝(＜Type＞＊)env－＞GetPrimitiveArrayCritical(arr, false)，其中＜Type＞代表不同数据类型，arr 为添加的对应参数名，然后调用 env－＞ReleasePrimitiveArrayCritical(arr, iarrp, 0)清理内存（此方法可直接修改数组结果，优先采用）。

⑨若存在数组传递，可声明 j＜Type＞ ＊？carr 指针，并通过 JNIEnv 中的 Get ＜Type＞ArrayElements(arr, false)方法获取，参数调用完成后通过 env－＞ Release ＜Type＞ArrayElements(arr, ？carr, ？0)清理内存，若需要返回数组，则在函数中修改 carr 后，通过 env－＞ Set ＜Type＞ ArrayRegion(arr, 0, paramLength, carr)方法实现 arr 数组修改（备用方式）。

⑩VS生成Dll动态库(64位系统需要选择X64模式)JNIModel.dll,并拷贝到JDK\bin路径下。

⑪在Eclipse下,输入System.loadLibrary("JNIModel")实现动态库加载,然后再通过第①步定义的接口方法完成C++方法调用。

3.4.3.2 Fortran 模型封装

采用Fortran语言开发的模型,可通过JNA(Java Native Access)进行封装。JNA框架是SUN公司主导开发的一个建立在JNI的基础之上的开源Java框架,主要是为了解决JNI开发复杂的弱点而进行的简化。它提供了一组Java工具类用于在运行期间动态访问系统本地共享类库,Java开发人员只要在一个Java接口中描述目标Native library的函数与结构,JNA将自动实现Java接口到Native function的映射,而不需要编写任何Native/JNI代码,从而大大降低了Java调用共享库的开发难度。JNA调用Fortran的过程见图3.4-5。

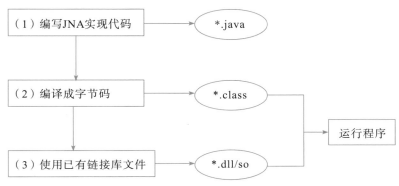

图 3.4-5　JNA 通过 Native 调用 Fortran

可以看到,调用步骤非常简洁,不需要重写动态链接库文件,直接调用API即可。主要环境要求包括VS2012+w_fcompxe_novsshell_2013_sp1.0.103(intel fortran)、.Net Framework 4.5、JDK8。需要注意的是,由于操作系统存在位数差异,dll与jdk(含jre)也存在不同位数版本,必须按照相匹配版本调用,才能正常兼容。若主机是32位,则dll与jdk也必须都是32位;若主机是64位,则dll与jdk要么同时采用32位,要么同时采用64位。

现以一个简易计算为例介绍用Java语言封装Fortran模型的主要过程:

①Fortran端构建动态库,命名(如ForDll),选择NetFramWork框架。建立内部方法并确定接口参数CALC(A,B,i),将计算代码移入该方法中,并开放外部访问名称Calc。代码示例如下:

DOUBLE PRECISION FUNCTION CALC(A,B,i)

! DEC$ ATTRIBUTES DLLEXPORT::CALC

! DEC$ ATTRIBUTES STDCALL,ALIAS:'Calc'::CALC

```
INTEGER∷A
INTEGER∷k
INTEGER∷i
REAL(KIND=8)∷B(i)
REAL(KIND=8),ALLOCATABLE∷C(∶)
k=A
ALLOCATE(C(i))
C=B
CALC=k*(C(1)+C(2)+C(3)+C(4)+C(5))
END
```

编译 Release,通过"项目属性—配置管理器—活动解决方案平台"选择 Win32 或 X64;然后,在"调试—项目名称属性—属性配置—Fortran-Libraries"下,设置 Runtime Library 为 Multithreaded;最后分别生成 32 位和 64 位的 ForDll. dll。

②Java 端建立 Java 工程,将 ForDll. dll 放到工程根目录下,然后通过 JNA 调用。代码示例如下:

```
import com. sun. jna. Native;
import com. sun. jna. win32. StdCallLibrary;//用于调用 32 位 dll
import com. sun. jna. Library;//用于调用 64 位 dll
public class DllTest {
public static void main(String[] args){
    //TODO Auto-generated method stub
    System. out. println("测试开始:");
    //调用 FortranDll 测试
    int a=2;
    double[] p={13,2,3,4,5};
    int c=5;
    //double result=FLibrary. INSTANCE. Calc(a,p,c);//32 位调用
    double result=TestJNA. INSTANCE. Calc(a,p,c);//64 位调用
    System. out. print(result);
    }
//32 位 Fortran 动态库调用方式
public interface FLibrary extends StdCallLibrary{
  FLibrary  INSTANCE = (FLibrary) Native. loadLibrary ( " FortranDll32. dll",
```

```
FLibrary. class);
        double Calc(int a,double[] b,int c);
    }
    //64 位 Fortran 动态库调用方式
    public interface TestJNA extends Library {
      TestJNA  INSTANCE =（TestJNA）Native. loadLibrary（" FortranDll64 ",
TestJNA. class);
        double Calc(int a,double[] b,int c);
    }
}
```

3.4.3.3 VB6 模型封装

采用 VB6 开发的模型可通过 Jacob(JAVA-COM Bridge)进行封装。Jacob 是 一个中间件,能够提供自动化访问微软操作系统下 COM 组件和 Win32 libraries 的功能,主要环境要求包括 Visual Basic 6.0、JDK8、Jacob1. 18。其核心类包括:

(1)JacobObject

用于 Java 程序在 MS 下与 COM 进行通信,创建标准的 API 框架。

(2)ComThread

初始化 COM 组件线程,释放线程,对线程进行管理。

(3)Dispatch

调度处理类,封装了一些方法来操作 Office,里面所有的可操作对象基本都是调度处理类型。

(4)ActiveXComponent

创建 COM 组件。

(5)Variant

与 COM 通信的参数或者返回值。

(6)ROT

Running Object Table(ROT),运行对象表将每个线程映射到所有 JacobObjects,在线程创建。

现以一个简易计算为例,介绍用 Java 语言封装 VB6 模型的主要过程:

①新建 VB 工程名 VBMath,类名 MathAdd,方法名 Add,VB 代码如下:回车换行
Public Function Add(x As Integer,y() As Double)As Variant

```
Add=0
For i=0 To x - 1
Add=Add+y(i)
Next i
End Function
```

②生成 VBMath. dll 动态库文件,放到 C 盘根目录。

③管理员权限的命令行下输入"regsvr32 C:\VBMath. dll"后,回车完成注册。

④在 Java 工程中加载 32 位 Jacob 架包(Jacob-1.18),并将 Jacob-1.18-x86. dll 放到本地安装的 Java\jre\bin 路径下(jre 也必须是 32 位,否则存在兼容问题)。

⑤在 Java 中编写调用代码如下:

```
import com. jacob. com. * ;
import com. jacob. activeX. * ;
public static void main(String[] args){
int x=10;//数组长度
double[] y={1,2,3,4,5,6,7,8,9,10};//数组参数
ActiveXComponent myCom=new ActiveXComponent("VBMath. MathAdd");
try {
System. out. println(Dispatch. call(myCom,"Add",x,y));
} catch(Exception e){
e. printStackTrace();
}
}
```

3.4.3.4 Python 模型封装

Flask 是目前十分流行的 Web 框架,采用 Python 编程语言来实现相关功能。它被称为微框架(microframework)。"微"并不是意味着把整个 Web 应用放入一个 Python 文件,微框架中的"微"是指 Flask 旨在保持代码简洁且易于扩展。Flask 框架的主要特征是核心构成比较简单,但具有很强的扩展性和兼容性,程序员可以使用 Python 语言快速实现一个网站或 Web 服务。一般情况下,它不会指定数据库和模板引擎等对象,用户可以根据需要自己选择各种数据库。Flask 自身不会提供表单验证功能,在项目实施过程中可以自由配置,从而为应用程序开发提供数据库抽象层基础组件,支持表单数据合法性验证、文件上传处理、用户身份认证和数据库集成等功能。Flask 主要包括 Werkzeug 和 Jinja2 两个核心函数库,它们分别负责业务处理和安全方面的功能,这些基础函数为 Web 项目开发过程提供了丰富的基础组件。由于 Python 是现代语言,借助 Flask 框架非常容易开发标准 Http 服务,

因此 Python 编写的模型主要通过封装成 Http 服务实现被 Java 的调用。主要环境要求包括 Python 3、Flask、JDK8。

现以一个简易案例介绍用 Java 语言封装 Python 模型的主要过程：

①执行 pip install flask 安装 Flask，运用 Flask 将 Python 模型封装成为 Http 服务。

②打开一个 Python 文件，输入下面的内容并运行该文件。然后在浏览器访问地址 "localhost:5000"，一个基于 Flask 的 Http 服务即搭建完成，其中 model 函数内即为模型实现。

```
from flask import Flask
app=Flask(__name__)
@app. route('/')
defmodel():
//模型实现
    return 'hello world'
if __name__=='__main__':
    app. run(host='127. 0. 0. 1',port=5000)
```

③Java 端通过 okhttp3 进行服务调用，示例如下：

```
public static final MediaType JSON=MediaType. parse("application/json;charset=utf-8");
OkHttpClient client=new OkHttpClient();
String post(String url,String json)throws IOException {
    RequestBody body=RequestBody. create(JSON,json);
    Request request=new Request. Builder()
    . url(url)
    . post(body)
    . build();
    Response response=client. newCall(request). execute();
    return response. body(). string();
}
```

3.4.3.5 C♯模型封装

C♯和 Python 类似，属于现代开发语言，同样可以采用 Http 方式封装。封装方法和 Python 类似，但应采用 C♯的 WebApi 技术实现。主要环境要求包括 . Net Framework 4.5、VS2015（或以上版本）、JDK8。封装过程如下：

①新建 Web 项目，支持 MVC\webapi，. Net 版本默认 4.5，其他都按默认值。

②修改 App_Start 和 Controllers。App_Start 定义接口，包括路由、参数等。

```
namespace WebApplication1
{
    public static class WebApiConfig
    {
        public static void Register(HttpConfiguration config)
        {
            // Web API 配置和服务
            // Web API 路由
            config. MapHttpAttributeRoutes();
            //自定义路由
            config. Routes. MapHttpRoute(
                name："HelloApi"，
                routeTemplate："api/allo/{controller}/{id}"，
                defaults：new { id＝RouteParameter. Optional }
);
        }
    }
}
```

③编写 Controllers 接口逻辑实现，即模型代码。

```
namespace WebApplication1. Controllers
{
    public class ApiEmptyController：ApiController
    {
        ［HttpPost］
        publicString calculate(string input)
        {
            //模型实现
        }
    }
}
```

④Java 端调用 Http 服务的代码参考 Python 模型封装对应内容。

3.4.4　模型管理、计算、统计分析与评价

3.4.4.1　模型管理

模型管理功能用于管理维护支撑系统运行的各类专业计算模型,提供模型新增、修改、删除、查询等功能。用户通过新增、修改功能可以对不同的模型设置不同的缺省信息,其中包括缺省模型参数、参数范围、缺省状态、参数关系等。这些缺省资料信息是模型未增加参数情况下的一种默认状态,作为默认值给出。

(1)模型新增

新增模型需要填写模型名称、模型编码、模型类型,标记模型是否可以率定、状态是否可用,并提供要上传的模型成果和相关数据文件。

模型新增入库前需要判断模型是否重复、模型文件接口是否有效,用户不能向系统中新增已存在的模型。保存后用窗口提醒操作者新增是否成功。

(2)模型修改

修改操作过程和步骤同模型新增,需要注意的是模型编码不可以删除。

(3)模型删除

对无效、过时、重复的模型,管理员可以删除模型,可以通过模型查询获取需要删除的模型,然后对其进行删除。为了防止对模型的误删,在模型删除前需要对删除操作进行确认。当点击确认后方可删除该模型,同时记录日志。

(4)模型查询

为用户提供方便快捷的查询方式,默认按模型名称和模型编码搜索,也可以过滤模型类型,这种方式能够快速、准确地查询到用户需求的模型资源。

(5)注册验证

第三方开发的模型可以上传到模型管理模块中。首先需要向模型管理模块发出请求,模型管理模块接到请求并在线审核。模型通过审核并验证成功后,进入模型库。管理者可以对模型管理模块中的模型进行统一管理,提供模型查询、更新、删除等功能。

模型管理模块中提供一系列测试样例,模型使用计算样例数据,并将计算结果与实测数据进行对比,或者几个不同模型计算结果进行对比,对模型的合理性、准确性进行验证。模型的合理性、准确性决定了模型的可靠程度及有效性。

模型管理模块用来承载超标准洪水相关模型,用户先要通过模型更新方法进行模型的注册及修改,然后通过查询方法获取模型的调用参数。在实际业务计算时,通过调用模型管理模块提供的接口,启动模型实例,模型实例计算结束后返回结果到模型管理模块,并最终返回给用户,见图 3.4-6。

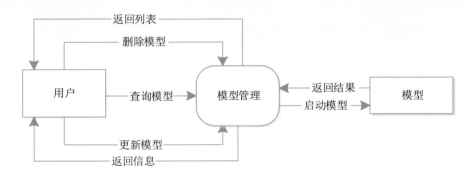

图 3.4-6　模型管理业务流程

超标准洪水的模型管理交互设计采用模型平铺的方式,展示各个模型并显示对应的模型描述,用户可点击其中模型,跳转至模型详情,可查看该类模型的调用统计以及整体情况。

3.4.4.2　模型计算

模型计算功能包括以下过程:

(1)输入

输入模型调用标志,模型处理标志。

(2)处理

首先通过模型调用标志,查询相对应的模型服务;其次检查模型调用是否授权,如未授权转入 SSO 权限平台进行验证;授权通过后查看模型计算实例是否存在,不存在则创建模型实例;最后对模型进行验证。

(3)调用

调用底层模型接口,进行模型计算或处理,并返回结果。

(4)响应

产生相应的日志信息和计算结果对比信息,并返回模型计算结果。

(5)输出

输出模型计算结果。

模型计算部分功能需要对外发布,采用提供基于 Restful 架构的方式对外提供 Json 类型的服务。调用方可以通过系统分配的用户身份来访问授权的服务,用户身份信息需要添加到 Http header 里来调用服务。服务调用信息需要包含服务说明、调用的地址、提交方式(post / get)、输入参数、输出参数、调用示例、服务状态(可用/禁用)等。需要监控用户调用服务的情况,用于分析服务的使用频率和状态。由于微服务技术的引入,服务的真实地址是对调用方隐藏的。模型计算业务流程见图 3.4-7。

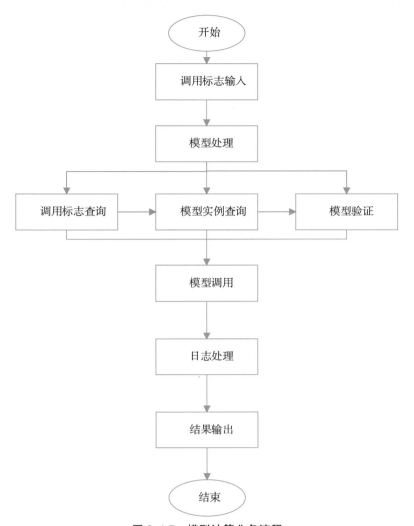

图 3.4-7 模型计算业务流程

由模型管理界面点击模型可进入模型计算的子页面,可查看该模型的具体内容;手动进行模型输入,点击计算按钮可计算模型输出;点击返回按钮可返回上级菜单。

3.4.4.3 模型统计分析

统计分析功能主要是针对模型管理提供的模型计算接口服务,从多个维度进行统计分析,给模型管理人员及后续的模型优化提供相关支撑,具体功能(图 3.4-8)包括:

(1)模型调用统计

主要针对模型的调用次数进行统计,包括不同模型的调用次数对比,不同时间的调用次数分布,以更好地掌握模型使用的峰值情况。

(2)模型评分管理

系统针对模型调用提供了模型反馈功能,可以进行模型评分,对用户给模型的评分进行统计分析,针对低评分的模型进行优化以加强模型服务能力。

(3)模型质量管理

主要针对模型的计算结果情况进行统计,包括用户的反馈,并对模型计算的异常信息进行统计,包括计算失败、超时、意外终止等信息,为后续优化模型管理提供支撑。

(4)计算效率管理

主要针对模型的计算效率进行统计分析,包括模型不同次调用的时间对比情况等,以更好地评估模型计算的稳定性及资源利用率。

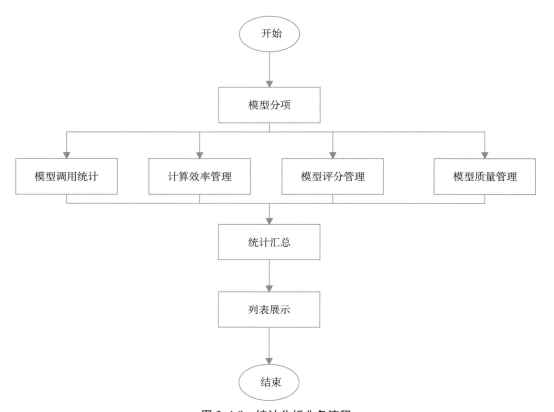

图 3.4-8　统计分析业务流程

统计分析显示各模型的调用情况及评分情况,用户可在界面看到所有模型的统计信息,方便进行对模型整体分析。

3.4.4.4　模型评价

模型调用后,系统可以对模型的使用情况自动做出评价,方便后续对模型进行调优和完善。系统主要从以下几个方面(不限于)进行模型评价(图 3.4-9):

①模型的优点,如模型运行所需的时间短、计算量相对较少、消耗的 CPU 资源较少、计算结果精度较高等。

②模型的缺陷,如对输入数据的高要求、输出结果的不标准化等。

③模型计算过程中存在的问题,如无法显示一些必要的中间结果等。

④模型成果与实测对比。

⑤评定等级。

模型评价可将指定模型加入评分列表;右侧表格可查看模型的调用统计信息。双击对应模型可对模型进行评价,右键点击模型可对模型评分进行删除,并弹出对应提示框,确认是否删除。

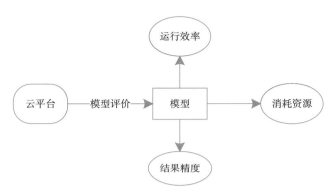

图 3.4-9 模型评价业务流程

3.4.4.5 日志管理

模型管理提供每个模型的基本日志信息记录,包括模型的提供者、模型所属类别、模型的适用范围和适用条件,以及模型调用次数、模型运算时间、历史运算结果等使用概况信息(图 3.4-10)。

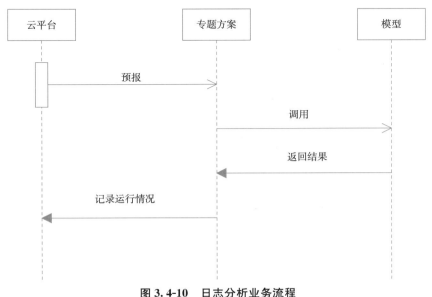

图 3.4-10 日志分析业务流程

（1）模型调用次数

根据模型的调用情况，提供模型调用次数的查询功能。具体功能见模型统计分析模块中的模型调用次数相关功能描述。

（2）模型运算时间

统计每个模型的历次运行计算时间，以列表和折线图形式分别进行展示。

（3）历史运算结果

模型每次运算结果会保存到数据库中，该模块可调用数据库中的成果数据，对模型历次运算结果以列表的形式进行展示，方便用户进行查询分析。

3.4.4.6 权限管理

模型的权限管理主要包括服务注册、用户分配、服务授权和用户登录4个方面。

（1）服务注册

本系统的部分服务需要发布，供外部调用。因此，需要按照业务系统的层级分类方式来注册服务。

服务注册的属性有：服务编码、服务名称、服务简介、服务地址、服务提交方式（post / get）、响应数据类型（json/ html/ xml）、请求参数、请求示例、返回示例、备注、服务状态（启用/禁用）、注册时间等。

（2）用户分配

系统管理员分配用户及相应的授权 key。

用户包含的属性有：用户 ID、用户 key、用户登录名、用户密码、用户状态（启用/禁用）、用户单位、用户说明、联系电话等。

（3）服务授权

用户申请需要访问的模型服务，必须经由管理员审批。如果通过审批，则给用户授权需要访问的服务资源，并通知用户申请的服务已经通过审核。如果不通过审核，则流程结束。

（4）用户登录

用户登录需要经过认证，用户/密码的注册在服务端完成，用户端只进行用户名、密码的验证。用户输入用户名/密码，发送请求到服务端，服务端接收请求并对用户和密码进行验证，返回处理信息给用户端。具体流程为：用户输入用户名/密码；点击提交，发送登录验证请求；服务端进行用户验证，返回用户端信息并记录日志。

权限管理模块提供用户权限分配，管理员可点击添加按钮，填报用户登录名、用户密码、用户状态（启用/禁用）、用户单位、用户说明、联系电话等信息建立用户，点击删除按钮可删除用户。

3.5 变化决策方案的敏捷构建技术

3.5.1 技术方案

变化决策方案的敏捷构建技术重点研究了流式组态技术,为超标准洪水调控中不确定性计算场景提供支撑。当流域发生超标准洪水时,调度人员通常需要根据洪水的演变态势频繁开展调控计算模拟,为科学下达防汛决策和调控指令提供依据。在现有系统支撑能力中,流域洪水调度控制模拟计算被人为分割和阻断,不同计算模型之间的数据衔接与信息处理也大多依赖人工干预,操作过程繁琐,工作量极大,且误操作风险较高,针对流域洪水演变的全过程调度控制模拟计算效率低下,成果时效性严重不足,极大影响了超标准洪水的调度决策效率和应急响应速度。

针对以上技术问题,本研究将组件化、组态化和流程引擎技术引入流域洪水调度控制领域,提供了一种超标准洪水多组合调控计算的敏捷组态方法(图3.5-1)。组件化技术是模块化思想的演进和延伸,主要通过深层次解耦与隔离不需要关注的部分来强化模块角色的可转换性;组态化技术的精髓在于可通过"搭积木"的方式来配置自己想实现的模拟计算功能,而不需要编写计算机程序代码;流程引擎技术的核心则是根据不同的角色、分工和条件来决定信息的传递方向和转换逻辑,从而完成节点、流向与流程的衔接关联。将以上技术与洪水调控计算的业务逻辑和模型算法深度融合,可有效应对超标准洪水场景下的不确定性组合调控计算需求。

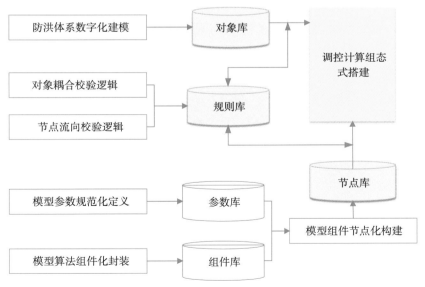

图 3.5-1　敏捷组态体系架构

针对任意流域分区,敏捷组态技术方案如下:

（1）防洪体系数字化建模

梳理流域分区内的所有防洪体系资料，按照不同计算对象进行分类，然后分别进行数字化建模，分类定义并量化当前流域分区内所有对象的基础属性、设计参数和特征指标，最终形成防洪体系对象库。

（2）模型参数规范化定义

针对洪水调控涉及的各类计算模型，按步骤（1）的对象库分类方式分别梳理输入输出参数，并充分利用映射方式剔除重复变量，制定出统一、规范的数据结构标准，以此构建所有模型的参数库。

（3）模型算法组件化封装

将洪水调控涉及的各类计算模型与具体水利对象充分解耦，统一采用步骤（2）参数库中的抽象定义作为输入输出接口，按组件化方式实现算法开发，从而提升模型自身的通用性和移植性，形成支撑超标准洪水计算的组件库。

（4）模型组件节点化构建

针对步骤（3）中的所有模型组件，根据其接口需求逐一与步骤（2）中的参数库进行关联，从而构成具有"输入—计算—输出"标准化结构的流程节点，最终将组件库和参数库全部封装为面向用户的节点库。

（5）对象耦合校验逻辑制定

由于节点库中的每个节点在步骤（3）中已全部与水利对象解耦，因此当创建流程节点开展实例化计算时，就必须与对象库中的某一类或几类水利对象进行耦合。此时，必须判断节点与对象的耦合有效性，针对任一类水利对象，只有节点内封装的模型组件接口与该类对象的属性参数存在关联，节点对象耦合才有效，否则无效。

定义对象库的对象类型集合 OT ，对象类型总数 m ；节点库的节点集合 ND ，节点总数 n 。构建节点对象耦合有效性集合 C ，$C(i,j)$ 为 $0\sim1$ 变量，表示节点 ND_i 与对象 OT_j 的耦合有效性，其中 $i \in (1,2,\cdots,n), j \in (1,2,\cdots,m)$ 。则：

$$C = \begin{bmatrix} C(1,1) & C(1,j) & C(1,m) \\ C(i,1) & C(i,j) & C(i,n) \\ C(n,1) & C(n,j) & C(n,m) \end{bmatrix} \tag{3.5-1}$$

针对集合 C 构建对应的节点对象适配集合 A ，其中 $A(i,j)$ 表示节点 ND_i 与对象 OT_j 的接口参数适配关系，具体表达式根据不同节点和对象类型而各不相同，当且仅当 $C(i,j)=1$ 时有效，即

$$A = \begin{bmatrix} A(1,1) & A(1,j) & A(1,m) \\ A(i,1) & A(i,j) & A(i,n) \\ A(n,1) & A(n,j) & A(n,m) \end{bmatrix} \tag{3.5-2}$$

（6）节点流向校验逻辑制定

节点库中的每个节点在开展组合计算流程搭建时，需要与其他节点进行连接。若将节点 A 连接至节点 B 时，则产生节点流向 $A-B$，其中 A 为上级节点，B 为下级节点。此时，必须判断节点流向的有效性，其中上级节点的输出参数中至少存在一项与下级节点的输入参数关联，节点流向才有效，否则无效。

构建节点流向有效性集合 V，$V(i,j)$ 为0~1变量，表示节点流向 ND_i-ND_j 的有效性，其中 $i\in(1,2\cdots n)$，$j\in(1,2\cdots n)$。则：

$$V=\begin{bmatrix} V(1,2) & V(1,j) & V(1,n) \\ V(i,1) & V(i,j) & V(i,n) \\ V(n,1) & V(n,j) & V(n,n) \end{bmatrix} \tag{3.5-3}$$

针对集合 V 构建对应的节点参数关联集合 L，其中 $L(i,j)$ 表示节点流向 ND_i-ND_j 的参数关联逻辑，具体表达式根据不同节点类型分别定义，当且仅当 $V(i,j)=1$ 时有效，即

$$L=\begin{bmatrix} L(1,2) & L(1,j) & L(1,n) \\ L(i,1) & L(i,j) & L(i,n) \\ L(n,1) & L(n,j) & L(n,n) \end{bmatrix} \tag{3.5-4}$$

式（3.5-1）至式（3.5-4）共同构成了所有节点、对象和流向的逻辑校验规则库。

（7）调控计算组态式搭建

完成上述环节后，针对超标准洪水的不确定性调控计算需求，可实现面向不同组合方式的调控计算流程搭建，见图 3.5-2。

1）起始节点创建

启动流程，从节点库中选择一个节点作为流程起点。

2）起始节点对象耦合校验

为起始节点耦合计算对象，并根据规则库校验当前节点与对象耦合是否有效，若无效，则重现选择对象类型，直至校验通过。

3）下级节点创建校验

根据组合需求创建下级节点，并根据规则库校验上下级节点流向是否有效，若无效，则重现选择下级节点，直至校验通过。

4）下级节点对象耦合校验

为下级节点耦合计算对象，并根据规则库校验当前节点与对象耦合是否有效，若无效，则重现选择对象类型，直至校验通过。

5）流程节点组态递增

根据组合计算需求，重复步骤1）和步骤4）循环创建新的下级节点，并完成对应的节点流向和对象耦合校验，直至节点创建完毕。

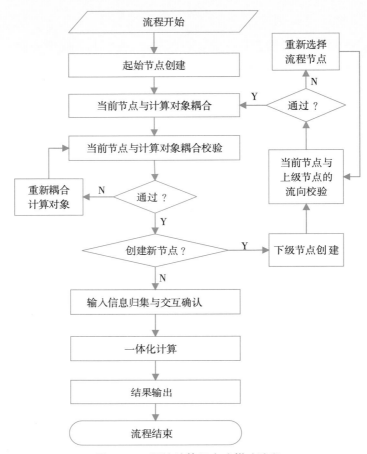

图 3.5-2　调控计算组态式搭建流程

6）输入信息归集与交互确认

将上述所有流程节点的输入信息进行归纳和集中，对于各上、下级节点之间存在关联的参数，直接根据式（3.5-4）的逻辑规则确定，其余无法通过逻辑规则确定的输入信息则全部开放给用户输入并交互确认。

7）一体化计算

输入信息确认后，启动执行任务，按步骤 1）至步骤 5）创建的流程顺序逐节点依次完成计算。

8）结果输出

计算完成后，将所有流程节点的计算结果输出至用户，流程结束。

3.5.2　实施方式

结合某一涵盖水库、河段、测站、堤防、蓄滞洪区、水闸、泵站、河道断面等各类对象的流域分区，采用上述方法搭建洪水多组合调控计算的具体实施方式如下：

（1）防洪体系数字化建模

建立水库（RV）、河段（RR）、测站（ST）、堤防（DK）、蓄滞洪区（SA）、水闸（SL）、泵站（PS）、河道断面（RS）等8种流域对象类型，并分别针对各种类型的具体流域对象进行数字化建模，包括编码、名称、类型等基础属性，最终形成该流域分区的防洪体系对象库，对应拓扑结构见图3.5-3。

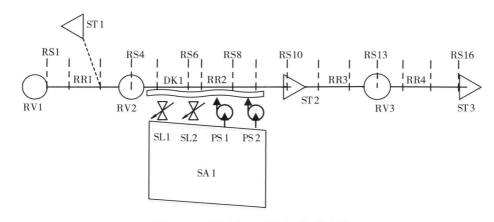

图 3.5-3 流域分区防洪体系拓扑结构

该对象库中共有3座水库，依次为 RV1~RV3；4个河段，依次为 RR1~RR4；3个测站，依次为 ST1~ST3；1段堤防 DK1；1个蓄滞洪区 SA1；2个水闸，依次为 SL1、SL2；2个泵站，依次为 PS1、PS2；16个河道断面，依次为 RS1~RS16。

（2）模型参数规范化定义

针对步骤（1）确立的8类对象，分类定义其输入输出后形成参数库如下：

①水库的入库流量、出库流量、坝上水位、坝下水位、水位库容曲线、泄流能力曲线、下游水位流量曲线、最高水位约束、最低水位约束、最大出库约束、最小出库约束、下游安全泄量、回水断面编码集合（含坝址断面，用于映射库区断面对象）等；

②河段的上边界类型（ST 或 RV）、上边界编码（用于映射上边界对象）、下边界类型（ST 或 RV）、下边界编码（用于映射下边界对象）、区间汇入测站编码集合（用于映射区间汇入站对象）、河道断面编码集合（用于映射河道断面对象）等；

③测站的雨量、水位、流量、关联断面编码（用于映射河道断面对象）等；

④堤防的河段编码（用于映射河段对象）、溃口位置、溃口形状、溃决方式、溃口宽度、溃口深度、各断面堤顶高程等；

⑤蓄滞洪区的河段编码（用于映射河段对象）、水闸编码集合（用于映射水闸对象）、泵站编码集合（用于映射泵站对象）、网格地形、分洪流量、分洪水量等；

⑥水闸的泄流曲线、水位、开度、流量等；

⑦泵站的排水能力、排水时间、扬程、排水量等；

⑧河道断面的起点距—高程数组、与下断面间距、糙率、水位、流量等。

（3）模型算法组件化封装

将河道洪水一维演进、水库洪水调度、水库回水模拟、水库溃坝模拟、堤防溃决模拟、蓄滞洪区分洪计算、泄洪闸门分配计算、洪水二维淹没模拟、洪灾损失计算和洪水风险评估等10个计算模型统一以接口方式进行输入输出抽象化，按照"输入接口＋算法＋输出接口"的格式进行组件化封装，形成具有10个计算组件的组件库。

（4）模型组件节点化构建

针对步骤（3）的组件库，根据各组件的输入输出接口定义，逐一与步骤（2）中的参数库进行关联，按照"输入—计算—输出"的标准化结构进一步封装为流程节点，从而构成河道洪水一维演进（FR）、水库洪水调度（RD）、水库回水模拟（BW）、水库溃坝模拟（DB）、堤防溃决模拟（KB）、蓄滞洪区分洪计算（DF）、泄洪闸门分配计算（GC）、洪水二维淹没模拟（FS）、洪灾损失计算（DL）和洪水风险评估（RA）共10个节点对象，形成节点库。

（5）对象耦合校验逻辑制定

步骤（1）构建的对象库中，对象类型数 $m=8$，对象类型集合为：

$$OT=\{RV,RR,ST,DK,SA,SL,PS,RS\} \tag{3.5-5}$$

步骤（4）构建的节点库中，节点总数 $n=10$，节点集合为：

$$ND=\{FR,RD,BW,DB,KB,DF,GC,FS,DL,RA\} \tag{3.5-6}$$

将以上两式代入式耦合逻辑校验规则公式，可构建规模为 10×8 的节点与对象类型耦合有效性集合如下：

$$C=\begin{bmatrix} 0 & 1 & 1 & 0 & 0 & 0 & 0 & 0 \\ 1 & 0 & 1 & 0 & 0 & 0 & 0 & 0 \\ 1 & 0 & 1 & 0 & 0 & 0 & 0 & 0 \\ 1 & 1 & 1 & 0 & 0 & 0 & 0 & 0 \\ 0 & 1 & 1 & 1 & 0 & 0 & 0 & 0 \\ 0 & 0 & 0 & 0 & 1 & 1 & 1 & 0 \\ 0 & 0 & 0 & 0 & 0 & 1 & 0 & 0 \\ 0 & 0 & 0 & 0 & 1 & 0 & 0 & 0 \\ 0 & 0 & 0 & 0 & 1 & 0 & 0 & 0 \\ 0 & 0 & 0 & 0 & 1 & 0 & 0 & 0 \end{bmatrix} \tag{3.5-7}$$

针对式中 $C(i,j)=1$ 的耦合项，构建对应的节点 ND_i 与对象 OT_j 的接口参数适配关系集合 A ，其中 $A(i,j)$ 主要确定两个方面内容：一是对象库中参与节点计算的实例对象编码（如 RV1、RV2、RR1 等），二是参数库中与节点计算相关的对象参数。

（6）节点流向校验逻辑制定

针对步骤（4）的10个流程节点，按流向逻辑校验规则公式，可构建规模为 10×10 的节点流向有效性集合如下：

$$F = \begin{bmatrix} 1 & 1 & 0 & 1 & 1 & 1 & 0 & 0 & 0 & 0 \\ 1 & 0 & 1 & 1 & 1 & 1 & 0 & 0 & 0 & 0 \\ 0 & 0 & 0 & 0 & 1 & 1 & 0 & 0 & 0 & 0 \\ 1 & 0 & 0 & 0 & 1 & 1 & 0 & 0 & 0 & 0 \\ 0 & 0 & 0 & 0 & 0 & 0 & 1 & 0 & 0 & 0 \\ 0 & 0 & 0 & 0 & 0 & 0 & 1 & 1 & 0 & 0 \\ 0 & 0 & 0 & 0 & 0 & 0 & 0 & 1 & 0 & 0 \\ 0 & 0 & 0 & 0 & 0 & 0 & 0 & 0 & 1 & 0 \\ 0 & 0 & 0 & 0 & 0 & 0 & 0 & 0 & 0 & 1 \\ 0 & 0 & 0 & 0 & 0 & 0 & 0 & 0 & 0 & 0 \end{bmatrix} \qquad (3.5\text{-}8)$$

针对式中 $F(i,j)=1$ 的节点流向 $ND_i - ND_j$，构建对应的节点参数关联集合 L，其中 $L(i,j)$ 主要确定 ND_i 的输出参数与 ND_j 输入参数之间的关联方式。

步骤(5)和步骤(6)共同确定出了所有节点、对象的耦合逻辑和流向逻辑校验规则库。

(7)调控计算组态式搭建

以图 3.5-3 中的 RV2、RV3 水库洪水调度，RR2、RR3 河段一维演进，以及 RV3 水库回水模拟为例，设定某组合计算场景案例为"RV2 水库洪水调度＋RR2 河段洪水演进＋RR3 河段洪水演进＋RV3 水库洪水调度＋RV3 水库回水模拟"，则实现该案例的流程搭建详细步骤如下：

1)起始节点创建

启动流程，从节点库中选择水库洪水调度节点 RD 作为流程起点。

2)起始节点计算对象耦合

遍历出所有 $C(2,j)=1$（RD 节点对应序号 $i=2$）的有效耦合对象类型，分别为水库 RV 和测站 ST。结合场景案例，选择 RV2 水库耦合到起始节点中。若该水库还存在关联控制站，则从测站对象库中继续选择对应的测站对象耦合到起始节点中(本例中不考虑)。任一节点理论上均可耦合多个计算对象。

3)二级节点创建

遍历出所有 $V(2,j)=1$ 的节点流向，分别为河道洪水一维演进 FR、水库回水模拟 BW、水库溃坝模拟 DB、堤防溃决模拟 KB 和蓄滞洪区分洪计算 DF。结合场景案例，选择河道洪水一维演进 FR 作为二级节点。若存在其他计算需求，此处还可继续创建对应的并行二级节点。

4)二级节点计算对象耦合

按步骤 2)遍历所有 $C(1,j)=1$（FR 节点对应序号 $i=1$）的有效耦合对象类型。结合场景案例，选择 RR2 河段耦合到二级节点中。若该河段存在关联控制站，则继续从对象库中选择对应的测站对象耦合到该节点中(本例中不考虑)。

5)流程节点组态递增

结合场景案例,循环执行步骤 3)和步骤 4),依次创建出三级节点河道洪水一维演进 FR、四级节点水库洪水调度 RD 和五级节点水库回水模拟 BW,并分别为各级节点耦合计算对象,其中三级节点的计算对象为 RR3 河段、四级节点和五级节点的计算对象均为 RV3 水库。

6)输入信息归集与交互确认

归集上述 5 个层级流程节点的输入信息,其中一级节点为 RV2 水库的入库流量、坝上水位、水位库容曲线、泄流能力曲线、最高水位约束、最低水位约束、最大出库约束、最小出库约束;二级节点为 RR2 河段的上边界流量、下边界水位,以及断面集合 RS4~RS10 的水位、起点距—高程数组、断面间距、糙率;三级节点为 RR2 河段的上边界流量、下边界水位,以及断面集合 RS10~RS13 的水位、起点距—高程数组、断面间距、糙率;四级节点为 RV3 水库的入库流量、坝上水位、水位库容曲线、泄流能力曲线、最高水位约束、最低水位约束、最大出库约束、最小出库约束;五级节点为 RV3 水库的入库流量、出库流量、坝上水位、下游水位流量曲线,以及回水断面集合 RS13~RS10 的水位、起点距—高程数组、断面间距、糙率等。

上述输入中,二级节点所需的上边界流量直接关联一级节点的出库流量输出;三级节点所需的上边界流量直接关联二级节点的下边界流量输出;四级节点所需的入库流量直接关联三级节点的下边界流量输出;五级节点所需的入库流量、出库流量、坝上水位直接关联四级节点的入库流量、出库流量和坝上水位输出,断面信息则直接关联三级节点的断面输入;其余参数则全部开放给用户输入并修改确认(实际应用中可将各类静态参数全部存储数据库,仅交互修改允许调整的控制边界和约束参数即可)。

7)一体化计算

输入信息确认后,启动执行任务,按 5 个层级节点的流程顺序一次性完成全部计算。计算过程中,所有流程节点的输入输出信息全部自动流转。

8)结果输出

计算完成后,输出所有流程节点的计算结果。主要包括 RV2、RV3 水库的入库流量、出库流量、坝上水位,断面 RS4~RS13(内含测站 ST2)的水位、流量,以及 RV3 水库的回水水面线等,流程结束。

3.6 基于微服务的系统治理技术

3.6.1 服务架构研究

研究面向微服务架构的专业模型构建技术。超标准洪水调度决策作为一个复杂系统,已经不能使用单机的建设模式,需要采用面向服务的架构。

传统的面向服务架构(图3.6-1)各应用(如预报应用、调度应用、溃坝应用、分析应用等)直接调用各类服务(如配置服务、数据服务、流程服务等)。当应用和服务越来越多时,整个调用链会非常混乱,而且很难进行扩展和维护,一旦某服务出问题,会出现应用无法调用的情况。

图 3.6-1　传统应用直接调用服务模式

企业服务总线模式(ESB,Enterprise Service Business)将服务注册到ESB上,应用通过ESB来调用服务(图3.6-2)。该模式解决了调用链混乱的问题,应用和服务通过ESB统一管理,并实现了负载均衡和容错。但是缺点在于ESB的压力过大,很容易造成负载瓶颈。

图 3.6-2　ESB调用模式

微服务模式(图3.6-3)中,服务注册到微服务管理中心上,上层应用通过管理中心获取服务信息,然后在实际调用时通过该信息去直连服务。该模式既解决了传统模式调用链混乱的问题,又解决了ESB模式中心压力过大的问题。

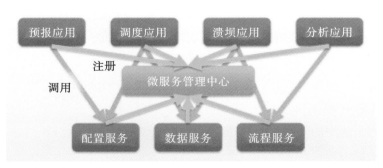

图 3.6-3　微服务架构模式

本技术目标之一是构建出具有统一标准结构的超标准洪水多层次专业计算模型微服务集群,对超标准洪水调度决策涉及的所有专业计算模型成果全部进行微服务化改造,使每个专业计算模型都能通过统一的微服务模式完成调用和执行,如新安江模型微服务、API 模型微服务、洪水调度模型微服务、一维河道演进模型微服务、二维洪水淹没模型微服务、洪灾损失计算微服务、洪水风险评估模型微服务等。不同的微服务可独立运行,对消耗计算量大的模型单独部署在高性能服务器上并做负载均衡,可以极大提高超标准洪水调度决策的计算速度。

本技术另一个目标是将系统进行拆分,将系统拆分为配置服务、数据服务、流程服务、日志服务、模型服务等多个微服务程序,通过微服务技术架构来进行组合运行,使系统的各模块自成一体,独立运转,服务之间通过接口进行通信。超标准洪水多场景、多目标、多对象的不同业务模块快速搭建要求整个系统具有强大的健壮性和高效性,微服务可以保证在一个服务实例崩溃时备用实例能无缝替换,保证服务不中断,同时简化调用链路,保证性能。

3.6.2 微服务应用设计

经过 Dubbo、Spring Cloud、Spring Cloud Alibaba 等微服务框架中进行选型对比,本研究以开源的 Spring Cloud Alibaba 作为微服务框架来实现超标准洪水调度决策微服务。

Spring Cloud Alibaba 是基于 Spring Cloud 理念,由阿里巴巴开发的微服务框架。选择 Spring Cloud Alibaba 最重要的原因在于 Spring Cloud 中的几乎所有组件都使用 Netflix 公司的产品,然后在其基础上做了一层封装。然而 Netflix 的服务发现组件 Eureka 以及其他众多相关组件均已经停止更新和维护,残留的 Bug 无法解决,新功能也不再开发。所以急需其他的一些替代产品。

Spring Cloud Alibaba 致力于提供微服务开发的一站式解决方案,包含了开发分布式应用微服务的必需组件,方便开发者通过 Spring Cloud 编程模型轻松使用这些组件来开发分布式应用服务。

(1)主要功能

1)服务限流降级

默认支持 Servlet、Feign、RestTemplate、Dubbo 和 RocketMQ 限流降级功能的接入,可以在运行时通过控制台实时修改限流降级规则,还支持查看限流降级 Metrics 监控。

2)服务注册与发现

适配 Spring Cloud 服务注册与发现标准,默认集成了 Ribbon 的支持。

3)分布式配置管理

支持分布式系统中的外部化配置,配置更改时自动刷新。

4)消息驱动能力

基于 Spring Cloud Stream 为微服务应用构建消息驱动能力。

5)阿里云对象存储

阿里云提供的海量、安全、低成本、高可靠的云存储服务,支持在任何应用、任何时间、任何地点存储和访问任意类型的数据。

6)分布式任务调度

提供秒级、精准、高可靠、高可用的定时(基于 Cron 表达式)任务调度服务。同时提供分布式的任务执行模型,如网格任务。网格任务支持海量子任务均匀分配到所有 Worker(schedulerx-client)上执行。

(2)组件

1)Sentinel

面向分布式服务架构的轻量级流量控制产品,主要以流量为切入点,从流量控制、熔断降级、系统负载保护等多个维度来帮助保护服务的稳定性。

2)Nacos

阿里巴巴推出来的一个新开源项目,这是一个更易于构建云原生应用的动态服务发现、配置管理和服务管理平台(图 3.6-4,图 3.6-5)。

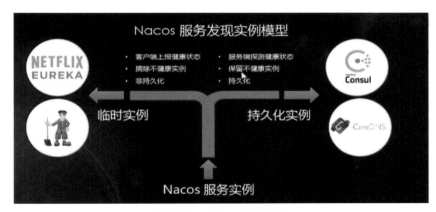

图 3.6-4 Nacos 服务发现

Nacos 与其他注册中心特性对比					
	Nacos	Eureka	Consul	CoreDNS	ZooKeeper
一致性协议	CP+AP	AP	CP	/	CP
健康检查	TCP/HTTP/MySQL/Client Beat	Client Beat	TCP/HTTP/gRPC/Cmd	/	Client Beat
负载均衡	权重/DSL/metadata/CMDB	Ribbon	Fabio	RR	/
雪崩保护	支持	支持	不支持	不支持	不支持
自动注销实例	支持	支持	不支持	不支持	支持
访问协议	HTTP/DNS/UDP	HTTP	HTTP/DNS	DNS	TCP
监听支持	支持	支持	支持	不支持	支持
多数据中心	支持	支持	支持	不支持	不支持
跨注册中心	支持	不支持	支持	不支持	不支持
SpringCloud 集成	支持	支持	支持	不支持	不支持
Dubbo 集成	支持	不支持	不支持	不支持	支持
K8s 集成	支持	不支持	支持	支持	不支持

Nacos 服务发现实例模型

图 3.6-5 注册中心对比

3）RocketMQ

分布式消息系统,基于高可用分布式集群技术,提供低延时的、高可靠的消息发布与订阅服务。

4）Alibaba Cloud ACM

一款在分布式架构环境中对应用配置进行集中管理和推送的应用配置中心产品。

5）Alibaba Cloud OSS

阿里云对象存储服务(Object Storage Service,简称 OSS),是阿里云提供的海量、安全、低成本、高可靠的云存储服务。可以在任何应用、任何时间、任何地点存储和访问任意类型的数据。

6）Alibaba Cloud SchedulerX

阿里中间件团队开发的一款分布式任务调度产品,提供秒级、精准、高可靠、高可用的定时(基于 Cron 表达式)任务调度服务。

Nacos 作为微服务注册中心,超标准决策支持技术中的各服务模块都需要通过注册连接到 Nacos 上,并提供注册信息,使 Nacos 能够识别和管理各服务模块,并提供给其他服务进行调用。

首先需要增加 Maven 依赖,格式如下:

```
<dependency>
    <groupId>com. alibaba. cloud</groupId>
    <artifactId>spring-cloud-alibaba-dependencies</artifactId>
    <version>$ {latest. version}</version>
    <type>pom</type>
    <scope>import</scope>
</dependency>
<dependency>
    <groupId>com. alibaba. cloud</groupId>
    <artifactId>spring-cloud-starter-alibaba-nacos-discovery</artifactId>
</dependency>
```

然后根据服务 dataId 匹配规则设置服务名,规则格式如下:

$ {prefix}-$ {spring. profiles. active}. $ {file-extension}

prefix 默认为 spring. application. name 的值,也可以通过配置项 spring. cloud. nacos. config. prefix 来配置。

spring. profiles. active 即为当前环境对应的 profile,详情可以参考 Spring Boot 文档。当 spring. profiles. active 为空时,对应的连接符"-"也将不存在,dataId 的拼接格式变成 $ {prefix}. $ {file-extension}

file-extension 为配置内容的数据格式,可以通过配置项 spring. cloud. nacos. config.

file-extension 来配置。目前只支持 properties 和 yaml 类型。

在 bootstrap. yml 中配置服务名、注册中心地址等信息,示例如下:

```
spring:
  application:
    name:wpd-application
  cloud:
    nacos:
      discovery:
        enabled:true
      metadata:
          management:
              context-path: ${server. servlet. context-path}/actuator
        server-addr:192. 168. 10. 91:8848
```

在 main 函数所在类中增加微服务发现注解,启动服务即可连接到 Nacos 注册中心。示例如下:

```
@EnableDiscoveryClient
@SpringBootApplication
public classWpdApplication
{
    public static void main(String[] args){
        SpringApplication. run(WpdApplication. class,args);
    }
}
```

除了微服务注册中心的功能外,Nacos 还在超标准洪水调度决策支持技术应用过程中,作为配置中心使用。在系统开发过程中通常会将一些需要变更的参数、变量等从代码中分离出来独立管理,以独立的配置文件的形式存在,目的是让服务程序(如 WAR 包、JAR 包等)更好地和实际的物理运行环境进行适配。配置管理(图 3.6-6)一般包含在系统部署的过程中,由系统管理员或者运维人员完成。配置变更是调整系统运行时行为的有效手段之一。

在微服务框架下,各服务程序需要进行大量配置,同时配置的内容存在重复的情况,这时 Nacos 可以作为配置中心,统一存储和管理配置信息,并注入不同的服务程序中,使服务程序可以不用独立修改配置文件,并支持动态刷新。

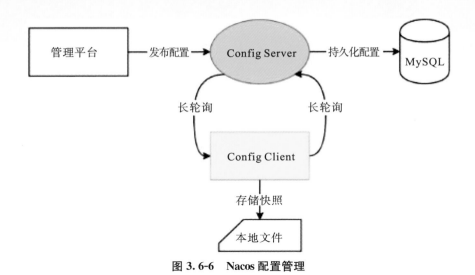

图 3.6-6　Nacos 配置管理

3.7　数据流自诊断技术

在决策方案的敏捷构建技术体系下,计算流程需要人工进行配置。由于超标准洪水各环节计算模型中的输入输出以及参数皆不同,因此各个流程节点的连接关系都需要严格验证。首先需将所有涉及的数据类型进行归类,并制定出不同类型数据的校验规则;然后制定不同组件相互连接的适配校验策略,开发不确定性水利专业应用组件之间连接关系的校验分析模块,实现不同组件之间数据传输与流程搭建的自适应诊断。

3.7.1　数据类型校验

超标准洪水调度决策涉及的对象类型和数据类型非常多,如水库有入库流量、出库流量、坝上水位、拦蓄洪量、死水位、汛限水位、正常蓄水位、防洪高水位、库容曲线、下游水位流量关系曲线、泄流能力曲线、下游安全泄量等,水文站有实测流量、警戒流量、保证流量、实测水位、警戒水位、保证水位、流量频率曲线、水位频率曲线等,以及其他包括河段、雨量站、预报区间、子流域、河道断面、蓄滞洪区等各种对象的数据项。系统在执行过程中,数据经过抽取、计算、流转,将会产生不同的变化,自诊断模块需要在此过程中不断进行校验,保证数据的准确性和完整性(图 3.7-1)。

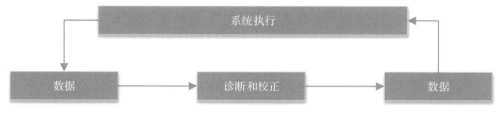

图 3.7-1　数据校验流程

主要数据项的诊断和校正方式包括：

（1）流量

主要诊断流量过程的时段完整性，是否存在空值，如果存在空值则补 0，保证计算流程正常运行。

（2）水位

主要诊断水位过程的时段完整性，是否存在空值，如果存在空值则补 0，保证计算流程正常运行。

（3）库容

主要诊断库容单位是否一致（万立方米、百万立方米、亿立方米），库容数据是否合理。

（4）水量

主要诊断是否和时序流量值匹配，保证水量平衡。

（5）曲线

主要诊断库容曲线、水位流量关系曲线、泄流能力曲线等是否存在，插值计算是否正确，超出范围插值做封闭处理。

（6）预报校正

需要将原始预报数据与历史数据进行叠加，通过拟合算法校正，然后采用预报面临时刻的数据进行修正，将历史数据与预报数据进行对接（图 3.7-2）。

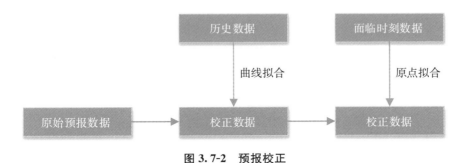

图 3.7-2 预报校正

3.7.2 数据的封闭性

对于一些规则性数据，如水库调度规则，还必须进行封闭性判断，校验其是否覆盖了所有条件，不能出现开边界情况。假设规则条款的全集为 U，总共有 n 种条件，则：

$$U_1 \bigcup \cdots \bigcup U_i \bigcup \cdots \bigcup U_n = U \qquad (i \in \{1,2,\cdots,n\}) \qquad (3.7\text{-}1)$$

$$U_i \bigcap U_j = \emptyset \qquad (i,j \in \{1,2,\cdots,n\}) \qquad (3.7\text{-}2)$$

如果漏了其中某一项，则规则无法封闭，在实际计算中容易出现计算结果异常甚至溢出崩溃等情况。

3.7.3 数据时段匹配

对于预报、演进等需要提取历史数据进行预热的业务,不仅从起算时刻开始计算,还需要同时对预热期进行计算;对于调度等不需要预热的业务则重点关注起算时刻以后的计算。此外,在数据的应用方面,有的代表时刻瞬时值的含义,有的代表时段平均值的含义,还有的代表时段累计值的含义。因此,在进行预报、调度、演进的一体化业务计算过程中,需要综合考虑各类数据的时段匹配、步长转换、类型识别和衔接处理,避免不同业务流程下各类数据的时段属性和物理含义不一致。

3.7.4 数据链接校验

数据链接校验是自诊断的重要组成部分。因为系统是通过拓扑结构进行传递,拓扑中每个节点都具有各自的数据结构,所以在传递时需要进行数据链接的校验对接。超标准洪水调度决策相关的主要数据链接校验包括:

(1)河段对接河段

上游河段的下边界流量需传到下游河段的上边界流量(图 3.7-3),中间无其他节点,则两者应该相等,当进行模型计算时,需上下游对象共同校正,保证一致性。

图 3.7-3 河段对接河段

(2)河段对接水库

上游河段的下边界流量需传到下游水库的入库流量(图 3.7-4),中间无其他节点,则两者应该相等,当进行模型计算时,需上下游对象共同校正,保证一致性。

图 3.7-4 河段对接水库

(3)水库对接河段

上游水库的出库流量需传到下游河段的上边界流量(图 3.7-5),中间无其他节点,则两者应该相等,当进行模型计算时,需上下游对象共同校正,保证一致性。

图 3.7-5 水库对接河段

（4）河段汇入

当河段中有汇入支流时（图 3.7-6），下游需要同时考虑上游河段与汇入河段同时演算汇流。有两种汇流方式，"先演算后合并"或"先合并后演算"。"先演算后合并"代表干支流分别从上边界按独立演算参数演算到下游河段，然后在下游河段上边界处进行叠加；"先合并后演算"代表先把干支流的流量进行叠加，然后通过整合的演算参数演算到下游河段。两种方法都需要校验汇流点的数据完整性、参数完整性、结果有效性。

图 3.7-6　河段汇流

3.7.5　数据校验方法

（1）直接校验法

直接校验法将原始数据和待比较的数据直接进行比较，看是否完全一样。这种方式最安全准确但效率最低。直接校验法适合简单的数据量或极小的标志位，如水库是否启用、水文站是否超警超保等开关变量。本方法对于大部分数据，因为需要所有二进制位完全比较，性能过低，所以较少使用。

（2）奇偶校验法

奇偶校验法根据有效信息计算校验信息位，使数据位和校验位中 1 的个数满足奇偶校验的规则。即 1 的个数是奇数还是偶数。偶校验即数据位和校验位异或，结果为零正常；奇校验即数据位和校验位异或取反，结果为零正常。这种方式编码和检错简单，检验效率高。但检测时如果两个位置上的不同数同时发生错误，可能检测不出来，导致无法纠错。本方法可以进行大批量数据快速校验，当数据可能产生的异常较小、数据正确性要求不高的情况下，该方法速度非常快，可以作为初步判断。

（3）CRC 校验法

CRC 校验法利用除数以及余数的原理进行错误检测，将接收到的码组进行除法运算，如果除尽，则说明传输无误；如果未除尽，则表明传输出现差错。生成 CRC 码的基本原理为：任意一个由二进制位串组成的代码都可以和一个系数仅为"0"和"1"取值的多项式一一对应。例如：代码 1010111 对应的多项式为 $x^6+x^4+x^2+x^1+1$，而多项式为 $x^5+x^3+x^2+x^1+1$ 对应的代码 101111。

CRC 码集选择的原则为：若设码字长度为 N，信息字段为 K 位，校验字段为 R 位（$N=K+R$），则对于 CRC 码集中的任一码字，存在且仅存在一个 R 次多项式 $g(x)$，使得：

$$V(x)=A(x)g(x)=x^R m(x)+r(x) \tag{3.7-3}$$

式中，$m(x)$ 为 K 次信息多项式；$r(x)$ 为 $R-1$ 次校验多项式；$g(x)$ 称为生成多项式，满足：

$$g(x)=g_0+g_1 x^1+g_2 x^2+\cdots+g_{(R-1)} x^{(R-1)}+g_R x^R \tag{3.7-4}$$

发送方通过指定的 $g(x)$ 产生 CRC 码字，接收方则通过该 $g(x)$ 来验证收到的 CRC 码字。

CRC 校验码生成方法借助于多项式除法，其余数为校验字段。例如：信息字段代码为：1011001，对应 $m(x)=x^6+x^4+x^3+1$。假设生成多项式为：$g(x)=x^4+x^3+1$，则对应 $g(x)$ 的代码为：11001。$x^4 m(x)=x^{10}+x^8+x^7+x^4$ 对应的代码记为：10110010000；采用多项式除法，得余数为：1010（即校验字段为：1010）。

发送方发出的信息字段为 1011001，检验字段为 1010；接收方使用相同的生成码进行校验，接收到的字段/生成码（二进制除法），如果能够除尽，则正确。

CRC 校验方法信息字段和校验字段的长度可以任意选定。编码和解码方法简单，检错和纠错能力强，广泛地用于实现差错控制。对于大部分超标准洪水调度决策支持系统中的各类时序数据、曲线数据，都可以用 CRC 进行快速校验。

（4）BCC 异或校验法

BCC 异或校验法将所有数据都和一个指定的初始值（通常是 0）异或一次，所得结果为校验值。接收方收到数据后自己也计算一次异或和校验值，如果和收到的校验值一致就说明收到的数据是完整的。该校验方法适合连续接收数据的场景，如基于串口的通信。在超标准洪水调度决策支持系统中，实时监控数据通过 WebSocket 传输适合采用 BCC 校验。

（5）摘要算法校验

摘要算法校验主要有 MD5、SHA1 等。现以 MD5 为例进行校验过程说明。

1）按位补充数据

在 MD5 算法中，首先需要对信息进行填充，这个数据按位（bit）补充，要求最终的位数对 512 求模的结果为 448。也就是说数据补位后，其位数长度只差 64 位（bit）就是 512 的整数倍。即便是这个数据的位数对 512 求模的结果正好是 448 也必须进行补位。补位的实现过程为：首先在数据后补一个 1bit；接着在后面补多个 0bit，直到整个数据的位数对 512 求模的结果正好为 448。总之，至少补 1 位，而最多可能补 512 位。

2）扩展长度

在完成补位工作后，再将一个表示数据原始长度的 64bit 数（这是对原始数据没有补位前长度的描述，用二进制来表示）补在最后。当完成补位及补充数据的描述后，得到的结果数据长度正好是 512 的整数倍。也就是说，长度正好是 16 个（32bit）字的整数倍。

3）初始化 MD5 缓存器

MD5 运算要用到一个 128 位的 MD5 缓存器,用来保存中间变量和最终结果。该缓存器又可看成是 4 个 32 位的寄存器 A、B、C、D,初始化为:

A:01 23 45 67

B:89 ab cd ef

C:fe dc ba 98

D:76 54 32 10

4）处理数据段

首先定义 4 个非线性函数 F、G、H、I,对输入的报文运算以 512 位数据段为单位进行处理。对每个数据段都要进行 4 轮的逻辑处理,在 4 轮中分别使用 4 个不同的函数 F、G、H、I。每一轮以 A、B、C、D 和当前的 512 位的块为输入,处理后送入 A、B、C、D(128 位)。

5）输出

信息摘要最终处理成以 A、B、C、D 的形式输出。也就是开始于 A 的低位在前的顺序字节,结束于 D 的高位在前的顺序字节。

该校验方法适用于数据比较大或要求比较高的场合,如方案导出的文件校验、河道断面形状数据校验等。如超标准洪水调度决策支持系统从数据中心读取一个文件,该文件使用 MD5 校验,那么接收文件的同时会再接收一个校验码,读取该文件后做 MD5 运算,得到的计算结果与校验码相比较,如果一致则认为接收的文件没有出错,否则认为文件出错需要重新发送。

3.8　计算流预处理技术

超标准洪水发生后,专业人员在处理分析时,针对配置好的超标准洪水计算流程,业务关注对象多,数据库访问需求爆发,计算密集。为了进一步提高效率,开发预处理模块,对计算流各运行节点的通用数据进行预提取(如静态曲线、设计参数等),对执行中的并发访问和并行计算预先分配计算资源,实现提高专业计算响应速度的目标。

3.8.1　数据预提取

当前系统架构下,主要数据都保存在关系数据库中,数据库读写性能在很大程度上受限于计算机 I/O 能力,当需要进行模型计算并大量获取数据时,会影响整体执行效率。

见图 3.8-1,不同数据库分别存储当前各水文站、水库实时数据、水工程基本信息、地理空间数据、超标准洪水调度及分析的模型参数、超标准洪水预报方案等各种内容。因为超标准洪水涉及对象多、不确定因素大、模型复杂,所以数据量远超常规防洪调度。当模型计算开始时,顺次读取这些内容,会造成 I/O 瓶颈。为此,通过数据预提取技术,实现数据读写加速。

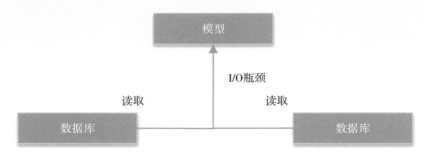

图 3.8-1　数据直接提取

当前主要实现数据读写加速的方式是缓存（图 3.8-2）。缓存是分布式系统中的重要组件，主要解决高并发、数据场景下，热点数据访问的性能问题，提供高性能的数据快速访问。

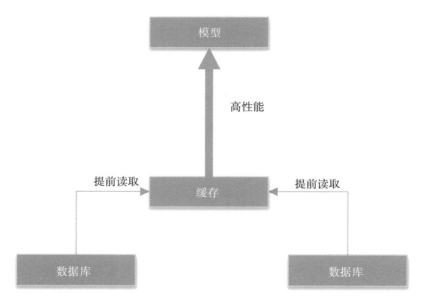

图 3.8-2　利用缓存预提取数据

3.8.1.1　缓存的核心原理

（1）将数据缓存到速度更快的存储位置

磁盘一般是计算机中性能最低的设备，为了提高数据访问速度，那么应该尽可能将数据从磁盘更换到性能更高的内存中。

（2）将数据缓存到离应用最近的位置

数据读取往往会通过多层传递，最终达到模型计算部分。为了提高效率，应该提前将数据从底层向上传递，使模型需要数据时不会从最底层开始提取数据，避免传递过程的性能损失。

（3）将数据缓存到离用户最近的位置

用户界面需要查看的数据，应该提前准备好，而不是当用户查看时再从数据库读取，否则将严重降低用户体验。

3.8.1.2　缓存方式

根据以上技术路线，本研究设计如下缓存方式（图3.8-3）。

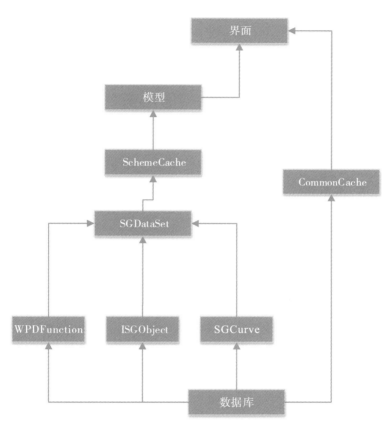

图 3.8-3　缓存结构设计

（1）ISGObject

主要缓存所有基础对象信息，如流域、河流、区域、水库、水文站、河段、断面、蓄滞洪区等。这些对象信息描述了对象的静态内容，在模型计算过程中一般都不会改变，故通过ISGObject缓存来进行提前读取和管理，并放在内存中，模型调用时直接从内存读取，减少了读取的层数，同时充分利用了内存的高效率。

（2）SGCurve

主要缓存各类曲线数据，包括水库库容曲线、泄流能力曲线、下游水位流量关系曲线、出力图，以及蓄滞洪区的水位面积曲线、水位容积曲线、水位淹没土地曲线等。曲线数据也是相对稳定,不经常变动的数据,多年才会调整一次。这类数据通过 SGCurve 缓存,提前读取,并提供数据插值、统计等常规曲线计算功能,降低模型计算的复杂度。

（3）WPDFunction

主要缓存与超标准洪水调度方案有关的信息,如超标准洪水对象拓扑结构、计算时段设置、对象模型关联设置等。该模块是使用配置工具设置调度方案后,计算核心中管理配置内容的主要部件。

（4）SGDataSet

核心缓存模块,上述的所有缓存内容,最终都汇聚到 SGDataSet 中进行统一管理。模型只需要通过 SGDataSet 模块交互即可。

（5）SchemeCache

主要缓存方案。用于管理调度方案的定义。

（6）CommonCache

通用缓存模块。缓存包括实测数据在内的一些时序过程值,并同时支撑界面显示。当界面需要查询一些数据时,最频繁查询的数据将作为"热数据"缓存到 CommonCache 中。

3.8.2　缓存管理方式

Redis 是一个 key-value 存储系统,和 Memcached 类似,支持存储的 value 类型相对更多,包括 string(字符串)、list(链表)、set(集合)、zset(sorted set —有序集合)和 hash(哈希类型)。这些数据类型都支持 push/pop、add/remove 及取交集、并集和差集,以及更丰富的操作,而且这些操作都是原子性的。在此基础上,Redis 支持各种不同方式的排序。与 Memcached 一样,为了保证效率,数据都是缓存在内存中。区别在于 Redis 会周期性地把更新的数据写入磁盘或者把修改操作写入追加的记录文件,并且在此基础上实现 Master-slave(主从)同步。

由此可见,Redis 是一个高性能的 key-value 数据库。Redis 的出现,很大程度补偿了 Memcached 这类 key/value 存储的不足,在部分场合可以对关系数据库起到很好的补充作用。它提供了 Java、C/C++、C♯、PHP、JavaScript、Perl、Object-C、Python、Ruby、Erlang 等客户端。

Redis 支持主从同步。数据可以从主服务器向任意数量的从服务器上同步,从服务器可以是关联其他从服务器的主服务器。这使得 Redis 可执行单层树复制。存盘可以有意无意地对数据进行写操作。由于完全实现了发布/订阅机制,使得从数据库在任何地方同步树时,可订阅一个频道并接收主服务器完整的消息发布记录。同步对读取操作的可扩展性和数据冗余很有帮助。

在超标准洪水调度决策支持技术中,所有缓存采用 Redis 进行管理和维护,并通过

spring-boot-starter-data-redis 模块进行开发管理。

首先,为项目添加 Redis 依赖。在 Spring Boot 下通过 pom 加入对 spring-boot-starter-data-redis 和 spring-boot-starter-cache 的依赖。

然后,添加 Redis 配置信息。包括 Redis 服务器的 IP、端口、密码等信息,前提是已经安装好 Redis 服务,密码等信息必须和服务器一致。

最后,通过注解的方式控制缓存的行为。Spring 定义了 org. springframework. cache. Cache 和 org. springframework. cache. Cache Manager 接口来统一不同的缓存技术,并支持使用 JCache(JSR-107)注解简化开发。Cache 接口为缓存的组件规范定义,包含缓存的各种操作集合。Cache 接口下 Spring 提供了各种 xxxCache 的实现,如 RedisCache、EhCacheCache、ConcurrentMapCache 等,在本系统中使用 Redis 作为实现。

每次调用需要缓存功能的方法时,Spring 会检查指定参数、指定目标的方法是否已经被调用过;如果有就直接从缓存中获取方法调用后的结果,如果没有就调用方法并缓存结果后返回给用户。下次调用直接从缓存中获取。具体定义及注解见表 3.8-1。

表 3.8-1   Redis 定义及注解

名称	解释
Cache	缓存接口,定义缓存操作。实现有:RedisCache、EhCacheCache、ConcurrentMapCache 等
CacheManager	缓存管理器,管理各种缓存(Cache)组件
@Cacheable	主要针对方法配置,能够根据方法的请求参数对其进行缓存
@CacheEvict	清空缓存
@CachePut	保证方法被调用,又希望结果被缓存。与 @Cacheable 区别在于是否每次都调用方法,常用于更新
@EnableCaching	开启基于注解的缓存
keyGenerator	缓存数据时 key 生成策略
serialize	缓存数据时 value 序列化策略
@CacheConfig	统一配置本类的缓存注解的属性

超标准洪水调度决策支持技术缓存利用 Redis 对 key 的策略,采用分级管理的方式,具体见图 3.8-4。

(1)wcp

缓存根节点,所有决策支持技术中的缓存都在该分组之下。

(2)dataSet

方案管理节点,所有正在操作的方案都通过 dataSet 节点进行管理,不同的方案在该节点中通过方案 id 区分。

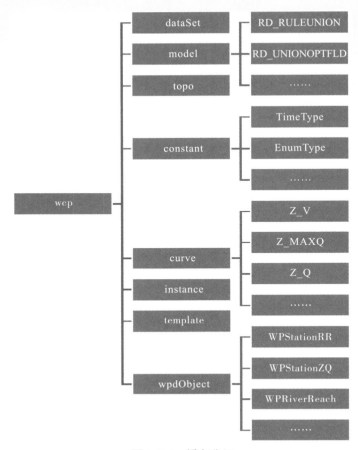

图 3.8-4　缓存分组

（3）model

模型节点，记录模型的定义，包括水文预报模型、水库调度模型、河道演算模型、水动力模型等，管理模型的编码、名称、类型、调用方式等基础信息。

（4）topo

拓扑节点，缓存拓扑结构数据。当要计算的方案涉及的区域范围较大时，频繁读取拓扑数据会占用大量资源，本节点将各方案拓扑信息进行缓存，并通过拓扑编码区分。

（5）constant

常量节点，系统中频繁使用的常量值也需要进行管理，如各种枚举信息、各种时间尺度信息等。

（6）curve

曲线节点，各类曲线详细数据。曲线数据量特别大，而且获取来源各不同，计算过程也会需要快速调用曲线数据。该节点中曲线通过类型和编码进行区分，如各水库库容曲线、泄流能力曲线、水文站水位流量关系曲线等。

（7）template

模板节点，记录敏捷构建技术中所有配置项的定义。

（8）instance

实例节点，记录敏捷构建技术中所有配置项的实例。

（9）wpdObject

从实例转换得到的具体对象。instance 中有管理配置，也有对象配置，其中对象配置将被从通用实例转换成具体对象类型，如水库类型 WPStationRR、水文站类型 WPStationZQ、河段类型 WPRiverReach 等。

3.8.3 计算流分布式执行

当超标准洪水计算流程制定完成后，将形成见图 3.8-5 的计算拓扑图。

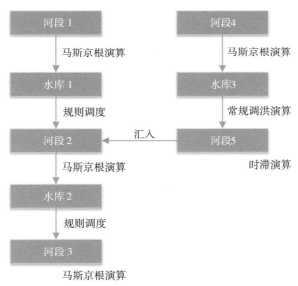

图 3.8-5 计算拓扑图

为了说明分布式流程执行的概念，流程图简化了部分细节和其他对象类型，只保留了水库和河段的拓扑关系。流程图上每个节点都在配置中关联了对应的计算模型。例如，河段 1 可以关联马斯京根演算模型，河段 5 可以关联时滞演算模型，水库 1 可以关联规则调度模型，水库 3 可以关联常规调洪演算模型等。

执行过程中，每一个节点的输入都依赖于上节点的输出，因此常规计算流程顺序应该为（图 3.8-6）：

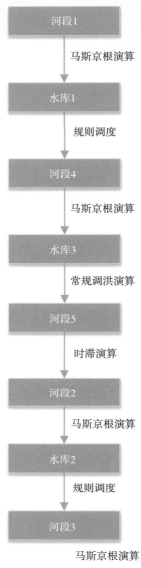

图 3.8-6　常规计算流程

　　但根据拓扑结构，"河段 1——水库 1——河段 2"这一条计算流与"河段 4——水库 3——河段 5"这一条计算流的数据是不存在交叉依赖关系的，因此完全可以并行计算。并行计算是同时使用多种计算资源解决计算问题的过程，是提高计算机系统计算速度和处理能力的一种有效手段。它的基本思想是用多个处理器来协同求解同一问题，即将被求解的问题分解成若干个部分，各部分均由一个独立的处理器来并行计算。并行计算系统既可以是专门设计的、含有多个处理器的计算机，也可以是以某种方式互连的若干台独立计算机构成的集群。通过并行计算集群完成数据的处理，再将处理的结果返回给用户。充分利用单台计算机多核心或者多台计算机的优势，利用"空间"换取"时间"，加快计算速度。

在此基础上,一个新的问题出现,虽然水库 1 和水库 3 分别采用规则调度模型和常规调洪演算模型,模型计算不冲突,但河段 1 和河段 4 同时采用了马斯京根演算模型,在并行计算河段 1 与河段 4 时,两个节点同时调用同一个模型,将造成模型执行机构排序等待,此时导致计算流程依然被迫串行化。

本研究采用微服务方式来解决该问题。

见图 3.8-7,通过模型微服务管理中心,可以灵活新增和删除模型计算节点。例如,本示例马斯京根演算模型执行频率较高,则可增加马斯京根演算模型计算节点,当河段 1 和河段 4 并行计算时,通过模型微服务管理中心请求,自动分配模型节点"马斯京根演算模型 1"和"马斯京根演算模型 2",由不同执行机构并行执行。当模型调用频率较低时,可以注销多余的模型执行机构,节省资源,弹性适配计算需求。

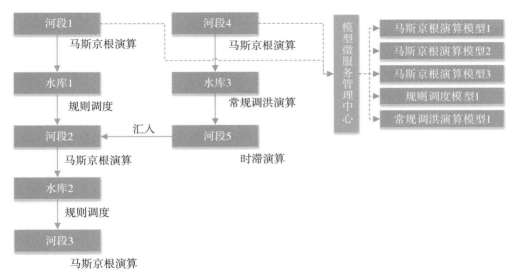

图 3.8-7　分布式计算流程

3.8.4　多线程并发技术

JDK5 引入了 Future 模式。Future 接口是 Java 多线程 Future 模式的实现,在 java. util. concurrent 包中,可以用来开展异步计算。

Future 模式是多线程设计常用的一种设计模式。Future 模式可以理解成:有一个任务提交给了 Future,然后 Future 完成这个任务。在此期间可以去做任何想做的事情,一段时间之后便可以从 Future 那儿取出结果。

Future 的接口主要有 5 种方法。

```
public interface Future<V>{
    boolean cancel(boolean mayInterruptIfRunning);
    boolean isCancelled();
```

```
    boolean isDone();
    V get()throws InterruptedException,ExecutionException;
    V get(long timeout,TimeUnit unit)
            throws InterruptedException,ExecutionException,TimeoutException;
}
```

Future 接口的主要功能方法如下：

①boolean cancel(boolean mayInterruptIfRunning)方法。用于取消任务的执行。参数指定是否立即中断任务执行,或者等任务结束。

②boolean isCancelled()方法。判断任务是否已经取消,任务正常完成前将其取消,则返回 true。

③boolean isDone()方法。判断任务是否已经完成。需要注意的是任务正常终止、异常或取消,都将返回 true。

④V get()throws InterruptedException,ExecutionException 方法。等待任务执行结束,然后获得 V 类型的结果。InterruptedException 线程被中断异常,ExecutionException 任务执行异常,如果任务被取消,还会抛出 CancellationException。

⑤V get(long timeout,TimeUnit unit)throws InterruptedException,Execution Exception,TimeoutException 方法。同上面的 get 功能,但多了设置超时时间。参数 timeout 指定超时时间,uint 指定时间的单位,在枚举类 TimeUnit 中有相关的定义。如果计算超时,将抛出 TimeoutException。

一般情况下,结合 Callable 和 Future 一起使用,通过 ExecutorService 的 submit 方法执行 Callable,并返回 Future,然后通过 future.get()方法获取计算结果。

Future 虽然可以实现获取异步执行结果的需求,但是它没有提供通知的机制,我们无法得知 Future 什么时候完成。要么使用阻塞,在 future.get()的地方等待 future 返回的结果,这时又变成同步操作。要么使用 isDone()轮询地判断 Future 是否完成,这样会耗费 CPU 的资源。

Java 8 新增的 CompletableFuture 类在 Future 模式的基础上,提供了其他强大的功能,让 Java 拥有了完整的非阻塞编程模型:Future、Promise 和 Callback(在 Java8 之前,只有无 Callback 的 Future)。

CompletableFuture 能够将回调放到与任务不同的线程中执行,也能将回调作为继续执行的同步函数,在与任务相同的线程中执行。它避免了传统回调最大的问题,那就是能够将控制流分离到不同的事件处理器中。

CompletableFuture 弥补了 Future 模式的缺点。在异步的任务完成后,需要用其结果继续操作时,无需等待。可以直接通过 thenAccept、thenApply、thenCompose 等方式将前面异步处理的结果交给另外一个异步事件处理线程来处理。

但是 CompletableFuture 依然存在一个致命问题,没有实现 boolean cancel(boolean mayInterruptIfRunning)方法中 mayInterruptIfRunning 参数的支持。在 cancel 方法的定义

中,mayInterruptIfRunning=true 则表示无论任务是否正在执行都强制中断。

超标准洪水调度计算过程中,如有些水动力模型,计算耗时较长,可能会需要中途停止计算,但 CompletableFuture 的 cancel 方法无法强制中断计算过程,这导致对计算线程的过程无法完全控制。为此,需要引入 google 的 Guava 库。

Guava 是一种基于开源的 Java 库,Google Guava 源于 2007 年的"Google Collections Library"。这个库是为了方便编码,并减少编码错误。该库用于提供集合、缓存,支持原语句、并发性、常见注解、字符串处理、I/O 和验证的实用方法。

Guava 的优势在于:标准化程度高,Guava 库由谷歌直接托管;高效可靠,能快速和有效地扩展 Java 标准库;优化程度高,Guava 库经过了高度优化。

Guava 提供了更加优秀的异步任务处理框架,核心就是 ListenableFuture。ListenableFuture 顾名思义就是可以监听的 Future,它是对 Java 原生 Future 的扩展增强。原生 Future 表示一个异步计算任务,当任务完成时可以得到计算结果。如果希望计算完成就拿到结果展示给用户或者做另外的计算,就必须使用另一个线程不断地查询计算状态。这样做,代码复杂,而且效率低下。使用 ListenableFuture Guava 帮我们检测 Future 是否完成了,如果完成就自动调用回调函数,这样可以减少并发程序的复杂度。ListenableFuture 是一个接口,它从 JDK 的 Future 接口继承,添加了 void addListener(Runnable listener, Executor executor)方法。

首先通过 MoreExecutors 类的静态方法 listeningDecorator 初始化一个 ListeningExecutor Service 的方法,然后使用此实例的 submit 方法即可初始化 ListenableFuture 对象。

有了 ListenableFuture 实例,就可以通过回调函数进行任务的监听。通过 Futures 的静态方法 addCallback 给 ListenableFuture 添加回调函数。超标准洪水调度决策支持技术中每种方案都会有独立的线程去执行计算任务,示意代码如下:

```
ListenableFuture<Boolean> future=executorService. submit(()->
//调用计算
normalService. calculate(projectId,user,funcId,schemeId,nodeId,isSingle,flows));
Futures. addCallback(future,new FutureCallback<Boolean>(){
    @Override
    public void onSuccess(@Nullable Boolean result){
        if(result){
            logger. info("计算完成{}",schemeId);
                DataSet rootDataSet = dataSetUtil. load (projectId, user, funcId,
schemeId);
            dataSetUtil. save(projectId,user,funcId,schemeId,rootDataSet);
        } else {
            logger. warn("计算失败{}",schemeId);
```

```
                    DataSet  rootDataSet = dataSetUtil. load（projectId，user，funcId，
schemeId）；
                        dataSetUtil. save(projectId，user，funcId，schemeId，rootDataSet)；
            }
        }
        @Override
        public void onFailure(Throwable e){
            logger. error("计算异常",e)；
            DataSet rootDataSet=dataSetUtil. load(projectId，user，funcId，schemeId)；
            dataSetUtil. save(projectId，user，funcId，schemeId，rootDataSet)；
        }
    },executorService)；
    //超时处理
    executorService. schedule(()—> {
        if(! future. isDone()){
            future. cancel(true)；
            logger. error("计算超时{}",schemeId)；
            //方案标记
            DataSet rootDataSet=dataSetUtil. load(projectId，user，funcId，schemeId)；
            dataSetUtil. save(projectId，user，funcId，schemeId，rootDataSet)；
        }
    },timeout,TimeUnit. MINUTES)；
```

首先创建任务启动器 executorService，然后通过启动器启动 calculate 计算方法，并获取任务的句柄 future。再通过 addCallback 为 future 创建回调函数。回调函数包括 onSuccess 负责计算成功后的处理，onFailure 负责计算异常后的处理。再通过 schedule 方法，为 future 创建定时器，控制任务执行的时间，当任务超时后直接调用 cancel(true)方法强制中断。在计算的过程中，可以随时获取 future 句柄，并通过人工控制任务的中断。

3.9　可视化搭建技术

可视化搭建技术总体基于配置工具实现。因此，配置工具本质上是立足于超标准洪水调度决策支持而进行设计开发的专业、快速开发工具。该工具能够根据业务需求、功能设计和界面要求快速进行业务应用系统搭建，能快速、高效地创建页面和后台，同时支持多系统、多用户协作设计和版本控制管理，为最终实现超标准洪水业务搭建打下了基础。

配置工具分为权限管理、后台管理、图形编辑、系统建模、报表编辑、拓扑编辑，可完成超

标准决策支持技术实现中前后台的分离式编辑、统一式管理,能够依据不同业务需求,便捷、快速、高效地进行业务逻辑梳理和系统功能模块搭建。

配置工具对业务、对象、模型、流程、参数、拓扑关系等各项进行功能与方案配置,解决超标准洪水计算的对象和模型数量大、类型多的管理问题,实现超标准洪水的快速业务搭建,支撑实现决策支持系统。

3.9.1 总体架构

配置工具采用 B/S 架构,共分为两态 5 层。两态是指编辑态和运行态;5 层是指数据层、图元层、支撑层、缓存层和展示层。

(1)编辑态

编辑态是指构建某一具体业务系统各功能模块的全过程状态,主要面向系统的建设人员。

(2)运行态

运行态是指系统构建全部完成,保存发布后的运行状态,主要面向系统的使用人员。

(3)数据层

数据层包括用户角色数据、系统建模数据和页面成果数据等,主要用于记录系统的建设过程及建设成果。

(4)图元层

图元层包括图形界面数据、报表界面数据和概化图数据,均属于页面成果,是运行态的核心载体。

(5)支撑层

支撑层包括运行服务、数据服务、事件服务、图形服务、报表服务和拓扑图服务等,是解析系统所有业务逻辑的关键引擎。

(6)缓存层

缓存层是用于前端展示层页面与后台支撑层服务之间实现各类信息交换的资源池,是实现可视化页面自定义动态搭建的关键枢纽。

(7)展示层

展示层包括平台管理、系统建模、图形编辑、报表编辑、拓扑编辑等工作台界面,是编辑态的核心载体。

综上,配置工具总体架构见图 3.9-1。

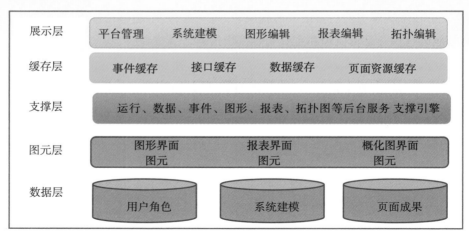

图 3.9-1　配置工具总体架构

3.9.2　技术路线

配置工具开发采用的主要技术路线包括分析、设计、开发、测试、修正等 5 个技术环节。5 个环节构成一个完整的技术链条，当需求或反馈发生变更时，则在原有技术链条的基础上，产生一个新的技术更新链条，各个环节对应进行匹配更新，依此循环迭代，从而构成了一套可持续的敏捷迭代模式。总体技术路线见图 3.9-2。

图 3.9-2　总体技术路线

3.9.3　核心功能

3.9.3.1　用户权限

系统通过权限控制访问，一般用户不允许进入配置工具修改系统配置，必须由管理员用户进行修改。在登录页面，管理员用户输入对应的用户名和密码单击登录即可登录系统。管理员可以根据实际需求注册相应的用户账号，根据注册界面设置对应属性。设置完成后单击注册按钮即可注册用户。

3.9.3.2　后台管理

登录系统后进入后台管理，主要包括项目管理和用户管理功能。

（1）项目管理

项目管理界面主要展示目前所创建的一些项目名称。通过添加项窗口，用户可以根据实际需求添加项目，再根据添加项目页面设置相应属性。设置完成后单击确定，在项目管理界面即可实时添加新增项目。对于不需要的项目,可单击删除按钮,如果确定删除,即可删除对应的项目。

(2)用户管理

用户管理主要用于创建和管理所有用户账号。在添加项窗口可以根据实际需求添加新的用户名和密码,并设置对应的属性来创建新的账号。选择需要编辑的账号名称,可单击编辑按钮弹出修改项窗口,修改完成后单击确定即可更新。对于不需要的账号,可单击删除按钮进行删除。对于某个有效用户,可通过用户信息界面上的修改按钮对当前用户的属性信息进行修改,修改完成单击保存按钮即可更新。

3.9.3.3 图形编辑

选择具体项目后,单击可进入项目的图形编辑界面(图3.9-3)。

图3.9-3 图形编辑界面

图形编辑界面主要分3个板块:左侧组件列表、右侧属性操作设置和中间编辑区域。左侧组件列表分为操作区域、新组件、移动组件、组件、图标、自定义等板块。其中,操作区域主要分为操作、容器集合、布局三大板块,在设计布局的时候根据设计的实际情况选择不同的布局方式进行图形界面布局。新组件、移动组件、组件区域主要包括各类通用组件、导航组件、数据录入组件、数据展示组件、多媒体组件、定制组件、表单组件、展示组件、业务组件等,用户可以根据图形展示需求自主选择组件绘制图形界面。图标区域主要通过表格组件、媒介组件、图形组件等板块,供用户在设置图表时选择不同图表来渲染要展示的数据。操作区域可新建图元,在图元操作当中单击需要编辑的组件或者容器,选右侧基本属性、扩展属性对其基本的属性按照实际需求进行调整(图3.9-4)。

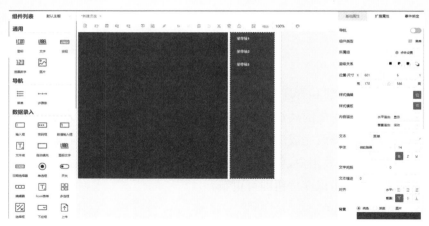

图 3.9-4　属性设置

在图元编辑过程中,需要根据实际情况对图形界面进行事件绑定操作(图 3.9-5)。单击事件绑定按钮,可选择不同的绑定事件进行操作。选择绑定事件后可对事件进行编辑,主要包括组件、功能、连接等编辑功能。用户再根据实际情况选择数据加载、容器映射、跳转路由等相关操作,为图形界面提供各类数据关联、接口关联和事件关联。

图 3.9-5　事件编辑

图元编辑操作完成后,单击保存按钮,在弹出窗口中设置路由、名称后完成图元的保存操作(图 3.9-6)。保存后的图元,可直接发布为前端 Web 页面。

综上,图元编辑是支撑整个项目最终系统可视化渲染的核心,可从布局、风格、图形、表格、事件、接口等角度,全面建立系统的前端可视化流程,是按需动态构建用户操作界面的关键。

图 3.9-6 图元保存

3.9.3.4 系统建模

系统建模可对各类系统运行相关的各类业务对象、逻辑流程等统一按模板方式进行自主定义,然后按实例方式进行具体对象创建。主要包括单位管理、模板管理、缓存关系管理、实例配置、应用服务器配置、接口服务配置、定时服务器配置等。

(1)单位管理

单位管理界面,用户可对本项目需要用到的所有单位进行自主创建和修改,建立后台数据的标准单位规约,主要包括单位编码、单位类型、控制精度、后台标准单位名称、界面显示单位名称、与标准单位的转换倍数等(图 3.9-7)。

图 3.9-7 单位管理界面

（2）模板管理

模板管理界面，用户可对本项目需要用到的各种模板类型进行自主创建和修改，针对各个模板按照业务需求设计对应的字段属性，并可根据业务类型对模板进行分组管理。因此，模板设计本质上等价于系统的各种类对象设计，与系统的实际业务需求紧密相关，如水库类型、水文站类型等（图 3.9-8）。

图 3.9-8　模板管理界面

（3）实例管理

实例管理界面，用户可对本项目需要用到的所有实例对象按其模板类型定义进行自主创建和修改。模板管理中定义了各种对象的属性类型，在实例中则根据具体对象的实际情况按模板要求逐项进行赋值，从而完成所有项目所有业务对象的实例化创建。例如，加载水库模板，可创建三峡、丹江口、溪洛渡等具体水库对象；加载水文站模板，可创建北碚、武隆、寸滩、枝城等具体水文站对象（图 3.9-9）。

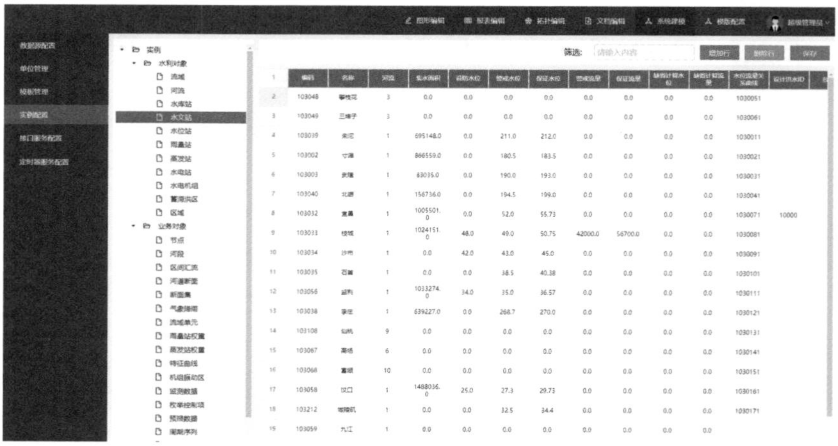

图 3.9-9　实例管理界面

此外,在接口服务和定时器配置界面,用户还可对本项目需要用到的各类图形接口服务及定时任务进行自主创建和修改。

综上,系统建模是支撑整个项目最终系统运行驱动的核心,可从数据、对象、业务、模型、服务等角度,全面建立系统的后台运行流程,是按需动态构建后台服务的关键。

3.9.3.5 报表编辑

报表编辑根据用户需要按照 Excel 方式进行表单式页面制作,并提供大量的函数方法库作为计算支撑,主要分为工具栏和表格编辑部分(图 3.9-10)。新建报表时可设置属性。

图 3.9-10 新建报表界面

在新建报表界面上,可按照需求进行自定义报表制作。单击工具栏上的函数可弹出公式栏,按需要选择计算公式(图 3.9-11)。

在制作报表过程中,可以根据报表展示界面的需求,在工具栏选择报表界面区域,并设置报表各种属性和样式来完成报表界面制作。报表制作完成后,单击保存按钮即可将页面保存入库;点击运行按钮则可浏览报表运行效果。确认报表后,可直接发布为 Web 界面,在浏览器端运行。

图 3.9-11　设置公式界面

3.9.3.6　拓扑编辑

拓扑编辑是通过可拖拽图形化工具,设置业务应用拓扑结构,描述水力联系,形成可用于专业计算的拓扑关系数据,见图 3.9-12。

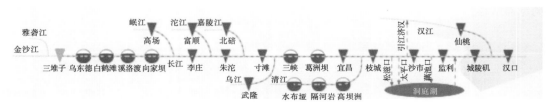

图 3.9-12　拓扑编辑示意图

拓扑编辑主要功能包括：

（1）业务拓扑管理

可以新建空白拓扑，编辑后进行保存，也可以打开已建拓扑再次编辑修改。

（2）业务对象关联

拓扑的备选组件本身描述的是对象类型，如水库或者水文站。但是在拓扑绘制时，需要描述这个节点类型具体对应的实体对象，可以通过对象关联，从前述系统建模的实例管理中获取对应类型的实例对象，并自动提取属性填充到指定的节点中。

（3）拓扑校验

按流域业务需求制定的水力拓扑，需校验其合理性以及中间节点的有效性，自动修正和补全业务拓扑。

（4）起点和终点设置

从已配的节点中，可以自定义选择配置每一个衔接关系两端的起点和终点。

（5）数据衔接关系配置

对于任意一个拓扑衔接关系，若在业务上存在数据衔接关系，则可以选择起点的输出数据项和终点的输出数据项，设置数据项之间的对接关系。例如，可将三峡水库的出库流量对接三峡—葛洲坝河段的上边界流量。

（6）业务流程配置

主要用于配置与超标准洪水调度决策相关的各类业务流属性，并进行管理。每一类业务流本质上描述了一个具有完整逻辑的计算流，其主要属性包括：计算流编码、计算流名称、控制节点类型、是否联算、是否刷新数据、计算流描述、计算流顺序等。其中，计算流编码和名称描述了当前计算流的定义；控制节点类型代表哪些水利对象需要执行这个计算流；是否联算代表这个流中是否所有节点都采用同一个联算模型统一执行，并在模型内部自动处理水力联系；是否刷新数据代表是否根据拓扑衔接关系自动刷新水力衔接的关联数据项。

3.10 小结

本章重点描述了支撑超标准洪水调度决策支持系统构建的主要底层技术。首先通过决策支持数据管理，定义了系统管理相关的数据库表分类和结构，为系统的配置搭建和运行支撑提供依据；然后介绍了为满足决策支持系统构建所使用的第三方基础支撑内容，包括开发用到的前端技术、后端技术以及各种中间件，这些都是以通用技术的形式被引用，并以此为基础设计了决策支持技术总体架构和各模块的核心功能；在确定总体架构后，按照架构内容逐模块细化研究内容，最核心的是专业模型集成，通过异构专业模型的封装技术，将各种不同开发语言、不同实现方式的模型进行统一封装和管理，为决策支持系统的集成与应用提供标准化的模型服务;接着为了快速响应超标准洪水区域不确定、影响范围大、风险难预估、时效要求高等特点和要求,通过变化决策方案的敏捷构建技术,设计了可配置的系统建模方法,使决策支持技术不只是一个简单系统,而是对超标准洪水敏捷响应的一套可移植、可扩展、可组态的技术思想;为了实现敏捷构建技术,系统模块数量和复杂度都会不断提高,为了更好地管理模块之间的调用,研究基于微服务的系统治理技术,通过微服务框架管理系统的不同服务模块,将每一个服务进行离散化,分别治理;任何一个可配置的系统,都离不开数据的配置、校验、执行、处理等环节,在这个过程中,为了保证决策支持系统在运行时的一致性和稳定性,通过开展数据流自诊断技术研究,确定了数据诊断和校正的主要方法;同时由于系统复杂度的提高,为了保证整体性能,研究了计算流的预处理技术,分析了决策支持技术计算流过程,找出了系统性能瓶颈和痛点,有针对性地进行优化和提升,避免重复读取静态信息,提高系统响应速度;最后通过可视化配置工具的设计,支撑系统的敏捷搭建功能,为后续决策支持系统的可视化构建和各示范区域开展典型应用奠定了重要基础。

第4章 超标准洪水调度决策支持系统

4.1 建设概述

4.1.1 系统目标

超标准洪水调度决策支持系统,是对超标准洪水预报调度相关理论技术研究成果进行落地转化,建设一套实际应用功能,支撑实际决策业务,起到理论与实践衔接纽带的作用。本章所述内容,以研发建设面向超标准洪水调度业务的决策支持系统功能模块为目标,集成预报调度专业模型成果,攻克信息技术和调度专业环节融合所产生的技术瓶颈,建立具有统一技术架构的超标准洪水调度决策支持功能体系,以嵌入式集成方式,提升现有国家防汛抗旱指挥系统的超标准洪水调度决策能力,可以支撑长江、淮河、嫩江等多个具有不同特征、业务需求的典型流域开展示范应用。

4.1.2 建设内容

因超标准洪水发生、发展与常规洪水存在区别,其调度业务具有决策场景的多样性特征,主要体现在以下两个方面。

一方面,超标准洪水的决策应对,必须要全面覆盖各类业务场景,如信息综合展示、洪水预报、洪水演进、洪水预警、灾害评估、工程调度、转移避险、会商决策等。相比传统调度决策业务,各环节关联性更强、业务数据量更大,对超标准洪水的预报调度、模拟演算等需要更具针对性的计算功能支持。当前如国家防汛抗旱指挥系统一期、二期工程建设的预报调度系统,主要针对标准内洪水进行决策计算,对超标准洪水调度决策的交互功能相对偏弱。

另一方面,超标准洪水会产生动态变化和不固定的决策问题场景。国内各流域地方的水系情况、工程体系、数据管理体系、业务应用习惯等均有其自身特点,且超标准洪水迅速发展演化后的实际决策场景无法事先预料,预报预警、调度决策、风险分析等决策环节常需使用不同的分析交互面板。但国内水主管单位现行系统以定制化建设居多,系统设计外的业务场景一般需重新设计并定制开发功能模块,难以及时支撑变化决策场景下的快速应对与防御。

因此,本章集平台思维、水利专业知识、信息技术为一体,攻克超标准洪水调度决策支持系统建设的关键技术环节。

①解决超标准洪水调度决策基础数据高效、准确获取问题,支持系统实际接入不同数据库的多元异构数据;

②解决超标准洪水调度决策系统内部复杂业务运行效率问题,支撑系统在多场景、多专业、多任务环节下的高效协同运行;

③解决超标准洪水调度决策系统对动态决策场景的支撑问题,实时根据决策会商过程需求更新交互展示界面或应用功能;

④解决现有系统对超标准洪水决策功能缺乏的问题,建设形成一套面向超标准洪水调度过程的实际业务功能。

综上所述,超标准洪水调度决策支持系统的研究建设,按照信息系统建设模式,从底层向上层,逐层开展,包括数据层、支撑服务层、应用层等。首先对超标准洪水决策业务进行分析,阐述超标准洪水决策业务信息系统的各类需求和建设要求。针对超标准洪水特征,在信息系统各个层面开展架构设计与技术攻关,提出系统的总体架构,详细阐述系统逻辑架构、业务架构、功能架构、开发技术架构、运行架构、物理架构、数据架构等,由此实现松耦合的系统架构体系,易于业务协同、重组和快速搭建。此外,进一步面向超标准洪水调度决策中的各项业务环节,实现洪水预报预警、水工程联合调度、洪水演进精细化模拟、洪灾损失动态评估、防洪避险转移、调度会商决策等系统功能开发,并对功能结构、业务流程、界面功能设计、接口设计等方面进行详细阐述。

4.1.3 设计原则

超标准洪水调度决策支持系统的设计原则和建设要求如下:

(1)统筹考虑、重点示范

超标准洪水调度决策支持系统建设以实现超标准洪水调度过程中的预报调度一体化、工程调度智能化、灾情评估动态化、决策分析可视化为重点,从数据建设、服务建设、功能建设以及系统集成等层面进行研究与实施,结合超标准洪水调度决策支持的实际需求,实现全流程覆盖的业务应用和功能集成,要求其建设成果具有良好的普适性和通用性,可以支撑长江流域荆江河段、淮河沂沭泗流域、嫩江齐齐哈尔河段等流域和地方的示范需求。

(2)兼顾已有、按需扩展

超标准洪水调度决策支持系统设计与建设时,充分考虑不同示范应用落地区域的实际情况,考虑各地防汛抗旱指挥机构已建的国家防汛抗旱指挥系统数据资源及应用服务,与实际运行后可能出现的数据及业务对接需求,预留兼容接口、提升系统适应性,通过示范系统应用功能的集成,提升当地流域管理机构对超标准洪水的防御决策能力。

（3）安全实用、稳定运行

超标准洪水调度决策支持系统建设需充分利用成熟、稳定的软件技术,发挥软件技术特点和优势,在保障安全前提下,最大限度为终端用户提供便捷操作;底层服务减少耦合、易于维护、增强兼容,强化系统在建成后运行维护阶段的保障技术能力,确保能够持续对系统进行优化完善,切实保障示范应用系统的稳定运行。

4.1.4 技术路线

4.1.4.1 技术思路

（1）超标准洪水调度决策业务整理与系统设计

充分沟通归纳超标准洪水调度决策业务及调度需求,对超标准洪水调度决策的业务流程进行梳理,完成系统建设方案设计。

（2）多元异构数据的高性能访问架构研究

分析超标准洪水发生后业务数据陡增、测试突发等大量并发访问,设计优化系统内来自不同数据源、多种类信息的获取结构、存储模式和软硬件支撑,减少操作所聚焦的数据量,支持并行数据操作,提供上层服务通用数据访问接口,以提高数据查询和访问效率。

（3）服务端多专业、多任务协同架构研究

针对超标准洪水业务协同难度高的问题,对复杂度高的业务和服务进行解耦,利用多任务协同优化技术与服务端同步技术架构,实现带宽优化、消息推送、数据预处理等服务端同步机制和技术,动态适配并协同多项业务,提高综合调控措施的响应速度。

（4）超标准洪水调度协同决策架构研究

为支撑非预见性影响下,不同业务场景的精准高效的综合调控决策,提供涵盖用户、系统功能、KPI要素展示等多重配置的自适应会商技术架构,形成开发工具,快速构建并发布不同的决策场景和作业信息面板（如预报预警面板、调度决策面板、风险分析面板等）,支撑多决策终端的总体任务协同与大场景同步联动,提升决策体验。

（5）超标准洪水调度决策支持系统应用开发

结合"超标准洪水调度决策支持技术"章节的研究成果,对各项技术、模型进行集成,同时根据系统设计及业务需求开发建设洪水预报预警、水工程联合调度、洪水演进精细模拟、洪灾损失动态评估、防洪避险、调度会商决策,以及基于多组合敏捷响应技术的综合决策调控等一系列支撑超标准洪水调度决策的应用功能组件,最终形成具有强适配性、统一技术架构、灵活可配置的超标准洪水调度决策支持系统平台。基于该平台,在后续章节示范应用过程中,可结合自身的示范应用需求自主搭建和发布不同的软件功能模块,满足不同流域的差异化示范应用需求。

（6）系统部署与测试运行

决策支持系统作为后续示范应用的基础系统,利用试验数据测试运行,结合各示范流域制定针对性测试方案,并考虑后续的示范系统落地,对各项接口与功能进行查错补缺。

（7）单元测试与系统检测

开发过程中,各阶段均制定完善的单元测试与系统检测方案,对系统各项模块的功能单元充分进行测试,并对系统集成的最终成果进行专业、完善的系统测试,从多个层面保障建设成果的可靠性。

4.1.4.2　技术集成体系

采用微服务、应用配置化架构等方法,研究多元异构数据的高性能访问技术、多任务协同优化技术、服务端同步技术、多对象联动协同决策技术,开发对应的决策支持功能模块,建立多场景协同的超标准洪水调度决策支持系统。

数据建设为系统提供数据资源支撑,应充分利用国家防汛抗旱指挥系统的数据库,减少重复建设。

专业模型库建设为系统决策提供各类专业核心计算能力支持,以通用标准化模型服务的方式,对超标准洪水调度决策相关的各类专业计算模型进行集成,通过关键技术研究,形成超标准洪水应对的模型体系。

支撑技术与服务建设为系统提供驱动运行的各项核心服务,其中的关键技术支撑主要依托"超标准洪水调度决策支持技术"章节,本章主要面向超标准洪水决策新建应用提供服务,不直接利用国家防汛抗旱指挥系统现有服务,同时有需要时可为其提供服务。

功能建设为系统用户提供超标准洪水调度决策所需的各类交互功能,各项功能可对国家防汛抗旱指挥系统功能形成补充。

示范建设是利用上述建设成果,在长江流域荆江河段、淮河沂沭泗流域、嫩江齐齐哈尔河段等区域建设示范系统,并集成到长江、淮河以及嫩江等流域的国家防汛抗旱指挥系统,提升各流域对超标准洪水决策的能力,各示范系统的具体应用将在后续章节详细介绍。

综上,超标准洪水调度决策支持系统的集成与建设逻辑构架见图4.1-1。

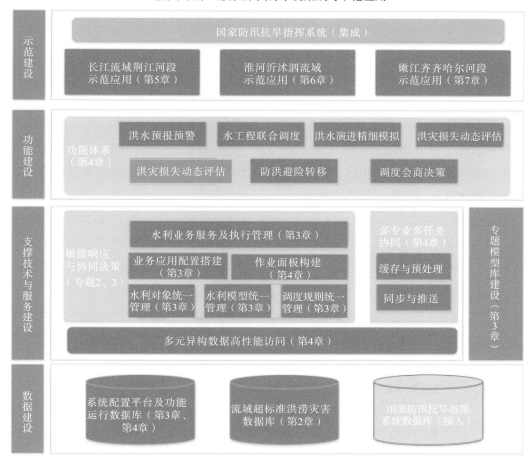

图 4.1-1　系统的集成与建设逻辑构架

4.1.4.3　系统开发方法及技术

各类防汛抗旱指挥系统是国内防汛抗旱部门调度决策和指挥抢险救灾的主要支撑手段,多年来在实际运用中已经取得了显著的防灾减灾效益。但是,当流域发生超标准洪水,需要针对多类水工程开展联合调度业务,当前实际系统及应用开发技术手段尚存以下局限。

(1)调度业务体系不全

当前预报调度系统建设方式,洪水预报应用和调度应用基本为独立建设,预报及调度过程中的互馈机制主要依靠人工方式实现,缺乏技术手段在模拟场景中自动还原水利工程调度运行对洪水发展演进的影响,未能实现防洪风险分析、工程调度、防洪风险评估和会商决策的多环节、一体化分析决策。

(2)调度科学化、精细化、智能化程度不高

当前预报调度系统尚未实现水库等工程调度规则的数字化、协同化的建模技术,决策系

统不能依据水情预报自动判断流域防洪形势、自动推荐工程联合调度方案,实际决策中主要依靠专家经验完成。

(3)防洪风险实时评估能力较弱

目前,防洪风险实时评估主要依据静态洪水风险图,而实际洪水发生时洪水情势、人口、房屋和经济指标等往往发生变化,几乎不具备实时风险分析的技术能力。

(4)定制开发不适应流域管理过程中动态运行调整需求

流域管理过程中的调度对象、工程调度节点、预报调度方案每年均会动态调整,大多已建系统应用仅面向建设时的固定范围、固定对象和审批方案,其建设、运行维护技术难以适应现实工程体系和调度方案的快速更新。

综上,超标准洪水调度决策支持系统的开发与建设是庞大的系统工程,必须考虑信息化与洪水预报调度专业深度融合。系统开发建设所涉及和采用的方法、原理、机理、算法等见表 4.1-1。

表 4.1-1　　　　　　　　　　　　采用的方法、原理、机理、算法

类别	研究方法、原理、机理、算法
方法	系统分析方法、结构化方法、原型法、面向对象方法、可视化开发方法、模块化方法、配置化方法、异步调用方法、系统模型模拟、水动力学法
原理	关系型数据库原理、系统工程原理、流式计算原理
机理	HTML5 技术、微服务技术、组件化技术、组态化技术、系统集成技术、跨平台开发技术、多语言混合编程技术、多线程技术、数据协同技术、交互式决策技术
架构	分布式架构、B/S 架构、REACT 框架

在以上基础类型的技术之上,面向超标准洪水动态业务决策需求,集成"超标准洪水调度决策支持技术"章节的可视化搭建技术,进行预报调度方案体系建设。

在预报调度计算演进功能体系建设环节,重点采用"超标准洪水调度决策支持技术"章节的超标准洪水调度决策支持技术,采用非定制开发、动态构建的方式搭建业务实例,将流域预报调度业务中所涉及的要素解耦管理并按需组合。其中,基础要素配置管理,通过参数化手段建立水利对象、计算模型、调度规则的单独实例,为搭建复杂计算方案提供"积木块"。演算逻辑配置管理,面向预报调度方案内部运算过程,对其水力拓扑、计算关系等进行设置,构建一个业务分析过程,类似于建立计算运行的"图纸"。最后,通过智能适配服务解析"图纸"信息并按照组装"积木",自动化发布形成完整的预报调度方案。该技术体系下,用户可以按需任意构建计算方案,不依赖代码层面的修改即可实现对流域调度管理业务场景变化情况的适配,全面提升超标准洪水调度决策业务场景的支持能力。

在上述服务技术基础上,通过开发实现的决策场景和作业信息面板构建工具,提供一套

交互界面的可视化快速搭建功能(图 4.1-2)。以拖、拉、拽的形式,在空白面板上任意搭建界面布局、安放各类展示元素,并设置交互事件关联和数据关联,从而形成所需要的界面。可以设置的元素包括基础元素(如各类输入框、按钮、书签栏、目录栏等常见要素)和各种水利专题展示控件(如水情过程图、水库指标图、降雨径流图等)。

图 4.1-2 作业信息面板构建工具界面

基于此工具,可在无需前端编写代码的情况下,完成涵盖用户、系统功能、KPI 要素的界面组织,快速构建并发布不同的决策场景和作业信息面板(如预报预警面板、调度决策面板、风险分析面板等),快速适应各种会商下的业务场景下需求。通过构建工具进行界面配置搭建,可设置应用界面缓存及同步触发机制,按需控制界面业务数据与上述研究的系统协同服务进行数据交换,实现个性化界面与系统服务端的数据实时同步。当实际运行中多终端访问同一业务场景时,各终端的界面可实时更新系统服务器业务数据,同时服务器将业务数据推送刷新至其他终端,从而实现整个决策支持系统不同业务终端以及业务环节流程的数据协同。

4.2 设计需求分析

超标准洪水调度决策系统建设,需要以超标准洪水决策相关的各类专业模型算法作为核心基础。同时,系统应用功能的开发应考虑超标准洪水调度决策的一般性业务过程,尤其是符合示范流域实际调度业务需求进行建设。通过对长江荆江河段、淮河沂沭泗流域、嫩江齐齐哈尔河段进行调研,了解各示范流域的概况、防洪工程体系、防洪的重难点,并考虑与各流域现有国家防汛抗旱指挥系统的融合与集成,总结形成相应的系统建设需求分析。

4.2.1 业务需求

(1)超标准洪水预报预警业务

极端气候造成的超标准洪水,其发展过程的精准预报非常困难,需要提升预报预警的精准程度。随着经济社会的发展,人类活动导致流域径流形成过程发生变化,改变了流域传统下垫面条件和产汇流机制。同时大量水利工程的建设和运行,各种水工程调度对来水过程的调节,亦改变了预报的输入条件,类似工程格局的改变使得天然的预报方案体系已不能满足预报需求。以上均对洪水预报计算提出了新的需求,迫切需要建立集预报、调度于一体的预报调度综合业务体系,为超标准洪水的发展过程提供预报预警支撑。

(2)防洪联合调度方案计算业务

当前,国内诸多干支流水系复杂的流域,控制性水工程和调度目标节点众多,为应对超标准洪水风险,必须实施各类水工程的防洪联合调度,更好地调用流域防洪库容。多年来流域洪水联合调度主要基于人的经验,多水库联合实时调度与演算的分析能力不足。需要通过智能化的规则调度、人工经验的交互调度以及考虑多边界的优化调度等多种调度方式耦合,优选可实施的水库运行方式,提供多种调度方案,为多维度分析对比超标准洪水调度效果提供支撑。

(3)防洪调度方案演进过程分析业务

防洪调度方案计算成果主要反映了流域内水工程的调控过程,比如水库出库下泄流量过程,以及各调度控制目标断面经调控后的水位流量变化过程。为了实现超标准洪水防御效果的直观分析,尚需在此基础上丰富分析要素,进一步完善对超标准洪水调控方案的实时模拟演进与动态分析能力,比如分析工程、断面之间各河段调控前后的洪水演进连续变化过程,分析河道外如蓄滞洪区、城镇等行洪的演进过程,以及堤防受超标准洪水影响产生溃口处的洪水发展过程等。

(4)洪灾损失及防洪调度效果分析业务

超标准洪水由于其威胁程度较高,工程调节可能在极端情况下无法完全消除洪水灾害,导致产生城镇淹没、堤防溃决、蓄滞洪区分洪等后续情况;同时在无法完全消除洪水风险的情况下,决策时需要考虑防洪控制工程启用方案,并研判可能出现的不同洪水风险影响。上述分析均需要通过将调度方案成果、洪水演进模拟成果与流域实际地形及经济社会等进行叠加分析,形成各方案下可能产生的洪灾损失指标体系,为优选可执行的洪水防御调度方案提供支撑。

(5)灾民转移安置业务

因超标准洪水风险高于标准内洪水,通过施加工程措施及非工程措施等手段调控,可以有效减少超标准洪水等风险影响,但是在某些极端场景下,启用蓄滞洪区进行分洪处理,或仍然造成洪水淹没城镇的灾情。对于这一类成灾后的响应处置业务,也属于超标准洪水决策应对措施中的关键环节,尤其是需要通过有效的指挥手段,通过传统转移预案结合数字化虚拟模拟场景,掌握灾区内居民情况,对灾民的转移安置过程进行实时指挥。

（6）会商决策业务

超标准洪水决策涉及预报调度多个环节，一般专业计算人员往往只具备其中部分专业背景，而超标准洪水风险巨大，应对决策责任重大，需要通过组织全面、完善、详尽的会商讨论，经由领导专家决策，形成流域调度指令。相较于传统水利工作场景下，决策会商采用图文展示结合视频会议的方式，亟待通过优质的可视化、虚拟化表达手段，实现在流域数字化场景下开展实时方案研究分析的能力，提升调度会商决策水平。

4.2.2　功能需求

（1）流域预报模拟

需要建设精准的流域预报模拟模型，重点可对超标准洪水演进过程进行预报，作为调度应对的基础方案。需集成超标准洪水预报方案体系及计算模型，同时实现考虑工程调度对洪水过程的影响，实现预报及调度等一体化计算功能。

1）降雨预报接入

需要接入降雨数值预报成果，并按照气象分区转换为流域水文分区，获取流域未来降雨量成果。主要通过接入气象数据后转换为预报区间面雨量。

2）水情预报

需要根据预报时间段的预报降雨成果，同时考虑水库等水利工程调度实现预报调度一体化计算；系统可按照预报方案体系进行流域模拟计算，并实现智能化预报校正功能；可根据用户专业经验，人工调节方案的成果过程、按新边界重新计算，或者改变水库的调度控制方式，通过局部预报成果的修订实现对整体预报方案成果的修正或调节。

3）洪水预警

对洪水预报成果，可以自动结合流域当地的防洪指标体系，根据预报的水工程、重要水文断面等水情过程，对产生或接近发生的险情进行自动分析并直观标识和展示。

4）成果管理

可通过结果管理功能进行成果的查询管理，查看方案成果数据、删除指定方案等。可以利用方案重演，将历史方案计算的输入输出数据重新提取并在计算功能组织重现，实现快速重载、复盘演算。

（2）水工程联合调度

需要支撑超标准洪水防洪调度计算业务的核心过程，包含防洪形势分析、防洪调度方案计算，可从防洪调度的智能推荐、调度方案交互计算生成两个递进环节，实现智能分析和专家人工调度经验的有效结合。

1）防洪形势分析

可基于流域实时水情、工情等自动监测信息，结合实时洪水预报成果，实现对流域洪水特性及工程应用情况等流域防洪形势的自动分析,评估洪水来源与组成、流域水工程实时防洪能力、面临的险情和灾情形势,初步提出水工程调度建议,作为实施防洪调度的参考。

2)防洪联合调度方案计算

需要通过流域实时水情、工情等自动监测信息,基于实时洪水预报、防洪形势分析结果和防洪工程运行情况,结合控制性枢纽工程防洪调度规程、专家经验,建立人机结合的防洪调度系统,生成防洪调度预案和实时调度方案。通过多种调度计算手段的运用,满足按流域联合调度规则、优化控制以及人工经验交互控制等多种联合调度计算方式,从而形成丰富的防洪联合调度备选方案,以供分析决策,为实现科学调度提供核心支撑。

3)成果管理

可通过结果管理功能进行成果的查询管理,查看方案成果数据、删除指定方案等。对关注的方案,利用方案重演,可将原始方案计算的输入输出数据重新提取并在计算功能界面中组织重现,实现历史调度场景的复盘演算。

(3)洪水演进精细模拟

根据业务需求分析,除调度工程之外,超标准洪水的决策应对,还需要对河道内与河道外的洪水发展过程提供精细化的模拟和仿真功能。

1)一维水动力洪水演进

需针对水库库区回水、河道内洪水的一维水动力演进过程提供实时计算分析能力。可对系统生成的防洪联合调度方案,进一步针对方案中的河道、水库等对象,通过一维水动力模型计算河道或库区内各断面洪水变化的连续过程。

2)分洪溃口模拟

对堤防溃口分洪的特殊场景,需根据堤防、坝体的材质及其特征参数计算溃口演变对应产生的洪水过程。

3)洪水淹没模拟

对于控制断面出现超保、超警等险情的调度方案,其控制断面周边的城镇(主要为蓄滞洪区)将存在洪水淹没风险,需对相关城镇淹没行洪的发展过程,通过二维水动力计算模型,进行水深、流速、流向等洪水淹没指标的高精度模拟计算。

4)成果管理

可通过结果管理功能进行成果的查询管理,查看方案成果数据、删除指定方案等。另外可以利用方案重演功能实现历史方案的快速重载、复盘演算。

(4)洪灾损失动态评估

需要对超标准洪水自然发展及调控干预后各淹没过程造成的洪灾损失提供动态计算、直观表示能力,及其风险影响的实时分析能力。可采用三维场景模拟洪涝漫水效果,叠加地名、行政区划、水系、交通、防洪工程、防洪风险等矢量数据,形象展示洪水传播过程及其风险影响,实现洪水演进模型结果在流域真实场景中的实时展示,并为防洪调度指挥提供直观预测。

1)库区回水淹没损失风险

需针对水库库区回水模拟过程,叠加水库库区社会经济数据和信息,通过风险损失计算,实时分析回水淹没库区造成的损失,并统计损失指标。

2)蓄滞洪区及城镇淹没损失风险

需针对启用分洪的蓄滞洪区或漫堤、溃堤等造成淹没的城镇模拟分洪过程,叠加淹没区内的社会经济数据、地形数据等信息,通过洪灾损失计算,实时分析分洪过程中洪水淹没的损失动态过程,并统计损失指标。

(5)防洪避险转移

在部分极端情况下,流域控制性水工程群的调节能力不能应对超标准洪水,需要决策启用蓄滞洪区进行分洪。分洪前,需实现蓄滞洪区内居民转移安置监测与指挥管理。其他存在居民生产生活的地方出现洪水淹没的场景,可同样类比实现。

1)转移预案数字化管理与模拟

对区域内转移安置预案所规定的转移区域、安全区域、转移路线等,提供直观的可视化展示;可通过自动化模拟的方式,提供转移过程的演练功能。

2)转移避险指挥决策

需提供直观的可视化场景,实时监测蓄滞洪区内人员分布、行动情况、区域内道路运行情况、安置区内收容情况等;实时分析监测转移安置行动过程;对转移安置突发事件,需要实现快速分析计算提供新的转移安置方案,保证转移避险顺利完成。

(6)调度会商决策

需要提供基于数字化虚拟流域的实时水情、预报调度方案、仿真与风险等诸多要素的决策场景,通过场景中的高级展示交互功能,提供数据查询、调度方案现场决策、效益评估等调度会商应用功能。

1)实时态势展示

需通过虚拟场景,将实时状态下的雨情、水情等状态进行展示,通过丰富的可视化效果及展示手段,使决策者直观了解流域当前态势。

2)预报调度综合展示

需通过虚拟场景,将需要会商决策的预报方案和调度方案进行综合展示,反映给定时间段内流域整体的防洪形势及水工程个体的信息状态,在虚拟场景中利用图表和地图要素综合反映出方案成果中的关键信息。

3)调度方案仿真及效益风险综合评估

需通过虚拟场景,将需要会商决策的调度方案水流动态演进效果、效益风险等进行可视化展示,模拟水库库区、蓄滞洪区、堤防、城镇等重要区域的洪水淹没过程,并展示对应的洪灾损失风险指标。

4.2.3 非功能需求

(1)系统高效性

系统高效性主要是在信息处理能力、存储能力和传输能力等方面具有较好表现。由于本系统主要示范应用场景是对流域已建防汛抗旱指挥系统针对超标准洪水预报调度的功能性拓展,因此不考虑系统存储运行等基本环境的要求,高效性需求主要在信息处理及业务流转能力方面,能够应付多线程的系统工作任务,以最优化的流程处理高强度计算任务,系统功能页面并发使用、用户数量不少于 5 人的前提下,页面数据具有较高的传输率,普通系统页面达到 3s 内的传输延迟,对于 GIS 图像等多媒体数据的传输延迟控制在 5s 内。

(2)系统可靠性

系统可靠性要求系统运行具有异常处理机制、较好的检错能力、计算分析的容错能力、良好的异常状态处理交互方式。异常情况出现后,能够迅速排查问题,保护运行数据,避免全局宕机,尽快恢复系统。同时建立故障日志系统,实时记录系统运行状况,便于查阅和维护。

(3)系统实用性

系统实用性要求,能够最大限度地满足超标准洪水预报调度业务实际工作需求。界面展示友好简洁、关键业务信息形象直观、交互式操作简单方便。

(4)系统先进性

系统的开发技术需要符合计算机软件技术的发展潮流,同时密切结合水利行业信息化建设、智慧化建设的顶层设计,在功能设计上既能满足当前及未来调度业务的需要,又能提升新常态下水利信息支撑服务能力。

(5)系统可维护性

要求通过建立明确的软件质量目标和优先级,使用提高软件质量的技术和工具进行明确的质量保证审查、程序文档改进、开发软件时考虑维护等多方面工作来提高系统的可维护性。

(6)系统可扩展性

一是保持数据库、报表的内容和格式与现行规范、标准的一致性;二是要最大限度地将各种功能服务设计为通用、标准化的组件模块,便于集成和扩充。

(7)系统安全性

本系统建设成果可作为独立运行的决策支持系统,亦可为流域管理机构现有运行系统提供功能模块服务,所提供的物理安全、网络安全、系统安全、应用安全、数据安全、系统涉密等,应满足《信息安全技术网络安全等级保护定级指南》(GB/T 22240—2020)国家标准相关要求。

4.3 总体架构

4.3.1 逻辑架构

超标准洪水调度决策支持系统的逻辑架构主要关注的是功能,包含用户直接可见的功能,以及系统中隐含的功能。以信息领域更加通俗的方式来描述,逻辑架构以软件开发所广泛理解的"分层"结构进行说明,将系统分为"应用层、支撑层、数据层"的多层架构(图 4.3-1)。

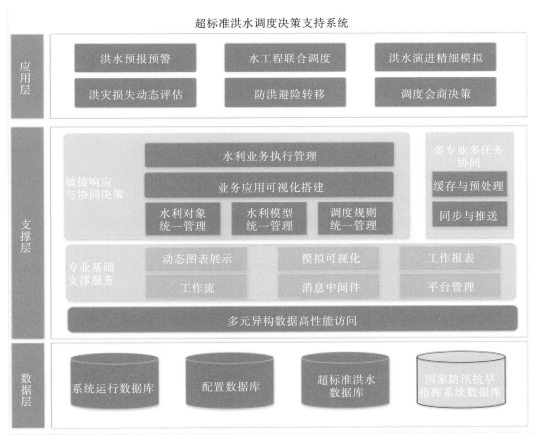

图 4.3-1 系统总体架构

超标准洪水调度决策支持系统总体采用 B/S 架构,相关建设项与集成内容详见"4.1.4.2 技术集成体系"所述。

（1）数据建设

数据建设包括本系统运行数据库、配置数据库、超标准洪水数据库、可连接的国家防汛抗旱指挥系统数据库。可利用数据服务直接从防汛抗旱指挥系统等已建系统中获得水文实时监测数据、预报方案成果等，同时为驱动系统运行完整，决策支持系统自身也建立了一套完整的数据库系统，满足分析计算、计算过程和结果数据保存要求。

（2）支撑平台建设

支撑层是连接数据层和应用层的桥梁，承担系统隐含功能的运转。平台中各类组件构成，是对上述各项平台技术的集成，为实现业务应用提供各种支撑服务。全面覆盖系统基础运行、展示交互、决策赋能等，并实现各类流域业务应用的快速适配与决策支撑。

（3）回车接口建设

动态数据接口，提供数据—支撑服务—业务应用之间的数据适配与调用，方便从已建系统中获取数据及向别的系统提供数据服务。

（4）专业应用建设

专业应用建设包括本系统实现支撑超标准洪水调度的主要业务功能，是超标准洪水调度决策用户直接使用的功能。主要有：洪水预报预警、水工程联合调度、洪水演进精细模拟、洪灾损失动态评估、防洪避险转移、调度会商决策等。

4.3.2 业务架构

系统主要涉及洪水预报预警、水工程联合调度、洪水演进精细模拟、洪灾损失动态评估、防洪避险转移、调度会商决策等业务。

洪水预报预警业务为水工程联合调度提供流域不采取工程调节的超标准洪水本底方案，同时为调度会商提供供讨论的预报方案成果；水工程联合调度业务根据预报的超标准洪水，通过多种调度方式，计算防洪调度方案，为洪水演进精细模拟业务提供水工程及重点断面的调控过程，并为调度会商提供防洪调度方案信息；洪水演进精细模拟业务基于防洪调度方案成果，针对河道内、河道外的洪水演进过程进行精细模拟计算，为洪灾损失评估提供基础数据；洪灾损失动态评估，根据河道内外洪水演进模拟成果和淹没区域的社会经济指标，计算洪水淹没造成的损失，相关成果为防洪避险转移、调度会商决策业务提供研判信息；若洪水风险及损失过大，需要启动蓄滞洪区等，则需要开展防洪避险转移业务；最后对预报调度等方案成果，开展超标准洪水调度会商决策。

综上，系统业务运行架构见图4.3-2。

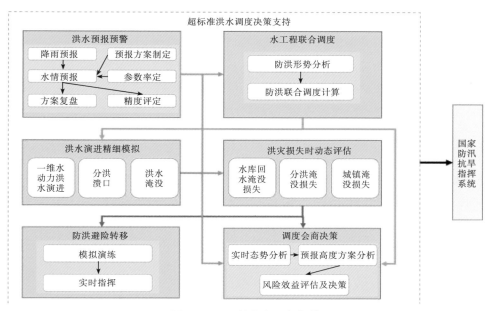

图 4.3-2　系统业务运行架构

4.3.3　功能架构

根据以上业务、功能需求分析,以及系统总体架构与业务架构等分项设计,提出的系统功能结构见图 4.3-3。

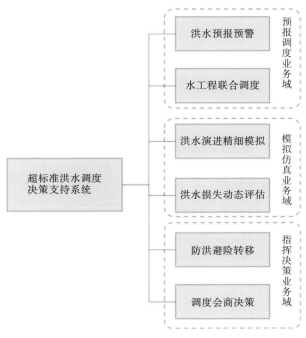

图 4.3-3　系统功能结构图

超标准洪水调度决策支持系统主要涵盖 3 个业务功能域:一是预报调度业务域,是超标准洪水决策的基础,通过洪水预报预警、水工程联合调度功能,实现洪水预报及调度方案等计算;二是模拟仿真业务域,主要是通过精细模拟和损失风险等动态评估功能,进一步分析各类方案的调控或演进过程,分析方案风险;三是指挥决策业务域,主要提供防洪避险转移、调度会商决策等功能,利用前述各功能的计算分析成果,支撑超标准洪水防御的决策过程。

4.3.4 开发架构

开发架构关注应用程序的开发实现方式,不仅仅是自主开发的程序,还包括应用程序依赖的 SDK、第三方类库(各种依赖包,如 fastJson 等)、Tomcat 中间件等。尤其目前主流的 Java、.NET 等依靠虚拟机的语言和平台,以及主流的基于数据库的应用,都与逻辑架构有紧密关联。常规的技术开发相关内容在本章不再展开介绍。本节重点介绍超标准洪水调度决策支持系统的创新开发架构。

4.3.4.1 服务开发集成架构

为适配不同流域的业务与集成需求,采取配置化搭建技术,设计实现低耦合度的服务组件、界面组件,并以此为基础,通过配置方法与解析方法,动态构建适用于不同场景的专业应用。因此,服务开发集成本质上采用组件式开发模式,提高基础功能可重用性,高效搭建业务应用,并优化开发维护流程。服务开发集成技术体系见图 4.3-4。

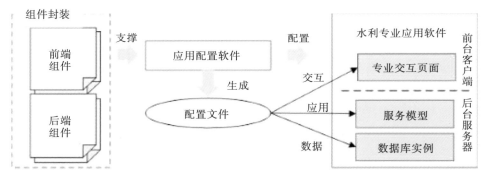

图 4.3-4 组件式开发的系统技术体系

4.3.4.2 界面功能开发集成架构

超标准洪水具有非预见性影响,系统需要能够动态响应各类业务场景,提供决策界面。系统的功能界面开发,以模块化搭建的思路,将交互界面切分为单个组件,实现前端界面组件化的技术体系;并进一步实现决策场景和作业信息面板的构建工具,可支持从基本的原子级交互动态构建为各类复杂的、含专业处理逻辑的交互界面。前端功能界面的组件化框架、技术体系及技术思路见图 4.3-5。

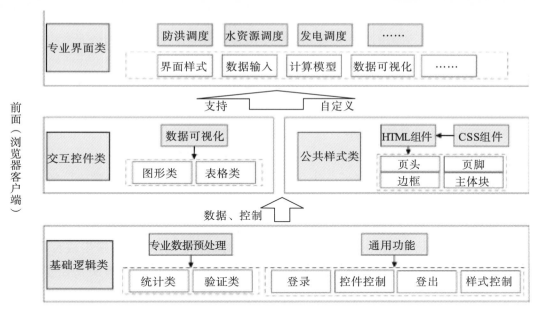

图 4.3-5　交互面板组件化构建体系

前端基础逻辑类为上层交互控件提供水利专业常用的批量数据预处理、数据校验、数据转换等功能,具体包括:处理后台服务端传入浏览器的数据,作为上层交互控件的数据支持;数据预处理,小时、日、旬、月等统计值、特征值;数据转换,将后台响应至前台的结构化数据转换为交互控件规范的输入数据格式;通用功能封装,主要有登录控制和控件控制,包括界面控件元素控制、数据格式及拼写验证等,可以在各类系统的登录界面、参数输入框、控件操作等交互响应函数内调用(图 4.3-6)。

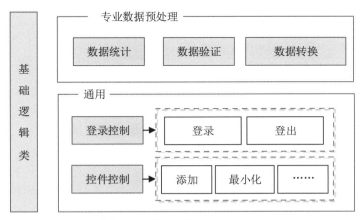

图 4.3-6　前端基础逻辑组件实现架构

基础逻辑组件主要应用于实现交互控件内部的数据处理支持,不涉及展示,在前台其他业务组件需要时调用相应功能函数即可。

交互控件实现专业界面的基本交互单元,主要封装标准数据结构下,水利业务的交互展示逻辑功能,如曲线图形、数据表格、树形结构、站点搜索、水利 GIS 地图对象交互等(图 4.3-7)。交互组件对底层基础逻辑进行调用,又可进一步组合为上层各种专业页面的元素构成,因此同时具有封装性和多样性。具体包括:实现控件核心支持功能并进行封装,如曲线绘制、图形绘制、数据联动、图表联动等;控件所需展示的数据源,可由后台异步获取或者由上节基础逻辑类输出提供;针对控件交互设计,调用控制功能接口,二次封装需要的核心功能从而实现控件的交互功能;控件的展示样式只通过显示控制实现,由专业界面设计人员根据专业页面展示需求,在控件外部利用样式表单进行二次渲染。

公共样式类组件的目的在于设计并实现一系列可复用的,具有配置接口的 HTML 页面显示模板。模板本身即由一个页面构成,是可重用的页面模块,具有私有的页面元素和页面样式,如界面的页头、页脚、侧边栏、主体等,搭建时可选择模板中既有的展示形式。在不同的场合下遇到类似的页面构成设计时,可以调用模板快速生成页面部件。在需要时可在 HTML 元素中设置原生元素,后期调用模板时,由外部交互控制注入模板的元素参数。

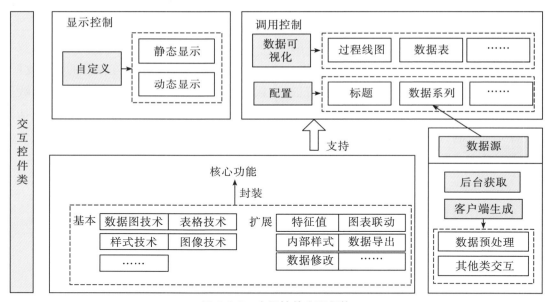

图 4.3-7 交互控件实现架构

专业应用页面是由上述组件构成的含有复杂业务处理能力的专业面板,封装具体计算模型的水利业务界面(图 4.3-8)。由于专业方向的差异性,页面整体复用率低,但其组成元素由以上前端组件类支撑,通过基于标准化数据接口和组件化设计的配置方式,能够保证搭建效率和可维护性。前文公共模板中外部包装的界面样式和数据可视化可以在一定程度上复用,但水利专业应用页面因其功能和业务交互的差异,数据输入和计算模型与具体应用的实例相关,需要由开发人员根据需求自定义配置部署。专业页面根据具体计算模型的需求实现,本质上是一个具有完整前后台功能的界面,层次化地封装了前端多种样式、基础逻辑、功能控件，以及后台专业模型调用响应模块。将多个水利应用页面进行更上层组合配置，分配至顶层页面的对应业务功能，可构成完整的水利应用软件。

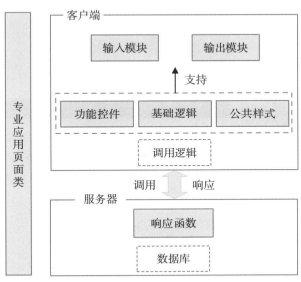

图 4.3-8 专业应用页面实现架构

4.3.5 运行架构

4.3.5.1 业务解耦运行架构

本系统技术体系方案以 B/S 架构和相关技术实现，开发方式为前后端分离模式，最大限度地降低应用的交互与后台标准化服务的耦合程度，提升界面与后台服务的开发与实际功能的灵活性。前端技术以 HTML5、Vue 等技术实现，后端以 Java 为基本实现语言，实现思路与开发技术上以服务接口的形式，逐层封装实现。

业务解耦技术最大限度地降低后台各层、各类功能与服务的耦合程度。按照业务层次，主要实现底层数据、基础对象、计算模型、功能模块及对应服务的标准化封装。各层次之间均按照标准化接口相互调用或衔接，单一环节的改变不影响其他相互联系的模块和功能。业务解耦带来的优势是易于业务重组和快速搭建。系统的逻辑层次见图 4.3-9，运行服务端的组件化解耦技术架构见图 4.3-10。

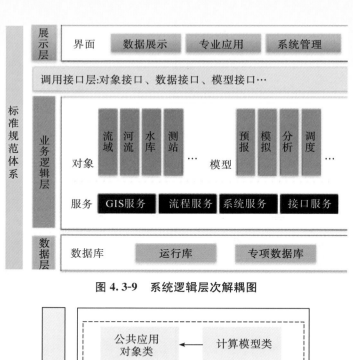

图 4.3-9　系统逻辑层次解耦图

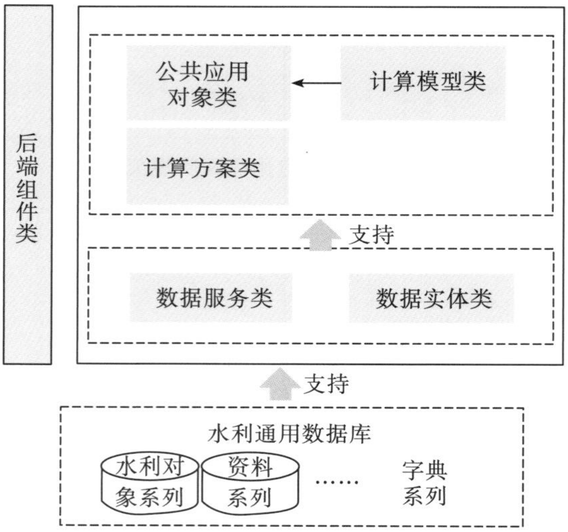

图 4.3-10　服务端组件实现技术架构

4.3.5.2　服务协同运行架构

服务协同技术主要研究数据预处理和服务数据同步推送两个方面。

（1）中间缓存架构

在系统业务运行初期即将通用数据进行提取和预处理,减少后续流程中数据重复处理,提升效率,见图 4.3-11。

基础数据如对象基本信息、特征参数、过程数据,系统的运行数据如当前总体方案信息、时间信息等,这些数据在业务应用的多个阶段属于通用的、一般不随业务流转改变的数据。同时,本系统设计运行架构为数据与业务分离的低耦合方式,将这些数据在运行初始化阶段即统一提取至系统的运行缓存,可以避免在业务过程中反复从底层数据库提取重复的数据,同时由于数据存在于缓存中，大大提高了调用方获取数据的效率；数据缓存以项目 id、用户 id、调用功能 id 等区分，避免混淆，保证数据协同的稳定性。

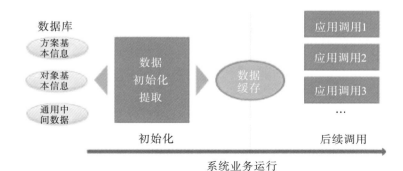

图 4.3-11　数据缓存与预处理技术

（2）数据同步与推送架构

保证并行开展的不同业务间、后台业务与用户界面之间保持稳定、及时的数据同步更新，见图 4.3-12。

后台业务间的数据同步，主要依托上述提到的数据缓存，以及数据库专用表实现，将业务间需要共享的公共数据储存于公共空间中，供外部业务获取。为用户主动推送的数据，使用基于 HTML5 的 WebSocket 的数据推送技术进一步开发，调用一次后台服务之后，不需要重复请求，后台将自动、主动地推送数据更新至前端界面。本研究可以实现非规律变化的数据自动更新与协同，尤其在多用户、多专业业务同步进行时，维持业务数据的时效性。

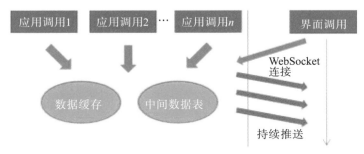

图 4.3-12　数据同步与推送技术

4.3.6　物理架构

物理架构关注系统、网络、服务器等基础设施的部署要求，包括服务器软硬件要求、客户端软硬件要求等。数据库服务器与 Web 应用服务器分别部署。数据库服务器通过数据连接向系统提供各类业务数据服务；Web 应用服务器提供系统 Web 应用功能服务，提供模型计算分析服务程序，并调用数据库服务器的数据服务。

部署运行架构见图 4.3-13。

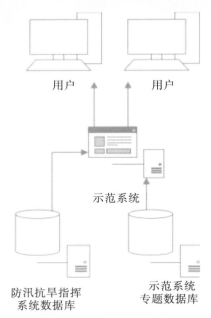

图 4.3-13　部署运行架构

4.3.7　数据架构

数据架构主要关注系统中数据持久化和存储层面的问题，以及数据的分布、复制、同步等问题。一方面要保障数据存储层面的性能、高可用性、灾备能力；另一方面要保障不同数据库类型、不同数据源灵活切换（监测数据、业务数据、GIS 数据）。

4.3.7.1　数据库架构

超标准洪水调度决策支持系统的数据库架构见图 4.3-14，系统运行数据库主要以对象数据和方案数据为核心，超标准洪水多组合敏捷响应技术产生的数据接入生成配置数据，同时可接入超标准洪涝灾害数据库的数据，实现多元数据的管理与访问。

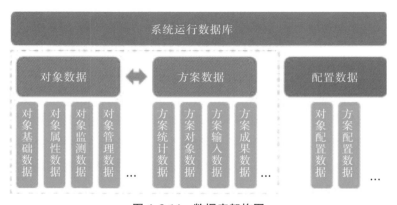

图 4.3-14　数据库架构图

4.3.7.2　数据运行架构

为保证超标准洪水调度决策支持系统后台稳定运行,采用标准化的数据访问方式,支持并发访问和并行操作,细化数据存储环境,研究支撑数据并行处理、高并发访问等。

在对国家防汛抗旱指挥系统数据支撑分析的基础上,充分考虑示范系统的建设体系与建设内容,主要分两个方面:对于国家防汛抗旱指挥系统现有数据,主要以数据接入的方式利用实时水情数据和一部分方案成果数据;其他涉及超标准洪水特征、系统运行、管理等数据,均采用专题数据库的方式独立建设,数据表结构设计详见第 2 章、第 3 章相关内容。

本章中决策支持系统所涉及的数据表及组成与敏捷响应技术相关数据库整合实现。系统运行数据库表含有对象表、方案数据表等。为保证数据库管理和访问的高效性,数据表结构采用层次化设计,按照数据类型逐步细化,分类设计实现。

超标准洪水调度决策支持系统的数据层建设,主要针对现有国家防汛抗旱指挥系统数据不足以支撑超标准洪水调度决策的情况,在现有国家防汛抗旱指挥系统的基础上,建设流域超标准洪涝灾害数据库、系统配置平台及功能运行数据库(图 4.3-15)。

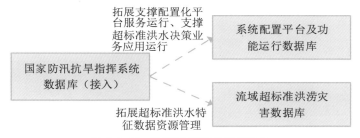

图 4.3-15　数据运行服务逻辑结构

4.3.7.3　数据访问服务架构

为提升系统的灵活性、可移植性和建设运行效率,一般将界面交互层、服务支撑层以及数据管理层分别建设,各层间通过数据服务通信运行。

考虑不同流域管理机构管理维护的数据存在差异性,系统本身亦存在超标准洪水专题库、系统运行库等多元数据库,为使系统能够快速接入应用这些不同结构的数据,需建设实现多元异构数据的高性能访问技术,解决专业服务与用户交互界面端,以及业务应用与数据端之间的数据衔接问题,使系统在移植推广的过程中,用户交互界面的变化和数据存储方式变化不会引起业务应用功能的改变,更可适配未来其他变化的动态接入需求。

本技术实现的核心业务支撑服务具备通用性及适配性,兼顾不同用户业务界面的展示交互风格和数据管理模式差异,主要逻辑见图 4.3-16。

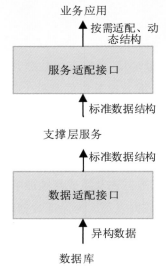

图 4.3-16　高性能访问建设逻辑

根据图 4.3-17 所示建设体系完成接口总体建设。主要分为 3 个部分。

图 4.3-17　接口总体建设体系

（1）数据适配接口

主要面向数据管理层与业务支撑层的衔接，面向存储结构不相同的数据资源环境，提供数据自动适配转换，使业务支撑服务不受底层数据结构变化的影响。

1）数据处理逻辑配置

对数据交换业务需求和过程进行分析，实现接口转发和自定义配置数据库接口的功能，主要包括：通过网页连接本地数据库和目标数据库，实现支持 MySQL、SQLserver、Oracle、达梦等多类型数据库；通过网页导入 xls、csv、txt 文件进入数据库中，可以自定义匹配对应的表和字段；配置外部接口中转服务形成一个自定义参数及返回结果的接口；配置本地数据库或者目标数据库的数据形成一个自定义参数及返回结果的查询、新增、编辑接口；支持接口列表自定义分组管理；对已配置的接口服务进行输入和输出内容快捷测试；接口配置支持自定义复杂 SQL 语句的编写实现；后端接口服务生成配置文件并实时生效。

2)数据筛选逻辑配置

数据筛选逻辑配置主要包括：循环单条数据文本过滤替换规则；循环单条数据阈值判断过滤规则；多条数据清洗后使用固定算法筛选为指定条数过滤规则；多条筛选叠加配置。

（2）服务适配接口

当业务支撑平台独立提供计算支撑服务，或面临需要对前端展示交互进行定制化开发时，需要提供适配这些需求的服务输出数据自动适配接口，将平台服务提供的标准化数据转换为满足前端展示具体要求的定制化数据。

（3）接口状态管理

主要维护数据接口请求后的状态，实现对数据接口调用的监控，包括状态捕获和日志管理。状态捕获指系统执行过程中所有系统状态均需进行捕获和管理，禁止出现系统逻辑错误导致系统崩溃；日志管理采用 slf4j＋log4j2 进行管理，并用 Debug、Info、Warning、Error 四级日志级别分别输出。

1）Debug

系统低级别日志，主要输出系统执行过程中最关键点的信息，用于调试过程和检查过程，一般不输出在常规日志中，在需要时可输出到日志文件。

2）Info

普通级别日志。输出系统执行的各种过程，是最常用的日志级别。

3）Warning

警告级别日志。主要用于对系统中出现可以预见的偏差进行警告，一般警告信息代表该偏差不会影响整个系统的流程执行，但是其执行结果可能无法完全满足业务要求。

4）Error

错误级别日志。当系统执行流程受到影响，并无法继续顺利完成业务流程时，需输出该级别日志供排错使用。

（4）接口实施

接口封装实施过程如下：

1）路径规则开发

在主路径的基础上，采用二级路由的方式，第一级路由表示接口分类，如/data 表示基础数据接口、/dispatch 表示调度分析接口、/scheme 表示方案管理接口。

2）协议规则开发

对于只读取数据不修改数据的幂等接口，采用 Http 协议的 GET 请求方式；对于会导致数据变更的非幂等接口，采用 Http 协议的 POST 请求方式。

3）接口数据结构开发

统一采用 JSON 格式描述输入和输出，具体内容由接口按需编制。

4）跨域处理机制开发

允许接口被外部系统访问，增加对应的支持能力。

5）标准服务接口建设开发

利用上述动态接口服务建立标准接口。

在此基础上，采用 Hibernate、Java 对象管理、组件化管理、服务封装接口、增量式开发等技术和理念，形成一系列数据访问服务和后台工具服务，均按标准化服务方式构造实现，可支持任意上层应用直接调用。

4.4 洪水预报预警

4.4.1 业务逻辑

超标准洪水预报预警，主要包括河道演算和区间产汇流预报计算两部分，根据降雨数据计算控制断面的来水，水库按来量控泄方式，实现预报调度一体化自动计算。通过标准化业务和数据流程建设实施，对预报提供各类通用的业务处理流程，主要包括预报模型参数的提取和赋值，模型状态参数的提取、修正和赋值，流域降雨数据预处理，以及出口断面水位流量资料预处理、实时预报计算、交互修正预报、结果管理、精度评定等。

洪水预报预警（图 4.4-1）主要含降雨预报接入、作业预报、结果管理、精度评定等子功能。通过使用各项子功能，为流域模拟计算提供完整的业务支撑。主要业务流程见图 4.4-2 所示。

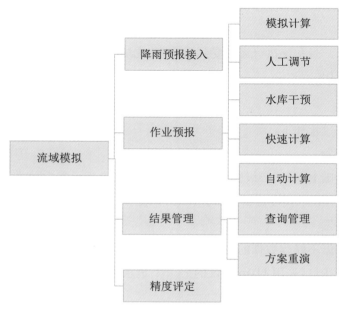

图 4.4-1　洪水预报预警功能业务框图

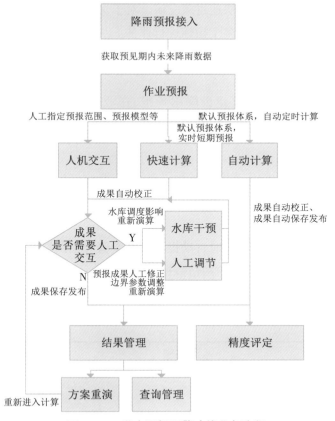

图 4.4-2 洪水预报预警功能业务流程

首先通过流域降雨预报,按照气象分区,获取流域未来降雨量成果(如可接入中央气象台气象数据后转换为预报区间面雨量),获得预见期内的降雨预报数据,是延长流域模拟预见期的基础。

作业预报是流域模拟的核心业务,提供人机交互模式、快速模式、自动模式 3 种计算模式。人机交互模式是常规的方式,由用户首先指定水情预报的计算方案,设置预报计算时段、预报计算范围与模型,确认后系统将按照预报方案体系进行流域模拟计算。同时为计算便捷,提供一键快速计算模式,按系统默认的参数直接获取当前时间后 72 小时(代表预见期,可灵活设置)的流域模拟方案成果。也可采用定时设置,系统后台按时进行滚动自动计算。人机交互模式或者快速模式的方案,计算完成后用户可根据实际需求,人工调节方案的成果过程,直到获得满意的方案后保存发布。自动定时计算的成果,会自动保存发布。

无论哪种计算模式,系统均自动接入对应时间段的预报降雨成果,同时考虑水库节点的调蓄影响,实现预报调度一体化计算。

对于保存的方案成果,可通过结果管理功能进行成果查询管理,包括查看方案成果数据、删除指定方案等。对关注的方案,可以利用方案重演,将方案计算的输入输出数据重新提取并在计算功能组织重现,实现快速重载复演。对于保存的方案成果,可利用方案精度评定功能,对已有的方案计算精度用多个指标进行评估。

4.4.2 模块功能开发

依据上述功能业务设计,主要建设降雨预报、作业预报、结果管理、精度评定等功能模块。

4.4.2.1 降雨预报接入

提供系统配置预报区间的未来面雨量预报成果,主要通过接入外部气象预报信息,转换为流域预报区间的面降雨量。通过未来降雨信息传入对应流域模拟计算模型,可延长预见期。

①利用公开的数据调用接口,定时自动提取外部数值天气预报降水信息。

②将数值天气降水量预报成果的网格数据与流域模拟计算方案的预报区间单元相叠加(图4.4-3),进行GIS流域单元自动解析识别计算,获得流域预报区间单元的面雨量预报结果。

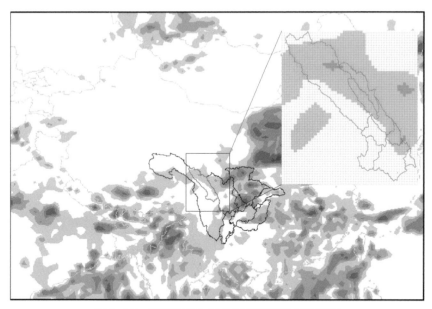

图4.4-3 预报区间与气象降雨网格叠加示意图

4.4.2.2 作业预报

基于业务平台集成各类预报计算模型,以及水库调度模型,提供流域预报区间产汇流的模拟计算及水库调节计算。为提高方案成果交互能力,支持人工修改调度边界数据重算、人工直接调整方案成果等功能。为更贴近预报调度一体化实际业务场景,提供水库节点的调度耦合。同时为强化一般场景下业务支撑,提供快速模拟和自动模拟等便捷功能。

（1）人机交互模式

模拟计算采用标准化操作主面板，通过模型方案选择，提供不同预报方案的切换功能（图4.4-4）。每种计算类型的操作界面风格、操作流程逻辑均统一，由功能后台自动处理不同方案的计算执行流程与模型调用差异，主要包括预报对象的选择、预报时间及时段类型设置、计算模型参数、计算模型输入设置、计算结果图表展示、计算方案保存数据库等相关功能。

图4.4-4　模拟计算方案建立

1）初始化设置

主要通过初始化界面设置预报计算的流域节点、预报方案、预报起止时间、预报时段长、降雨预报值等参数，准备好预报计算前置条件。初始化界面中的"模型方案"下拉菜单提供多种可执行的预报方案，业务平台配置的流域模拟方案类型均内置以供选择。选择后系统将根据本方案的内置参数信息，刷新界面初始化数据和展示内容，形成对应的流域模拟方案设置界面。

界面上方提供预报时间、校正时间、预热时间、下游预报方式等设置，系统自动提取业务平台中的实例配置信息，列出缺省值且支持用户修改。右侧以树节点形式，按"干流至支流、上游到下游"的顺序正确列出了所选流域模拟方案中的所有区间对象及其所在河流。树节点勾选的节点将参与实际计算，默认为全部勾选，且勾选可以动态反映到表格区域中。各预报对象支持勾选，河流对象的勾选操作可以自动作用到河流对应的所有预报对象。下方表格区域中按照预报区间—子流域—模型的层级给出完整预报体系。此外，所有勾选的水库对象系统内置了默认的调度模型。顶部提供"重置"按钮，可以重置用户的所有自定义设置，全部还原到缺省状态。

2）预报计算

根据已设置的条件，点击初始条件设置界面的"计算"按钮，系统提供方案计算功能。根据人工设定的预报方案体系,自动创建后台计算方案,按照预报节点的水力联系,从上游至下游、从支流至干流逐段进行模拟计算,水库节点默认为出入库平衡计算,从而实现考虑水库调度运行影响的预报调度一体化计算,计算过程中可利用实测过程对成果进行自动校正。计算成果以图表联动形式展示,并支持边界条件修改和重算、方案结果保存和发布至数据库等操作。具体交互功能包括:

①流域预警标识。

计算完成后通过 GIS 交互式界面展示计算场景下的流域模拟情况,界面展示流域枢纽对象、防洪控制对象等,并对状态、预警等进行高亮表示;同时顶部及下方均提供对关键控制断面的超保超警状态提示(图 4.4-5)。

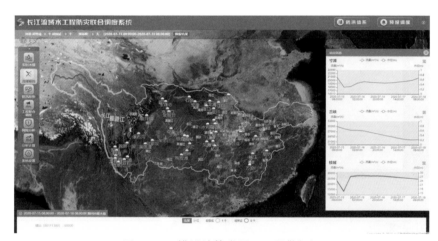

图 4.4-5 模拟计算成果 GIS 预警标识

②站点成果便捷对比。

计算完成界面右侧提供 3 个默认预报区间的流域模拟水位和流量成果对比。可通过每个曲线展示区域右上角的按钮,打开计算方案拓扑树,选择其他节点查看。同时,针对 3 个预报区间的结果过程,系统自动计算相互间的水力演进时滞,提升指标关联准确性。

3)计算结果展示

通过交互式 GIS 界面上的流域枢纽对象、防洪控制对象,可以进入"流域模拟人工修改界面",以图表形式显示默认计算结果,见图 4.4-6。

4)计算结果交互

在"流域模拟人工交互界面"右侧可以通过树节点切换不同预报区间对象查看对应的预报成果信息,成果包含预热过程以及预见期内的预报过程。具体包含实测来水过程、模型计算初始预报成果、经校正后的预报成果、与实际来水的预报误差变化过程、面雨量过程等。任意预报区间计算成果界面中,用户可结合实际需求,对系统自动计算出的方案成果进行人工调节和修正,系统根据修正调节的新数据,自动完成当前预报区间节点的重新计算以及下游受影响预报区间的成果刷新。具体交互功能包括:

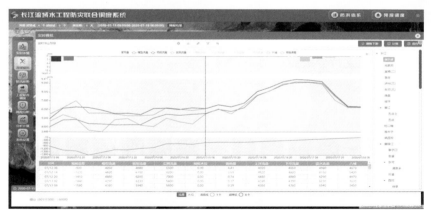

图 4.4-6 预报区间模拟计算成果展示

①流量过程和雨量过程支持图形拖动修改、表格修改和图表联动展示,并通过"提交"按钮实现修改生效功能。

②针对校正流量过程线可选中后拖动修改校正流量数据,并与下方的误差过程线和底部表格的校正流量列联动。

③针对误差过程线可选中后拖动误差数据,并与上方的校正流量过程线和底部表格的预报误差列联动。

④点击"计算(或重新计算)"按钮可将当前预报站点作为上边界,再次计算其下游所有预报站点对象,并刷新图表展示结果。

⑤顶部的"模型参数"按钮,支持通过右侧树节点切换查看和修改不同预报方案的计算参数提取结果,计算参数包含雨量站权重、产流参数、汇流单位线、$P—Pa—R$ 曲线等。"雨量站权重"和"产流参数"标签页支持参数修改,并通过"提交"按钮实现修改生效功能。"汇流单位线"和"$P—Pa—R$ 曲线"等提供了对应的曲线导出、导入和保存等功能,见图 4.4-7。

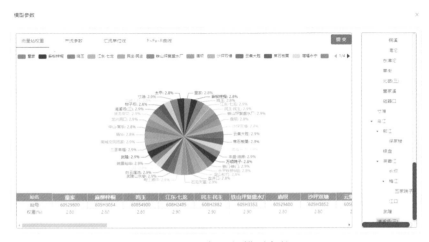

图 4.4-7 预报区间模型参数

⑥顶部的"未来降雨"按钮,实现对当前查看节点的未来降雨信息展示。未来降雨支持降雨浮动范围设置、图形拖动修改、表格修改和图表联动展示,并通过"提交"按钮实现修改生效功能,雨量柱颜色支持分级显示,见图 4.4-8。

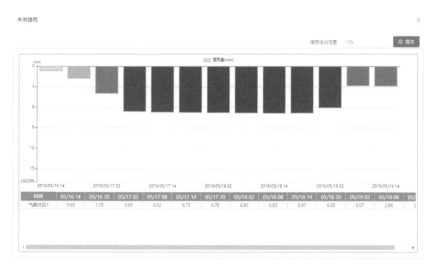

图 4.4-8　预报区间未来降雨

5)水库调节交互

对于水库节点,顶部提供"水库调节"按钮,切换查看水库的库容曲线、泄流能力曲线和调节计算标签页(图 4.4-9)。可以在默认的出入库平衡调度方式之外,提供其他的控制方式,重新快速模拟计算出水库的下泄过程,并重算所有下游节点的流量过程,从而对原始流域模拟成果按水库调节结果进行刷新。

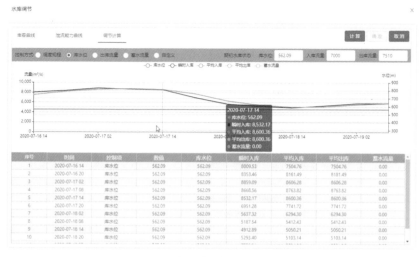

图 4.4-9　水库类预报区间调节界面

该功能可对水库调度计算提供更加详细的控制方式设置与计算,主要包括规则调度、水位控制、出库流量控制、蓄水流量控制、自定义控制等控制模式,调节计算标签页可以修改控制方式、期初水位、期初入库流量和期初出库流量等边界参数,以及调度期内每个时段的控制数值,设置完成后将根据界面设置刷新后台数据。

人工交互修改确认后,点击"计算"按钮可以根据界面设置完成水库调度计算,计算结果可以通过图表展示;点击"确定"按钮可以将水库的出库流量计算结果设置为下级预报站点的上边界流量,并继续刷新所有下级节点的预报计算后,返回到"流域模拟人工交互界面"页面;点击"取消"或右上角关闭按钮,可以直接取消本次调节操作。

6)历史实测序列查看

顶部的"历史序列"按钮,可以通过树节点切换查看不同预报站点的历史流量和对应子流域内各雨量站点的历史雨量图表提取结果。

7)对比分析

顶部的"对比分析"按钮,可通过树节点切换查看不同预报站点的当前预报结果与多年平均、历史同期、典型洪水等不同数据的对比展示情况。支持对比数据勾选并动态刷新图表显示(图 4.4-10)。

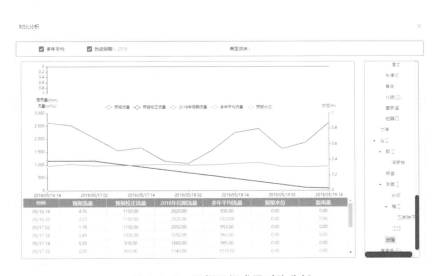

图 4.4-10 预报区间成果对比分析

8)计算方案成果保存

点击顶部的"保存"按钮可弹出"保存方案数据"子页面,该页面支持用户输入方案名称、方案描述,以及勾选发布。发布保存后可以将当前所有预报对象站点的输入输出数据信息全部保存到数据库中,并关闭该页面返回到"实时作业预报"页面(图 4.4-11)。

图 4.4-11 洪水预报预警方案保存

（2）快速实时计算模式

考虑到一般情况下，用户对常用的流域模拟方案不会经常修改其计算方式，因此，为了让业务使用更加便捷，提供快速的计算模式。系统按照预报方案预见期，自动调用默认的模拟方案初始化、自动提取最新的水雨情数据、自动完成计算过程，用户直接访问计算成果并进行后续交互。

快速计算中的方案初始化、方案计算均由系统自动完成，其他交互界面、功能操作和方案保存等均与人工交互模式相同。

（3）自动计算

提供按给定时间周期的滚动模拟计算功能。系统可为每种预报方案设置自动计算功能，启用后将根据设置的滚动计算时间周期间隔，自动启动计算任务，并获取最新的实时水雨情数据进行模拟计算，计算完成后自动保存。

4.4.2.3 结果管理

提供系统所有已保存的流域模拟方案管理功能，可根据人工设置的筛选条件，快速查看方案清单以及方案成果数据（图 4.4-12）。对于用户关注的方案，还可直接重载至前述交互模拟功能界面，查看所有原始输入输出信息，并支持人工交互和计算复演。

（1）查询管理

支持预报结果按各类给定条件查询、展示以及管理功能。具体交互功能包括：

①方案表格区域可以列出数据库中所有满足默认条件的预报方案。

②在"方案名称"输入框中可以人工输入方案名称关键字，点击"查询"按钮后，可从数据库中查询出方案名称中包含了输入关键字的所有预报方案。

③在"制作人"下拉框中选中某用户后，点击"查询"按钮后，可以从数据库中查询出该用

户制作的所有预报方案。

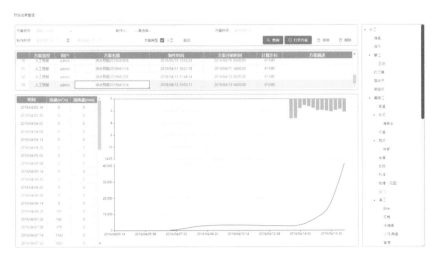

图 4.4-12 洪水预报预警方案管理

④在"方案时间"输入框中可以人工设置时间,点击"查询"按钮后,可以从数据库中查询出方案开始时间为人工设置时间的所有预报方案。

⑤在"制作时间"输入框中可以人工设置开始时间和结束时间;点击"查询"按钮后,可以从数据库中查询出方案制作时间在人工设置开始时间和结束时间之间的所有预报方案。

⑥方案类型的"人工"和"自动"可以人工勾选,勾选后结合其他筛选条件,点击"查询"按钮后,可以从数据库中查询出同时满足所有筛选条件的方案。

⑦方案列表中,选中某一方案,提供"方案删除"功能。点击后系统弹出提示信息,由用户二次确认。用户取消删除后取消对应的删除操作,用户确认删除后才从数据库中删除该方案的所有数据信息。

⑧方案列表中,选中某一方案,提供"方案移除"功能。操作方式同方案删除,区别在于,移除后仅从当前方案列表中移除该方案,数据库中依然保留。

(2)方案复演

方案复演可将系统中保存的对应方案的完整输入输出数据重新提取,按照系统流域模拟计算的后台数据结构,自动将其组织为处于计算完成状态的方案,并直接切换重载至前述交互模拟的成果交互功能。在上述方案管理界面的方案列表中,选中某一方案,点击"打开方案"按钮,可以跳转到"模拟计算成果 GIS 预警标示"页面,并提取出该方案所有对象的输入输出图表信息。系统直接衔接为方案计算完成的状态,并从 GIS 预警界面提供后续交互功能,各项功能与前述作业预报的人机交互模式完全相同。

4.4.2.4 精度评定

系统集成精度评定模型,可对处于方案管理中的流域模拟方案的计算精度进行评定分析,并通过图表的方式提供直观展示(图 4.4-13)。打开"精度评定"页面,自动读取可供评定的预报结果清单。右侧可以显示所有预报对象站点的树节点,选中任意预报站点对象,在方案表格区域列出了数据库中所有满足默认筛选条件,且包含当前选中站点对象的预报方案。顶部可设置各类预报结果的查询条件,包括方案名称、制作人、方案时间、制作时间等,具体设置方式与前述预报结果管理完全相同。点击"查询"后,只显示满足所有查询条件的预报结果列表。在"预见期"输入框中,可以人工输入预见期小时数。方案列表中各行可以自定义勾选。表头提供勾选框,勾选表头可以批量勾选所有行,取消表头勾选可以批量取消所有行勾选。

图 4.4-13　精度评定方案选择

选定一种或多种方案,点击"方案评定"按钮,可以完成当前选中站点对象的预报精度评定,并以图表方式显示评定结果,包含洪峰合格率、洪水过程合格率、峰现时间合格率、整体合格率等指标(图 4.4-14)。

图 4.4-14　精度评定结果

方案评定完成后,对于参与方案评定计算的任一勾选行,点击右侧"详情"按钮可以弹出该方案的"查看详情"子页面,显示等级评定、洪水过程、确定性系数、洪峰流量、峰现时间等指标结果,以及预报流量、实测流量、绝对误差、相对误差等数据的图表过程(图 4.4-15)。

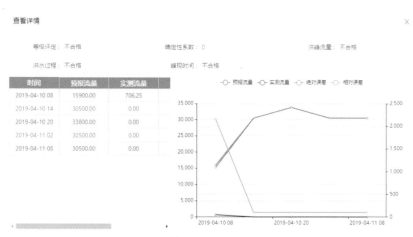

图 4.4-15　精度评定预报区间详细成果

4.4.3　接口开发

在洪水预报预警开发过程中,针对相关业务处理过程,以标准化封装方式,建立相关服务接口,主要包括如下:

(1)获取指定节点关联气象分区的预报降雨数据(表 4.4-1)

表 4.4-1　　　　　　　　　　　　获取指定节点的预报降雨数据接口

获取指定节点关联气象分区的预报降雨数据				
接口描述	获取指定节点关联气象分区的预报降雨数据			
URL	/rain/historyByNode			
请求方式	get			
请求类型				
返回类型	* / *			
参数名	数据类型	参数类型	是否必填	说明
1. interval	integer(int32)	query	N	时间间隔(小时)
2. length	integer(int32)	query	N	时段个数
3. nodeId	string	query	N	节点 Id
4. start	string(date-time)	query	N	开始时间

状态码	描述	说明
200	OK	
401	Unauthorized	
403	Forbidden	
404	Not Found	

返回属性名	类型	说明
1. data	object	返回结果数据
2. message	string	返回消息
3. state	integer(int32)	状态码

示例	
请求参数	interval=0&length=0&nodeId=string&start=2020/01/01 00:00:00
返回值	{"state":0,"data":{},"message":"string"}

（2）获取指定节点关联气象分区的预报降雨原始数据（表 4.4-2）

表 4.4-2　　　　　　　　获取指定节点的预报降雨原始数据接口

获取指定节点关联气象分区的预报降雨原始数据				
接口描述	获取指定节点关联气象分区的预报降雨原始数据			
URL	/rain/historyByNodeOrigin			
请求方式	get			
请求类型				
返回类型	*/*			
参数名	数据类型	参数类型	是否必填	说明
1. end	string(date-time)	query	N	结束时间
2. nodeId	string	query	N	节点 Id
3. start	string(date-time)	query	N	开始时间

状态码	描述	说明
200	OK	
401	Unauthorized	
403	Forbidden	
404	Not Found	

返回属性名	类型	说明
1. data	object	返回结果数据
2. message	string	返回消息
3. state	integer(int32)	状态码

示例	
请求参数	end＝2020/01/01 00:00:00&nodeId＝string&start＝2020/01/01 00:00:00
返回值	{"state":0,"data":{},"message":"string"}

（3）获取给定时间范围的站点实测数据（表 4.4-3）

表 4.4-3　　　　　　　获取给定时间范围的站点实测数据接口

获取给定时间范围的站点实测数据				
接口描述	获取给定时间范围的站点实测数据			
URL	/data/adjustHistoryData			
请求方式	get			
请求类型				
返回类型	*/*			
参数名	数据类型	参数类型	是否必填	说明
1. endDate	string	query	N	结束时间
2. historyDays	integer(int32)	query	N	历史实况天数
3. interval	integer(int32)	query	N	时间间隔
4. nodeIds	array	query	N	多个站点 Id
5. startDate	string	query	N	开始时间
6. type	string	query	N	节点类型
状态码	描述		说明	
200	OK			
401	Unauthorized			
403	Forbidden			
404	Not Found			
返回属性名	类型		说明	
1. data	object		返回结果数据	
2. message	string		返回消息	
3. state	integer(int32)		状态码	
示例				
请求参数	endDate＝string&historyDays＝0&interval＝0&nodeIds＝[{}]&startDate ＝string&type＝string			
返回值	{"state":0,"data":{},"message":"string"}			

（4）根据对象 Id 和曲线类型获取所有曲线数据（表 4.4-4）

表 4.4-4　　　　　　根据对象 Id 和曲线类型获取所有曲线数据接口

根据对象 Id 和曲线类型获取所有曲线数据				
接口描述	根据对象 Id 和曲线类型获取所有曲线数据			
URL	/data/curveByType			
请求方式	get			
请求类型				
返回类型	＊／＊			
参数名	数据类型	参数类型	是否必填	说明
1. nodeId	string	query	N	对象 Id
2. type	integer(int32)	query	N	曲线类型
状态码	描述		说明	
200	OK			
401	Unauthorized			
403	Forbidden			
404	Not Found			
返回属性名	类型		说明	
示例				
请求参数	nodeId＝string＆type＝0			
返回值				

（5）根据曲线 Id 获取曲线数据（表 4.4-5）

表 4.4-5　　　　　　根据曲线 Id 获取曲线数据接口

根据曲线 Id 获取曲线数据				
接口描述	根据曲线 Id 获取曲线数据			
URL	/data/curve			
请求方式	get			
请求类型				
返回类型	＊／＊			
参数名	数据类型	参数类型	是否必填	说明
curveId	string	query	N	曲线 Id
状态码	描述		说明	
200	OK			
401	Unauthorized			
403	Forbidden			
404	Not Found			

返回属性名	类型	说明
示例		
请求参数	curveId＝string	
返回值		

（6）获取对象信息（表 4.4-6）

表 4.4-6　　　　　　　　　　获取对象信息数据接口

获取对象信息				
接口描述	获取对象信息			
URL	/data/objectInfo			
请求方式	get			
请求类型				
返回类型	application/json；charset＝UTF-8			
参数名	数据类型	参数类型	是否必填	说明
1. nodeIds	array	query	N	对象 Id
2. nodeType	integer(int32)	query	N	对象类型
状态码	描述		说明	
200	OK			
401	Unauthorized			
403	Forbidden			
404	Not Found			
返回属性名	类型		说明	
示例				
请求参数	nodeIds＝[{}]&nodeType＝0			
返回值				

（7）获取所有站点的实测降雨量距平数据（表 4.4-7）

表 4.4-7　　　　　　获取所有站点的实测降雨量距平数据接口

获取所有站点的实测降雨量距平数据	
接口描述	获取所有站点的实测降雨量距平数据
URL	/meteorological/getDRain
请求方式	get
请求类型	
返回类型	＊／＊

参数名	数据类型	参数类型	是否必填	说明
1. endTime	string	query	N	结束时间
2. historyYearNum	integer(int32)	query	N	往前统计年份
3. startTime	string	query	N	开始时间
4. type	string	query	N	时间类型

状态码	描述	说明
200	OK	
401	Unauthorized	
403	Forbidden	
404	Not Found	

返回属性名	类型	说明
1. data	object	返回结果数据
2. message	string	返回消息
3. state	integer(int32)	状态码

示例	
请求参数	endTime=string&historyYearNum=0&startTime=string&type=string
返回值	{"state":0,"data":{},"message":"string"}

（8）获取所有站点的实测降雨量（表 4.4-8）

表 4.4-8 **获取所有站点的实测降雨量数据接口**

获取所有站点的实测降雨量				
接口描述	获取所有站点的实测降雨量			
URL	/meteorological/getMRain			
请求方式	get			
请求类型				
返回类型	*/*			
参数名	数据类型	参数类型	是否必填	说明
1. endTime	string	query	N	结束时间
2. ppMax	number(double)	query	N	统计上限值
3. ppMin	number(double)	query	N	统计下限值
4. startTime	string	query	N	开始时间
5. type	string	query	N	时间类型
状态码	描述		说明	
200	OK			
401	Unauthorized			
403	Forbidden			
404	Not Found			

返回属性名	类型	说明
1. data	object	返回结果数据
2. message	string	返回消息
3. state	integer(int32)	状态码
示例		
请求参数	endTime=string&ppMax=null&ppMin=null&startTime=string&type=string	
返回值	{"state":0,"data":{},"message":"string"}	

（9）获取方案成果（表 4.4-9）

表 4.4-9　　　　　　　　　　　获取方案数据接口

获取方案成果				
接口描述	获取方案成果			
URL	/result/fetch			
请求方式	get			
请求类型				
返回类型	*/*			
参数名	数据类型	参数类型	是否必填	说明
1. funcId	string	query	N	功能号
2. schemeId	string	query	N	方案 Id
状态码	描述		说明	
200	OK			
401	Unauthorized			
403	Forbidden			
404	Not Found			
返回属性名	类型		说明	
1. data	object		返回结果数据	
2. message	string		返回消息	
3. state	integer(int32)		状态码	
示例				
请求参数	funcId=string&schemeId=string			
返回值	{"state":0,"data":{},"message":"string"}			

（10）获取方案缓存数据（表 4.4-10）

表 4.4-10　　　　　　　　　　　获取方案缓存数据接口

获取方案缓存数据				
接口描述	获取方案缓存数据			
URL	/result/fetchCache			
请求方式	get			
请求类型				
返回类型	*/*			
参数名	数据类型	参数类型	是否必填	说明
1. funcId	string	query	N	功能号
2. projName	string	query	N	项目名
3. user	string	query	N	用户
状态码	描述		说明	
200	OK			
401	Unauthorized			
403	Forbidden			
404	Not Found			
返回属性名	类型		说明	
1. data	object		返回结果数据	
2. message	string		返回消息	
3. state	integer（int32）		状态码	
示例				
请求参数	funcId＝string&projName＝string&user＝string			
返回值	{"state":0,"data":{},"message":"string"}			

（11）发布方案结果（表 4.4-11）

表 4.4-11　　　　　　　　　　　获取方案发布结果数据接口

发布方案结果				
接口描述	发布方案结果			
URL	/result/publish			
请求方式	post			
请求类型	application/json			
返回类型	application/json；charset＝UTF-8			
参数名	数据类型	参数类型	是否必填	说明
requestBody	object	body	Y	requestBody

状态码	描述	说明
200	OK	
201	Created	
401	Unauthorized	
403	Forbidden	
404	Not Found	

返回属性名	类型	说明
1. data	object	返回结果数据
2. message	string	返回消息
3. state	integer(int32)	状态码

示例		
请求参数	data={}&message=string&state=int	
返回值	{"state":0,"data":{},"message":"string"}	

（12）获取方案过程值数据（表 4.4-12）

表 4.4-12　　　　　　　　**获取方案过程值数据接口**

获取方案过程值数据				
接口描述	获取方案过程值数据			
URL	/result/resultP			
请求方式	get			
请求类型				
返回类型	*/*			
参数名	数据类型	参数类型	是否必填	说明
1. dataIds	array	query	N	数据编码
2. nodeIds	array	query	N	节点编码
3. schemeId	string	query	N	方案编码
4. tableType	string	query	N	数据表类型,预报:HY,调度:RD,河段及断面:FR,蓄滞洪区:HSD
状态码	描述			说明
200	OK			
401	Unauthorized			
403	Forbidden			
404	Not Found			

返回属性名	类型	说明
示例		
请求参数	dataIds=[{}]&nodeIds=[{}]&schemeId=string&tableType=string	
返回值		

(13)获取单值数据(表 4.4-13)

表 4.4-13   **获取单值数据接口**

获取单值数据				
接口描述	获取单值数据			
URL	/result/resultV			
请求方式	get			
请求类型				
返回类型	* / *			
参数名	数据类型	参数类型	是否必填	说明
1. dataIds	array	query	N	数据编码
2. nodeIds	array	query	N	节点编码
3. schemeId	string	query	N	方案编码
4. tableType	string	query	N	数据表类型,预报:HY,调度:RD,河段及断面:FR,蓄滞洪区:HSD
状态码	描述		说明	
200	OK			
401	Unauthorized			
403	Forbidden			
404	Not Found			
返回属性名	类型		说明	
示例				
请求参数	dataIds=[{}]&nodeIds=[{}]&schemeId=string&tableType=string			
返回值				

（14）获取方案中的节点（图 4.4-14）

表 4.4-14　　　　　　　　　　　　获取方案中的节点

获取方案中的节点				
接口描述	获取方案中的节点			
URL	/result/schemeNodes			
请求方式	get			
请求类型				
返回类型	* / *			
参数名	数据类型	参数类型	是否必填	说明
1. schemeId	string	query	N	方案 Id
2. tableType	string	query	N	数据表类型,预报:HY,调度:RD,河段及断面:FR,蓄滞洪区:HSD
状态码	描述		说明	
200	OK			
401	Unauthorized			
403	Forbidden			
404	Not Found			
返回属性名	类型		说明	
1. data	object		返回结果数据	
2. message	string		返回消息	
3. state	integer(int32)		状态码	
示例				
请求参数	schemeId＝string＆tableType＝string			
返回值	{"state":0,"data":{},"message":"string"}			

4.5　水工程联合调度

4.5.1　业务逻辑

针对预报的超标准洪水,充分利用流域水工程防洪能力,开展水工程联合调度。主要包括防洪形势分析、防洪调度计算两个环节。

4.5.1.1　防洪形势分析

主要基于流域天然洪水(无工程调度影响)的预报模拟成果,根据流域洪水特性及工程应用情况自动分析流域防洪形势,智能分析洪水来源、水工程实时防洪能力、当前险灾情面临的形势,初步提出水工程的调度建议(图4.5-1)。

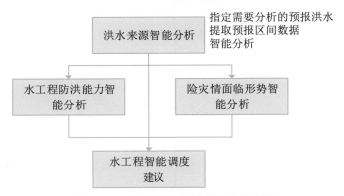

图4.5-1 防洪形势分析功能业务流程

1)洪水来源智能分析

对于选定的分析洪水,默认对出现水情预报预警站点的洪水来源组成进行自动计算,通过逐级向上反推分析,追溯并计算站点洪水组成的来源区域及所占比例。

2)水工程防洪能力智能分析

对预见期内的流域水工程防洪能力(如水库防洪库容使用状态)进行分析展示。

3)险灾情面临形势智能分析

对预见期内出现预警的关键控制断面,其关联受影响区域做出初步研判分析。

4)水工程智能调度建议

提取工程与控制站防洪关联关系,并基于洪水来源组成、工程防洪能力分析,以及可能的险灾情影响,通过知识图谱驱动进行智能分析,推荐启用的水利工程,供防洪调度决策参考。

4.5.1.2 防洪调度计算

根据防洪调度管理特点,超标准洪水的调度计算是以干流和重要支流防洪调度方案为基础,结合各干支流实际情况建立或完善防洪调度系统。防洪调度计算以基于防洪调度规则构建的知识库为核心,调度应用系统采用组件式、可扩展式开发方式,实现防洪调度方案的模型化及快速配置;根据各流域特点,建设水库洪水调度模型、排涝泵站运用模型、闸坝调控模型、蓄滞(分)洪区应用模型等防洪调度模型;根据防洪调度业务流程,开发洪水调度方案生成、洪水调度成果仿真展示、调度方案综合评估、防洪调度方案管理等功能。

为实现覆盖水库工程、蓄滞洪区工程、闸站工程等多种水工程的联合防洪调度,需要通过标准化业务和数据流程建设实施,对各类调度提供通用的业务处理流程,具体包括基于流域联合调度规则的智能调度、支持人工干预调度过程的交互调度、方案对比、方案管理等功能。

联合调度过程中,支持全流域按照水力拓扑关系,实现"拓扑自创建、模型自识别、数据自衔接"、调度演进一体化计算,以及水文学与水力学耦合计算。

水工程联合调度主要包括调度计算、调度方案管理、调度方案对比功能,通过使用各项子功能,为实现水工程联合调度提供完整的业务支撑。

(1)调度计算功能

调度计算功能是水工程联合调度的核心业务,主要有基于规则的智能调度、基于调度目标的优化调度以及人机交互干预调度(图4.5-2)。

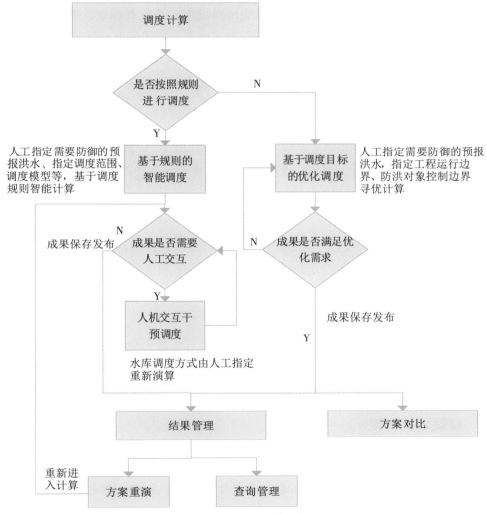

图 4.5-2 防洪调度计算业务流程

1)基于规则的智能调度模式

根据批复的规程编制调度规则,依据流域水工程联合调度规则进行智能调度计算。输入为需要进行调度应对的流域模拟预报洪水(默认关联最近进行防洪形势分析的预报洪水),并设置调度计算时间、调度范围(默认关联防洪形势分析推荐的工程调度范围)与河道洪水演进模型,确认后系统按照方案体系进行流域水工程联合调度计算。计算调用规则调度引擎,基于水工程联合调度规则,智能触发各类水工程的调度操作,同时通过水工程调度与河道洪水演进耦合、水文计算与水动力计算耦合,完成对各水工程调度效果及河道洪水演进的传播模拟。

2)基于调度目标的优化调度模式

当需要针对调度对象和防洪对象的特定目标进行控制,并借助系统自动推出相应的水工程调度方案时,可使用基于调度目标的优化调度。输入为需要进行调度应对的流域模拟预报洪水(默认关联最近进行防洪形势分析的预报洪水),并设置调度计算时间、调度范围(默认关联防洪形势分析推荐的工程调度范围)和河道洪水演进模型。针对调度对象设置目标控制条件的运行边界(如水库水位或下泄流量等)和防洪控制对象的控制条件(如控制流量和水位等),并选择针对某优化目标的水工程联合优化模型,如防洪总库容使用最少、超额洪量最小等,进行迭代寻优计算。

3)人机交互干预调度模式

规则调度或优化调度计算完成后,用户可根据实际需求,直接调节方案的成果过程,或者改变水库的调度控制方式,对方案按新边界进行人机交互干预调度并重新演算,可重复此过程,直到获得满足的方案后保存发布。

(2)调度方案管理功能

对于保存的方案成果,可通过结果管理功能进行成果的查询管理,查看方案成果数据、删除指定方案等。同时对关注的方案,可以利用方案重演,将方案计算的输入输出数据重新提取并在计算功能组织重现,实现快速重载复演。

(3)调度方案对比功能

对于保存的方案成果,可利用方案对比功能,对已有方案的调度成果根据多个指标进行评估,可对同场次洪水下,从基于规则的智能调度、人工干预部分水工程的调度,以及跳出规则指定调度目标的优化调度等多类成果展开分析。

4.5.2 模块功能开发

4.5.2.1 防洪形势分析

主要建设洪水来源智能分析、水工程防洪能力智能分析、险灾情面临形势智能分析与水工程智能调度建议等功能模块。

防洪形势分析功能提供对预报方案来水形势的智能分析。系统可接入两种预报方案:一种是系统流域模拟计算的水情预报方案;另一种是外部其他系统或人工准备的洪水方案成果(该成果导入前需要做数据转换)。选择一种洪水方案后,系统首先展示该方案下出现预警险情的站点列表,同时可查看各个预报区间的详细过程;之后进行具体的防洪形势分析

（表 4.5-3）。

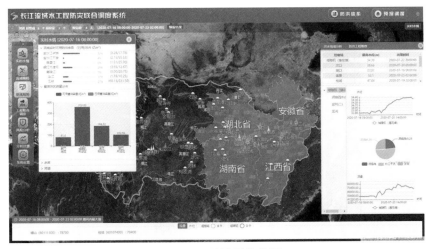

图 4.5-3　洪水预报成果选择

（1）洪水来源智能分析

结合预报、实时水雨情，以洪峰、3d 洪量、7d 洪量、15d 洪量、30d 洪量等指标为依据，基于洪水来源判别指标体系，分析相关站点洪水来源和组成占比情况，可逐级向上游追溯来水分布，全面把握流域洪水组成，作为水工程推荐及调度建议的重要参考（图 4.5-4）。该功能重点对形成洪水超保证、超警戒的站点进行洪水组成分析，且列表展示其洪峰及出现时间。选择列表中的站点则展示其洪水组成分析成果，默认对其一级组成来源和占比进行分析，点击其下一级洪水组成节点，可进一步追溯二级组成来源，同时展示站点的水位和流量过程。

图 4.5-4　防洪形势分析

（2）水工程防洪能力智能分析

基于实时信息与预报成果，从干支流区域、工程等级类别等多维度统计水库群、蓄滞洪区实时已用/可用防洪库容状态、已用/可用蓄洪容量状态,采用可应对后续洪水量级、频率等指标简要评估水工程当前防洪能力。

(3)险灾情面临形势智能分析

重点针对预报超警戒、超保证等预警水文站点,从宏观层面智能分析险情河段及其可能影响范围。

(4)水工程调度智能建议

根据洪水组成、防洪工程能力、险灾情影响形式等信息综合分析,利用调度图谱,为决策启用相应的水工程提出建议;同时提供知识图谱分析过程的可视化展示,通过图形化界面展示各项推荐工程的推导流程与触发逻辑,呈现分析效果(图 4.5-5)。

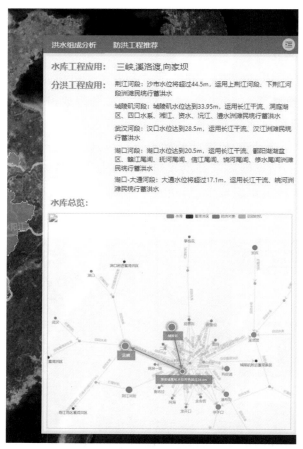

图 4.5-5　工程智能推荐

4.5.2.2　防洪调度计算

集成各类调度规则库和调度计算模型,提供流域水工程的联合调度计算,覆盖水库工程、蓄滞洪区和洲滩民垸等工程类型。为丰富调度计算手段,提供基于规则的智能调度、基于调度目标的优化调度、人机交互干预调度等计算方案功能。

调度计算采用标准化操作主面板，通过模型方案的选择，提供不同计算类型的切换功能。每种计算类型的操作界面风格和操作流程逻辑统一，主要包括计算水库对象选择、调度期时间及时段类型设置、计算模型约束条件（防洪调度规则）设置、计算参数输入（调度边界数据、计算参数数据等）设置、计算结果图表展示、计算结果修改重算、计算方案保存数据库等。

（1）基于规则的智能调度

可根据流域联合调度规则智能判断控制对象水情并触发水库群调度动作。

1）调度计算方案建立

调度计算方案初始化界面中，"模型计算方案"下拉菜单提供多种可选的调度方案类型，内置"全流域规则调度""全流域优化调度"等方案类型以供选择（图 4.5-6）。选择后系统将根据本方案的内置参数信息，刷新界面初始化数据和展示内容，形成对应的防洪调度方案设置界面。选择"全流域规则调度"后激活基于规则的智能调度计算业务流程。

图 4.5-6　调度计算方案建立

2）关联预报方案

通过"方案选择"界面可选择一项系统内保存的预报成果作为当次计算的天然来水输入（图 4.5-7）。预报成果提供多种类型选择，分别由上述流域模拟功能本地计算保存的预报成果，外部系统成果发布后读取的预报成果，以及已经进行过工程调度的方案成果，默认是防洪形势分析中选择的预报方案，或者最近一次的流域模拟方案。

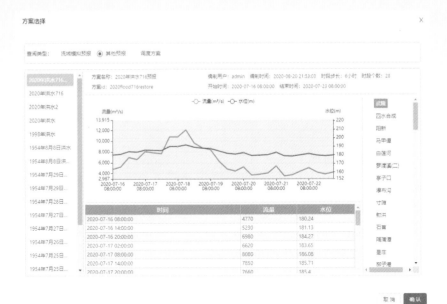

图 4.5-7 关联预报方案选择

选择不同的调度方案类比后,左侧列出预报方案清单列表,选中一项后,右侧主面板展示此方案基本信息以及预报区间列表,并可点击其中的预报区间,查看其水位流量过程图表。点击"确认"后即可选中此方案作为本次调度计算的天然来水过程输入。

3)设置方案属性

上方设置开始时间、时段类型、时段个数等方案属性,默认提取业务平台中配置的调度方案实例信息,列出缺省值且支持用户修改。

右侧以树节点按干流至支流、上游到下游的顺序正确列出了所选调度计算方案中的所有水利工程对象、水文站控制对象、河段对象及其所在河流。勾选的节点将参与实际计算,默认为全部勾选,且勾选可以动态反映到表格区域中。各计算对象支持灵活勾选,河流对象的勾选操作可以自动作用到河流对应的所有计算对象。

下方表格区域中按照对应水工程对象、水文站控制对象、河段对象,给出完整调度方案体系。表格区域中针对所有勾选的各类对象可以给出默认的调度模型,对于配置了多个模型的对象,可在表格区域中切换模型。

4)计算参数设置

初始化界面顶部的"方案初始化"按钮,可以按照当前界面的天然来水方案、调度方案计算时间、水利节点拓扑、计算模型等信息,自动组织提取相关对象的计算初始化参数,并进入"计算参数设置"界面,包括单值参数数据、过程值参数数据、控制性工程设置、蓄滞洪区应用条件设置、洲滩民垸应用设置等。具体交互功能包括如下:

①单值参数数据。

单值参数数据的设置功能,主要提供水库类对象的起调水位、最小出库,河段类型对象的演算参数,蓄滞洪区类型对象的总分洪量等,并可按需修改数据并在本次计算中生效(图 4.5-8)。

图 4.5-8　单值参数设置

②过程值参数数据。

过程值参数数据的设置功能,主要提供各种对象、各种类型的时序过程设置,并可按需修改数据并在本次计算中生效(图 4.5-9)。

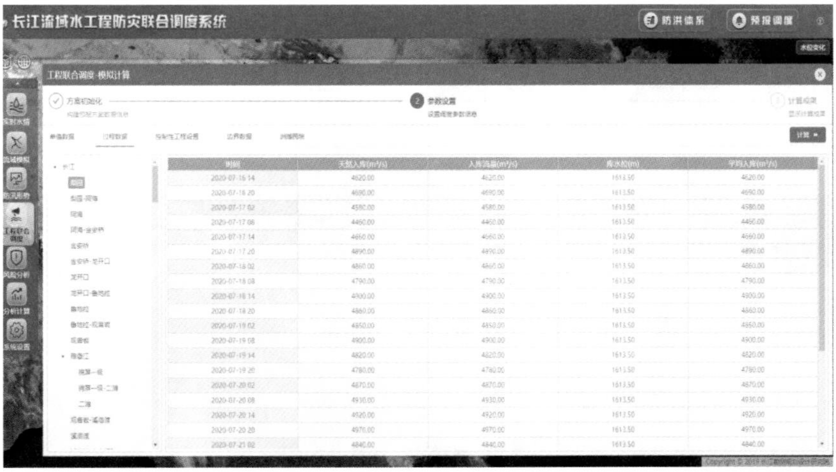

图 4.5-9　过程值参数设置

③控制性工程设置。

控制性工程设置功能,主要提供流域防洪工程的概化图工作面板,面板上按照流域中河湖水系、水库群、控制站点、蓄滞洪区等对象,按照直观清晰的方式,展示流域的防洪工程总体布局,配合自动标记,便于分析工程启用决策(图 4.5-10)。

在工作面板中,系统自动标记水文站点的预警信息,同时对工程在方案起始时间点的应用情况做出标示,如水库或蓄滞洪区的蓄满状态,可分为:已启用、已蓄满。默认标记由防洪形势分析推荐的应对当前天然洪水的水库或蓄滞洪区工程,用户可根据实际情况,手动标记实际需要启用的水利工程。

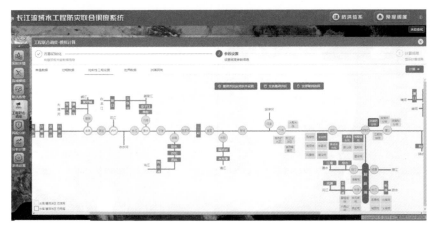

图 4.5-10 控制性工程设置概化图工作面板

④蓄滞洪区应用条件设置。

蓄滞洪区应用条件设置功能工作面板中点击"蓄滞洪区应用条件设置",可对蓄滞洪区的启用条件进行详细设置,可设置蓄滞洪区控制站点的启用判别条件,当水位达到设置参数值时,即开始分洪,默认值为保证水位,同时提供历史最高水位和自定义水位等方式(图 4.5-11)。点击"确认"后保存数据并在本次计算中生效。同时可对蓄滞洪区所影响的河段初始水位、初始流量、河床糙率等进行设置。点击"确认"后保存数据并在本次计算中生效。

图 4.5-11 蓄滞洪区应用参数设置

⑤洲滩民垸应用设置。

洲滩民垸应用设置功能,主要通过概化的方式快速进行总体设置。系统自动提取蓄洪容积、可用容积、已用容积等计算起始数据,提供是否启用控制项,对于启用的洲滩民垸,提供当前使用容积数量设置(图 4.5-12)。点击"确认"后保存数据并在本次计算中生效。

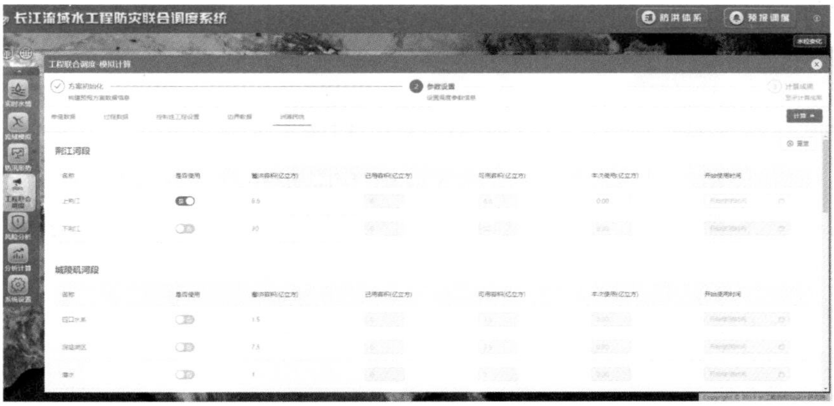

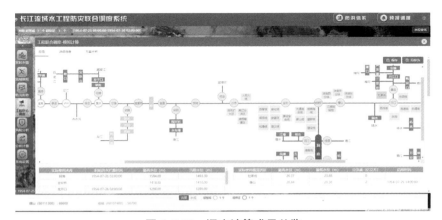

图 4.5-12　洲滩民垸应用参数设置

5)调度方案计算及成果查看交互

当调度方案体系、预报数据、历史及实时水情数据、计算参数数据、联合调度规则数据确定后,点击"计算"按钮,系统自动按照计算节点的水力联系,从上游至下游、从支流至干流逐段进行工程调度以及河道洪水演进的模拟计算。各个水工程依据数字化、标准化处理的流域联合调度规则,对比控制断面的水情,智能判断、自动触发调度动作。最后输出各个水工程的调度成果、各个控制断面的水情过程、流域预警信息等结果(图 4.5-13)。具体交互功能包括:

图 4.5-13　调度计算成果总览

①流域预警标识。计算完成后通过 GIS 交互式界面展示计算场景的调度情况,界面展示流域枢纽对象、防洪控制对象等,并对状态、预警等进行高亮标识(同洪水预报预警);对启

用的水库和蓄滞洪区对象以高亮标识；同时顶部及下方均提供对水库工程、关键控制断面的超保超警状态提示。

②点击 GIS 界面上的流域水库枢纽对象、防洪控制对象等，可以进入成果查询界面，以图表形式显示默认计算结果。提供多种类型的方案成果查看展示方式，包括"方案总览"和"详细信息"两类，通过顶部的切换菜单可进入对应功能。默认进入"方案总览"，提供当前计算方案的所有统计分析信息，含工程运用信息、控制站防洪信息、分洪灾损失初步统计等，实现快速了解方案效果与总体情况。总览界面以流域概化图工作面板为基础，在概化图上高亮展示经过联合规则智能判断后，在本次调度中启用的水库和蓄滞洪区工程。下方提供表格图形展示面板，展示启用的水库、蓄滞洪区应用详情，如拦蓄洪量、启用时间、最高水位等信息；水文站的水位流量极值情况；若有蓄滞洪区的应用，则会分区域统计分洪总量与蓄滞洪区启用数量，同时利用社会经济数据，根据淹没水位，初步分析各个区域的受灾人口、淹没面积、淹没耕地、受灾房屋等数据。

③"详细信息"功能界面，可以通过树节点切换不同水库对象、河段对象、控制对象、蓄滞洪区对象等查看对应的输入输出信息（图 4.5-14）。

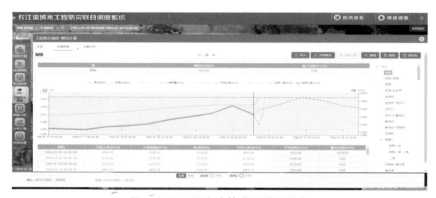

图 4.5-14　调度计算成果详细信息

右侧点击河段类型的对象后，可查看该河段起止断面天然流量及调度后的演算流量过程、区间汇入流量过程、调度演算后削峰与预报洪峰等进行图表联动展示。各河段顶部单值表中的上下断面期初流量由计算过程中自动提取，支持人工修改重演。河段结果界面下方表格区域的上断面流量数据支持人工修改，并与中部区域的过程线图形联动。河段结果界面中部区域的上断面流量图形支持选中后人工拖动修改，并与下方表格区域的上断面流量数据联动。

右侧点击水库类型的对象后，可查看水库库水位、入库和出库过程，同时提供天然情况过程以及调度后的过程进行同步对比，各类信息进行图表联动展示。为了提升调度过程分析能力，同时对调度起始前 10 天的实测水位流量过程同步展示。出库流量成果可直接在图表上进行人工修正，调整水库下泄过程，对调整后的成果，可点击"重新计算"按钮，对下游水利对象的成果进行重新演进计算。

右侧点击关键控制断面类型的对象后,可查看调度前后的水位、流量等,进行图表联动展示,具体分析调度效果。

右侧点击蓄滞洪区类型的对象后,可查看分洪流量、水位、累计分洪量等,进行图表联动展示(图4.5-15)。

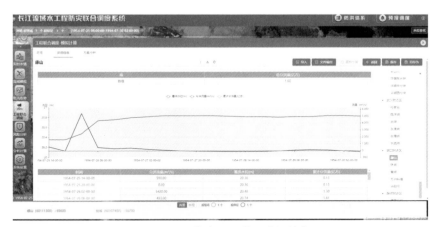

图 4.5-15　蓄滞洪区成果详细信息

6)调度方案水库回水计算与成果查看

提供水库对象的回水计算分析功能,点击界面上方"断面回水计算"按钮,会根据水库节点当前调度拦蓄洪水过程,计算库区回水过程,回水结果可通过保存方案,与对应调度方案关联,存储于数据库。结果展示界面自动标识最高回水线,并与水库库区的移民迁移线和土地淹没线进行比较,分析回水淹没情况(图4.5-16)。

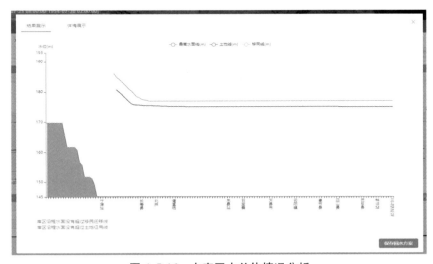

图 4.5-16　水库回水总体情况分析

"详情展示"界面可查看回水详细过程数据。可以按照调度时间逐时段播放回水线变化过程(图4.5-17),同时详细展示各个回水断面的水位、流量值。

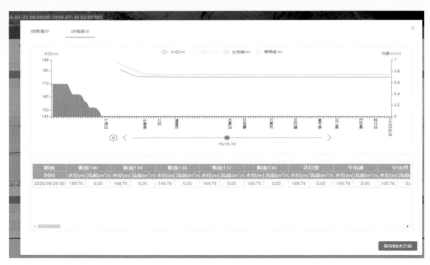

图 4.5-17　水库回水详细过程

7）调度方案计算参数查看

点击河段类型对象，可查询"传播时间""上下游衔接河段"等参数。点击水库类型对象可查询水库调度规程、水库库容曲线和泄流曲线等基本资料。

8）调度方案保存

点击顶部的"保存"按钮可将当前所有调度计算参与对象的输入、输出数据信息全部保存到数据库中。

（2）人机交互干预调度

任意水库计算成果界面中，专业人员可结合实际需求，对系统自动计算出的方案成果进行人工调节和修正，系统根据修正调节的新数据，自动完成当前水库节点的重新计算以及下游对象的成果刷新，具体功能同洪水预报预警的水库调节交互（图 4.5-18）。

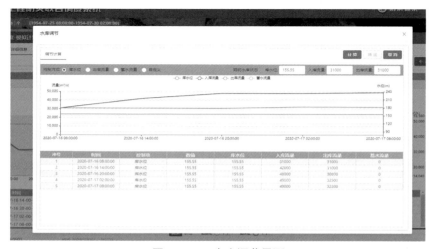

图 4.5-18　水库调节界面

（3）基于调度目标的优化调度

基于调度目标的优化调度计算功能，可指定控制对象的水位、流量等控制边界或水利工程的调度过程边界，如最大流量、最高水位等，某些情况下可跳出调度规则约束实现特殊控制，同时此类计算方案可针对全局目标提供计算寻优能力。具体交互功能如下：

①在初始化界面中的"模型计算方案"下拉菜单，选择"全流域优化调度"后激活基于调度目标的优化调度计算业务流程。

②调度计算的时间、对象节点、调度模型设置与规则智能调度相同。

③在参数设置阶段的控制工程设置界面，重点可针对水库对象与控制站对象，设置其调度边界和控制边界。点击水库对象，可指定其在计算中的起调水位、最高水位、最大下泄流量；对控制站对象，可指定其在计算中的最大流量、最高水位等，可按保证、警戒、自定义3种情况控制。

④设置各项参数后，系统将其设置为调度计算的边界，自动按照节点的水力联系，从上游至下游、支流至干流的顺序，采用优化算法进行工程调度以及河道洪水演进的迭代模拟计算，获得理论优化目标后，输出各个水利工程和各个控制断面的计算结果。

4.5.2.3 结果管理

提供系统所有已保存的水工程联合调度方案的管理功能，可根据人工设置的筛选条件，快速查看方案清单以及方案成果数据。对于用户关注的方案，还可直接重载至前述防洪调度计算功能界面，查看所有原始输入输出信息，并支持人工交互和计算复演。具体功能与前述洪水预报预警的结果管理功能相同。

4.5.2.4 调度方案对比

调度方案对比针对同一场预报天然来水，根据不同的调度控制方式生成的多种调度方案，进行调度成果或效果的对比评估分析。具体交互功能如下：

①首先提供关联预报方案选择，通过下拉菜单，可快速获取同一场天然来水下进行的各种联合调度方案清单。

②对水工程联合调度方案清单，通过多选框，可对需要对比的方案进行选择，选择后点击"对比"按钮进行方案的对比分析，自动计算方案的统计信息，对方案的防洪工程使用和防洪效果做出总体对比，并对各个具体的水工程和防洪对象的调度过程与调度效果进行详细对比，重点对堤防风险、蓄滞洪区运用风险、水库后续防御能力不足风险、库区淹没风险进行分析。计算完成后将返回对比结果数据到界面，分别按"方案总览"和"工程详细过程"进行对比展示（图4.5-19）。

③"方案总览"界面重点展示工程投入情况，包括水库的运用数量、水库群运用总库容、水库群剩余防洪库容、最高调洪水位、库区是否有淹没、最大淹没水深及位置、影响人口、土地数量，蓄滞洪区的启用数量、分洪量，以及防洪对象控制站点的超警超保数量、关键控制站

最大流量和最高水位等。

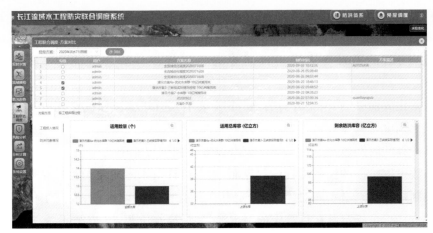

图 4.5-19　调度方案总览对比

④"工程详细过程"界面重点展示各水利工程和控制对象的详细过程对比(图 4.5-20)。其中,水库上方对比最大拦蓄流量、最大下泄流量、最大入库流量、削峰量、投入库容等统计量,下方对比预报入库、出库、水位等过程线图表;河道控制站上方对比最大流量、最高水位,下方对比各过程;蓄滞洪区对比分洪水位、流量。

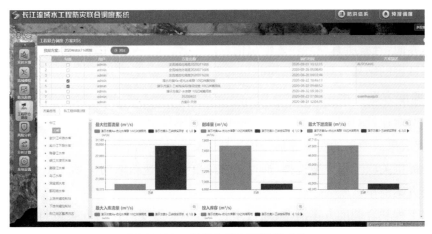

图 4.5-20　调度方案工程详情对比

4.5.3　接口开发

在水工程联合调度功能的开发过程中,针对相关业务处理过程,以标准化的封装方式,建立了相关服务接口,主要包括如下接口:

（1）获取水库洪水数据（表 4.5-1）

表 4.5-1   获取水库洪水数据接口

获取水库洪水数据				
接口描述	获取水库洪水数据			
URL	/data/floodData			
请求方式	get			
请求类型				
返回类型	*/*			
参数名	数据类型	参数类型	是否必填	说明
1. floodType	integer(int32)	query	N	洪水类型,0 设计、1 典型、2 预报、3 历史
2. nodeCodes	array	query	N	节点编号数组
3. periodNum	integer(int32)	query	N	时段个数
4. periodType	integer(int32)	query	N	间隔时段类型
5. periodTypeNum	integer(int32)	query	N	间隔时段类型数
6. projName	string	query	N	项目名
7. time	string(date-time)	query	N	洪水时间,预报时给出指定时间前后 10 天,历史时给出指定时间前一个调度周期
状态码	描述		说明	
200	OK			
401	Unauthorized			
403	Forbidden			
404	Not Found			
返回属性名	类型		说明	
示例				
请求参数	floodType＝0&nodeCodes＝[{ }]&periodNum＝0&periodType＝0&periodTypeNum ＝0&projName＝string&time＝2020/01/01 00:00:00			
返回值				

（2）获取水库最新预报洪水数据（表 4.5-2）

表 4.5-2　　　　　　　　　　　获取水库最新预报洪水数据接口

获取水库最新预报洪水数据				
接口描述	获取水库最新预报洪水数据			
URL	/data/latestFloodData			
请求方式	get			
请求类型				
返回类型	＊／＊			
参数名	数据类型	参数类型	是否必填	说明
1. funcId	string	query	N	功能号
2. nodeCodes	array	query	N	节点编号数组
3. periodNum	integer(int32)	query	N	时段个数
4. periodType	integer(int32)	query	N	间隔时段类型
5. periodTypeNum	integer(int32)	query	N	间隔时段类型数
6. projName	string	query	N	项目名
7. user	string	query	N	用户
状态码	描述		说明	
200	OK			
401	Unauthorized			
403	Forbidden			
404	Not Found			
返回属性名	类型		说明	
示例				
请求参数	funcId＝string&nodeCodes＝[{}]&periodNum＝0&periodType＝0&periodTypeNum＝0&projName＝string&user＝string			
返回值				

（3）方案时段信息（表 4.5-3）

表 4.5-3　　　　　　　　　　　获取方案时段信息数据接口

方案时段信息	
接口描述	方案时段信息
URL	/data/periodInfo
请求方式	get
请求类型	
返回类型	＊／＊

参数名	数据类型	参数类型	是否必填	说明
1. funcId	string	query	N	功能号
2. projName	string	query	N	项目名
3. user	string	query	N	用户
状态码	描述		说明	
200	OK			
401	Unauthorized			
403	Forbidden			
404	Not Found			
返回属性名	类型		说明	
示例				
请求参数	funcId＝string＆projName＝string＆user＝string			
返回值				

（4）获取测站关联断面（表 4.5-4）

表 4.5-4　　　　　　　　　　**获取测站关联断面数据接口**

获取测站关联断面				
接口描述	获取测站关联断面			
URL	/data/relatedSectionByStation			
请求方式	get			
请求类型				
返回类型	application/json；charset＝UTF-8			
参数名	数据类型	参数类型	是否必填	说明
stationId	string	query	N	测站 Id
状态码	描述		说明	
200	OK			
401	Unauthorized			
403	Forbidden			
404	Not Found			
返回属性名	类型		说明	
示例				
请求参数	stationId＝string			
返回值				

（5）获取水库规则，用于规则模型（表 4.5-5）

表 4.5-5　　　　　　　　　　　　获取水库规则数据接口

获取水库规则，用于规则模型				
接口描述	获取水库规则，用于规则模型			
URL	/data/reservoir/ruleModel			
请求方式	get			
请求类型				
返回类型	*/*			
参数名	数据类型	参数类型	是否必填	说明
nodeId	string	query	N	节点编码
状态码	描述		说明	
200	OK			
401	Unauthorized			
403	Forbidden			
404	Not Found			
返回属性名	类型		说明	
示例				
请求参数	nodeId＝string			
返回值				

（6）根据水库水位获取库容（表 4.5-6）

表 4.5-6　　　　　　　　　　　根据水库水位获取库容数据接口

根据水库水位获取库容				
接口描述	根据水库水位获取库容			
URL	/data/reservoir/z2v			
请求方式	get			
请求类型				
返回类型	*/*			
参数名	数据类型	参数类型	是否必填	说明
1. nodeId	string	query	N	水库编号
2. z	number(double)	query	N	水位
状态码	描述		说明	
200	OK			
401	Unauthorized			
403	Forbidden			
404	Not Found			

续表

返回属性名	类型	说明
示例		
请求参数	nodeId＝string&z＝null	
返回值		

（7）获取水库数据（表 4.5-7）

表 4.5-7　　　　　　　　　　　　　获取水库数据接口

获取水库数据				
接口描述	获取水库数据			
URL	/data/reservoirData			
请求方式	get			
请求类型				
返回类型	application/json;charset＝UTF-8			
参数名	数据类型	参数类型	是否必填	说明
1. reservoirId	string	query	N	项目名
状态码	描述		说明	
200	OK			
401	Unauthorized			
403	Forbidden			
404	Not Found			
返回属性名	类型		说明	
1. data	object		返回结果数据	
2. message	string		返回消息	
3. state	integer(int32)		状态码	
示例				
请求参数	reservoirId＝string			
返回值	{"state":0,"data":{},"message":"string"}			

（8）曲线插值（表 4.5-8）

表 4.5-8   **曲线插值功能接口**

曲线插值				
接口描述		曲线插值		
URL		/data/curveInterpolation		
请求方式		get		
请求类型				
返回类型		application/json；charset＝UTF-8		
参数名	数据类型	参数类型	是否必填	说明
1. curveId	string	query	N	曲线编码
2. directType	integer(int32)	query	N	曲线插值方向：1-12,2-21, 3-123,4-213,5-132, 6-231,7-312,8-321
3. projName	string	query	N	项目名
4. values	array	query	N	插值源数据数组
状态码	描述		说明	
200	OK			
401	Unauthorized			
403	Forbidden			
404	Not Found			
返回属性名	类型		说明	
1. data	object		返回结果数据	
2. message	string		返回消息	
3. state	integer(int32)		状态码	
示例				
请求参数	curveId＝string&directType＝0&projName＝string&values＝[{}]			
返回值	{"state":0,"data":{},"message":"string"}			

（9）执行调度计算（表 4.5-9）

表 4.5-9   **执行调度计算功能接口**

执行调度计算	
接口描述	执行调度计算
URL	/dsp/calc
请求方式	post
请求类型	application/json
返回类型	＊／＊

参数名	数据类型	参数类型	是否必填	说明
1. funcId	string	query	N	功能号
2. projName	string	query	N	项目名
3. user	string	query	N	用户

状态码	描述	说明
200	OK	
201	Created	
401	Unauthorized	
403	Forbidden	
404	Not Found	

返回属性名	类型	说明
1. data	object	返回结果数据
2. message	string	返回消息
3. state	integer(int32)	状态码

示例	
请求参数	funcId＝string&projName＝string&user＝string
返回值	{"state":0,"data":{},"message":"string"}

（10）传入蓄滞洪区分洪计算初始值（表4.5-10）

表4.5-10 **传入蓄滞洪区分洪计算初始值功能接口**

传入蓄滞洪区分洪计算初始值	
接口描述	objectInit:各边界站初始值,areaInit:各区域启用控制水位,objectProcess:各边界过程数据{ "objectInit":[{ "id":"","initZ":0.0,"initQ":0.0 }],"areaInit":[1.0,2.0,3.0,4.0],"objectProcess":{ "station1":[1,2,3,4,5,6,7,8,9],"station2":[2,3,4,5,6,7,8,9,10] } }
URL	/fda/customInitValue
请求方式	post
请求类型	application/json
返回类型	*/*

参数名	数据类型	参数类型	是否必填	说明
1. funcId	string	query	N	功能号
2. jsonObject	object	body	N	初始值
3. projName	string	query	N	项目名
4. user	string	query	N	用户

状态码	描述	说明	
200	OK		
201	Created		
401	Unauthorized		
403	Forbidden		
404	Not Found		
返回属性名	类型	说明	
1. data	object	返回结果数据	
2. message	string	返回消息	
3. state	integer(int32)	状态码	
示例			
请求参数	funcId＝string&projName＝string&user＝string －d '{}'		
返回值	{"state":0,"data":{},"message":"string"}		

(11)传入自定义顺序(表4.5-11)

表 4.5-11　　　　　　　　　传入自定义顺序功能接口

传入自定义顺序					
接口描述	传入自定义顺序				
URL	/fda/customInput				
请求方式	post				
请求类型	application/json				
返回类型	* / *				
参数名	数据类型	参数类型	是否必填	说明	
1. funcId	string	query	N	功能号	
2. jsonObject	object	body	N	蓄滞洪区启用顺序数组	
3. projName	string	query	N	项目名	
4. user	string	query	N	用户	
状态码	描述	说明			
200	OK				
201	Created				
401	Unauthorized				
403	Forbidden				
404	Not Found				

返回属性名	类型	说明
1. data	object	返回结果数据
2. message	string	返回消息
3. state	integer(int32)	状态码
示例		
请求参数	funcId＝string&projName＝string&user＝string －d'{}'	
返回值	{"state":0,"data":{},"message":"string"}	

（12）获取指定时间蓄滞洪区的状态（表 4.5-12）

表 4.5-12   **获取指定时间蓄滞洪区的状态功能接口**

获取指定时间蓄滞洪区的状态				
接口描述	1.可用;2.不可用(扒口破口或已达蓄洪水位);3.闸门类型的蓄滞洪区使用了一部分			
URL	/fda/fdaState			
请求方式	get			
请求类型				
返回类型	＊/＊			
参数名	数据类型	参数类型	是否必填	说明
1. ids	array	query	N	蓄滞洪区 id,可用数组
2. time	string (date-time)	query	N	时间
状态码	描述		说明	
200	OK			
401	Unauthorized			
403	Forbidden			
404	Not Found			
返回属性名	类型		说明	
1. data	object		返回结果数据	
2. message	string		返回消息	
3. state	integer(int32)		状态码	
示例				
请求参数	ids＝[{}]&time＝2020/01/01 00:00:00			
返回值	{"state":0,"data":{},"message":"string"}			

(13)获取计算结果中已使用的蓄滞洪区(表 4.5-13)

表 4.5-13　　　　　　　　　获取计算结果中已使用的蓄滞洪区功能接口

获取计算结果中已使用的蓄滞洪区				
接口描述	获取计算结果中已使用的蓄滞洪区			
URL	/fda/fdaUse			
请求方式	get			
请求类型				
返回类型	* / *			
参数名	数据类型	参数类型	是否必填	说明
1. funcId	string	query	N	功能号
2. projName	string	query	N	项目名
3. user	string	query	N	用户
状态码	描述		说明	
200	OK			
401	Unauthorized			
403	Forbidden			
404	Not Found			
返回属性名	类型		说明	
1. data	object		返回结果数据	
2. message	string		返回消息	
3. state	integer(int32)		状态码	
示例				
请求参数	funcId＝string&projName＝string&user＝string			
返回值	{"state":0,"data":{},"message":"string"}			

(14)分析洪水组成(表 4.5-14)

表 4.5-14　　　　　　　　　洪水组成分析功能接口

分析洪水组成	
接口描述	分析洪水组成
URL	/floodSituation/floodSource
请求方式	post
请求类型	application/json
返回类型	* / *

续表

参数名	数据类型	参数类型	是否必填	说明
1. schemeId	string	query	N	预报方案 Id
状态码	描述			说明
200	OK			
201	Created			
401	Unauthorized			
403	Forbidden			
404	Not Found			
返回属性名	类型			说明
1. data	object			返回结果数据
2. message	string			返回消息
3. state	integer(int32)			状态码
示例				
请求参数	schemeId＝string			
返回值	{"state":0,"data":{},"message":"string"}			

4.6 洪水演进精细模拟

4.6.1 业务逻辑

根据超标准洪水调度决策业务需求分析,洪水演进精细模拟主要包括调度方案接入、一维水动力模拟、分洪溃口模拟、洪水淹没模拟等(图4.6-1)。通过调度方案接入可选择已生成的水工程联合调度方案,然后针对所选择方案下的河道内或河道外区域,进行一维水动力模拟计算、分洪溃口模拟计算、洪水淹没模拟计算。

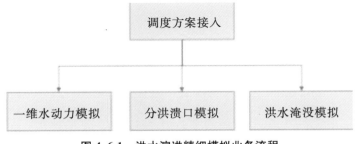

图 4.6-1 洪水演进精细模拟业务流程

4.6.2 模块功能开发

4.6.2.1 洪水演进模拟

考虑不同计算方式,本系统的河道洪水演进提供水文法演进和一维水动力演进两套模型方案,可在"初始条件设置"页面切换选择(图 4.6-2)。计算过程中各河段首尾节点自动衔接,最终得到各河段上下节点的流量过程(水文法),或河段内所有河道断面的水位和流量过场(一维水动力法)。

图 4.6-2 演进模拟计算初始设置界面

(1)水文法演进

"初始条件设置"页面选择水文法演进,开始时间、时段类型、时段个数等均给出了缺省值,并支持用户修改;右侧以树节点形式,按从上游到下游的顺序正确列出了参与水文法演进计算的所有河段对象及其所在河流;各河段对象支持勾选。

计算完成后以图表形式显示默认计算结果。右侧可通过树节点切换不同河段查看对应输入输出信息,并支持人工修改后重新演算(图 4.6-3)。

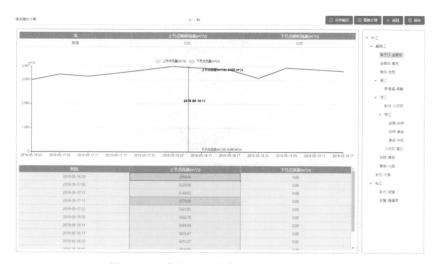

图 4.6-3 水文法演进成果展示及人工交互

（2）水动力演进

"初始条件设置"页面选择水动力演进，基本功能与水文法演进类似，但可计算河段内从上到下的所有断面水位和流量数据，支持按图表联动方式动态播放该河段内从上到下的所有断面演进成果数据（图 4.6-4）。

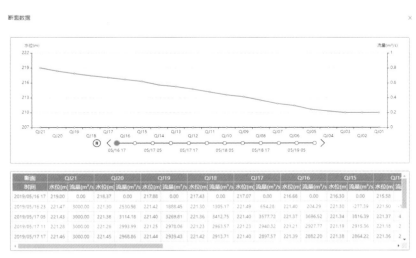

图 4.6-4　水动力演进成果查看

4.6.2.2　分洪溃口模拟

分洪溃口模拟主要根据堤防或坝体的材料特性、溃口规模等，模拟计算分洪溃口断面和所处河道断面的流量过程，支持按图表联动方式动态播放溃口过程所有成果数据（图 4.6-5）。

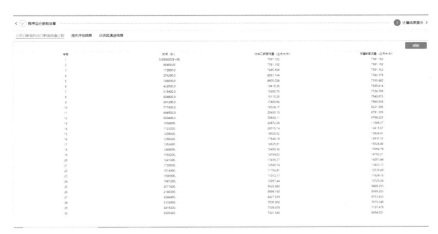

图 4.6-5　分洪溃口模拟成果查看

4.6.2.3　洪水淹没模拟

洪水淹没模拟根据分洪流量过程模拟计算蓄滞洪区内各网格单元的流速、流向、水深等详细淹没过程，支持按图表联动方式动态播放淹没过程所有成果数据(图 4.6-6)。

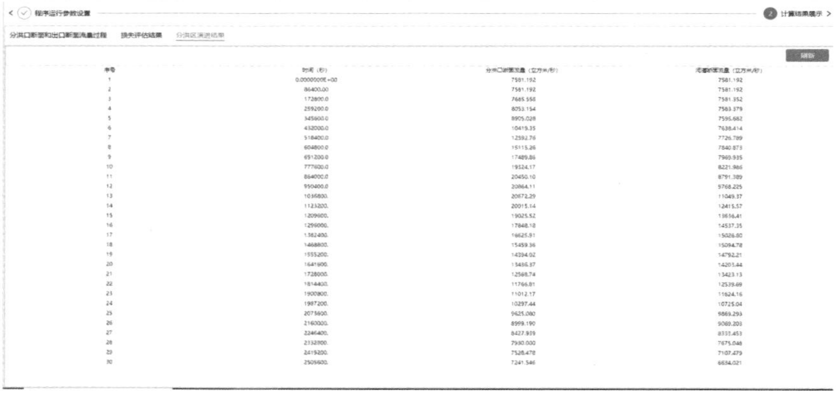

序号	时间（秒）	分洪口断面流量（立方米/秒）	河道断面流量（立方米/秒）
1	0.0000000E+00	7581.192	7581.192
2	86400.00	7581.192	7581.192
3	172800.0	7665.558	7581.352
4	259200.0	8053.154	7583.379
5	345600.0	8905.028	7595.682
6	432000.0	10419.35	7638.414
7	518400.0	12592.76	7726.789
8	604800.0	15115.26	7840.873
9	691200.0	17489.86	7969.935
10	777600.0	19324.17	8221.986
11	864000.0	20450.10	8791.389
12	950400.0	20864.11	9768.225
13	1036800.	20672.29	11049.37
14	1123200.	20015.14	12415.57
15	1209600.	19025.52	13656.41
16	1296000.	17848.18	14537.35
17	1382400.	16625.91	15026.80
18	1468800.	15459.36	15094.78
19	1555200.	14394.02	14792.21
20	1641600.	13486.37	14203.44
21	1728000.	12568.74	13423.13
22	1814400.	11766.81	12539.69
23	1900800.	11012.17	11624.16
24	1987200.	10297.44	10725.04
25	2073600.	9625.080	9869.293
26	2160000.	8999.190	9069.203
27	2246400.	8427.939	8333.453
28	2332800.	7930.000	7675.048
29	2419200.	7526.478	7107.479
30	2505600.	7241.546	6634.021

图 4.6-6　洪水淹没模拟成果查看

4.6.2.4　结果管理

提供系统所有已保存的洪水演进精细模拟方案的管理功能，可根据人工设置的筛选条件，快速查看方案清单以及方案成果数据。对于用户关注的方案，还可直接加载数据后跳转至前述模拟计算功能界面，查看所有原始输入输出信息，并支持人工交互和计算复演。具体功能与前述洪水预报预警的结果管理功能相同。

4.6.3　接口开发

在洪水演进精细模拟的开发过程中，针对相关业务处理过程，以标准化的封装方式，建立了相关服务接口，主要包括如下接口：

(1)获取河段集合(表 4.6-1)

表 4.6-1　　获取河段集合数据接口

<table>
<tr><th colspan="5">获取河段集合</th></tr>
<tr><td>接口描述</td><td colspan="4">获取河段集合</td></tr>
<tr><td>URL</td><td colspan="4">/data/riverReachList</td></tr>
<tr><td>请求方式</td><td colspan="4">get</td></tr>
<tr><td>请求类型</td><td colspan="4"></td></tr>
<tr><td>返回类型</td><td colspan="4">*/*</td></tr>
<tr><td>参数名</td><td>数据类型</td><td>参数类型</td><td>是否必填</td><td>说明</td></tr>
<tr><td>状态码</td><td colspan="2">描述</td><td colspan="2">说明</td></tr>
<tr><td>200</td><td colspan="2">OK</td><td colspan="2"></td></tr>
<tr><td>401</td><td colspan="2">Unauthorized</td><td colspan="2"></td></tr>
<tr><td>403</td><td colspan="2">Forbidden</td><td colspan="2"></td></tr>
<tr><td>404</td><td colspan="2">Not Found</td><td colspan="2"></td></tr>
</table>

续表

返回属性名	类型	说明
示例		
请求参数		
返回值		

（2）获取河段断面数据（表4.6-2）

表 4.6-2 **获取河段断面数据接口**

获取河段断面数据				
接口描述	获取河段断面数据			
URL	/data/riverReachSectionData			
请求方式	get			
请求类型				
返回类型	application/json；charset＝UTF-8			
参数名	数据类型	参数类型	是否必填	说明
riverReachId	string	query	N	河段 Id
状态码	描述		说明	
200	OK			
401	Unauthorized			
403	Forbidden			
404	Not Found			
返回属性名	类型		说明	
示例				
请求参数	riverReachId＝string			
返回值				

（3）获取水库调度结果（表4.6-3）

表 4.6-3 **获取水库调度结果数据接口**

获取水库调度结果	
接口描述	获取水库调度结果
URL	/data/dispatchData
请求方式	get
请求类型	
返回类型	＊／＊

参数名	数据类型	参数类型	是否必填	说明
1. nodeCodes	array	query	N	水库编号数组
2. periodNum	integer(int32)	query	N	时段个数
3. periodType	integer(int32)	query	N	间隔时段类型
4. periodTypeNum	integer(int32)	query	N	间隔时段类型数
5. time	string (date-time)	query	N	提取指定时间前后 10天调度成果

状态码	描述	说明
200	OK	
401	Unauthorized	
403	Forbidden	
404	Not Found	

返回属性名	类型	说明

示例		
请求参数	nodeCodes＝[{ }]&periodNum＝0&periodType＝0&periodTypeNum＝0&time ＝2020/01/01 00:00:00	
返回值		

（4）执行计算（表4.6-4）

表 4.6-4 　　　　　　　　　执行计算功能接口

执行计算				
接口描述	执行计算			
URL	/floodrouting/calc			
请求方式	post			
请求类型	application/json			
返回类型	*/*			
参数名	数据类型	参数类型	是否必填	说明
1. funcId	string	query	N	功能号
2. nodeId	string	query	N	更新数据的节点
3. projName	string	query	N	项目名
4. user	string	query	N	用户

续表

状态码	描述	说明
200	OK	
201	Created	
401	Unauthorized	
403	Forbidden	
404	Not Found	
返回属性名	类型	说明
1. data	object	返回结果数据
2. message	string	返回消息
3. state	integer(int32)	状态码
示例		
请求参数	funcId＝string&nodeId＝string&projName＝string&user＝string	
返回值	{"state":0,"data":{},"message":"string"}	

(5)评估方案(表4.6-5)

表 4.6-5　　　　　　　　评估方案功能接口

评估方案				
接口描述	评估方案			
URL	/floodrouting/assess			
请求方式	get			
请求类型				
返回类型	* / *			
参数名	数据类型	参数类型	是否必填	说明
1. isAssess	boolean	query	N	是否评估。false 只取结果，true 先评估再取结果
2. nodeId	string	query	N	节点 Id
3. schemeId	string	query	N	方案 Id
状态码	描述			说明
200	OK			
401	Unauthorized			
403	Forbidden			
404	Not Found			

返回属性名	类型	说明
1. data	object	返回结果数据
2. message	string	返回消息
3. state	integer(int32)	状态码
示例		
请求参数	isAssess＝true&nodeId＝string&schemeId＝string	
返回值	{"state":0,"data":{},"message":"string"}	

(6)洪水演进展示数据接口(表 4.6-6)

表 4.6-6 　　　　　　　　　　　**洪水演进展示功能接口**

洪水演进展示数据接口				
接口描述	洪水演进展示数据接口			
URL	/data/presentation/floodrouting			
请求方式	get			
请求类型				
返回类型	* / *			
参数名	数据类型	参数类型	是否必填	说明
1. begTime	string(date-time)	query	N	起始时间
2. endTime	string(date-time)	query	N	结束时间
3. reachCode	string	query	N	河段编码
状态码	描述		说明	
200	OK			
401	Unauthorized			
403	Forbidden			
404	Not Found			
返回属性名	类型		说明	
示例				
请求参数	begTime ＝ 2020/01/01　00：00：00&endTime ＝ 2020/01/01　00：00：00&reachCode＝string			
返回值				

4.7　洪灾损失动态评估

4.7.1　业务逻辑

洪灾损失动态评估主要包括水库回水损失评估、蓄滞洪区淹没损失评估,以及堤防溃决淹没损失评估(图4.7-1)。针对超标准洪水产生的灾情,实时、快速、形象地以图表方式展示风险分析情况,输出按行政区域、资产类别、淹没特征等级或按其组合等进行统计和评估的受淹面积、受灾人口、受影响 GDP、受淹耕地面积、受淹道路长度、各类资产损失值等指标,为各种类型洪水风险图的制图提供全面的灾情数据。在此基础上,将区域的居民地图层、道路图层等与淹没水深图层叠加分析,包括点、线、面的叠加运算,从而计算出各个水深区域内受淹对象数、面积或长度等,得出受淹统计区内的行政区受淹面积、居民地受淹面积、受淹工业企业个数、受淹道路长度等统计结果,并提供图表联动展示。

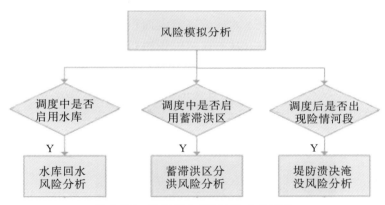

图 4.7-1　洪灾损失动态评估业务流程

4.7.2　模块功能开发

4.7.2.1　水库回水损失评估

对于在水工程联合调度功能中进行了回水计算的成果,可进一步开展水库的淹没风险分析。具体交互功能如下:

(1)水库淹没损失计算

在界面中选择回水场景后,选定需要进行回水风险模拟的联合调度方案成果以及分析计算的时间区间,系统自动进行风险分析计算,包括库区淹没范围、影响人口、GDP 损失等各类淹没风险,以及对各类单一风险因子赋以权重,进行加权平均得出的整体风险(图4.7-2)。

图 4.7-2　回水方案选择与风险模拟计算

（2）回水淹没风险实时模拟

基于方案成果信息、地理信息、社会经济信息、工程信息、风险评估信息等，建立实时淹没风险三维场景，实现基于图、表展示水库库区淹没面积、影响人口、影响房屋、泵站限排的数量、影响内涝区域面积等风险指标，基于遥感影像和GIS的全流域平面/立面展示水库蓄水过程，基于局部三维建模展示水库蓄水动态风险等模拟功能（图 4.7-3）。可按方案模拟时间播放回水淹没过程，以及各个断面的实时模拟水位等，并同步展示库区淹没统计，涉及信息含影响人口、淹没土地等。

图 4.7-3　回水淹没风险实时模拟

4.7.2.2　蓄滞洪区淹没损失

（1）蓄滞洪区淹没风险计算

在界面中选择蓄滞洪区淹没场景后，选定需要进行分洪模拟的联合调度方案成果以及分析计算时间区间,系统将根据方案成果信息、地理信息、社会经济信息、工程信息等进行风险分析计算。一是流域洲滩和蓄滞洪区的单因子风险分析,包括影响人口数量、淹没总面积/耕地面积、GDP损失、环境污染情况、重要的工程设施等;二是对单一风险因子赋以权重并进行加权平均得出加权后的因子,整体评估水工程调度后的风险结果。

(2)蓄滞洪区淹没损失实时模拟

基于上述方案成果信息、地理信息、社会经济信息、工程信息、风险评估信息等分析成果,建立实时淹没风险三维场景,可按方案模拟时间播放分洪淹没过程,同步展示淹没统计,涉及信息含影响人口、淹没土地、影响房屋等。具体功能与水库淹没损失类似(图4.7-4)。

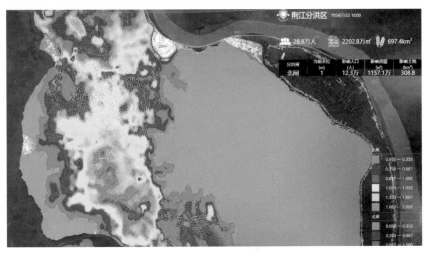

图 4.7-4 蓄滞洪区分洪淹没风险实时模拟

4.7.2.3 城镇(堤防溃决)淹没损失

(1)城镇(堤防溃决)淹没风险计算

在界面中选择城镇堤防溃决淹没场景后,选定需要进行淹没模拟的联合调度方案成果以及分析计算时间区间,系统将进行风险分析计算。具体功能与水库淹没损失计算类似。

(2)城镇(堤防溃决)淹没损失实时模拟

基于上述分析成果,建立实时淹没风险三维场景,可按方案模拟时间播放分洪淹没过程,展示淹没统计结果,包括影响人口、淹没土地、影响房屋等。具体功能与水库淹没损失类似,同时按照宏观与微观结合的方式,从两个维度展示城镇(堤防溃决)淹没风险(图4.7-5,图4.7-6)。

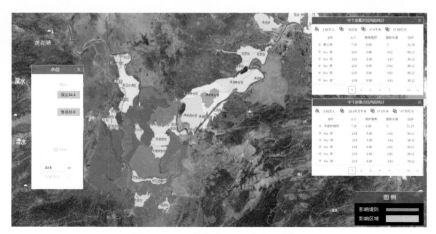

图 4.7-5　城镇淹没风险宏观模拟

图 4.7-6　城镇淹没风险微观模拟

4.7.3　接口开发

在洪灾损失动态评估的开发过程中,针对相关业务处理过程,以标准化的封装方式,建立了相关服务接口,主要包括如下接口:

(1)获取调度结果数据接口(表 4.7-1)

表 4.7-1　　　　　　　　　　　获取调度结果数据接口

获取调度结果	
接口描述	获取调度结果
URL	/data/dispatchData
请求方式	get
请求类型	
返回类型	* / *

续表

参数名	数据类型	参数类型	是否必填	说明
1. nodeCodes	array	query	N	水库编号数组
2. periodNum	integer(int32)	query	N	时段个数
3. periodType	integer(int32)	query	N	间隔时段类型
4. periodTypeNum	integer(int32)	query	N	间隔时段类型数
5. time	string(date-time)	query	N	提取指定时间前后10天调度成果

状态码	描述	说明
200	OK	
401	Unauthorized	
403	Forbidden	
404	Not Found	

返回属性名	类型	说明
示例		
请求参数	nodeCodes＝[{}]&periodNum＝0&periodType＝0&periodTypeNum＝0&time＝2020/01/01 00:00:00	
返回值		

（2）洪水淹没展示数据接口（表 4.7-2）

表 4.7-2　　　　　　　　　　获取洪水淹没展示数据接口

洪水淹没展示数据接口				
接口描述	洪水淹没展示数据接口			
URL	/data/presentation/floodsubmerge			
请求方式	get			
请求类型				
返回类型	＊/＊			
参数名	数据类型	参数类型	是否必填	说明
1. begTime	string(date-time)	query	N	起始时间
2. endTime	string(date-time)	query	N	结束时间
3. regionCode	string	query	N	区域编码

续表

状态码	描述	说明	
200	OK		
401	Unauthorized		
403	Forbidden		
404	Not Found		
返回属性名	类型	说明	
示例			
请求参数	begTime＝2020/01/01 00：00：00&endTime＝2020/01/01 00：00：00&regionCode＝string		
返回值			

（3）淹没分析（表 4.7-3）

表 4.7-3 淹没分析功能接口

淹没分析				
接口描述	淹没分析			
URL	/floodsubmerge/assess			
请求方式	get			
请求类型				
返回类型	＊/＊			
参数名	数据类型	参数类型	是否必填	说明
1. isAssess	boolean	query	N	是否评估。false 只取结果，true 先评估再取结果
2. nodeId	string	query	N	节点 Id
3. schemeId	string	query	N	方案 Id
状态码	描述		说明	
200	OK			
401	Unauthorized			
403	Forbidden			
404	Not Found			
返回属性名	类型		说明	
1. data	object		返回结果数据	
2. message	string		返回消息	
3. state	integer(int32)		状态码	

续表

示例	
请求参数	isAssess＝true&nodeId＝string&schemeId＝string
返回值	{"state":0,"data":{},"message":"string"}

(4)执行计算(表 4.7-4)

表 4.7-4　　　　　　　　　　计算执行功能接口

执行计算				
接口描述	执行计算			
URL	/floodsubmerge/calc			
请求方式	post			
请求类型	application/json			
返回类型	* / *			
参数名	数据类型	参数类型	是否必填	说明
1. funcId	string	query	N	功能号
2. projName	string	query	N	项目名
3. user	string	query	N	用户
状态码	描述		说明	
200	OK			
201	Created			
401	Unauthorized			
403	Forbidden			
404	Not Found			
返回属性名	类型		说明	
1. data	object		返回结果数据	
2. message	string		返回消息	
3. state	integer(int32)		状态码	
示例				
请求参数	funcId＝string&projName＝string&user＝string			
返回值	{"state":0,"data":{},"message":"string"}			

（5）灾损损失率数据（表4.7-5）

表 4.7-5 灾损损失率数据接口

灾损损失率数据				
接口描述	灾损损失率数据			
URL	/floodsubmerge/damageRate			
请求方式	get			
请求类型				
返回类型	*/*			
参数名	数据类型	参数类型	是否必填	说明
1. funcId	string	query	N	功能号
2. nodeId	string	query	N	节点 Id
3. projName	string	query	N	项目名
4. user	string	query	N	用户
状态码	描述		说明	
200	OK			
401	Unauthorized			
403	Forbidden			
404	Not Found			
返回属性名	类型		说明	
1. data	object		返回结果数据	
2. message	string		返回消息	
3. state	integer(int32)		状态码	
示例				
请求参数	funcId＝string&nodeId＝string&projName＝string&user＝string			
返回值	{"state":0,"data":{},"message":"string"}			

4.8 防洪避险转移

4.8.1 业务逻辑

防洪避险转移属于防洪调度业务的支撑功能。基于超标准洪水调度方案成果的防洪风险分析，当判断存在分洪淹没风险时，在传统避险方案的基础上，基于避洪转移方案优化模型，模拟避险转移过程，优化避险转移路径，实现应急避险转移安置精准到人、转移效果全过程评估、避险要素智慧管理，提高转移安置的时效性。模拟演练可将蓄滞洪区应急避险转移预案进行数字化管理；可利用系统的数据模拟功能，基于转移的数字化预案，对转移过程进行模拟演练,模拟各种转移事件并对转移路径进行规划;实际转移避险发生时,可提供基于 LBS 服务的蓄滞洪区人群信息监测,实时监控转移进度;根据转移情况监测,可实时发现转移过程中出现的问题,并通过路径规划计算生成新的转移安置路线(图 4.8-1)。

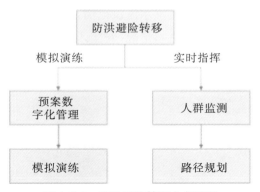

图 4.8-1 防洪避险转移业务流程

4.8.2 模块功能开发

基于位置服务 LBS 的避险转移,重点通过各大运营商提供的无线通信网络或外部定位方式获取移动终端用户的位置信息,建立人群热力图,分析受洪水威胁区域的人口总数及分布,指导避险转移。

4.8.2.1 实时监控

在需要紧急转移之前,可以选择不同互联网及电信运营商的 LBS 数据来源,接入人口数据,通过 LBS 数据来源展现人口热力图,实时监控人群分布状态,查看各村组避险转移负责人目前的位置及相关信息、安全区域、道路的分布(图 4.8-2)。

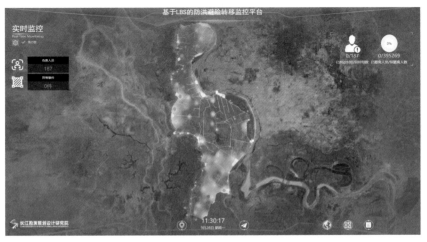

图 4.8-2 人群实时监控

4.8.2.2　转移预案模拟

建立转移预案数字化管理,对选中的转移预案,可自动加载预案规定的转移路线规划,对人群转移流动提供动态过程模拟;对转移区域可进行洪水淹没风险分析,根据防洪风险因子,通过专业的水利计算模型,分析预判洪水淹没范围,辨识人员安置安全区域,确认淹没风险预警指标;结合水情形势、当前道路拥堵情况、安全区域可安置容纳等信息,可针对性地对转移人群发出警示提醒(图 4.8-3,图 4.8-4)。

图 4.8-3　人群转移过程模拟

图 4.8-4　避险转移路线推荐及发送短信

4.8.2.3　转移决策

基于 LBS 技术,通过运营商的无线通信网络或外部定位方式获取移动终端用户的位置信息;建立典型洲滩民垸或蓄滞洪区的人群热力图,分析受洪水威胁区域的人口总数及分布;利用电子围栏技术和实时通信技术,结合水情形势针对性地对高风险区人员发出警示提

醒,包括最优避险转移路径、实时路况信息等;向救援方提供运输条件信息,以便调集相应的
人力物力进行现场救援(图 4.8-5 至图 4.8-7)。

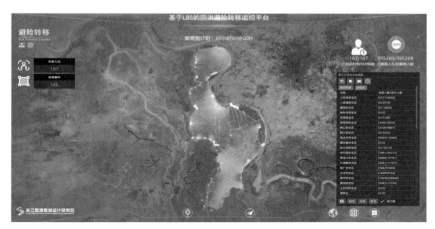

图 4.8-5 避险转移过程监控

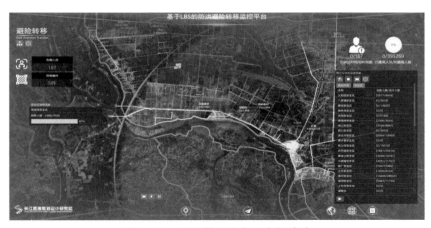

图 4.8-6 避险转移安全区人数统计

图 4.8-7 避险转移过程路线重新规划

4.8.3 接口开发

本功能涉及的各类模拟仿真数据接口直接复用前述功能模块的对应接口。

4.9 调度会商决策

4.9.1 业务逻辑

本功能建设三维可视化会商仿真场景,以空间高度、空间分布、时间3个时空维度,利用空、天、地、河道水工程分级的不同视角,以时间轴为主线,对实时状态、天然水情预报方案及水工程联合调度方案进行直观展现、统计、分析和对比,结合对气象(卫星云图、雨量站降雨监测)、水工程(水库、蓄滞洪区、洲滩民垸、泵站、堤防等)、站点(水文站、水位站)的监测数据、流域模拟和水工程联合调度的计算方案,将水从空中的云、天上的雨、地表及河道的水这个过程中的整体态势及局部范围内的变化直观立体、重点突出地展现出来,为超标准洪水调度会商提供辅助决策技术支撑(图4.9-1)。

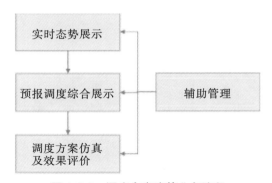

图 4.9-1 调度会商决策业务流程

开始调度会商后,首先提供多用户远程视频会商、会商资料管理记录查询等辅助管理功能,提供执行会商的基础功能支撑;其次针对流域超标准洪水调度决策,提供面向流域实时态势的会商信息功能,在三维场景下通过丰富、多途径的展示方式,展示流域当前水情态势;然后提供预报调度综合展示功能,对上述预报、调度、分析等各个子功能在计算分析过程中生成的各类演算及模拟数据,在三维场景下提供方案数据加载、仿真、复盘的展示功能;最后利用调度方案仿真及效益风险综合评估,在三维场景下展示洪水行洪过程及风险分析成果。

4.9.2 模块功能开发

主要建设辅助管理、实时态势展示、预报调度综合展示、调度效益风险综合评估、辅助管理的功能模块。

4.9.2.1　辅助管理

点击"一键搜索"按钮,弹出搜索框,输入并搜索得到结果,可搜索水位站、水文站、水库站点信息,点击站点可定位。此外,还提供会商相关基础资料的组织管理,以及会商过程资料(基础资料、调度方案、会议讨论内容、纪要等)的实时记录与查询。

4.9.2.2　实时态势展示

通过从实时监测数据库中读取降雨量表、河道水情表、水库水情表,来反映实时状态下的雨情和水情状态。将流域范围内的水文站、水位站、雨量站以及其实时监测获取的长序列在空间分布上用雨量站内插三维热力图、河道分段显示超警超保颜色等方式,直观、醒目地展现出气象云图、降雨分布及水位的高低(图4.9-2,图4.9-3)。

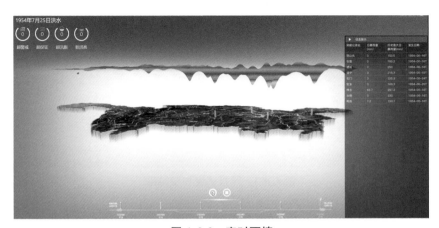

图 4.9-2　实时雨情

图 4.9-3　实时河道水情展示

4.9.2.3　预报调度综合展示

预报调度模块综合反映预报方案和调度方案时间段内流域整体的防洪形势及各水工程的状态信息。根据流域范围内的水文站、水位站、雨量站实时监测数据及各种参数数据计算出的洪水预报方案结果,以及基于洪水预报方案制定的水库调度方案结果,在三维场景中利用图表和地图要素综合反映方案结果中的关键信息。

（1）方案加载

方案加载用于对洪水预报成果及以其为基础计算的多种调度方案进行切换,查看对应的方案信息。可切换的方案列表与系统上述各功能保存的方案列表同步。加载完成后直接在大屏界面渲染,以时间轴为主线,控制界面统计图表、明细表格、三维地理要素结合的方式,统一反映洪水预报及水工程调度方案结果(图 4.9-4)。

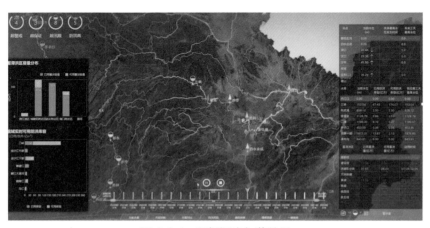

图 4.9-4　预报调度加载结果

在面板左边区域展示方案名称。该方案中每个时刻流域范围内超警戒超保证的站点、超汛限水位以及防洪高水位的水库数量,可按照流域干流及一级支流的已用及剩余蓄滞洪区蓄洪容量统计情况。

面板下方是时间轴,用于播放和控制方案的时间进、退及连续播放。

面板右边区域,右上方展示方案的当前时刻,依次可切换云、雨情、河道水情模式。方案内站点的名称、当前水位、未来时段最高水位及出现时间,并标出站点水位相对于上一个时段的涨落状态,超警戒站点用橙色区分,超保证站点用红色区分;水库的名称、剩余防洪库容、已用防洪库容、当前水位、未来时段最高水位及出现时间,其中,水库超汛限水位用橙色区分,超防洪高水位用红色区分;蓄滞洪区的名称、已用蓄洪量、可用蓄洪量及动用时间,其中,在此方案之前已经运用过的蓄滞洪区用橙色区分,在本方案内运用的蓄滞洪区用红色区分。

面板中心是三维场景,以遥感影像为底图,流域分界、河流、湖泊、站点、水库、蓄滞洪区分布在场景中,站点及水库按重要程度及当前水位状态分级别显示。各水工程给定多个静态显示级别,通过高度控制显示。在对应的高度中显示对应的级别,当前级别的水工程按水位是否正常分色显示,如果下一级别的站点值出现异常(超警戒、超保证、超汛限),则在上一级别中显示出来。河流通过站点、水库的警戒状态来进行河段防洪形势的渲染,蓝色表示正常,橙色表示超警戒,红色表示超保证。蓄滞洪区也通过对应颜色来区分已用和未用的状态。

（2）云图及雨情

点击右上角云、雨情模式按钮，可以动态查看方案时间段内的云图及雨情。

（3）流域水情研判及调度图谱

在洪水预报方案中，后台计算会根据流域联合调度规则智能判断并推出不同规则条件下的水工程运用方案。每一种推荐方案，选择"查看调度图谱"，会根据传递的一个或多个"启动时机"作为参数，高亮显示"启动时机"节点及与之相关的一级节点及关系线，描述控制对象水情及水工程相应的调度运用动作（图 4.9-5）。

图 4.9-5　调度图谱信息

（4）站点信息

点击水文站图标或右边明细表格水文站（水位站）名称，地图上会显示站点详细信息，右侧显示该站点的水位、流量过程信息及洪水组成信息（图 4.9-6）。具体可展示水文站名称、水位/至保证水位剩余值，鼠标可移动到进度条上看详情；点击右侧箭头图表可看到水位、流量、最高水位、最大流量等信息。

图 4.9-6　站点信息

（5）水库信息

点击水库站点或右边明细表格水库名称时，会显示水库的详细信息，右侧会显示水库的坝上水位、入库流量、出库流量等过程信息及洪水组成信息（图4.9-7）。具体可展示水库的名称、已用库容/可用库容，鼠标可移动到进度条上看详情；点击右侧箭头图表可看到水位、已用库容、可用库容、入库流量、出库流量、拦洪流量等工情信息，以及人口、房屋、土地等灾情信息。

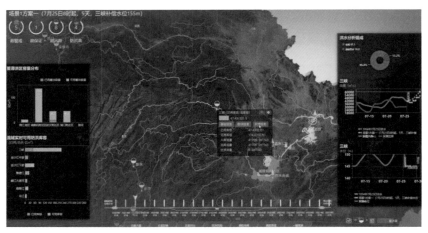

图 4.9-7 水库信息

（6）蓄滞洪区信息

点击选中蓄滞洪区中心点或右边明细表格中蓄滞洪区名称时，会显示蓄滞洪区详细信息（图4.9-8）。具体展示蓄滞洪区的名称、已用蓄洪量/可用蓄洪量，鼠标可移动到进度条上看详情；点击右侧箭头图表可看到分洪流量、启用方式、已用蓄洪量、可用蓄洪量等防洪信息，以及人口、房屋、土地等灾情信息。

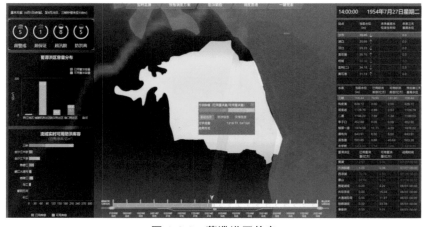

图 4.9-8 蓄滞洪区信息

（7）方案图表对比

在时间轴最后，会推送方案对比面板，将读取的洪水预报方案及调度方案的水库群洪水拦蓄量、蓄滞洪区洪水拦蓄量、控制站最高水位、超额洪量、启动的蓄滞洪区数量、方案淹没风险等指标进行对比，用于评判运用不同方案所起的调度作用及造成的风险影响（图4.9-9）。

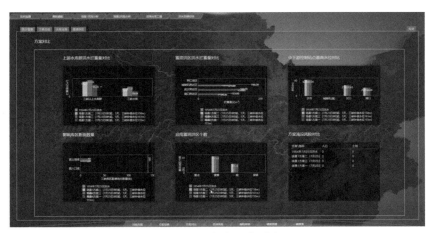

图4.9-9　方案图表对比

4.9.2.4　调度效益风险综合评估

（1）方案统计信息对比

点击方案对比，可以选择本底方案以及需要进行对比的方案，地图要素切换到方案对比模式（图4.9-10）。

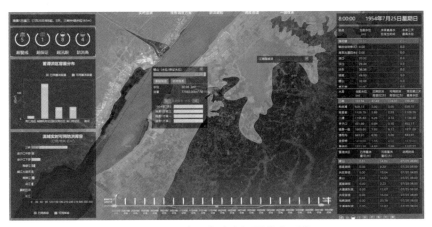

图4.9-10　地图中站点概要信息对比

将视角放到水文站或水位站上，可打开详情，展示各类数据的对比信息进度条，并可点击切换站点对象，对比水位、流量、最高水位、最大流量等指标（图4.9-11）。

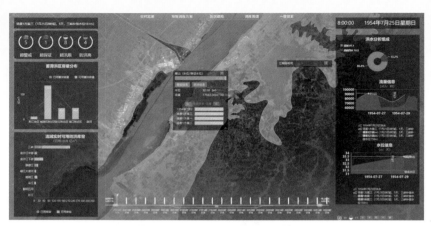

图 4.9-11　地图中站点水位流量信息对比

　　将视角放到水库上，可打开详情，展示各类数据的对比信息进度条，并可点击切换水库对象，对比水位、已用库容、可用库容、入库流量、出库流量（图 4.9-12，图 4.9-13）。

图 4.9-12　地图中水库概要信息对比

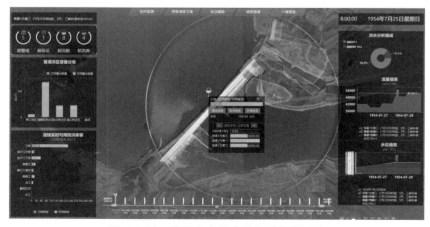

图 4.9-13　地图中水库水位流量信息对比

将视角放到蓄滞洪区上,可打开详情,展示各类数据的对比信息进度条,并可点击切换蓄滞洪区对象,对比分洪流量、已用蓄洪量、可用蓄洪量、人口、房屋、土地信息(图 4.9-14)。

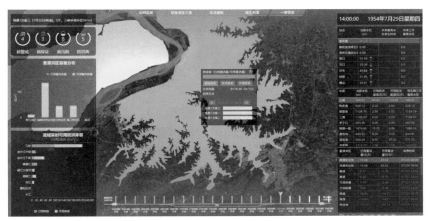

图 4.9-14　地图中蓄滞洪区信息对比

(2)方案智能分析

一方面,提供调度方案相似性分析功能,根据当前水文等外在条件输入,利用调度方案相似性分析服务,计算与当前调度方案最为相似的历史调度方案,作为当前调度方案的参考方案。另一方面,提供调度方案影响因素分析,针对不同的调度方案,基于调度方案影响因素分析服务,挖掘不同水利对象的当前属性与变化属性,以及当前气象条件和变化趋势对调度方案的影响方向与影响程度,从而预测调度方案未来的可调整方向和范围。

4.9.3　接口开发

本功能涉及的各类模拟仿真数据接口直接复用前述功能模块的对应接口。

4.10　系统部署集成与调试

4.10.1　集成与调试方法

本章开发的超标准洪水调度决策支持系统在流域管理机构应用时,将以嵌入式集成、模块化补充的方式纳入国家防汛抗旱指挥系统,是对现有系统的补充、完善和提升,而不是重构。因此系统的部署集成与调试,需采用松耦合方式,基于统一权限认证,实现与现有系统应用资源的无缝融合。

(1)应用服务独立部署

系统的前后台应用程序以专用服务器进行承载,采用独立应用服务方式进行部署,避免与现有系统出现服务资源挤占和服务环境冲突。在专用服务器上,为支持 B/S 应用服务发布,应独立安装部署 JDK 和 Tomcat 环境。

（2）业务数据库独立部署

系统运行依赖两部分数据：一是现有系统的实时雨水情监测数据,二是超标准洪水业务应用专题数据。实时雨水情监测数据存在于现有系统的实时雨水情数据库中,不再单独部署。超标准洪水业务应用专题数据则通过专题数据库进行管理,采用独立数据服务方式进行部署。

（3）网络环境连通

为保障本系统与应用区域现有系统之间的应用资源、数据资源互通,以上系统应用服务和数据库服务的服务器部署环境,应与现有系统的数据库和后台服务部署环境处于相互联通的网络环境中,确保网络服务、数据流和业务流能够互联互通。因此,系统部署之前,需预先分配和开通网络环境资源,包括 IP 地址和服务端口等。

（4）多源多类型数据库适配

系统的实时监测数据与专题业务数据相互分离。系统的业务数据库独立部署,而现有系统的实时数据库则为不可改变的存量资源,直接沿用现有数据库即可。因此,系统需同时兼顾多来源和多类型数据库资源的兼容适配,应独立构建两类数据源,采用 st 和 sg 进行区分,前者用于适配实时监测数据源,后者用于适配业务应用数据源。

两类数据源采用独立的驱动方式,从而确保可适配不同的数据库类型。若适配 SQL Server 数据库的 st 类实时监测数据,则数据库配置如下：

st. jdbc. driver＝com. microsoft. sqlserver. jdbc. SQLServerDriver

st. jdbc. url＝jdbc:SQLserver://10.6.189.81:1433;DatabaseName＝SQLServerDB

st. jdbc. user＝SQLuser

st. jdbc. psd＝SQLpassword

其中,10.6.189.81 为现有系统实时监测数据库的服务器 IP 地址,1433 为数据库服务端口,SQLServerDB 为数据库实例名称,SQLuser 和 SQLpassword 为数据库访问的用户名和密码。其余类型数据库的配置项含义与此类似。

若适配 Oracle 数据库的 st 实时监测数据,则数据库配置如下：

st. jdbc. driver＝oracle. jdbc. driver. OracleDriver

st. jdbc. url＝jdbc:oracle:thin:@10.6.189.82:1521:OralDB

st. jdbc. user＝Oraluser

st. jdbc. psd＝Oralpassword

适配 MySQL 数据库的 sg 业务数据,其数据库配置如下：

sg. jdbc. driver＝com. mysql. jdbc. Driver

sg. jdbc. url＝jdbc\:mysql\://10.6.189.83\:3306/MySQLDB

sg. jdbc. user＝mysqluser

sg. jdbc. psd＝mysqlpassword

（5）非一致性库表结构适配

由于系统的数据库服务存在多源、多类型情况，系统在提取统一数据类型的数据资源时，其数据接口必须适配非一致性的数据库表结构，才能确保数据资源无缝融合。因此，有必要将数据提取所需的各类接口全部进行抽象定义，按标准化 SQL 语言格式对数据提取方式进行描述，然后统一存储为配置文件。现以《实时雨水情数据库表结构与标识符》（SL 323—2011）标准数据库的 ST_PPTN_R 表为例进行适配说明，适配方式如下：

sel_rain＝SELECT TM,DRP FROM ST_PPTN_R WHERE STCD＝? AND TM＞＝? AND TM＜＝? ORDER BY TM

第一个等号前面部分为固定的接口定义，用于描述当前语句的固定任务；后面部分则为与给定任务对应的适配内容，用于提取不同数据库表、不同字段的数据资源来满足给定的接口需求。此部分内容在系统部署时可随现有系统的实际情况进行灵活配置。采用上述方式可有效保障系统在不同环境数据支持下的适应性，不修改任何程度代码，即可灵活实现各类数据资源的快速连接适配。

（6）前端 URL 集成

系统的各类前端展示及交互页面是系统门户，以唯一 URL 地址方式对外提供链接。现有系统可在自身的功能菜单体系下增加配置系统 URL，实现对超标准洪水调度决策支持系统的功能模块调用。在现有系统中，可以通过开辟新链接，在新的浏览器页面下独立展示；也可以按 IFRAME 方式嵌入现有系统内，作为其子功能页面展示。

（7）权限认证

系统内各功能板块的角色管理和权限管控不做细粒度划分，只按业务应用和系统管理两大类进行划分。前者为一般性用户，可以访问系统的所有业务应用功能模块，但不能修改系统配置项，不能对系统执行任何对象、规模、模型和属性等变更。后者为管理员用户，除了具备一般用户的所有权限以外，还可对系统进行配置管理，具备系统的动态维护权限。

在保证各系统安全的前提下，由现有系统已实现的用户权限体系或单点登录功能，采用基于 jwt（JSON Web Token）的无状态认证方式，为系统的两类用户进行对接。接口示例如下：

接口名称：check/authorityCheck. action。

入口参数：用户名、密码、资源编码。

出口参数：一个 JSONObject，包括权限和角色两个属性。其中，权限包括不可访问、访问、管理；角色包括业务应用员、系统管理员。

权限认证的主要流程为：系统启动时判断请求用户是否登入，如未登入，则跳转至登入页面；登入成功后，现有系统将 jwt token 返回至用户浏览器，一般存储在 localStorage 中；系统从浏览器获取 token，并加入请求头中，以此对所有服务进行统一授权管理；系统采用前后分离架构,所有的前端将基于统一的开发框架进行分模块开发,最终形成一个 gateway 应用,通过 gateway 应用统一访问各后台资源。因此各应用系统均从浏览器的 localStorage 中获取登入成功后返回的 jwt token。

4.10.2　组态化迁移管控技术

组态化是随着信息技术不断发展和应用系统要求不断提高而逐渐应用于业务系统建设的,组态化技术发展趋势表现在以下 3 个方面。

4.10.2.1　定制封装与集成

组态软件作为通用性平台,具有很大的使用灵活性,但实际上很多用户仅需要"傻瓜"式的应用软件,即只需要很少的定制工作量即可完成功能应用。为了既照顾"通用"又兼顾"专用",组态软件需要拓展大量的专题组件,用于完成某些特定功能,如降雨径流图、$P—Pa—R$ 曲线、单位线、河道断面图、河道纵剖面图、水库回水图等。

4.10.2.2　功能向上、向下延伸

组态功能处于系统的中间位置,向上、向下均具有比较完整的接口,因此对上、下系统功能的渗透也是组态软件的一种发展趋势。向上具体表现为对应用功能的模块化管理和属性控制功能日渐强大,如数据查询展示、洪水预报预警、水工程联合调度、溃口分洪模拟、一二维水动力耦合模拟、动态灾损评估、洪水风险调控等;向下具体表现为用于组态的各类组件自身的接口开放性、配置灵活性日益丰富,如过程线、柱状图、饼图、雷达图、拖拽线、报表等。

4.10.2.3　监控、管理范围及应用领域扩大

只要同时涉及实时数据通信(无论是双向还是单向)、实时动态图形界面显示、必要的数据处理、历史数据存储及显示,就必然存在对组态软件的潜在需求。

综上,组态化迁移管控的目的是为了确保系统在运行过程中,在不改变任何程序代码和重新部署的前提下,可直接通过修改配置实现不同功能需求的在线实时调整。组态化发展趋势在前述章节中已充分体现,可全面支撑系统前后台服务部署后,按配置方式实现业务功能的动态调整。因此,采用组态化方式将系统功能往现有系统迁移,既不会影响现有系统的运行功能,还能根据不同的超标准洪水应对需求对功能进行灵活调整。

由于系统的应用服务全部采用独立方式部署,因此组态化迁移本质上不是物理迁移不同的系统应用程序,而是在已有的功能服务体系内,根据不同应用需求对功能模块进行逻辑迁移。具体可结合应用需求按需呈现不同的功能模块和应用属性,自主创建、修改、删除与业务计算相关的水利对象、模型参数、时间属性、拓扑结构、模型耦合等内容,从而在不改变原有系统的情况下,直接呈现出向系统内增加新功能的能力,体现出系统的组态效果。

在不同功能模块管控方面,与前述权限认证体系保持一致,总体按两类进行控制。只有具备管理员权限的用户,才能对系统进行组态配置操作;而一般用户只能对组态完成后系统发布出来的各个功能模块进行操作。

4.10.3　软硬件环境

系统部署所需服务器包括应用服务器和数据库服务器,也可合并为同一台服务器,其硬件配置及软件环境要求见表 4.10-1。

表 4.10-1　软硬件配置要求表

序号	配置项	配置要求	备注
1	CPU	intel Core i5 及以上;不少于 4 核 4 线程;主频不低于 2.4GHz	或不低于该性能的其他型号
2	内存	不低于 8GB;DDR3 及以上	
3	硬盘	不低于 500GB;SATA、HHD 或 SSD	推荐 SSD
4	网卡	千兆网卡	
5	操作系统	64 位 Windows Server 2012 及以上	或不低于该性能的其他类型 64 位操作系统
6	数据库	SQL Server2012 及以上;或 Oracle 10g 及以上;或 My SQL 8.0 系列	
7	JAVA 环境	64 位 JRE 8.0 及以上	
8	服务容器	64 位 Tomcat 8.0 及以上	

系统访问通过客户端的浏览器实现,考虑到各类图表控件的丰富性、兼容性和友好性,现有主流的绝大部分前端资源均需要 Chrome 内核支持,因此系统访问应选择 Chrome 浏览器,或者具备 Chrome 内核的其他浏览器(需调整到 Chrome 内核的对应浏览模式)。

4.10.4　运行环境安装

JRE(Java Runtime Environment)是 Java 语言程序的运行环境,在部署 Web 应用服务器之前必须完成安装和配置。推荐安装 64 位 8.0 或以上版本,官方下载地址为:https://www. oracle. com /java /technologies /javase-jre8-downloads. html。

JRE 安装程序下载完成后,按照安装向导完成安装,然后需进一步配置服务器的环境变量:

①进入"计算机"的"属性"选项,选择"高级"下的"环境变量"。

②在弹出页面的"系统变量"中,新增变量名 JAVA_HOME,变量值为 JRE 的安装路径,如"C:\Program Files \Java \jre1.8.0_60";新增变量名 CLASSPATH,变量值为:".;%JAVA_HOME%\lib \dt. jar;%JAVA_HOME%\lib \ tools. jar;"。

③环境变量"path"增加变量值:"%JAVA_HOME%\bin;%JAVA_HOME%\jre \bin"。

环境变量配置完成后,通过命令行,输入 java 回车,验证环境变量是否配置成功。若配置正确,则会自动打印出当前部署 java 版本的详细验证信息;若未正确打印验证信息,或出现其他异常提示,则配置不成功,需继续检查修正。

4.10.5　服务中间件安装

Tomcat 是运行 java web 应用以及静态 web 网站的服务器软件。在本系统中,Tomcat 主要负责承载运行本系统前端页面、后端服务程序和模型计算服务程序。推荐安装 64 位 8.0 或以上版本,官方下载地址为:http://tomcat.apache.org/index.html。

Tomcat 安装程序下载完成后,按照安装向导完成安装,然后进一步配置服务器的环境变量。新增环境变量名 JAVA_OPTS,变量值为:－Xms2048m －Xmx4096m －XX:PermSize=256M －XX:MaxPermSize=512m －XX:－UseGCOverheadLimit。其目的是指定 Tomcat 可以使用的堆内存大小,避免出现"GC overhead limit exceeded"错误。

最后,找到 Tomcat 安装路径下的 bin 文件夹,双击里面的执行文件 startup.bat,启动运行,验证环境变量是否配置成功。启动运行完成后,打开浏览器,输入 http://localhost:8080,若出现图 4.10-1 的页面内容,则说明配置成功。

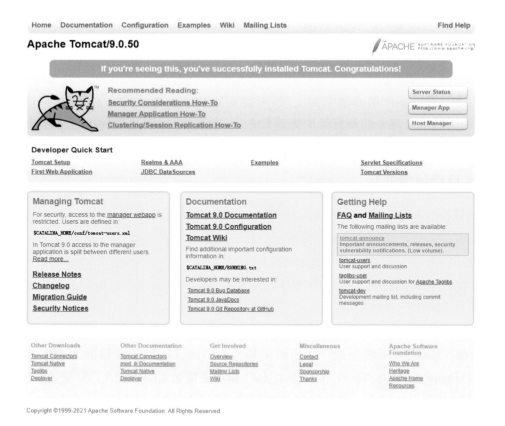

图 4.10-1　Java 环境配置验证

Tomcat 安装完成后,默认服务端口号为 8080。若需要修改为其他端口,可找到

Tomcat 安装路径下的 conf 文件夹,打开里面的 server. xml 文件,修改 Connector port 为其他值即可:

```
<Connector port="8080" protocol="HTTP/1.1"
        connectionTimeout="20000"
        redirectPort="8443" />
```

4.10.6 系统程序部署配置

系统的程序共包括 5 个文件,统一部署到 Tomcat 安装路径下的 webapps 目录下,各程序文件的名称及用途见表 4.10-2。

表 4.10-2 系统程序文件表

序号	名称	用途	备注
1	dist	支撑所有功能界面的可视化交互展示	文件夹
2	arcgis_js_api	支撑 GIS 地图的展示及交互操作	文件夹
3	WPD. HydroPower. war	提供所有后台应用服务	
4	wpd-model. war	提供所有基于 java 语言开发的原生模型计算服务	
5	wpd-model-external. war	提供所有非 java 语言开发的集成模型计算服务	

部署完成后,需分别针对前后台服务程序进行配置。

(1)数据库连接配置

系统运行依赖实时雨水情数据库和系统业务数据库两部分。配置路径均为 WPD. HydroPower. war 包内的 WEB-INF \classes \jdbc. properties 文件,其中 st 前缀部分为实时雨水情数据库,sg 前缀部分为业务数据库。

(2)模型服务配置

系统的后台应用服务和模型服务是完全分离的独立服务程序,可部署在不同的 Tomcat 容器中,也可部署到同一网络环境下的不同应用服务器上。因此,后台应用服务调用模型计算,需正确指定模型服务配置,配置路径为 WPD. HydroPower. war 包内的 WEB-INF \classes \ application. yml 文件,配置方式如下:

```
spring：
  profiles：esflood
security：
  enabled：false
  authentication：
    jwt：
      secret：e5ef26ec106a7cf2412a5f709d804d56c89b3c6e
```

cjwsjy：

　　model-service-url：http：//127.0.0.1：8081/wpd-model/model

　　model-service-external-url：http：//127.0.0.1：8081/wpd-model-external/model

在上述配置中，修改 model-service-url 的地址和端口为部署 wpd-model.war 程序的服务器 IP 地址和 Tomcat 服务端口；修改 model-service-external-url 的地址和端口为部署 wpd-model-external.war 程序的服务器 IP 地址和 Tomcat 服务端口。若二者部署在同一服务下的同一 Tomcat 中，则地址和端口完全相同。

其余配置的含义分别为：profiles 代表当前后台服务程序的版本号；security 代表当前分配的 Token 认证码，在 enabled 为 true 时生效，用于控制访问权限。

（3）地图服务配置

配置服务程序中的 arcgis js api，推荐版本号 3.25。分别针对"arcgis_js_api \library \3.25 \3.25"路径下的 init.js 文件和"arcgis_js_api \library \3.25 \3.25 \dojo"路径下的 dojo.js 文件配置 baseUrl 地址："http：/127.0.0.1：8080/ arcgis_js_api /library /3.25 /3.25 /dojo"。其中，127.0.0.1 代表当前服务器的 IP 地址，8080 为当前服务器的 Tomcat 端口号，arcgis_js_api /library /3.25 /3.25 为服务器上的本地版本号路径。

（4）前端配置

配置服务程序中的 dist \config \config.json 文件，主要包括：

①APIConfig 下的 Path 路径"http：//127.0.0.1：8080"，配置为当前服务器的 IP 地址和 Tomcat 端口号；WPDHydroPowerHost 路径"http：//127.0.0.1：8080 /WPD.HydroPower"，配置为当前服务器的 IP 地址、Tomcat 端口号和后台服务程序名称。

②GISConfig 下的 jsapi 路径"http：//127.0.0.1：8080"，配置为当前服务器的 IP 地址和 Tomcat 端口号；jsapiVersion 配置为当前确定的地图服务版本号，如"3.25"。

③LoadLayerFromServer 项配置一般为 false，代表读取本地 GIS 地形数据，否则会自动从互联网获取。

4.10.7　服务端口配置与验证

服务器运行环境及服务程序部署完成后，需在防火墙的高级设置中配置入站规则，允许当前部署的服务程序端口号通过防火墙验证。

打开服务器防火墙的高级设置界面，选择左上角"入站规则"选择，点击右侧"新建规则"，弹出规则类型界面，选择创建"端口"类型，点击下一步；在协议端口界面中，选择创建 TCP 类型的特定本地端口，填入当前允许访问的端口号（图 4.10-2）。

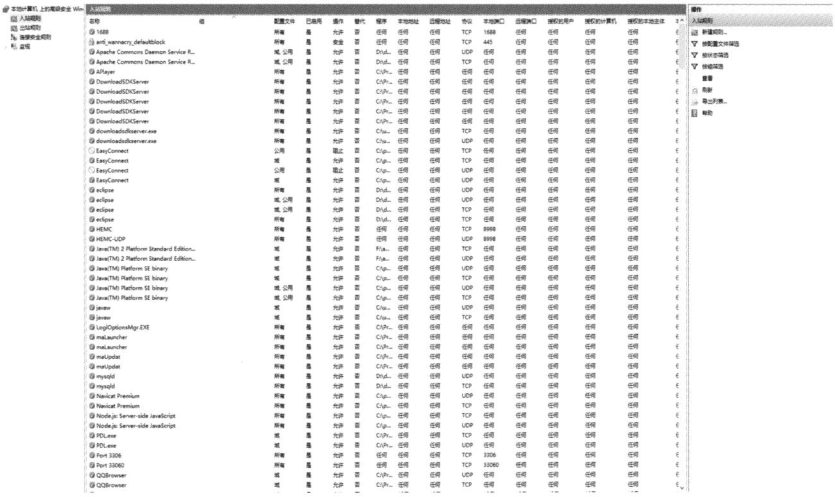

图 4.10-2　防火墙高级设置

在后续界面中,按服务器的默认向导和缺省选项完成操作即可。若需要继续开通其他端口号,或其他服务器的端口号,方法与此相同。例如,若决策支持数据库部署到了独立的数据库服务器上,则该数据库服务器也需单独开通对应的数据库服务访问端口(一般 Oracle 数据库默认为 1521,SQLServer 数据库默认为 1433,MqSQL 数据库默认为 3306)。至此,服务器的端口配置全部完成(图 4.10-3,图 4.10-4)。

图 4.10-3　规则类型配置

图 4.10-4　协议端口设置

　　为确保系统部署后正常运行，服务端部署及配置全部完成后，进入 Tomcat 目录的 bin 文件夹中，双击 startup.bat 文件，即可启动 Tomcat 服务，并自动完成系统的所有数据库连接及前处理信息预加载，服务运行窗会动态跟踪服务启动后的所有执行过程及进度。服务启动完成后，在客户端通过谷歌浏览器（或具有 Chrome 内核浏览器的极速模式）访问系统地址"http://10.0.0.1:8080/dist/♯/"，其中 10.0.0.1 为部署应用服务的服务器 IP 地址，8080 为对应的服务端口号，dist 为系统界面路径。若系统能正常打开，且各功能模块的点击响应、计算反馈、页面渲染等均正常，则代表当前系统部署成功通过验证。

4.11　系统安全体系

4.11.1　总体策略

　　网络安全等级保护是指对国家秘密信息，法人或其他组织及公民专有信息，公开信息和存储、传输、处理这些信息的信息系统分等级实行安全保护，对信息系统中使用的安全产品实行按等级管理，对信息系统中发生的信息安全事件分等级进行响应、处置。

　　总体上，本系统安全建设参照《信息安全技术网络安全等级保护定级指南》（GB/T 22240—2020），同时满足各个流域管理机构的安全运行、访问策略等要求。

　　本系统实施后运行场景主要有两种情况：一种是作为独立运行的决策支持系统；另一种是将本系统功能模块，作为现有国家防汛抗旱指挥系统的模块补充，其运行环境主要依托各流域管理机构现有的数据及网络环境，相关访问安全服务主要依托各流域管理机构内部的安全策略统筹提供。

4.11.2　安全保障建设原则

系统运行后,对数据及网络安全保障主要原则如下:

(1)安全合规

根据网络安全有关政策文件规定,以具体安全需求和系统集成运行环境为导向,以合规为基础考虑整体安全设计。

(2)安全管理

系统纳入各应用流域机构的安全管理体系,加强相关安全人员的管理和培训。

(3)安全运营

服务端采用相关技术建立数据及网络内部日志,保障系统运行数据及网络安全。

(4)安全监督

集成运行的系统应处于安全监测、通报预警和监督考核的管理范围。

4.11.3　安全保障技术方案

系统内数据及网络安全主要体系如下:

(1)功能访问权限体系

1)建立用户—角色—权限管理体系

根据业务应用和运行管理的要求,建立角色体系,为系统设置各类用户的权限划分,为不同的角色分配相应的权限;建立用户与角色、角色与权限之间的映射关系。

2)建立用户标识和用户鉴别策略

利用用户名和用户标识符标识用户身份,确保用户标识的唯一性,用户登录采用受控口令或密码强度足够的其他机制进行用户身份鉴别,认证过程中使用密码技术对数据进行保密性和完善性保护。

(2)用户数据完整性与保密性

采用日常维护检验存储用户数据的完整性。定期校验数据,及时发现其完整性破坏情况。对用户操作数据的情况进行自动化日志记录,包括用户对系统执行的数据维护、表结构维护和备份恢复等。内部使用保密性保护机制,对在安全计算环境中存储和处理的用户数据进行保密性保护。

(3)防范恶意代码

系统内部基础服务均采用正版技术,以防范恶意代码。随着系统运行使用,定期维护内部软件、服务系统与操作系统等,实时更新采用最新或最稳定的版本。

（4）系统源代码安全

系统各内部模块开发时严格按照信息系统安全需求、软件工程规范进行设计开发,严禁在程序代码中植入恶意代码和后门。

（5）系统管理

系统运行维护管理人员对系统的资源和运行进行配置、控制和可信管理。主要内容包括:用户身份、系统资源、系统加载和启动、系统运行异常处理、数据和设备的备份与恢复等。

4.12 小结

本章所述的超标准洪水调度决策支持系统,具备系统建设模块化、业务建模标准化、业务应用服务化等特点。系统可支撑流域超标准洪水调度业务,也可对常规标准内洪水提供支撑,可为今后推动国内洪水调度决策支持系统建设提供参考。

首先,本章对超标准洪水调度决策支持范畴下,国内外相关信息系统现状进行简单总结,并结合超标准洪水决策业务需求,分析现状问题、提出建设超标准洪水调度决策支持系统的必要性和紧迫性。其次,针对系统建设方式,从本章系统的建设目标、建设原则以及技术路线等方面,进行详细阐述。同时,为进一步开展系统相关功能建设,明确建设方式,本章对超标准洪水决策业务进行了分析,阐述了超标准洪水决策业务对信息化建设的需求和要求。在此基础上,提出了系统的总体架构,详细阐述了包括系统逻辑架构、业务架构、功能架构、开发技术架构、运行架构、物理架构、数据架构等,总体实现了松耦合的系统架构体系,易于业务协同、重组和快速搭建。最后,面向超标准洪水决策中的各项环节,实现洪水预报预警、水工程联合调度、洪水演进精细模拟、洪灾损失动态评估、防洪避险、调度会商决策等决策支持系统功能开发,并对功能结构、业务流程、界面功能设计、接口设计等方面进行详细阐述。

总体上,本章在系统的数据层、支撑层、应用功能层的设计与实现方面,能够适应不同的水系结构与洪水特点,可为国内不同流域的各类洪水,特别是超标准洪水的调度决策提供支持。

第5章 长江荆江河段典型应用

5.1 流域概况

5.1.1 河流水系

　　长江发源于青藏高原的唐古拉山主峰各拉丹冬雪山西南侧,干流全长 6300 余 km,自西向东,流经青海、西藏、四川、云南、重庆、湖北、湖南、江西、安徽、江苏、上海等 11 个省(自治区、直辖市),于上海崇明岛以东注入东海。支流布及甘肃、陕西、贵州、河南、浙江、广东、广西、福建等 8 个省(自治区)。干支流共涉及 19 个省(自治区、直辖市)。长江流域西以芒康山、宁静山与澜沧江水系为界;北以巴颜喀拉山、秦岭、大别山与黄、淮水系相接;东临东海;南以南岭、武夷山、天目山与珠江和闽浙诸水系相邻。流域形状东西长、南北短;中部宽、两端窄;流域地势西高东低,集水总面积 180 万 km²,占我国陆地总面积的 18.8%(图 5.1-1)。

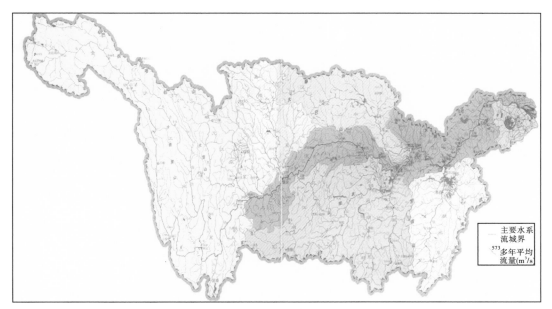

主要水系
流域界
573 多年平均
流量(m³/s)

图 5.1-1　长江流域范围示意图

长江自江源至湖北宜昌称上游,长约4500km,集水面积约100万km²;宜昌至江西鄱阳湖出口湖口称中游,长约955km,集水面积约68万km²;湖口至入海口为下游,长约938km,集水面积约12万km²。上游干流河段流经地势高峻、山峦起伏的高山峡谷区,除江源地区外,多坡降陡峻,水流湍急。其中,巴塘河口至宜宾长约2300km,平均比降1.37‰;宜宾至重庆长约370km,平均比降0.27‰;重庆至宜昌长约660km,平均比降0.18‰。宜昌以下,干流进入中下游冲积平原,两岸地势平坦,湖泊众多,沿岸建有完整的防洪堤,水面坡降平缓。宜昌至湖口平均比降0.03‰,湖口至入海口平均比降则仅为0.007‰。

长江干流各段又有不同名称:从江源至当曲口称沱沱河;当曲口至青海玉树市境的巴塘河称通天河;塘河口至宜宾市峡江口称金沙江;自宜宾以下至入海口始称长江,其中宜宾至宜昌,因大部分流经四川省境,俗称川江;奉节白帝城至宜昌南津关一段,因流经三峡峡谷,又称峡江;湖北枝城至湖南城陵矶(洞庭湖出口)一段,因流经古荆州地区,俗称荆江;江西九江上下一段,又称浔阳江;江苏扬州、镇江附近及以下江段,因古有扬子津渡口而得名扬子江。

5.1.2　水文气象

长江流域大部分地区属亚热带季风气候区,但由于流域地域广阔,地理、地势环境复杂,流域内各地区气候差异较大。上游玉树以上地区位于青藏高原,为典型的高原气候,寒冷、干燥、气压低、日照长、辐射强、多冰雹大风;金沙江、雅砻江流经的横断山脉地区,高差悬殊,有明显立体气候特征;四川盆地因北有秦岭,南有云贵高原,北风、南风的侵入都不如长江中下游强烈,冬无严寒,夏无酷暑,少霜少雪,季风气候不如中下游地区明显;中下游地区则属典型的季风气候,冬寒夏热,四季分明,年内变化与季风进退密切相关,东南部地区夏季还常受台风影响,流域内的降水与季风活动密切相关。从流域总体看,夏季受副热带高压控制,高温而多雨;冬季受西伯利亚和蒙古冷高压控制,寒冷而少降水。流域降雨集中在夏秋季,5—10月的雨量占全年降雨量的70%～90%。雨季开始,一般中下游早于上游,江南早于江北,从流域东南逐渐向西北推移。降水量方面,上游地区和中游左岸地区主要集中在7—9月,中游右岸和下游地区则大多集中在5—6月。长江流域除西部青藏高原地区以外,大部分地区气候温和、湿润,雨量丰沛,流域多年平均降水量1070mm,但地区分布差异较大,总的趋势是自东南向西北递减,东南沿海地区平均年降水量1200～1400mm,上游地区平均1000mm左右。

长江流域雨量丰沛,水资源较丰富。每平方千米水资源量约56万m³,为全国平均值的1.9倍。流域水资源主要为河川径流,据1956—2000年流域水文资料分析,上游控制站宜昌多年平均天然年径流量4515亿m³,下游控制站大通为9405亿m³,大通以下区间约452亿m³,流域多年平均年径流量约9857亿m³。长江年径流量在地区组成方面,宜昌以上占46%,中游洞庭湖、汉江、鄱阳湖约占42%,下游支流水量有限。径流在年内分配和降水相应,很不均匀,干流汛期水量占年径流量的70%～75%,支流则在55%～

80％；径流的年际变化则相对较小，1956—2000 年年入海水量最丰年，近 12800 亿 m³，最枯年也达到了 6820 亿 m³。

5.1.3　洪水特点

长江上游两岸多崇山峻岭，江面狭窄，河道坡降陡，洪水汇集快，河槽调蓄能力小。长江流域暴雨的走向多为自西北向东南或自西向东，与长江干流流向一致。上游由岷江、沱江、嘉陵江洪水依次叠加，形成陡涨陡落、过程尖瘦的洪水；宜昌以上暴雨产生的洪水汇集到宜昌有先有后，因此宜昌洪水峰高量大，过程历时较长，一次洪水过程短则 7～10 天，长则可达 1 月以上。长江出三峡后，进入中下游冲积平原，江面展宽，水流变缓，河槽、湖泊蓄量大，上游干流和中下游支流入汇的洪水过程经河湖调蓄后，峰型较为平缓，洪水过程逐渐上涨，到达峰顶后，再缓慢下落，退水过程十分缓慢，退水时若遇某一支流涨水，又会出现局部的涨水现象，形成多次洪峰的连续洪水，一次洪水过程往往要持续 30～60 天，甚至更长，因而长江中下游干流和长江上游干流洪水过程有较大差异。

长江流域面积广，降雨量大，暴雨频繁，形成的中下游干流洪水大多峰高量大，持续时间长。长江干流主要控制站宜昌、螺山、汉口、大通多年平均年最大洪峰流量均在 50000m³/s 以上。宜昌站实测最大洪峰流量为 1981 年的 70800m³/s，历史调查洪峰流量为 1870 年的 105000m³/s；汉口站实测最大洪峰流量为 1954 年的 76100m³/s；大通站实测洪峰流量也以 1954 年的 92600m³/s 为最大。支流中洪水较大的岷江、嘉陵江、湘江、汉江及赣江实测年最大洪峰流量多年平均值为 12300～23400m³/s，洪峰流量最大为 1870 年嘉陵江北碚站的 57300m³/s，其次为 1935 年汉江襄阳站的 52400m³/s。

长江流域水系繁多，水情复杂，各年暴雨区位置不同，洪水来源与组成相差很大。荆江河段洪水主要来源于宜昌站，该站的洪水组成特点为：金沙江屏山站控制面积约占宜昌控制面积的 1/2，多年平均汛期（5—10 月）水量占宜昌水量的 1/3，因其洪水过程平缓，年际变化较小，是长江宜昌洪水的基础来源。岷江、嘉陵江分别流经川西暴雨区和大巴山暴雨区，洪峰流量较大，两条支流的控制面积占宜昌控制面积的 29％，但多年平均汛期水量共占宜昌的 40％左右，是宜昌洪水的主要来源。此外，干流宜宾至寸滩、寸滩至宜昌的区间来水也不可忽视，特别是寸滩至宜昌区间，是长江上游的主要暴雨区之一，其面积虽然只占宜昌控制面积的 5.6％，但多年平均汛期水量占宜昌水量的 8％左右，个别年份（如 1982 年）可达宜昌的 20％以上。

宜昌站的一次洪水过程为 20～30 天，根据多年资料统计，宜昌站最大 15d 洪量与最大 30d 洪量，各地区洪水组成的比例相差不大，分别为：金沙江来水约占 30％，嘉陵江与岷江两水系约占 38％，乌江约占 10％，干流区间约占 16％，其他所占比例较小。

长江中下游洪水以宜昌以上的来水占主导地位，洞庭湖和鄱阳湖水系洪水是其重要组成部分，汉江洪水也是其重要来源之一。长江宜昌至螺山河段，主要有支流清江及洞庭湖"四水"洪水的加入；螺山至汉口河段加入的主要支流有汉江。汉口至大通河段，左岸有府澴河、倒水、举水、巴水、浠水、蕲水、皖河等汇入,右岸主要有鄱阳湖"五河"的来水。汛期5—10月,汉口站水量以宜昌以上来水为主,宜昌汛期多年平均水量约占汉口站水量的66%,其次是洞庭湖水系和汉江洪水,分别约占汉口站水量的20.7%和6.7%。大通站汛期水量平均有80%以上来自汉口,鄱阳湖水系的面积占大通面积的比重不足10%,但其汛期来水量平均占大通总水量的15%左右。

城陵矶以下,单次洪水过程往往会持续2个月左右,根据1951—1998年资料统计,螺山站最大60d洪量中,上游宜昌来水约占70%,洞庭湖水系来水约占25%,清江及区间各占2.5%左右;而在汉口站最大60d洪量中,上游宜昌来水约占67%,洞庭湖水系来水约占20%(大于面积比的14%),其余13%则来自区间;在大通站最大60d洪量中,宜昌来水约占51%,洞庭湖与鄱阳湖水系分别约为21%和15%(其中,鄱阳湖水系的比例远大于面积比的10%),其余5%来自汉江,约8%来自宜昌至大通区间。

综上,金沙江洪水较平稳,是宜昌站洪水的主要基础,嘉陵江、岷江洪水是宜昌洪水的重要来源。宜昌站以上洪水占长江流域洪量的一半,约占中下游重点防洪地区荆江河段的90%以上,因此,长江上游洪水是造成荆江河段及中下游地区洪灾的最主要原因。长江上游和支流山丘及河口地带的洪灾,一般具有洪水峰高、来势迅猛、历时短和灾区分散的特点,局部地区性大洪水有时也造成局部地区的毁灭性灾害,但其受灾范围与影响则有局限性;长江中下游受堤防保护的11.81万 km² 的防洪保护区,是我国经济最发达的地区之一,其地面高程一般低于汛期江河洪水5~6m,有的低10余米,洪水灾害最为频繁严重,一旦堤防溃决,淹没时间长,损失大,特别是荆江河段,将造成大量人口死亡的毁灭性灾害。

5.1.4 社会经济

长江流域横跨我国西南、华中和华东三大经济区,其中面积95%以上在流域范围内的有四川、重庆、湖北、湖南、江西、上海等6个省(直辖市);50%~70%的面积在流域范围内的有云南、贵州2个省;30%~50%的面积在流域范围内的有陕西、安徽、江苏3个省;10%~30%面积在流域范围内的有青海、浙江、河南3个省;西藏、甘肃、广西、广东、福建等5个省(自治区)只有较少的面积在流域范围内。2005年底,全流域人口约42464万人,占全国总人口的32.5%。流域平均人口密度每平方千米236人,约为全国平均人口密度的1.7倍。人口分布的总趋势是从上游往下游逐渐递增,上游地区每平方千米约160人,中游地区约290人,下游地区约660人。西部少数民族聚居地区每平方千米仅12人左右,上海为2260人左右,成都平原、江汉平原、长江三角洲等地平均800~1000人。

长江流域自唐宋以来一直是全国经济发达区,在近代经济发展中又是我国工业的发祥地。新中国成立后,经过70多年的建设与发展,长江流域中下游沿江两岸和四川盆地已建设成为我国重要的经济发达地区,形成了以上海、南京为中心的长江下游经济区,以武汉为中心的长江中游经济区,以重庆、成都为中心的长江上游经济区,以及以上述 3 个经济区为依托的周围一些中小型经济区。1990 年以来,以上海浦东为龙头,进一步开放长江沿岸城市,长江经济带在中国经济建设和社会发展中占有极其重要的战略地位,是中央重点实施的"三大战略"之一,是具有全球影响力的内河经济带、东中西互动合作的协调发展带、沿海沿江沿边全面推进的对内对外开放带,也是生态文明建设的先行示范带。至 2018 年底,整个长江经济带的总人口已上升到 5.99 亿人左右,约占全国人口的 42.9%。其中,下游地区约 2.25 亿人,占长江经济带的 37.6%;中游地区约 1.75 亿人,占 29.2%;上游地区约 1.99 亿人,占 33.2%。长江经济带地区生产总值约 40.3 万亿元,占全国的 44.1%。其中,下游地区约 21.15 万亿元,占长江经济带的 52.4%;中游地区约 9.78 万亿元,占 24.3%;上游地区约 9.37 万亿元,占 23.3%。

5.1.5　防洪体系

根据《长江流域综合规划(2012—2030 年)》(以下简称《规划》),长江中下游防洪标准为:长江干流荆江河段防洪标准至少应达到百年一遇,并应创造条件使荆江河段在遭遇类似 1870 年那样的历史特大洪水时保证行洪安全,左右两岸干堤不发生自然溃决,防止发生毁灭性灾害;城陵矶以下河段,以 1954 年实际洪水作为防御目标,武汉市、南京市、上海市地位十分重要,有条件时还应进一步提高标准;其他地区,应根据其地位及洪灾可能造成的影响,分别拟定不同的标准。

以《规划》为指导,长江流域特别是中下游地区开展了堤防整修加固工程,同时利用中下游湖泊洼地,安排或兴建了一批分蓄洪工程,随着国民经济的发展,结合兴利,修建了一批具有防洪作用的综合利用水库。到目前为止,长江中下游平原区已初步形成了以堤防为基础的具有一定防洪能力的防洪体系,防洪工程经受了 1954 年以来的历次较大洪水考验,取得了巨大的经济效益。长江中下游防洪形势及主要防洪工程见图 5.1-2。

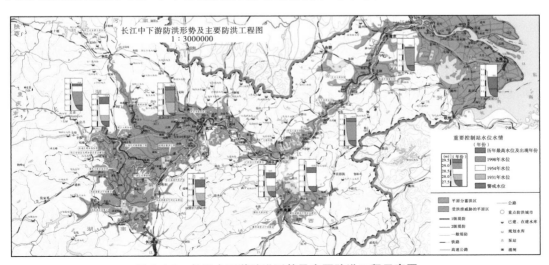

图 5.1-2　长江中下游防洪形势及主要防洪工程示意图

（1）堤防工程

堤防是长江流域最古老、最基本的防洪设施。从地域上看，长江堤防大致可以分为 3 个部分：一是长江上游堤防，主要分布在四川盆地主要河流的中下游，长约 3100km；二是长江中下游堤防，包括长江干堤、主要支流堤防，以及洞庭湖、鄱阳湖区等堤防，总长约 3 万 km，是长江堤防工程的主体部分；三是长江海塘，分布在长江河口与沿海地带，全长 900 余 km。

1954 年大水以后，长江中下游以 1954 年实测最高洪水位为设计防御标准全面加培堤防。1972 年、1980 年国家两次召开长江中下游防洪座谈会，确定适当提高堤防设计水位，除武汉仍按 1954 年最高水位 29.73m 不变外，其他河段分别比 1954 年实际水位提高 0.33～0.82m 作为设计水位进行堤防加高加固。1998 年大水以后，长江中下游又掀起堤防加固建设的新高潮，到目前为止，中下游堤防建设累计完成土石方 50 多亿 m^3，长江中下游干堤已全部达标。

（2）蓄滞洪区工程

根据规划，以防御 1954 年同样洪水为目标，为保障重点地区防洪安全，长江中下游安排了 42 处可蓄滞洪水约 626.6 亿 m^3 的蓄滞洪区。其中，荆江地区 4 处，蓄洪容积 71.6 亿 m^3；城陵矶附近区 27 处，蓄洪容积约 345 亿 m^3；武汉附近区 6 处，蓄洪容积约 122 亿 m^3；湖口附近区 5 处，其中鄱阳湖区 4 处，蓄洪容积约 26 亿 m^3，华阳河区 1 处，蓄洪容积 62 亿 m^3。长江中下游蓄滞洪区分布见图 5.1-3。

截至 2019 年，42 处蓄滞洪区中，已完成围堤加固工程的蓄滞洪区有 33 处，在建 1 处；已建分洪闸的蓄滞洪区有 5 处，在建 4 处。荆江和杜家台 2 个蓄滞洪区自分洪闸建成后，在削减洪峰、蓄纳超额洪水、降低江河洪水位等方面均发挥了重大作用。

（3）水库

长江流域已建成大中小型水库 5.12 万座，总库容约 3588 亿 m^3。已建成以防洪为首要任务或具有较大防洪作用的大型水库主要有三峡、丹江口、五强溪、柘林、柘溪、万安、隔河岩、漳河等，其中长江防洪骨干水库三峡水库防洪库容 221.5 亿 m^3，可分别对荆江河段和城陵矶地区进行防洪补偿调节，是荆江河段洪水防御的核心调节中枢。

本区域在长江流域位置

图 例

- 重点蓄滞洪区
- 重要蓄滞洪区
- 一般蓄滞洪区
- 蓄滞洪保留区
1 蓄滞洪区名称
2 面积（km²）
3 有效蓄洪容积（亿m³）

图5.1-3 长江中下游蓄滞洪区分布示意图

5.1.6 荆江河段

（1）河段概况

本章研究的示范区域为长江荆江河段，该河段地处长江中游，上起湖北省枝江市枝城站，下至湖南省岳阳县城陵矶，全长 347.2km，其中藕池口以上称上荆江，以下称下荆江。荆江左岸有支流沮漳河入汇，右岸沿程有松滋口、太平口、藕池口和调弦口分流入洞庭湖，洞庭湖又集湘、资、沅、澧"四水"于城陵矶处汇入长江，构成非常复杂的江湖关系。荆江河段范围及走势见图 5.1-4。

由前述长江流域的河流水系、水文气象及洪水特点分析可知，长江出三峡后，由山区性河流进入冲积平原河流，因此，荆江河段是长江上游与中游的重要衔接段和过渡区，是长江干流洪水特征发生显著变化的重要转折点，是承接上游宜昌站洪水转入中游行洪的咽喉地带。

荆江河段属于亚热带季风气候，沙市以上控制流域面积约 103 万 km²，降雨时空分布严重不均，水量季节性特征分明，暴雨洪水频发，洪水峰高量大。由于荆江河段受流水侵蚀、泥沙堆积和上游控制型水库群调节等影响显著，河道蜿蜒曲折，素有"九曲回肠"之称；更兼地势低平，水流不畅，防洪形势险峻，河道泄洪能力与上游巨大而频繁的洪水极不适应，从而造就了"万里长江，险在荆江"之名。

因此，长江中下游平原区是长江流域洪灾最频繁、最严重的地区，也是长江防洪的重点。"水来打破万城堤，荆州便是养鱼池"。历史上，荆江大堤溃决频繁，沿岸人民深受洪水之苦。据史料记载，自东晋太元年间至民国二十六年的 1500 多年中，溃决达 97 次之多。其频率由明代平均 10 年左右一次，发展到清代平均每 5 年左右发生一次。灾情之惨重，尤以 1788 年、1931 年、1935 年为甚。国民党政府统治时期，长江中下游几乎年年闹水灾。据统计，仅 1931—1949 年的 18 年中，荆江地区就被洪水淹没了 5 次。新中国成立后，1954 年和 1998 年长江发生流域性大洪水，虽尽全力防守，但洪水造成的灾害仍然严重。

在防洪工程方面，荆江河段已建成以三峡工程为骨干、堤防为基础、荆江分洪区等蓄滞洪区相配合的防洪体系，主要涵盖荆江大堤、荆江分洪区、涴市扩大分洪区、人民大垸及虎西备蓄区等重点防洪工程，是长江流域防洪体系的关键性控制对象。

（2）总体防洪能力

荆江河段依靠自身堤防仅能防御 10 年一遇洪水；经三峡工程调蓄后，在不分洪条件下，防洪标准可达 100 年一遇；考虑三峡工程的防洪作用，在减少部分蓄滞洪区使用的情况下，可使荆江以下河段满足防御 1954 年洪水的需要。遭遇 1000 年一遇或类似 1870 年特大洪水时，充分利用河道下泄洪水，同时调度应用三峡和上游水库群联合拦蓄洪水，适时运用清江梯级水库错峰，相机运用荆江两岸干堤间洲滩民垸行蓄洪水，控制沙市水位不超过 44.5m，清江、沮漳河发生洪水时，充分发挥隔河岩、水布垭、漳河等水库的拦洪、削峰作用，尽量减轻下游防洪压力，可基本保障行洪安全。

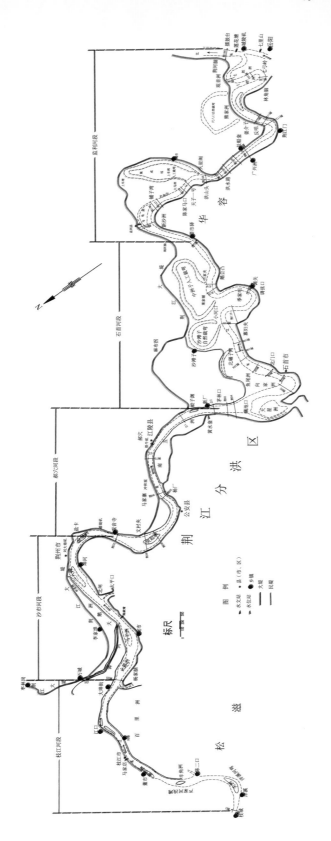

图5.1-4 荆江河段范围示意图

(3)当前面临的防洪形势

荆江河段的洪水来量远远超过安全泄量。据历史记录和调查资料,自 1153 年以来,宜昌流量超过 $80000m^3/s$ 的有 8 次。虽经过多年来对堤防加高加固及河道整治,较以往有了扩大,但荆江河段仍只能安全下泄 $60000\sim68000m^3/s$(含松滋口、太平口分流入洞庭湖流量),城陵矶附近约 $60000m^3/s$,汉口约 $70000m^3/s$,湖口(八里江)约为 $80000m^3/s$,而城陵矶以上干流和洞庭湖"四水"及区间来水的汇合洪峰流量(考虑洪水传播时间后的峰值)1931年、1935 年、1954 年等几个大水年年均在 $100000m^3/s$ 以上,1998 年也超过 $90000m^3/s$,洪水来量大与河道泄洪能力不足的矛盾非常突出,只能采取分蓄洪措施,以保证重点区和重要城市的安全,尽量减少淹没损失。

在三峡工程建成发挥作用前,荆江河段遇特大洪水时还没有可靠对策,可能发生毁灭性灾害。如遇 1860 年或 1870 年洪水,荆江河段运用现有荆江分洪工程后,尚有 $30000\sim35000m^3/s$ 的超额。洪峰流量无法安全下泄,不论南溃或北溃,均将淹没大片农田和城镇,造成大量人口伤亡,特别是北溃还将严重威胁武汉市安全。蓄滞洪区计划分洪十分困难,一旦分洪,要付出很大代价。目前,大多数蓄滞洪区基本没有安全设施,分洪时,区内有大量人口需要转移,安置还有待落实,组织工作复杂,公私财物损失大,分洪后的补偿政策,实施难度很大。同时多数蓄滞洪区靠临时扒口分洪、泄洪,很难做到适时适量,运用失控的情况难免发生,实际淹没损失将超过理想运用情况,如不运用,水位将突破设计水位,堤垸溃决的危险性增大,如发生溃决,造成的损失更大。

三峡工程建成后,对荆江地区,遇百年一遇及以下洪水(如 1931 年、1935 年、1954 年洪水,其中 1954 年洪水洪峰流量在荆江地区不到百年一遇),可使沙市水位不超过 $44.5m$,不启用荆江分洪区;遇千年一遇或类似 1870 年洪水,可使枝城流量不超过 $80000m^3/s$,配合荆江地区的蓄滞洪区运用,可使沙市水位不超过 $45.0m$,从而保证荆江两岸的防洪安全。

总体而言,特大洪水尤其超标准洪水对这一河段的严重威胁,仍是心腹之患。

5.2 示范系统实例化搭建

5.2.1 示范系统功能体系

长江荆江河段超标准洪水调度决策支持系统(以下简称"示范系统")重点结合现有长江防洪预报调度系统(以下简称"现有系统"),针对超标准洪水的预报调度场景,充分运用超标准洪水调度决策支持技术研究成果,以及超标准洪水调度决策支持系统的研究开发成果,采用可视化搭建手段进行功能模块建设,为长江荆江河段超标准洪水的科学高效应对提供决策辅助支持。具体功能模块包括:流域预报预警、水工程联合调度、分洪溃口模拟、荆江河段及蓄滞洪区洪水演进精细模拟、应急避险转移等,见图 5.2-1。

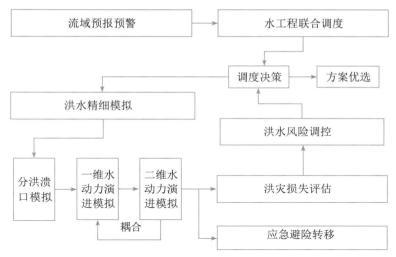

图 5.2-1 荆江河段示范系统功能体系

流域预报预警主要结合雨水情监测情况和气象预报信息,对流域内各重要站点的天然洪水过程及其演变情势进行实时预报预测,并结合各站点的安全指标体系进行预警。其中,重要站点包括荆江河段及其上游主要干支流的重要水库工程和水文站点;洪水过程包括流量过程和水位过程;指标体系方面,水库主要关注汛限水位、防洪高水位、正常蓄水位、设计洪水位、校核洪水位等特征水位,测站则主要关注警戒水位、保证水位、警戒流量、保证流量等安全指标。流域预报预警是对洪水进行多时空尺度全面感知的核心环节,是后续应对洪水开展调度决策和会商研判的前提和基础。

水工程联合调度以流域预报预警产生的天然洪水过程为背景场,以防洪工程体系的洪水调度规程或方案为依据,充分利用水库、堤防、蓄滞洪区等防洪工程的调蓄和行洪能力,开展大规模、多类型水工程群的联合调度模拟预演,尤其是应对超标准洪水时的非常规调度方式演练(如水库超蓄、堤防漫堤、溃口分洪、蓄滞洪区启用等),生成多种调度决策,为调度人员提供技术支撑,最终保障全流域安全度汛,尽可能降低洪灾损失。

洪水精细模拟主要针对堤防溃口、蓄滞洪区启用等遭遇超标准洪水时动用的非常规调度工况,开展洪水演进过程的精细化水动力模拟,具体包括分洪溃口模拟、荆江河道一维水动力演进及蓄滞洪区二维洪水淹没耦合模拟等。分洪溃口模拟以不同堤防材质的溃口演变机理为基础,动态模拟计算堤防溃口情况下,洪水从产生到随时间推进的演变发展全过程。溃口洪水产生后,必然对天然河道的洪水行洪演进和溃口影响区域(一般为蓄滞洪区)的洪水淹没过程产生重大水力影响,荆江河道一维水动力演进及荆江蓄滞洪区二维洪水淹没耦合模拟功能,正是对这一特殊场景的水动力过程进行精细化模拟计算分析,为准确预判洪水在河道中的传播变化,以及在淹没影响区域内的扩散形态等,提供定性和定量的精细化决策支持。

洪灾损失评估是以淹没区域内（一般为蓄滞洪区）的二维水动力学模型计算结果为基础，分别按单个计算网格及不同水深区等单元统计洪水淹没水深、最大流速、到达时间等洪水淹没特征，并将面积、人口、GDP、财产、耕地、房屋、企业工厂、道路交通等各类重要社会经济资料，按空间关系展布在单个格网上进行耦合，从而定量评估出洪水淹没所带来的各类灾害损失。

洪水风险调控是基于水工程联合调度、洪水精细模拟及洪灾损失评估等多方案结果的综合分析和闭环调控，以洪水风险最小并尽可能降低洪灾损失为目标，建立洪水风险的量化指标，并以前述调度方案结果为依据，综合比对不同洪水调度方式所带来的潜在风险，最终实现各类防洪工程调度方案的优化必选，为最终下达防洪调度指令提供重要的技术支撑和辅助决策。

应急避险转移是当蓄滞洪区经过前述洪水调控模拟后仍然存在分洪任务时，提供对蓄滞洪区内人员进行提前预警和转移监控的功能，具体包括人群分布分析、应急避险预案管理、预警信息管理、人员实时监控和转移推演等，为准备掌握蓄滞洪区的人员动态信息，安全推进转移任务提供在线跟踪和辅助支持。

5.2.2　数据库实例化构建

5.2.2.1　洪涝灾害数据库

根据第 2 章的超标准洪涝灾害数据库相关规定，构建超标准洪涝灾害数据库实例，存储荆江河段及其上游影响区域的历史实况典型洪水、人工模拟超标准洪水等雨水情数据，以及防洪工程体系的所有基础资料信息，为系统运行提供源数据支持。

结合现有系统的实时雨水情数据库建设现状，超标准洪涝灾害数据库在选型方面主要考虑 SQL Server2012 及以上版本，或 Oralce 11g 及以上版本。本书以 SQL Server2012 和 Oralce 11g 为例，分别介绍两种不同类型数据库的实例化创建主要过程。

（1）SQL Server 数据库创建过程

打开 SQL Server 安装软件，启动 SQL Server 数据库安装向导，依次按照左侧向导树，逐项执行安装操作（图 5.2-2）。若为全新 SQL Server 独立安装，程序自动进入系统环境检查。

操作系统环境检查中，若存在未通过项，则应根据提示，完善对应系统补丁安装。直到环境检查全部通过后，点击"确定"，输入正版 SQL Server 数据库授权密钥，可继续执行后续安装步骤，具体过程可直接根据安装程序向导，按默认选项执行即可，见图 5.2-3。

图 5.2-2 SQL Server 数据库安装环境检查

图 5.2-3 SQL Server 数据库正版授权

数据库安装完成后,可通过"开始"菜单启动 Microsoft SQL Server Management Studio 程序,继续创建数据库服务实例。登录时服务器名称格式为"(localhost)\安装时填写的实例名",身份验证采用 SQL 验证,登录名采用系统默认的 sa,密码是安装时选择混合模式自己设置的密码。如果不能登录,则选择 Windows 方式进行登录,然后在"安全性"→"登录名"→"sa"→"状态"下设为启用,并勾选"强制实时密码策略"选项,见图 5.2-4。

图 5.2-4　SQL Server 数据库登录

选中图 5.2-4 中左侧的"数据库"，点击右键选择"新建数据库"，输入数据库实例名称，点击"确认"，即可创建一个新的数据库实例，见图 5.2-5。

图 5.2-5　SQL Server 数据库实例创建

根据数据库的独立用户数据管理需求，可在"登录名"右键点击"新建登录名"，依次完成新建用户和密码管理。其中服务器角色勾选 sysadmin，赋予管理员权限，用户映射则勾选前述新建的目标数据库实例，从而实现用该独立用户和密码访问新建的数据库实例。

为确保数据库能提供网络数据服务,还应进行数据服务配置管理。打开 SQL Server 配置管理器,选择 SQL Server 网络配置中自主建立的实例协议,选择 TCP/IP 协议,将其设置为启用状态,将其中一个 IP 设置为本机 IP,如 127.0.0.1,设为启用。再将 IP ALL 的端口设置为 1433,动态端口设为空。同样,将客户端的端口也设置为 1433,并设置为启用状态。完成上述配置后,重启当前的 SQL Server 服务,即可完成数据服务配置。

至此,基于 SQL Server 的数据库实例创建完成。

(2)Oracle 数据库创建过程

打开 Oracle 安装软件,启动 Oracle 数据库安装向导,进入左侧安装选项,选择仅安装数据库软件,选择单实例数据库安装,见图 5.2-6。

图 5.2-6　Oracle 数据库服务实例选择

根据后续向导,依次选择需要安装的数据库版本、默认实例名称及存储位置后,程序自动执行先决条件检查,检查通过后即可正式进行安装,见图 5.2-7。

安装进度达到 100% 后,Oracle 数据库服务安装完成。此时,可通过"开始"菜单下的 Database Configuration Assistant(DBCA)创建数据库实例,选择执行的操作为创建数据库,见图 5.2-8。

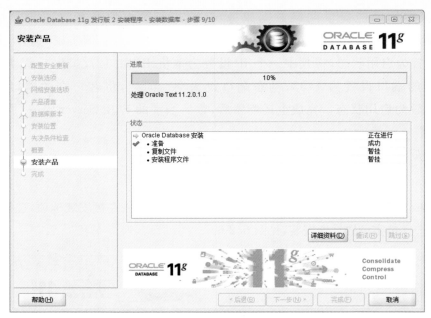

图 5.2-7　Oracle 数据库服务安装

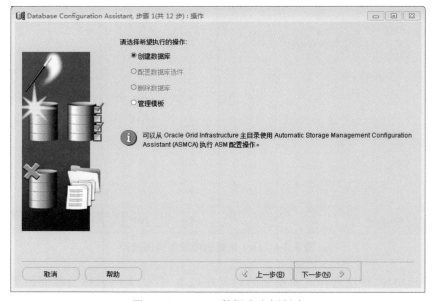

图 5.2-8　Oracle 数据库实例创建

后续根据配置向导,依次选择数据库模板为一般用途事务处理、输入新建数据库实例的名称及 SID(一般取相同)、设置数据库用户名和密码、配置初始化参数(内存大小为 Oracle 计算的默认值,并勾选使用自动内存管理,调整大小、字符集、连接模式等),全部按照向导给出的默认选项执行,即可完成数据库实例创建。

数据库实例创建完成后,还需通过"开始"菜单的 Oracle Net Configuration Assistant 程序配置数据库监听,见图 5.2-9。

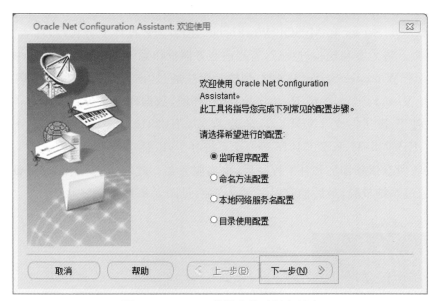

图 5.2-9　Oracle 数据库监听程序创建

根据配置向导,依次选择添加监听程序、输入监听程序名(默认为 LISTENER)、选择监听程序的协议(默认选择 TCP)、配置 TCP/IP 协议端口号(默认为 1521),即可完成监听程序配置。此时,在系统服务中可看到最新安装的 Oracle 数据库服务的监听程序和数据库实例服务。

至此,基于 Oracle 的数据库实例创建完成。

(3)数据库表创建及数据资源入库

前述创建的数据库实例为空数据库,需进一步创建超标准洪涝灾害实例表。在数据库服务实例中(SQL Server 或 Oracle),根据超标准洪涝灾害数据库章节的研究成果,将所有专题数据库表结构采用标准 SQL 脚本语句进行描述,然后通过不同数据库类型对应的数据库管理工具执行该脚本,即可完成所有超标准洪涝灾害数据库表的实例化创建。此时,可进一步开展数据资源入库。首先,分析所有数据收集成果,然后按数据库表结构设计对数据资源进行分类和加工整理,生成与数据库表及字段一一对应的 txt、csv、xls 或 xlsx 格式数据文件;然后采用不同数据库类型对应的数据库管理工具连接数据库服务实例,按照数据库表逐一导入数据文件即可完成对应的数据资源入库。完成数据导入后,该数据库即可对示范系统提供对应的数据服务支撑。

5.2.2.2　决策支持数据库

超标准洪水调度决策支持数据库是支撑系统自身运行的专题数据库,主要管理与超标准洪水调度决策相关的计算对象、模型参数、方案结果和系统搭建等各类业务数据和配置信息，采用 MySQL 8.0 版本。

运行 MySQL 8.0 的 msi 安装包文件，启动安装向导，选择 Custom 模式。选择要安装的功能为 MySQL Server 和 MySQL Workbench，前者为数据库服务程序，后者为对应的数据库管理工具。进入安装校验过程后，若当前服务器操作系统为 Windows Server 2018 以下版本（但不低于 Windows Server 2012），则校验无法通过，向导提示缺少 .NET4.5 框架，以及 Microsoft Visual C++2015 Redistributable 环境，数据库配置失败。此时，需先通过微软官网分别下载 64 位 .NET4.5 安装程序，KB2919355、KB2932046、KB2959977、KB2937592、KB2938439、KB2934018 等 6 个系统补丁，以及 vc_redist.x64 程序，然后按上述顺序依次安装所有依赖环境和补丁程序后，重启服务器。此时，重新执行 MySQL 8.0 安装程序，则可通过系统校验，最后抽取程序完成安装，见图 5.2-10。

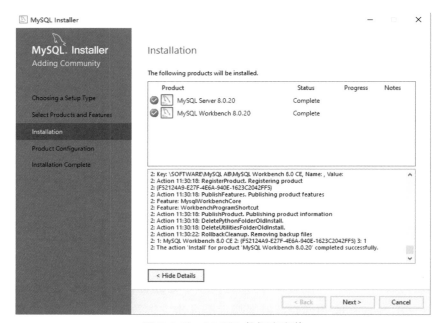

图 5.2-10　MySQL 数据库安装

数据库安装完成后，进入配置环节，选择单机服务模式，服务类型设置为 Server Computer，开启 TCP/IP 连接支持，配置端口号（默认为 3306）。随后，选择密码验证模式为 Use Strong Password Encryption for Authentication，并设置 root 账户（系统管理员）密码，见图 5.2-11。

该页面下，点击"Add User"可新增独立用户并设置密码，作为超标准洪水调度决策支持数据库的专用访问用户。Host 设置为"％"，令其对所有数据实例生效，用户角色则设置为 DB Admin，赋予该用户管理员权限。后续安装步骤统一根据向导提供的默认设置即可，全部完成后，MySQL 数据库会自动注册为系统服务，并设置为开机自动启动。

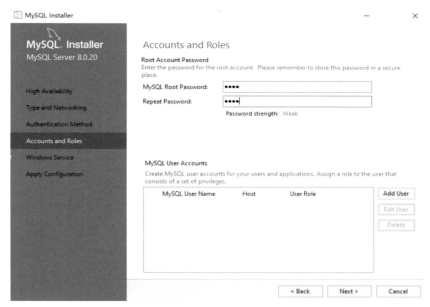

图 5.2-11　MySQL 数据库系统管理密码设置

　　数据库软件安装完成后,通过"开始"菜单 MySQL Workbench 工具创建数据库实例。首先用 root 账号登录,然后切换到 Schemes 标签,在空白处点右键选择"Create Scheme"。在 Name 处输入数据库名称即可完成数据库实例创建,见图 5.2-12。

图 5.2-12　MySQL 数据库实例创建

　　由于该数据库为超标准洪水调度决策支持的业务数据库,主要用途为配合系统运行,不直接管理资料,因此无需提前导入任何数据。数据库中的所有数据信息,全部由系统在功能搭建和操作运行过程中自动生成。系统搭建完成后,在部署迁移时,由于整体数据容量较小,直接通过 SQL 语句方式整体进行数据库实例的备份和还原即可。

5.2.3 系统搭建

根据前述超标准洪水调度决策支持技术与系统章节的研究成果，系统采用松耦合架构，将各功能模块涉及的各类水利对象、专业模型和业务属性完全分离。因此，系统搭建主要包括业务对象配置、专业模型配置和模块功能配置 3 个过程，各类配置的实例化数据之间即相对独立，又相互关联，系统的后台应用支撑服务可在线自动识别并智能耦合。最终，当系统搭建完成后即可直接运行。

5.2.3.1 业务对象配置

将系统涉及的水利业务对象，以标准化结构进行数据整理，并通过可视化界面进行实例化配置。根据是否客观存在客观实体，可分为实体水利对象和概化业务对象。本系统主要包括河流、水文站、水库、雨量站、气象区间、子流域、预报区间、蓄滞洪区、河段等 9 种对象类型，实例化配置统计情况见表 5.2-1。

表 5.2-1　　　　　　　　荆江河段示范系统业务对象配置统计表

序号	类型	实例清单	统计
1	河流	长江、嘉陵江、乌江、綦江、东河、西河、渠江、涪江、琼江、郁江、芙蓉江等河流	107 条
2	水文站	宜宾、李庄、泸州、朱沱、宜昌、枝城、沙市、监利等水文站（含水位站）	137 个
3	水库	三峡、梨园、阿海、金安桥、溪洛渡、向家坝等各级水库	159 个
4	雨量站	马武坝、忠路、文斗、白石关、接龙、高谷、活龙、普子、龙射等主要雨量站	515 个
5	气象区间	示范气象分区 1、示范气象分区 2	2 个
6	子流域	溪洛渡、向家坝、宜宾、李庄、泸州、朱沱、寸滩、三峡、枝城等子流域	112 个
7	预报区间	溪洛渡、向家坝、宜宾、李庄、泸州、朱沱、寸滩、三峡、枝城等预报区间	78 个
8	蓄滞洪区	荆江分洪区等中下游蓄滞洪区	46 个
9	河段	衔接主要水库及水文站之间的重点河段	62 个

在业务对象配置功能中，可通过右侧树节点切换不同的业务对象类型，然后配置对应的业务对象及属性，主要操作方式包括：各对象类型子页面右上角点击"增加行"，可产生一条新的空白行，用于新增录入对象数据；选中某一行或多行后，点击"删除行"可删除选中的数据行；所有属性列数据都支持人工修改；若同一属性框中需要管理数据集合，同时存储多个数据，应统一采用英文逗号分隔，且分隔符之间不得出现空格，避免解析错误；点击"提交更改"按钮，可将录入或修改后的数据保存到数据库中，并刷新页面显示；点击"刷新"按钮后，

可刷新后台的缓存配置信息,将当前操作的所有修改记录同步作用于示范系统各功能模块中;为便于检索查询,各对象类型子页面左上角的关键字框中,可以输入中英文关键字,输入确认后表格中的编码和名称列可根据输入的关键字进行模糊匹配,自动筛选出满足条件的数据行并显示。

不同对象类型的配置操作方式完全相同,但需要实例化的属性则各有差异。各类对象的具体属性及实例化界面如下:

(1)河流

河流是洪水汇集和传播的核心渠道,属于实体水利对象,主要配置编码、名称、下游河流编码、父河流编码、所属流域编码、描述等属性,在该页面完成所有河流对象的创建(图 5.2-13)。其中,下游河流编码表示不同河流的上下游关系;父河流编码表示不同河流的干支流关系。

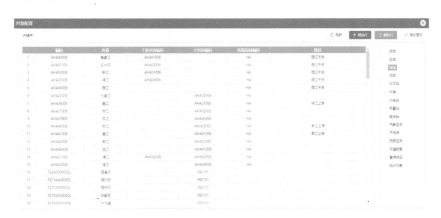

图 5.2-13　业务对象配置——河流

(2)水文站

水文站在防洪体系中通常作为目标控制对象,属于实体水利对象,主要配置编码、名称、下游节点编码、河流编码、设防水位、保证水位、警戒流量、保证流量、安全泄量、水量单位、水位流量曲线编码、流量频率曲线编码、水位频率曲线编码、水位数据编码、流量数据编码、集水面积、流量预报编码、区间预报编码集、缺省计算水位、缺省计算流量、描述等属性(图 5.2-14)。其中,水量单位为万立方米的倍数;集水面积单位为平方千米;水位数据编码、流量数据编码用于从洪涝灾害数据库提取该站点的实际监测数据,一般与站点编码相同,也可映射到其他编码;缺省计算水位和缺省计算流量用于设置该站在业务计算中参与计算的默认初始化数值。由于在《实时雨水情数据库表结构与标识符》(SL 323—2011)实时雨水情标准数据库中,水文站与水位站作为河道站在同一数据库表中统一管理监测数据。因此,本系统中,所有水位站也纳入水文站中统一进行配置管理,在该页面完成所有水文站和水位站对象的创建。

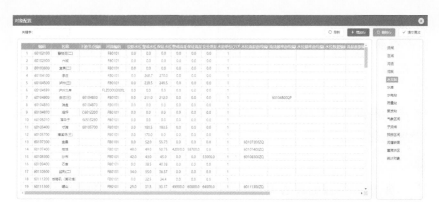

图 5.2-14　业务对象配置——水文站(含水位站)

（3）水库

水库是最重要的防洪工程之一，属于实体水利对象，主要配置编码、名称、下游水库编码、所属河流、所属区域、控制面积、径流系数、调节类型、校核洪水位、设计洪水位、防洪高水位、正常蓄水位、死水位、汛限水位、下游安全泄量、防洪库容、回水长度、坝上水位编码、入库流量编码、出库流量编码、库容曲线编码、库容单位、描述等属性，在该页面完成所有水库对象的实例化创建(图 5.2-15)。其中，控制面积单位为平方千米；调节类型反映水库的调节能力，取值为 1～9,1 代表径流式调节、2 代表不完全日调节、3 代表日调节、4 代表周调节、5 代表季调节、6 代表不完全年调节、7 代表年调节、8 代表不完全多年调节、9 代表多年调节；回水长度单位为千米；防洪库容数值和库容曲线中的库容数据都应与库容单位匹配；库容单位为万立方米的倍数；坝上水位编码、入库流量编码、出库流量编码用于从洪涝灾害数据库提取该水库的实际运行数据，一般与水库编码相同，也可映射到其他编码。

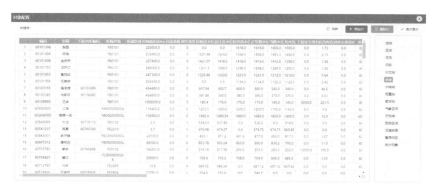

图 5.2-15　业务对象配置——水库

（4）雨量站

雨量站主要用于监测实际降雨，是编制洪水预报方案，掌握降雨分布和开展实时作业预报的重要依据，属于实体水利对象，主要配置编码、名称、雨量数据编码、经度、纬度、描述等属性,在该页面完成所有雨量站对象的实例化创建(图 5.2-16)。其中,雨量数据编码用于从洪涝灾害数据库提取降雨数据,一般与雨量站编码相同,也可映射到其他编码。

图 5. 2-16　业务对象配置——雨量站

(5)气象分区

气象分区主要用于管理气象降雨预报的分区划分,为耦合气象降雨预报和实时洪水预报提供衔接支撑,属于业务概化对象,主要配置编码、名称、小时间隔、面雨量编码等属性,在该页面完成所有气象分区对象的实例化创建(图 5.2-17)。其中,小时间隔为该分区气象降雨时间数据序列的时段步长小时数;面雨量编码为该分区的气象降雨数据存储编码,一般与气象分区编码相同,也可映射到其他编码。

图 5. 2-17　业务对象配置——气象区间

(6)子流域

子流域是用于开展实时洪水预报的最小计算单元,属于业务概化对象,主要配置编码、名称、出口站编码、出口站类型、子流域面积、径流系数、所属气象分区、雨量站权重、蒸发站权重、描述等属性,在该页面完成所有子流域对象的实例化创建(图 5.2-18)。其中,出口站编码为具体的水位站、水文站或水库站编码,与前述的水文站和水库对象配置关联;出口站类型为不同业务对象的类型编码,本系统中 3 代表水库、13 代表水文站;子流域面积单位为平方千米;所属气象分区则与前述的气象分区对象配置关联,表示当前子流域对应哪个气象降雨分区。此外,由于雨量站权重和蒸发站权重需实现多个站点及其权重组成的描述,本系统采用"冒号衔接权重,多站逗号分隔"的特殊格式进行组合。以雨量站权重为例,若某子流域有 3 个雨量站,编码分别为 60312001、60312002、60312003,权重分别为 20%、50%、30%,则该子流域的雨量站权重数据配置格式为"60312001:20,60312002:50,60312003:30"。需注意的是,权重仅保留百分号之前的数值即可,冒号和逗号必须为英文输入法格式。蒸发站权重配置的数据格式与此相同。

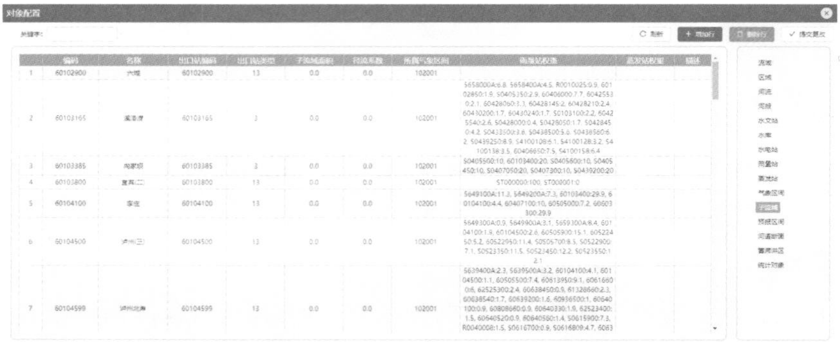

图 5.2-18　业务对象配置——子流域

(7)预报区间

预报区间是开展实时洪水预报的水文分区划分,用于组织一个或多个子流域,属于业务概化对象,主要配置编码、名称、上边界子流域、中间子流域、出口子流域、描述等属性,在该页面完成所有预报区间对象的实例化创建(图 5.2-19)。其中,上边界子流域主要用于关联与当前预报区间存在直接水力联系的上边界子流域编码,包括干流的上游相邻子流域和各支流汇入的最下游衔接子流域,故上边界有可能同时存在多个,若当前预报区间为龙头预报断面的闭合区间,则该项为空;中间子流域主要用于配置预报区间较大时划分的多个分布式子流域单元,若当前预报区间仅对应一个子流域,则该项为空;出口子流域为当前预报区间出口预报断面对应的子流域,不可为空。

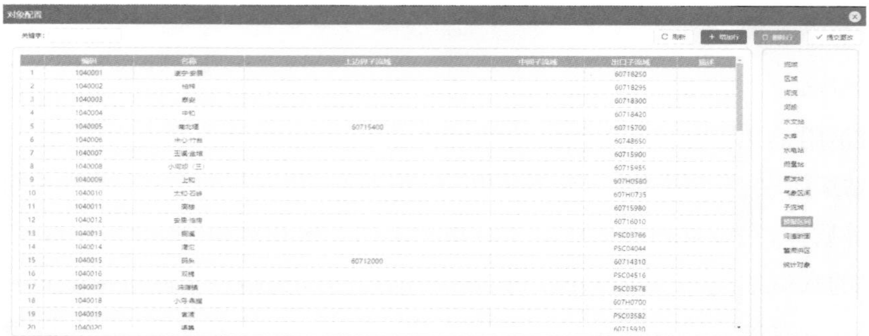

图 5.2-19　业务对象配置——预报区间

（8）蓄滞洪区

蓄滞洪区是重要的防洪工程体系组成部分,属于实体水利对象,主要配置编码、名称、河流编码、区域编码、总面积、总人口、蓄滞洪区类型、设计蓄洪面积、设计蓄洪水位、底水位、分洪口类型、总蓄洪容积、水位面积曲线编码、水位容积曲线编码、容积单位、水位损失曲线编码、控制节点编码、控制节点类型、关联节点集合、启用水位、启用流量、水量单位、描述等属性,在该页面完成所有蓄滞洪区对象的实例化创建(图 5.2-20)。其中,总面积、设计蓄洪面积的单位为平方千米;总人口单位为万人;总蓄洪容积、水位容积曲线中的容积数值单位应与容积单位匹配;容积单位、水量单位均为万立方米的倍数;控制节点是指当前蓄滞洪区对应的唯一控制站点;关联节点是指与当前蓄滞洪区是否启用存在决策关联的所有站点;启用水位、启用流量用于设置当前蓄滞洪区满足启用条件的控制节点数值。

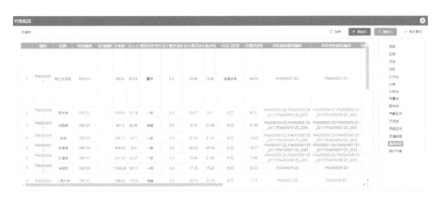

图 5.2-20　业务对象配置——蓄滞洪区

（9）河段

河段主要用于反映河流中两个节点对象构成的线性对象,属于业务概化对象,一般用于洪水传播演进、水动力模拟、回水分析等,主要配置编码、名称、上边界编码、下边界编码、上边界类型、下边界类型、下游河段、父河段、槽蓄曲线编码、容积基准单位、关联测站编码、断面集合、断面间距列表、汇入站集合、汇入控制断面集、汇入模型集合、先合后演、目标控制站集合、平均糙率、糙率曲线编码、所属河流、分流站集合、设计流量、描述等属性,在该页面完成所有河段对象的实例化创建(图 5.2-21)。其中,上边界类型和下边界为不同业务对象的类型编码,本系统中 3 代表水库、13 代表水文站;容积基准单位为万立方米的倍数;关联测站编码用于存储影响河段水情的站点集合;断面集合用于存储当前河段内按从上到下顺序的所有河道测量断面编码;断面间距列表与断面集合匹配,用于存储所有两两相邻断面之间的距离,单位为米,数据个数为断面个数减 1;汇入站集合用于存储所有汇入当前河段的支流控制站编码;汇入控制断面集用于声明各汇入站进入河段后的下游相邻河道断面;汇入模型集合用于指定各汇入站演进到当前河段下边界节点的模型编码;先合后演为 0～1 型数值,0 代表先演后合,1 代表先合后演,先演后合指河段上边界流量和各区间汇入站流量演进到下边界流量时采用先分别演进,再合成叠加,先演后合则是将所有上边界流量和各区间汇入站流量先合成叠加后,再往下边界演进;目标控制站集合用于配置当前河段演进结果可能影响的河道站点;分流站集合与汇入站集合相反,用于存储从当前河段引水或调水的所有分水口。

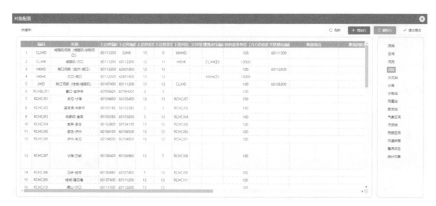

图 5.2-21　业务对象配置—河段

5.2.3.2　专业模型配置

将荆江河段超标准洪水调度决策支持系统涉及的主要模型的属性及参数,以标准化结构进行分类整理,并通过可视化界面进行配置(表 5.2-2)。这些模型参数与模型库中所管理的对应模型算法实例进行耦合,即可形成对应于示范区内各实际水利对象的具体业务计算。

表 5.2-2　　　　　　　　　　　荆江河段示范系统专业模型配置统计表

序号	类型	实例清单	统计
1	新安江	肖家、大洪河、狮子滩、温泉、金子、沿塘、石柱、长滩、兴山等子流域新安江模型	13 个
2	API	溪洛渡、向家坝、宜宾、李庄、泸州、朱沱、寸滩、三峡、枝城等子流域 API 模型	77 个
3	马斯京根	溪洛渡、向家坝、宜宾、李庄、泸州、朱沱、寸滩、三峡、枝城等至下游相邻站点的马斯京根模型	81 个
4	水库调度	溪洛渡、向家坝、三峡、亭子口、草街、彭水、江口等水库调度模型	28 个

专业模型配置功能的所有操作方式与业务对象配置功能完全相同。所有模型都包含模型类型、模型编码、模型名称、时段数、时段类型等 5 个基本属性,而模型参数则根据模型类型不同各有差异。上述基本属性中,模型类型是不同类型模型的唯一标识,新安江模型为"xaj",API 模型为"api",马斯京根模型为"musk",水库调度模型为"rsdsp";模型编码为当前

模型参数集的唯一标识,必须具有全局唯一性;模型名称用于设置当前模型在界面中的显示名称;时段数与时段类型共同构成当前模型参数集的时间属性,时段类型取值分别为 1 代表年、2 代表月、18 代表旬、5 代表日、11 代表小时、12 代表分。例如,若当前模型参数集的时间属性为 3 小时参数,则时段数为 3,时段类型为 11,若模型参数本身无时间含义,则可输入任意整数值。

此处的模型参数配置仅从客观层面管理不同的模型参数,不赋予任何业务含义,也不直接与任何具体水利对象进行逻辑关联,模型参数与水利对象之间的逻辑耦合在后续的模块功能配置中实现。因此,在当前功能页面下,同一对象针对同一模型,可配置多套不同的模型参数集合,通过模型编码进行区分即可。

(1)新安江模型

新安江模型用于管理各子流域的新安江模型参数,主要配置模型类型、模型编码、模型名称、时段数、时段类型、SM、WM、WUM、WLM、K、B、C、IMP、KG、KSS、EX、$KKSS$、KKG 等属性,在该页面完成所有新安江模型参数的实例化创建(图 5.2-22)。其中,SM 表示自由水蓄水容量、WM 表示流域平均蓄水容量、WUM 表示流域土壤上层蓄水容量、WLM 表示流域土壤下层蓄水容量、K 表示流域蒸散发折减系数、B 表示流域蓄水容量不均匀分配系数、C 表示深层蒸散发系数、IMP 表示不透水面积比例、KG 表示地下出流系数、KSS 表示壤中流出流系数、EX 表示自由水容量曲线指数、$KKSS$ 表示壤中流消退系数、KKG 表示地下水消退系数。

图 5.2-22　专业模型配置——新安江

(2)API 模型

API 模型用于管理各子流域的 API 模型参数,主要配置模型类型、模型编码、模型名称、时段数、时段类型、WM、K、B、UNITLCODE、PPARCODE 等属性,在该页面完成所有 API 模型参数的实例化创建(图 5.2-23)。其中,WM、K、B 参数与新安江模型的对应参数含义相同;UNITLCODE 表示汇流单位线编码;PPARCODE 表示 $P—Pa—R$ 关系曲线编码。

图 5.2-23　专业模型配置——API

(3)马斯京根模型

马斯京根模型用于管理各子流域的马斯京根模型参数,主要配置模型类型、模型编码、模型名称、时段数、时段类型、KX、XE、$C0$、$C1$、$C2$、分段数等属性,在该页面完成所有马斯京根模型参数的实例化创建(图 5.2-24)。其中,KX 表示蓄量常数;XE 表示流量比重因子;C_0、C_1、C_2 是根据 KX、XE 参数按水量平衡方程对模型公式转化变形后的固定系数,且满足 $C_0 + C_1 + C_2 = 1.0$;分段数表示采用马斯京根模型进行连续演算的次数。

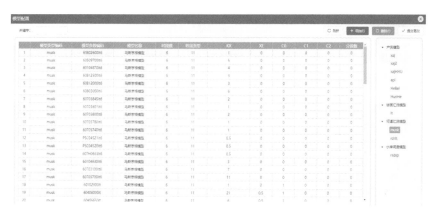

图 5.2-24　专业模型配置——马斯京根

(4)水库调度模型

水库调度模型用于管理各水库参与调度计算的默认边界条件,主要配置模型类型、模型编码、模型名称、时段数、时段类型、最低水位、最高水位、最小出库、最大出库、最大水位涨幅、最大水位降幅、最大流量变幅等属性,在该页面完成所有水库调度模型参数的实例化创建(图 5.2-25)。

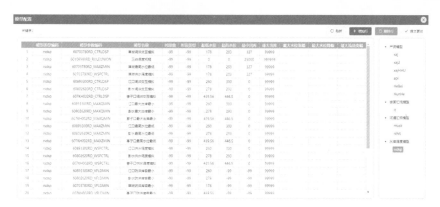

图 5.2-25 专业模型配置——水库调度

5.2.3.3 模块功能配置

将荆江河段超标准洪水调度决策支持系统涉及的所有专业计算功能模块,以标准化结构进行配置管理,并通过可视化界面进行实例化。主要配置管理各业务模块的计算方案、流程以及界面交互,将前述对象、模型等独立的系统要素按照具体业务进行逻辑耦合,同时进一步搭建应用交互面板,最终实现预报预警、调度计算等模块功能实例。具体包括两个层级:一是功能方案配置;二是各功能方案的模块属性配置。

功能方案配置操作方式与业务对象配置界面相同,通过增加行和删除行可实现功能模块的自定义增减(图 5.2-26)。当新增一个功能模块后,需要配置功能方案编码、功能方案名称、功能方案描述、功能方案类型、创建时间等属性。其中,功能方案编码必须全局唯一;功能方案名称为该功能方案在界面上的显示名称;功能方案描述可根据需要自定义输入说明信息;功能方案类型则包括洪水预报、水库调度、河道演进、水库回水、溃坝模拟、洪水风险分析、决策综合模拟等;创建时间为系统自动生成。

图 5.2-26 模块功能配置

当创建出一种功能方案后,在右侧的功能模块节点下会自动增加当前新创建的功能方案名称,并自动创建出模块属性的配置界面,包括计算时段、拓扑结构和模型配置。各模块属性的配置操作方式也与业务对象配置界面基本相同。

（1）计算时段

计算时段页面下，可设置当前功能模块的时间特征属性，包括时段显示名称、时段类型、时段类型数、默认计算时段数、默认时期、起始时间、结束时间、默认预热时段数等（图5.2-27）。其中，时段显示名称是界面显示的时段类型名称。时段类型为下拉选项，包括分、小时、日、旬、月等；时段类型数是时段类型的倍数，二者组合即确定出具体的时段步长。例如，时段类型选择小时，时段类型数设置6，就代表当前时段步长为6小时。默认计算时段数是开放界面显示的默认计算时段个数。例如，若时段步长为6小时，默认计算时段数为12，则代表计算周期为72小时。起始时间和结束时间一般不作配置，通常由系统界面根据当前系统时间自动生成，若此处配置，则代表系统每次都按给定的起始时间或结束时间运行。默认时期为勾选项，每个功能模块都可创建多套时间属性，当前勾选项用于确定界面显示的默认值，如分别配置3小时、6小时和1日3种时段类型，其中6小时设置为默认时期，则界面默认显示时段类型为6小时，也可切换为3小时和1日。该功能可实现根据不同功能模块的计算需求，分别创建不同的时间属性。

图5.2-27　模块功能的时段类型配置

（2）拓扑结构

拓扑结构页面下，可设置当前功能模块下参与计算的对象体系，包括对象编码、对象名称、对象类型、指向节点、下级节点等（图5.2-28）。其中，对象编码来源于业务对象配置中的各类业务对象编码；对象名称为开放界面显示的计算节点名称；对象类型为下拉选型，与当前配置的对象编码匹配，具体包括河流、水库、水文站、河段、蓄滞洪区等；指向节点用于反映父子衔接关系，代表当前对象的水流去了哪里，如草街指向嘉陵江，嘉陵江指向长江，三峡指向长江；下级节点用于反映兄弟相邻关系，代表指向同一河流的多个同层级对象的上下游顺序，如草街和北碚都指向嘉陵江且上下相邻，则草街下级节点为北碚。由此可见，拓扑结构配置具有严格的逻辑闭环特征，要求河流、水库、水文站、河段、蓄滞洪区等所有参与计算的节点对象全部按照父子关系和兄弟关系进行准确的拓扑结构描述，系统才能自动适配出当前计算体系对应的正确水力联系。

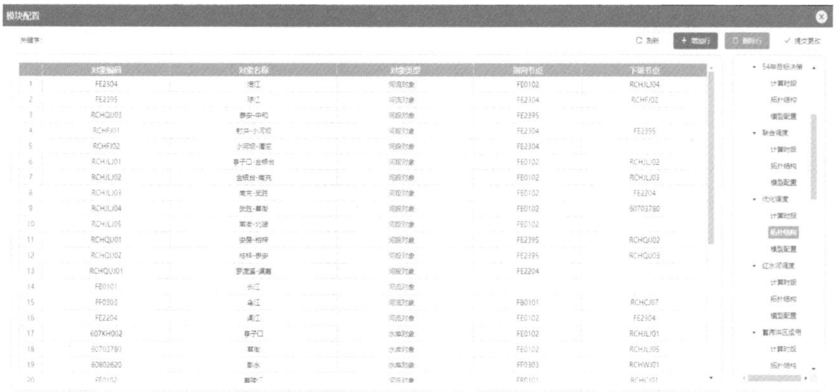

图 5.2-28　模块功能的拓扑结构配置

（3）模型配置

　　模型配置页面下，可以配置对应功能模块中不同计算对象与不同专业模型的映射关系，并指定缺省的计算模型。不同功能模块的模型配置会根据计算需求生成不同的配置页面，但操作方式完全一样，总体包括计算节点编码、模型集合和默认模型 3 类。其中，计算节点编码来源于拓扑结构中的计算对象；模型集合为当前计算节点参与计算的对应模型参数，与专业模型配置关联，若某类对象具有多个计算环节，则每个环节都可分别配置参与计算的模型参数；默认模型针对模型集合中配置的参数，指定其中一个作为界面显示的默认计算模型，其余模型则可通过用户界面在实际运行时根据需求人工切换。图 5.2-29、图 5.2-30 分别为预报类模型配置页面和调用类型配置页面。

图 5.2-29　模块功能的预报类模型配置

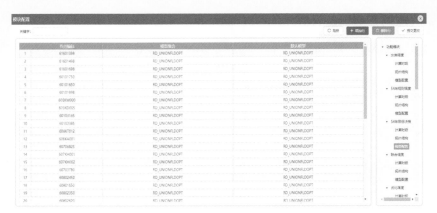

图 5.2-30　模块功能的调度类型配置

5.3　洪水调度及防汛应急方案

5.3.1　洪水调度原则及目标

长江流域的洪水调度总体应遵循"蓄泄兼筹,以泄为主"原则,并兼顾综合利用要求。首先应确保防洪体系内所有水工程自身安全,然后再通过河道湖泊运用、水库群拦蓄、蓄滞洪区运用、排涝泵站限排等措施,根据需要承担防洪任务,实现流域防洪目标,提高整体防洪效益,并合理利用水资源。

根据《长江流域综合规划(2012—2030 年)》确定的防洪标准,长江中下游的总体防洪目标为达到防御新中国成立以来发生的最大洪水(即 1954 年洪水),减小分洪量和蓄滞洪区的使用概率。其中,荆江河段防洪标准达到 100 年一遇,同时对遭遇 1000 年一遇或类似 1870 年洪水,应有可靠措施保证荆江两岸干堤防洪安全,防止发生毁灭性灾害。具体调度目标如下:

1)当发生 100 年一遇以下洪水时,控制沙市水位不超过 44.5m。

2)当发生 100 年一遇以上、1000 年一遇以下洪水时,配合荆江分洪区、涴市扩大区、虎西备蓄区及人民大垸蓄滞洪区分蓄洪水和排涝泵站运用,控制沙市水位不超过 45m,控制枝城最大流量不超过 80000m³/s。其中,梨园、阿海、金安桥、龙开口、鲁地拉、锦屏一级、二滩等有配合三峡水库承担长江中下游防洪任务的水库,实施与三峡水库同步拦蓄洪水的调度方式,适当控制水库下泄;溪洛渡、向家坝、观音岩、瀑布沟、亭子口、构皮滩、思林、沙沱、彭水等承担所在河流防洪和配合三峡水库承担中下游防洪双重任务的水库,结合所在河流防洪任务,配合其他水库降低长江干流洪峰流量,减少三峡水库入库洪量;水布垭、隔河岩等清江梯级水库在满足本流域防洪要求的前提下,与三峡水库实施联合防洪调度,减轻长江干流荆江河段防洪压力。

3)发生 1000 年一遇以上洪水,视需要爆破人民大垸中洲子江堤吐洪入江,进一步运用监利河段主泓南侧青泥洲、北侧新洲垸等措施扩大行洪；若来水继续增大，爆破洪湖西分块蓄滞洪区上上车湾进洪口门，利用洪湖西分块蓄滞洪区分蓄洪水。当沙市水位超过 44.5m 时，排涝泵站服从统一调度。

综上，当荆江河段发生洪水时，优先由河道下泄洪水，同时利用三峡等中上游水库群联合拦蓄洪水，最后再动用蓄滞洪区分洪。因此，开展中上游水库群调度和蓄滞洪区运用研究是应对荆江河段洪水调度的关键要务。

5.3.2　重点水库洪水调度方式

承担荆江河段洪水调度任务的核心枢纽是三峡水库，配合三峡水库开展洪水联合调度的长江中上游水库则主要包括梨园、阿海、金安桥、龙开口、鲁地拉、锦屏一级、二滩、溪洛渡、向家坝、观音岩、瀑布沟、亭子口、构皮滩、思林、沙沱、彭水、水布垭、隔河岩等 18 座水库。以下将分别说明各水库在汛期阶段的主要洪水调度方式。

（1）三峡

对荆江河段进行防洪补偿的调度方式，主要适用于长江上游发生大洪水的情况。汛期在实施防洪调度时，如三峡水库水位低于 171m，则按沙市站水位不高于 44.5m 控制水库下泄流量；当水库水位在 171～175m 时，控制枝城站流量不超过 80000m³/s，在配合采取分蓄洪措施条件下控制沙市站水位不高于 45m；水库水位达 175m 后，按保枢纽安全方式进行调度。

兼顾对城陵矶地区进行防洪补偿的调度方式，主要适用于长江上游洪水不大，三峡水库尚不需为荆江河段防洪大量拦蓄洪水，而城陵矶水位将超过堤防设计水位，需要三峡水库拦蓄洪水以减轻该地区防洪及分蓄洪压力的情况。汛期在因调控城陵矶地区洪水而需要三峡水库拦蓄洪水时，如水库水位不高于 155m，则按控制城陵矶水位 34.4m 进行补偿调度；当水库水位高于 155m 后，一般情况下不再对城陵矶地区进行防洪补偿调度，转为对荆江河段进行防洪补偿调度；如城陵矶附近地区防汛形势依然严峻，可考虑溪洛渡、向家坝等水库与三峡水库联合调度，进一步减轻城陵矶附近地区防洪压力。

汛期运用水位控制 6 月 10 日至 9 月 30 日为 145m。6 月 10 日至 8 月 31 日期间，水库在不需要因防洪需求拦蓄洪水时，原则上应按防洪限制水位 145m 控制运行，实时调度时可在 144.9～146.5m 浮动。当预报三峡水库上游或者长江中游河段将发生洪水时，应按规定及时采取预泄措施，保证水库拦蓄洪水时的起调水位不高于 145m。洪水过后，要在不增加下游防洪压力情况下，尽快降至防洪限制水位。8 月 31 日后，当预报上游不会发生大洪水，且沙市、城陵矶水位分别低于 40.3m、30.4m 时，9 月 10 日水库运行水位按上浮至 150～155m 控制。

（2）梨园

一般情况下水库按 1605m 水位运行。当长江中下游发生大洪水时，与金沙江水库群联合调度拦蓄金沙江来水,减少汇入三峡水库的洪量;当川渝河段发生大洪水时,与金沙江中游水库群联合调度配合金沙江下游水库拦洪削峰,减轻川渝河段防洪压力;当水库水位达到1618m后,按保枢纽安全方式进行调度。

（3）阿海

一般情况下水库按1493.3m水位运行。当长江中下游发生大洪水时,与金沙江水库群联合调度拦蓄金沙江来水,减少汇入三峡水库的洪量;当川渝河段发生大洪水时,与金沙江中游水库群联合调度配合金沙江下游水库拦洪削峰,减轻川渝河段防洪压力;当水库水位达到1504m后,按保枢纽安全方式进行调度。

（4）金安桥

一般情况下水库按1410m水位运行。当长江中下游发生大洪水时,与金沙江水库群联合调度拦蓄金沙江来水,减少汇入三峡水库的洪量;当川渝河段发生大洪水时,与金沙江中游水库群联合调度配合金沙江下游水库拦洪削峰,减轻川渝河段防洪压力;当水库水位达到1418m后,按保枢纽安全方式进行调度。

（5）龙开口

一般情况下水库按1289m水位运行。当长江中下游发生大洪水时,与金沙江水库群联合调度拦蓄金沙江来水,减少汇入三峡水库的洪量;当川渝河段发生大洪水时,与金沙江中游水库群联合调度配合金沙江下游水库拦洪削峰,减轻川渝河段防洪压力;当水库水位达到1298m后,按保枢纽安全方式进行调度。

（6）鲁地拉

一般情况下水库按1212m水位运行。当长江中下游发生大洪水时,与金沙江水库群联合调度拦蓄金沙江来水,减少汇入三峡水库的洪量;当川渝河段发生大洪水时,与金沙江中游水库群联合调度配合金沙江下游水库拦洪削峰,减轻川渝河段防洪压力;当水库水位达到1223m后,按保枢纽安全方式进行调度。

（7）观音岩

7月1—31日的防洪限制水位为1122.3m,8月1日至9月30日的防洪限制水位为1128.8m。水库预留防洪库容2.53亿 m^3 ,对攀枝花市进行防洪补偿调度,当预报攀枝花水文站流量将超过30年一遇时,适当拦洪削峰,控制攀枝花水文站流量不超过11700 m^3/s ;当长江中下游发生大洪水时,与金沙江水库群联合调度拦蓄金沙江来水,减少汇入三峡水库的洪量;当川渝河段发生大洪水时,与金沙江中游水库群联合调度配合金沙江下游水库拦洪削峰,减轻川渝河段防洪压力;当水库水位达到1134m后,按保枢纽安全方式进行调度。

（8）溪洛渡

一般情况下水库按560m水位运行。当预报李庄流量小于51000 m^3/s ,若水库水位低于573.1m,按不超过25000 m^3/s 控泄,若水库水位高于573.1m,按出入库平衡调度;当预报李庄洪峰流量超过 51000m³/s,或朱沱洪峰流量超过 52600m³/s 时,联合向家坝水库对李庄、朱沱进行补偿调度,控制李庄、朱沱洪峰流量分别不超过 51000m³/s、52600m³/s;当预报寸滩洪峰流量大于 83100m³/s,联合向家坝水库对寸滩进行拦洪削峰,尽量使其不超过 83100m³/s。根据长江中下游防洪形势,与向家坝水库联合调度,配合三峡水库承担长江中下游防洪任务。在与向家坝水库联合防洪调度时,先运用溪洛渡水库拦蓄洪水,当溪洛渡水库水位上升至 573.1m 后,若溪洛渡入库流量超过 28000m³/s 并呈上涨趋势,可继续动用溪洛渡水库拦蓄洪水;若溪洛渡入库流量低于 28000m³/s,溪洛渡水库维持出入库平衡,向家坝水库开始拦蓄洪水;当向家坝水库拦蓄至接近 378m,溪洛渡与向家坝水库继续拦蓄;当水库水位达到 600m 后,按保枢纽安全方式进行调度。

(9)向家坝

一般情况下水库按 370m 水位运行。当预报李庄流量小于 51000m³/s,若溪洛渡水库水位低于 573.1m,向家坝水库按不超过 25000m³/s 控泄,当溪洛渡水库水位高于 573.1m 之后,向家坝水库按出入库平衡调度;当预报李庄洪峰流量超过 51000m³/s 或朱沱洪峰流量超过 52600m³/s 时,联合溪洛渡水库对李庄、朱沱进行补偿调度,控制李庄、朱沱两站洪峰流量分别不超过 51000m³/s、52600m³/s;当预报寸滩洪峰流量大于 83100m³/s,联合溪洛渡水库对寸滩进行拦洪削峰,尽量使其不超过 83100m³/s。根据长江中下游防洪形势,与溪洛渡水库联合调度,配合三峡水库承担长江中下游防洪任务。在与溪洛渡水库联合防洪调度时,先运用溪洛渡水库拦蓄洪水,当溪洛渡水库水位上升至 573.1m 后,若溪洛渡入库流量超过 28000m³/s 并呈上涨趋势,可继续动用溪洛渡水库拦蓄洪水;若溪洛渡入库流量低于 28000m³/s,溪洛渡水库维持出入库平衡,向家坝水库开始拦蓄洪水;当向家坝水库水位蓄至接近 378m 时,配合溪洛渡水库继续拦蓄;当向家坝水库拦蓄至 380m 后,按保枢纽安全方式进行调度。

(10)锦屏一级

一般情况下水库按 1859m 水位运行。锦屏一级水库和二滩水库为长江中下游预留总防洪库容不得少于 25 亿 m³。与二滩水库联合调度,当长江中下游发生大洪水时,适时拦蓄雅砻江来水,减少汇入三峡水库的洪量;当雅砻江、金沙江或川渝河段发生大洪水时,适时进行拦洪、削峰和错峰,减轻雅砻江下游、金沙江下游和川渝河段防洪压力;当水库水位达到 1880m 后,按保枢纽安全方式进行调度。

(11)二滩

一般情况下水库按 1190m 水位运行。二滩水库和锦屏一级水库为长江中下游预留总防洪库容不得少于 25 亿 m³,且二滩水库预留防洪库容不小于 7 亿 m³。与锦屏一级水库联合调度,当长江中下游发生大洪水时,适时拦蓄雅砻江来水,减少汇入三峡水库的洪量;当雅砻江、金沙江或川渝河段发生大洪水时,适时进行拦洪、削峰和错峰,减轻雅砻江下游、金沙江下游和川渝河段防洪压力;当水库水位达到 1200m 后,按保枢纽安全方式进行调度。

（12）瀑布沟

6月1日至7月31日的防洪限制水位为836.2m,8月1日至9月30日的防洪限制水位为841m。对成昆铁路沙坪段实施补偿调度时,控制沙坪水文站水位不高于539.6m;根据实时雨水情和防洪形势,适时控制出库流量减轻乐山市城区和下游重要城镇的防洪压力;当承担川渝河段防洪任务时,一般情况下控制水库水位不高于844m,如预报水库上游短期内无大洪水,可控制水库水位不高于845m;当配合三峡水库承担长江中下游防洪任务时,一般情况下控制水库水位不高于841m,如预报水库上游短期内无大洪水,可控制水库水位不高于844m;当库水位达到850m后,按保枢纽安全方式进行调度。

（13）亭子口

6月21日至8月31日的防洪限制水位为447m。预留防洪库容14.4亿 m^3,正常运用的防洪库容为447~458m的10.6亿 m^3,非常运用的防洪库容为458~461.3m的3.8亿 m^3。一般情况下水库按水库水位不高于防洪限制水位运行,实时调度过程中,视实时水雨情、枢纽状况和防汛形势,经水利部长江水利委员会同意后,可适时调整枢纽运行水位。当水库来水小于10年一遇且南充市未出现汛情时,水库下泄流量按不大于10000 m^3/s 进行控制。当南充出现汛情但洪水不超过50年一遇时,亭子口水库对嘉陵江中下游进行防洪补偿调度,控制南充流量不超过25100 m^3/s,水库水位不高于防洪高水位458m。南充洪水超过50年一遇之后,如亭子口水库水位达到或高于458m,水库利用非常运用库容进行错峰、削峰调度,减轻南充等城镇的洪灾损失,控制水库水位不高于461.3m。当长江中下游发生大洪水时,与长江上游水库群联合运用,减少汇入三峡水库的洪量,配合三峡水库承担长江中下游防洪任务。为长江中下游防洪调度时,一般情况下控制水库水位不高于458m;当长江中下游遭遇严重灾情洪水时,可动用水库非常运用库容,控制水库水位不高于461.3m。必要时,与嘉陵江水库群联合运用拦蓄嘉陵江来水,减轻重庆市境内嘉陵江干流河段防洪压力。当水库水位高于461.3m时,按保枢纽安全方式进行调度。

（14）构皮滩

6月1日至7月31日的防洪限制水位为626.24m,8月1—31日的防洪限制水位为628.12m。当水库水位达到630m后,按保枢纽安全方式进行调度。当乌江中下游发生大洪水时,配合思林、沙沱、彭水等水库拦蓄洪水;当长江中下游发生大洪水时,拦蓄乌江来水,减少汇入三峡水库的洪量。

（15）思林

一般情况下水库按435m水位运行。当入库流量小于等于11500 m^3/s 时对塘头粮产区进行防洪补偿调度,最大下泄流量不超过9320 m^3/s,最高调洪水位不高于438.76m。当入库流量大于11500 m^3/s 且小于等于13300 m^3/s 时,按入库流量下泄。当入库流量大于13300 m^3/s 且小于等于16300 m^3/s 时,若沙沱水库坝前水位小于等于358m,下泄流量按思南水文站流量不超过 15100m³/s 进行控制;若沙沱水库坝前水位小于等于 360m,下泄流量按思南水文站流量不超过 14700m³/s 进行控制;若沙沱水库坝前水位小于等于 362m,下泄流量按思南水文站流量不超过 14000m³/s 进行控制;若沙沱水库坝前水位大于 362m,下泄流量按思南水文站流量不超过 13300m³/s 进行控制。当入库流量大于 16400m³/s 或水库水位达到 440m 后,按保枢纽安全方式进行调度。当长江中下游发生大洪水时,拦蓄乌江来水,减少汇入三峡水库的洪量。

（16）沙沱

一般情况下水库按 357m 水位运行。当乌江中下游发生大洪水时,配合构皮滩、思林、彭水等水库拦蓄洪水,对沿河县城进行补偿调度,控制沿河水文站水位不高于 312m。若彭水水库坝前水位小于等于 288.85m,下泄流量按沿河县城河段流量不超过 17000m³/s 进行控制;若彭水水库坝前水位小于等于 290m,下泄流量按沿河县城河段流量不超过 16500m³/s 控制;若彭水水库坝前水位高于 290m,下泄流量按沿河县城河段流量不超过 16000m³/s 控制。沙沱水库水位达到 365m 后,按保枢纽安全的调度方式进行调度。当长江中下游发生大洪水时,拦蓄乌江来水,减少汇入三峡水库的洪量。

（17）彭水

一般情况下水库按 287m 水位运行。当不需要彭水水库配合三峡水库承担长江中下游防洪任务时,若彭水水库入库洪水不大于 21700m³/s,最大泄量按不超过 19900m³/s 控制,一般情况下控制水库水位不高于 288.85m;若需要动用 288.85m 以上的防洪库容,则需视上游构皮滩、思林、沙沱水库的蓄水情况及沿河县城的防洪形势而定;若入库洪水大于 21700m³/s,按出入库流量基本平衡调度;当水库水位达到 293m 后,按保枢纽安全方式进行调度。当长江中下游有防洪需要时,彭水水库配合三峡水库承担长江中下游防洪任务。

（18）水布垭

5 月 21 日至 6 月 20 日水库水位按 397m 控制运用,当预报清江流域有较大洪水或长江上游可能发生较大洪水时,水库水位应尽快降至 391.8m。6 月 21 日至 7 月 31 日的防洪限制水位为 391.8m。当入库流量小于等于 20 年一遇洪水洪峰流量时,最小下泄流量按 1110m³/s 控制,最高水库水位按 397m 控制;当入库流量大于 20 年一遇洪水洪峰流量后,最大拦蓄流量为 5000m³/s;当水库水位达到 400m 后,按保枢纽安全方式进行调度。当长江干流发生洪水需要配合拦蓄清江洪水实施错峰调度时,利用水库水位 391.8~400m 的库容,按有调度权限的调度管理部门的调度指令拦蓄洪水。

（19）隔河岩

5 月 21 日至 6 月 20 日水库水位按 198m 控制运用,当预报清江流域有较大洪水或长江上游可能发生较大洪水时,水库水位应尽快降至 193.6m。发生洪水时按以下方式调度:当水库水位低于 198m 时,按发电调度方式调度;当水库水位达到或高于 198m,但低于 200m

时,水库最大下泄流量按 11000m³/s 控制;当水库水位达到或高于 200m,但低于 203m 时,水库最大下泄流量按 13000m³/s 控制;当水库水位达到 203m,水位继续上升时,按保枢纽安全方式调度。6 月 21 日至 7 月 31 日的防洪限制水位为 193.6m,需要配合三峡水库防洪联合调度减轻荆江河段防洪压力时,提前预泄至 192.2m。当水库水位低于防洪限制水位时,按发电调度方式运行;当水库水位达到或高于防洪限制水位,但低于 200m 时,按长江荆江河段错峰调度要求拦蓄洪水,控制水库最大下泄流量不超过 11000m³/s;当水库水位达到或高于 200m,但低于 203m 时,水库最大下泄流量按 13000m³/s 控制;当水库水位达到 203m,水位继续上升时,按保枢纽安全方式进行调度。

5.3.3 蓄滞洪区方案

荆江河段所在地区主要预留了荆江分洪区、涴市扩大分洪区、虎西山岗备蓄洪区和人民大垸蓄洪区等 4 个蓄滞洪区,蓄滞洪总面积 1465.3km²,耕地面积 6.01 万 hm²,总人口 88.7 万人,有效蓄洪容积 71.6 亿 m³。

荆江分洪区位于虎渡河以东,安乡河以西,太平口至藕池口以南的区域内,东西平均宽 13.6km,南北长 68km,总面积 921.3km²,设计蓄洪水位 42m,设计蓄洪容量 54 亿 m³。主体工程有进洪闸、节制闸和 208km 围堤。位于太平口东岸的是进洪闸,也叫北闸,共 54 孔,设计沙市水位 45m 时,进洪流量 8000m³/s,必要时还可在腊林洲扒堤,增加分洪量。位于黄山头虎渡河上的是节制闸,也叫南闸,共 32 孔,设计流量不超过 3800 m³/s。荆江分洪区有 8 镇 2 乡 4 个农林渔场,195 个村,49.79 万人,有耕地 3.6 万 hm²,是荆江地区防洪系统的重要组成部分,其主要作用是蓄纳上游来水超过上荆江安全泄量的超额洪水,即枝城来水经过松滋、虎渡两口分泄后,沙市洪水位将超过 45m,并预报来水有继续增大趋势的情况下,经中央批准后进行运用,以确保荆江大堤的防洪安全,并减轻洞庭湖地区和武汉市的洪水威胁。

涴市扩大分洪区位于虎渡河右岸,与荆江分洪区仅隔虎渡河,东西平均宽 5.33km,南北长 17.2km,总面积 96km²,设计蓄洪水位 43m,设计蓄洪量 2 亿 m³。主体工程有涴市至甲里口隔堤、涴市至太平口长江干堤和太平口至里甲口虎西堤,堤防总长 52.6km。分洪区进洪口门拟在隔堤北端下游约 500m 处江堤上,设计分洪流量 5000m³/s。当长江干流枝城来量大于 75000～80000m³/s 予以运用,其主要作用是补充荆江分洪区进洪流量的不足,与荆江分洪区联合运用以扩大分洪效果。

虎西山岗备蓄洪区位于虎西堤以西,上起中河口,下至黄山头,西以山岗为界,东西平均宽约 3.3km,南北长 28km,面积 92.38km²,设计蓄洪水位 42m,有效蓄洪容量 3.8 亿 m³。主体工程有大至岗—黄山头虎西堤,大至岗—黄山头山岗堤,进洪口拟在虎西堤的肖家咀。在荆江分洪区水位达到或接近设计水位,且预报分洪量可能超过 2 亿～3 亿 m³ 时,在控制南闸下泄流量不超过 3800m³/s 的条件下,扒开虎东堤和虎西堤,使洪水进入备蓄区,以补充分洪区容量不足。

人民大垸蓄洪区位于荆江中段左岸石首新厂至杨家湾,北依荆江大堤,上起江陵柳口,下抵监利杨家湾,总面积 362km²,设计蓄洪水位 38.5m,有效蓄洪容量 11.8 亿 m³。蓄滞洪区内分上、下人民大垸,分洪口门在新厂下约 4km 的上人民大垸支堤茅林口,桩号 33＋800～36＋500,设计口门宽 2700m,设计分洪流量 20000m³/s。人民大垸也是荆江分洪工程的组成部分,当浣市扩大分洪区运用,并且在无量庵扒堤吐洪后,原则上人民大垸必须运用,等量分蓄无量庵泄入荆江的洪水。

荆江河段各蓄滞洪区的总体运用原则为:充分利用河道下泄洪水,沙市水位预报将超过 44.5m 时,相机运用荆江两岸干堤间洲滩民垸行蓄洪水;当三峡水库水位高于 171m 之后,如上游来水仍然很大,水库下泄流量将逐步加大至控制枝城站流量不超过 80000m³/s,荆江地区蓄滞洪区配合使用,控制沙市站水位不超过 45m。具体分洪运用方案如下:

①沙市水位达到 44.67m 并预报继续上涨时,做好荆江分洪区进洪闸(北闸)防淤堤的爆破准备。

②沙市水位达到 45m 并预报继续上涨时,视实时洪水大小和荆江堤防工程安全状况,决定是否开启荆江分洪区北闸分洪;同时,做好爆破腊林洲江堤分洪口门的准备;在运用北闸分洪已控制住沙市水位,并预报短期内来水不再增大、水位不再上涨时,视水情状况适时调控直至关闭进洪闸,保留蓄洪容积。

③荆江分洪区进洪闸全部开启进洪仍不能控制沙市水位上涨,则爆破腊林洲江堤口门分洪;同时做好沈市扩大区与荆江分洪区联合运用的准备。

④荆江分洪区进洪闸全部开启且腊林洲江堤按设定口门爆破分洪后,仍不能控制沙市水位上涨,则爆破沈市扩大区江堤进洪口门及虎渡河里甲口东、西堤,与荆江分洪区联合运用;运用虎渡河节制闸(南闸)兼顾上下游控制泄流,最大不超过 3800m³/s;同时做好虎西备蓄区与荆江分洪区联合运用准备。

⑤预报荆江分洪区内蓄洪水位(黄金口站,下同)将超过 42m,爆破虎东堤和虎西堤,使虎西备蓄区与荆江分洪区联合运用;同时做好无量庵吐洪入江及人民大垸分洪运用的准备。

⑥荆江分洪区、沈市扩大区、虎西备蓄区运用后,预报荆江分洪区内蓄洪水位仍将超过 42m,提前爆破无量庵江堤口门吐洪入江;预计长江干流不能安全承泄洪水,在爆破无量庵江堤口门的同时,在其对岸上游爆破人民大垸江堤分洪;进一步落实长江监利河段主泓南侧青泥洲、北侧新洲垸扩大行洪,清除阻水障碍等措施,确保行洪畅通。

上述措施可解决枝城 1000 年一遇或 1870 年同等级大洪水;若遇再大洪水,视实时洪水水情和荆江堤防工程安全状况,爆破人民大垸中洲子江堤吐洪入江;若来水继续增大,爆破洪湖蓄滞洪区上车湾江堤进洪口门,分洪入洪湖蓄滞洪区。

5.3.4 防汛应急方案

为做好长江流域洪水灾害突发事件的防范与处置工作,使灾害处于可控状态,最大限度减少人员伤亡和财产损失,长江流域制定了长江防汛应急预案。涉及应急响应相关的方案内容主要包括以下几个方面。

5.3.4.1 应急响应的总体要求

①按洪涝、旱灾的严重程度和范围,将应急响应行动分为 4 级,由重到轻分别为Ⅰ级、Ⅱ级、Ⅲ级和Ⅳ级。

②进入汛期后,流域内各级防汛抗旱指挥机构应实行 24h 值班制度,密切注视雨情、水情、工情、灾情,并根据不同情况启动相关应急程序。

③长江流域防汛抗旱调度按照职责权限规定执行,重大调度问题由国家防总直接决策,长江防总负责提出调度意见。长江防总办公室履行值守应急、信息汇总和综合协调职责,发挥运转枢纽作用。流域内地方各级防汛抗旱指挥机构,按照流域防汛抗旱指挥机构的统一部署,负责本辖区内水利、防洪工程的调度。必要时,视情况由上一级防汛抗旱指挥机构直接调度。防汛指挥部各成员单位应按照指挥部统一部署和职责分工开展工作,并及时报告有关工作情况。

④发生洪涝灾害后,地方各级防汛抗旱指挥机构按照管理权限,负责组织实施抗洪抢险、防洪排涝、减灾救灾和善后等方面的工作,并向上级防汛抗旱指挥机构报告情况。造成重大人员伤亡的突发事件,可越级上报,并同时上报上级防汛抗旱指挥机构。

⑤对跨区域发生的洪涝灾害,或者突发事件将影响到邻近行政区域时,在报告本级人民政府和本级防汛抗旱指挥机构的同时,还应及时向受影响地区的防汛抗旱指挥机构通报情况。

⑥山洪灾害防御由当地防汛抗旱指挥机构负责。对山洪灾害易发区,应充分利用已建成的山洪灾害监测预警系统,加强监测预报预警,根据降雨及山洪地质灾害监测情况及时发出预警信息,紧急转移受威胁区群众;当发生山洪灾害时,当地防汛抗旱指挥机构应组织有关部门的专家和技术人员及时赶赴现场,采取应急措施;若发生人员伤亡,应立即组织抢救,必要时向当地驻军、武警部队和上级政府请求支援。如山洪、泥石流、滑坡体堵塞河道,当地防汛抗旱指挥机构应召集有关部门的专家研究处理方案,尽快采取应急措施,恢复河道行洪,防止次生灾害发生。严重的山洪、泥石流灾害,长江防总派出专家到现场指导。

⑦台风暴潮(含热带气旋)灾害应急处理由当地防汛抗旱指挥机构负责。台风影响地区的各级防汛抗旱指挥机构领导及水利工程防汛负责人,应根据当地应急预案进一步检查各项防御措施落实情况。督促对病险堤防、水库、涵闸进行抢护或采取紧急处置措施,做好受台风威胁地区群众的安全转移。水文部门应根据降雨预报,做出江河洪水预报。水利工程管理单位应做好工程的保安工作,控制运用水库、水闸及江河洪水调度运行,并及时向上级防汛抗旱指挥机构汇报防台风行动情况。

5.3.4.2 Ⅰ级判别条件及响应行动

出现下列情况之一者,可启动Ⅰ级防汛应急响应:

①长江流域发生特大洪水,干流主要控制站水位达到或超过保证水位;

②三峡水库入库流量达到 $83700 \text{m}^3/\text{s}$;

③流域内两条及以上重要一级支流发生特大洪水或主要控制站水位超过保证水位;

④长江干流1级、2级堤防发生决口；

⑤流域内大型或重点中型水库发生垮坝；

⑥其他需要启动Ⅰ级响应的情况。

当启动Ⅰ级防汛应急响应后，应配套执行以下行动：

a. 长江防总总指挥或常务副总指挥主持会商，防总成员参加。视情况启动国务院批准的长江防御洪水方案，作出防汛抗旱应急工作部署，加强工作指导。按照权限调度水利工程，向国家防总提出调度实施方案的建议，为国家防总提供调度参谋意见。向受影响省（直辖市）防汛抗旱指挥机构发出落实调度实施方案应采取相应措施的具体要求。在2h内将情况上报国家防总并通报长江防总成员单位。在24h内派工作组、专家组赴一线指导地方抗洪抢险。

b. 长江防总办公室密切监视汛情、工情、灾情的变化发展，领导参加带班并增加值班人员，加强值班、会商，每天发布汛情抗旱通报，通报汛情及防汛工作情况。根据汛情、灾情的发展，及时提出应急处理意见，供长江防总领导决策。

c. 流域内相关省（直辖市）的防汛抗旱指挥机构启动Ⅰ级响应，可依法宣布本地区进入紧急防汛期，按照国家的相关法规，行使权力。同时，增加值班人员，加强值班，由防汛抗旱指挥机构主要领导主持会商，动员部署防汛抗旱工作；按照权限调度防洪工程；根据预案转移危险地区群众，组织巡查、布防、及时控制险情。受灾地区的各级防汛抗旱指挥机构和成员单位负责人，应按照职责到分管的区域组织指挥防汛工作，或驻点帮助重灾区做好防汛工作。受灾省（直辖市）的防汛抗旱指挥机构应将防汛抢险工作情况上报当地人民政府和国家防总、长江防总。相关省（直辖市）的防汛抗旱指挥机构成员单位全力配合做好防汛救灾工作。

d. 长江防总办公室各成员单位进入Ⅰ级响应状态，按照职责分工，全力配合做好防汛抢险专业技术支持和后勤保障。有关专业技术部门要参与长江特大洪水实时调度的研究和重大险情抢救方案的制定，及时派出相关专业的专家赴一线指导地方抗洪抢险。流域内各级水文气象部门要确保水文测报。有关水情站点立即启动特大洪水测验方案，并加密观测和报汛段次，重点河段、测站逐时报汛，根据防洪调度的需要，加密实测流量的测验，布置对分洪溃口的水文观测。流域水文部门派出工作组到重要水文站点指导工作。流域内各级水情中心要及时准确做好相关站点的洪水预报工作，加强会商及滚动分析。

e. 当水情达到洪水调度规定的分洪条件时，按照启用程序和管理权限由相应的防汛抗旱指挥机构批准下达分洪命令，有关地区和县防汛抗旱指挥机构负责调度措施的实施。运用蓄滞洪区时，应把人民的生命安全放在首位，按照群众安全转移方案实施转移。

f. 堤防决口的应急处理，由当地防汛抗旱指挥机构负责，首先应迅速组织受影响群众转移，并视情况抢筑二道防线，控制洪水影响范围，尽可能减少灾害损失。长江干流堤防决口应立即报告长江防总、国家防总；防汛抗旱指挥机构视情况在合适时机组织实施堤防堵口，要尽可能调度有关水利工程，为实施堵口创造条件，并迅速明确堵口抢险的行政、技术责任人，全力组织堵口抢险，长江防总的领导应立即带领专家赶赴现场指导。

g. 水库溃坝的应急处理，由当地防汛抗旱指挥机构负责，应本着就近、迅速、安全、有序的原则迅速转移影响范围内的群众,实施安全转移时应先人员后财产,先老幼病残后其他人员,先转移危险地区人员,防止出现道路堵塞和意外事件的发生。若出现人员伤亡,应立即组织人员或抢险突击队紧急抢救。必要时向当地驻军、武警部队和上级政府请求救援。垮坝事件应立即报告长江防总、国家防总。

5.3.4.3　Ⅱ级判别条件及响应行动

①出现下列情况之一者,可启动Ⅱ级防汛应急响应:

a. 长江流域发生大洪水,长江干流主要控制站水位接近保证水位;

b. 三峡水库入库流量达到 72300m³/s;

c. 流域两条及以上主要一级支流发生大洪水或主要控制站水位达到保证水位;

d. 长江干流 3 级堤防或主要支流堤防发生决口;

e. 一般中型水库发生垮坝或大型水库发生重大险情;

f. 流域内多省(自治区、直辖市)数个市(地)在同一时期发生严重洪涝灾害;

g. 其他需要启动Ⅱ级响应的情况。

②当启动Ⅱ级防汛应急响应后,应配套执行以下行动:

a. 长江防总常务副总指挥主持会商,防总有关成员单位派员参加会商,视情况启动国家防总批准的长江洪水调度方案,作出相应工作部署,加强防汛工作的指导。根据水情、工情、灾情的发展,及时向国家防总提出应对预案。按照权限调度水利工程,在 2h 内将情况上报国家防总并通报长江防总成员单位,在 24h 内派出工作组、专家组赴一线指导地方抗洪抢险工作。长江防总办公室密切监视汛情、工情、灾情的发展变化,领导参加带班并加强值班力量,不定期发布汛情通报。

b. 流域内相关省(直辖市)防汛抗旱指挥机构可根据情况,依法宣布本地区进入紧急防汛期,行使相关权力,同时增加值班人员,加强值班。由防汛抗旱指挥机构负责人主持会商,具体安排抗洪抢险工作,按照权限调度水利工程,及时控制险情。受灾地区的各级防汛抗旱指挥机构负责人、成员单位责任人,应根据职责到分管的区域组织指挥抗洪抢险。流域内相关省(直辖市)防汛抗旱指挥机构应将情况上报当地人民政府主要领导和国家防总、长江防总。其成员单位全力配合做好抗灾救灾工作。

c. 长江防总办公室各成员单位,立即进入Ⅱ级响应状态,按照职责分工,全力配合为防汛抢险提供后勤保障和技术支持。流域内各级水文气象部门,确保水文测报。有关水情站点迅速启动大洪水测验方案,加密测报段次,布置分洪溃口的水文观测。流域水文部门派出工作组到重要水情站点指导测报工作。各级水情中心全力做好洪水预报,准确及时提供洪水信息。

d. 当干支流控制站水位达到Ⅱ级响应标准时,当地防汛抗旱指挥机构应按照批准的防洪预案和防汛责任制的要求,组织强大的防汛抢险力量,全力防守,保证堤防安全。按洪水调度方案合理调度大中型水库,拦洪错峰,弃守洲滩民垸、清除河道阻水建筑物,临时抢护加高堤防等,落实蓄滞洪区运用的各项准备。

e. 当堤防发生溃口性险情时,防汛责任单位要迅速调集人力、物力全力组织抢险,控制险情,并及时向可能受灾地区发出警报。长江干流堤防重大险情、堤防决口应立即报告长江防总、国家防总。堤防决口的应急处理,由当地防汛抗旱指挥机构负责组织群众转移、采取措施控制影响范围、适当时机组织堤防堵口。长江干流堤防决口、堵口,长江防总的领导应立即带领专家赶赴现场指导。

f. 当水库出现重大险情时,防汛责任单位要迅速调集人力、物力全力组织抢险,控制险情,并及时向下游发出警报,同时向上级防汛主管部门和长江防总、国家防总报告。水库溃坝的应急处理,由当地防汛抗旱指挥机构负责,迅速组织转移影响地区的群众。水库垮坝事件应立即报告长江防总、国家防总。

5.3.4.4 Ⅲ级判别条件及响应行动

①出现下列情况之一者,可启动Ⅲ级防汛应急响应:

a. 长江流域发生较大洪水,长江干流主要控制站水位超过警戒水位;

b. 三峡水库入库流量达到56700m³/s;

c. 滁河、水阳江发生大洪水或主要控制站达到保证水位,或者流域内两条及以上主要一级支流发生较大洪水或主要控制站水位超过警戒水位;

d. 长江干流堤防出现重大险情;

e. 中型水库出现严重险情或小型水库发生垮坝;

f. 流域数省(自治区、直辖市)多个市(地)在同一时期发生较严重洪涝灾害;

g. 流域某省(自治区、直辖市)发生较大以上洪水,并发生严重洪涝灾害;

h. 其他需要启动Ⅲ级响应的情况。

②当启动Ⅲ级防汛应急响应后,应配套执行以下行动:

a. 长江防总办公室主任或授权副主任主持会商,作出相应工作安排,密切监视汛情、工情变化,加强防汛抗旱工作的指导,做好相关工程调度,在24h内将情况上报国家防总并通报长江防总办公室成员单位,视情况派出工作组、专家组到一线指导地方防汛抢险工作。

b. 流域内相关省(直辖市)的防汛抗旱指挥机构,由防汛抗旱指挥机构负责人主持会商,具体安排防汛工作;按照权限调度水利工程;根据预案组织防洪抢险,派出工作组、专家组到一线具体帮助防汛工作,并将防汛工作情况上报当地人民政府分管领导和国家防总、长江防总。有关部门按照职责分工,开展工作。

c. 长江防总办公室各成员单位,按职责分工,做好后勤保障和技术支持。流域内各级水文气象部门加强汛情监测,有关水文站点启动较大洪水测验方案。各级洪水预报中心,加强洪水预测预报。

d. 当干支流控制站水位达到Ⅲ级响应标准时,当地防汛抗旱指挥机构应按照批准的防洪预案和防汛责任制的要求,组织专业和群众防汛队伍巡堤查险,严密布防,必要时请求部队、武警参加重要堤段、重点工程的防守或突击抢险。

e. 当堤防、水库发生险情时，防汛责任单位，应全力组织抢险控制险情，必要时向当地驻军、武警部队请求支援。重大险情立即向上级主管部门和长江防总报告。

5.3.4.5　IV级判别条件及响应行动

①出现下列情况之一者，可启动IV级防汛应急响应：

a. 长江流域发生一般洪水，长江干流主要控制站水位接近警戒水位；

b. 三峡水库入库流量达到 $50000m^3/s$；

c. 滁河、水阳江发生较大洪水或主要控制站超警戒水位，或者流域内两条及以上主要一级支流控制站水位达到警戒水位；

d. 长江干流堤防出现险情或主要一级支流堤防出现重大险情；

e. 中型水库出现较重险情；

f. 流域内多省（自治区、直辖市）同时发生一般洪水；

g. 其他需要启动IV级响应的情况。

②当启动IV级防汛应急响应后，应配套执行以下行动：

a. 长江防总办公室副主任主持会商，做出相应工作安排，加强对汛情监视和对防汛抢险工作的指导，并将情况上报国家防总和通报长江防总办公室成员单位。

b. 流域内相关省（直辖市）的防汛抗旱指挥机构负责人主持会商，具体安排防汛抢险工作；按照权限调度水利工程；按照预案采取相应防守措施和抢险措施；派出专家组赴一线指导防汛抢险；并将防汛工作情况上报当地人民政府和长江防总办公室。

c. 流域内相关水文、气象部门加强水雨情的监测，做好预测预报，并将情况及时报长江防总办公室。

5.3.4.6　信息报送和处理

长江流域防汛信息实行分级上报，归口处理，同级共享。报送流程如下：

（1）水雨情信息

水情站→水情分中心→省（直辖市）防汛抗旱指挥机构、流域水情中心→长江防总、国家防总。

（2）洪水预报信息

省（直辖市）水情中心→省（直辖市）防汛抗旱机构、流域水情中心→长江防总、国家防总。

（3）重大工情、险情、灾情信息

堤防、水库、蓄滞洪区等工程管理部门→上级防汛抗旱指挥机构→省（直辖市）防汛抗旱指挥机构→长江防总、国家防总。

防汛信息的报送和处理，应快速、准确、翔实，重要信息要立即上报，因客观原因当时难以准确掌握的信息，应及时报告基本情况，同时抓紧了解情况，随时补报详情。属一般汛情、工情、险情、灾情信息，按分管权限，分别报送本级防汛抗旱指挥机构值班室负责处理。凡因险情灾情较重,按分管权限一时难以处理,需上级帮助、指导处理的,经本级防汛抗旱指挥机构负责同志审批后,向上一级防汛抗旱指挥机构值班室上报。凡经本级和上级防汛抗旱指挥机构采用和发布的水旱灾害、工程抢险等信息,当地防汛抗旱指挥机构应立即调查,对存在的问题,及时采取措施,切实加以解决。长江防总办公室接到特别重大、重大的汛情、险情、灾情报告后应立即报告国家防总,并及时续报。

5.3.4.7 调度和指挥

荆江分洪区的运用由长江防总商湖北省人民政府提出方案,报国家防总决定;国家确定的其他蓄滞洪区的运用由长江防总商所在省人民政府决定,由所在省防汛抗旱指挥部负责组织实施,并报国家防总备案。特殊情况下的非常洪水调度措施由长江防总商有关省(直辖市)防总提出调度意见,报国家防总批准。

水库汛期要服从防汛调度。承担防洪任务的重要水库,汛期水库水位在汛限水位以上的防洪库容,由长江防总或省(直辖市)级防汛抗旱指挥机构负责调度。三峡水利枢纽的洪水调度按国家防总有关规定执行;丹江口水利枢纽、陆水水库的洪水调度由长江防总负责;清江水布垭、隔河岩水库,其防洪调度由湖北省防指负责,当水布垭、隔河岩水库配合三峡水库对荆江河段进行防洪补偿调度时,由长江防总负责;长江上游干支流为长江中下游预留防洪库容的水库,当需要配合三峡水库为长江中下游进行防洪调度时,由长江防总负责。防洪影响范围或承担的防洪任务跨省(自治区、直辖市)的大型水库,其防洪调度由长江防总负责,其余大型水库调度由所在省(自治区、直辖市)防汛抗旱指挥机构负责,重要水库的实时调度方案报长江防总备案。

洪水灾害可能发生时,当地防汛抗旱指挥机构立即启动应急预案、负责人迅速上岗到位,根据需要成立现场指挥部。在采取紧急措施的同时,向上一级防汛抗旱指挥机构报告。要分析事件的性质,预测事态发展趋势和可能造成的危害,按规定的处置程序,组织指挥有关单位或部门按照职责分工,迅速采取处置措施控制事态发展。发生重大洪水灾害后,长江防总派出工作组赶赴现场,指导工作。

5.4 调度系统应用

5.4.1 系统应用场景

系统建成后,已先后应用于开展长江1954年典型洪水防洪调度演练(图5.4-1)和2020年长江流域5次编号洪水的实时预报调度应对,系统各功能模块得到了充分运用和验证,可为开展长江流域超标准洪水调度提供决策支持。

在长江流域1954年洪水防洪调度演练中,运用系统开展了流域预报模拟、工程调度方案制定和计算、工程调度运行方案风险评估、工程体系联合调度效益总结等工作,为顺利完成演练任务提供了坚实保障。

图 5.4-1 长江 1954 年洪水防洪调度演练

在 2020 年长江流域洪水应对中，系统在洪水预报预警、应用效果计算和应用方案拟定中进行了充分运用。特别是现有系统未开发洲滩民垸应用模块，为满足实时调度需要，采用敏捷搭建技术，在短时间内搭建了洲滩民垸应用模块，满足了实时调度应对各种非预制功能的技术支撑，对现有系统形成了良好补充，在长江流域的洪水防御工作中起到了重要的技术支撑作用。

5.4.1.1 长江 1954 年洪水演练场景

以 2020 年 7 月 23 日为面临时间，开展 1954 年典型洪水的预报调度演练。长江流域自 2020 年 5 月 31 日以来，连续发生 11 次降雨过程，降雨强度大、雨量集中、持续时间长；干支流、上中下游来水遭遇，水位快速上涨，中下游干流监利以下江段水位全线超警戒且接近保证水位，7 月 12 日启动长江流域水旱灾害防御Ⅱ级应急响应。长江水利委员会连同流域各省科学调度防洪工程，实施联合防洪调度，有效减轻了中下游防洪压力。根据预测，未来一周长江流域还将维持大范围强降雨，莲花塘、汉口站水位将进一步快速上涨，预计将超保证水位。

（1）雨情实况

2020 年 7 月 18—22 日，长江干流附近及以北地区自西向东有一次中到大雨、局地暴雨或大暴雨的强降雨过程，5d 累计面雨量方面，滁河 184mm、澧水 159mm、长江下游干流 97mm。7 月 22 日，乌江中游、洞庭湖水系西部、长江中下游干流附近有中到大雨、局地暴雨或大暴雨；日面雨量方面，滁河 101mm、长江下游干流 56mm、澧水 55mm、武汉 52mm、青弋水阳江 48mm、鄂东北和皇庄以下 40mm（图 5.4-2）。

（2）水情实况

长江上游、汉江、清江等地区出现较大涨水过程。长江上游岷沱江及嘉陵江均出现较大涨水过程，金沙江来水平稳，乌江来水消退。其中，岷江出现一次双峰过程，高场站洪峰流量分别为 14100m³/s(7 月 17 日 2 时)和 12800m³/s(7 月 20 日 2 时);7 月 18 日 2 时沱江富顺站出现最大流量 4670m³/s;7 月 22 日 14 时嘉陵江北碚站出现洪峰流量 18000m³/s;干流寸滩站 7 月 22 日 20 时出现洪峰流量 45900m³/s。受上述来水影响,7 月 22 日三峡入库流量接近 50000m³/s,自 7 月 12 日起三峡水库持续对城陵矶地区进行防洪补偿调度,7 月 23 日 8 时三峡水库入出库流量分别为 48500m³/s、30000m³/s,库水位涨至 150.96m。

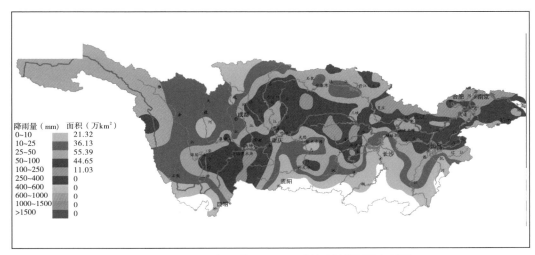

图 5.4-2　2020 年 7 月 18—22 日长江流域降雨实况图

汉江上游来水增加,7 月 21 日 8 时丹江口水库最大入库流量 9180m³/s,自 7 月 6 日起对汉江中下游进行防洪调度,总出库 2250m³/s(各口门按供水能力供水),7 月 23 日 8 时丹江口水库入出库流量分别为 5180m³/s、2250m³/s,库水位涨至 163.47m。

两湖水系来水消退,主要水库采用错峰调度的方式拦洪运用,7 月 16 日以来在来水间歇期,总体上控制水库腾库应对后期洪水。7 月 23 日 8 时,洞庭湖"四水"、鄱阳湖"五河"合成流量分别为 14900m³/s、5850m³/s。

根据来水形势,近期长江上中游水库群继续拦洪调度。截至 7 月 23 日 8 时,上中游水库群合计使用防洪库容约 120 亿 m³,剩余防洪库容约 454 亿 m³,长江上游水库群合计使用防洪库容约 65 亿 m³,剩余防洪库容约 298 亿 m³,中游洞庭湖水系、鄱阳湖水系和汉江水库群分别剩余防洪库容 32.44 亿 m³、26.10 亿 m³、95.53 亿 m³,其中三峡及丹江口水库分别使用防洪库容 30.79 亿 m³ 和 29.51 亿 m³,剩余防洪库容 190.71 亿 m³ 和 80.69 亿 m³。水库群防洪库容使用情况见表 5.4-1,三峡、丹江口等水库运用情况见表 5.4-2。

长江中下游干流监利以下江段持续全线超警,防洪形势严峻。截至 7 月 23 日 8 时,长江中下游干流监利以下江段水位仍超警 0.93~2.52m,其中九江、湖口站持续超警 37d,除监利、黄石港站外,其余站点水位距保证水位均在 1m 以内。长江中下游干流及"两湖"出口控制站水位情况统计见表 5.4-3。

（3）预报分析

1）降雨预报

①短中期预报。

根据最新气象资料分析,受高空槽、副高外围的暖湿气流及冷空气的共同影响,预计7月23—25日,长江干流南部有中到大雨、局部地区暴雨或大暴雨,强降雨中心位于两湖湖区附近,过程累计雨量50～80mm。随后副高东退、高空槽东移,7月26—29日,长江流域自西向东有一次大雨、局部地区暴雨或大暴雨的强降雨过程,过程降雨中心位于长江中游干流附近,江汉平原、汉江下游、鄂东北、武汉等地过程累积雨量100～150mm。

②延伸期预报。

7月30—31日强降雨仍维持在长江中下游干流及以南地区;8月1日开始,随着副高西伸北抬,中下游降雨告一段落,降雨过程主要集中在长江上游及汉江上游。

2）水情预报

考虑上游水库群持续配合三峡水库实施防洪调度,未来5d(7月23日8时至28日8时)上游水库群(不含三峡)拦蓄洪量约40亿 m^3,平均减少三峡入库流量10000m^3/s左右。

在此背景下结合预见期降雨,预计长江上游干流寸滩站来水将波动消退;乌江武隆站28日前后将涨至12000m^3/s左右,此后仍呈上涨趋势;三峡水库来水即将现峰转退,7月23日、24日、25日的日均入库流量分别为49000m^3/s、46000m^3/s、40000m^3/s左右,27日退至32000m^3/s左右后,将出现新一轮涨水过程。

表 5.4-1　　　　　"2020·7·23场景"控制性水库群防洪库容使用情况　　　　（单位:亿 m^3）

水系	水库名称	总防洪库容	已用防洪库容	剩余防洪库容
长江上游	金沙江中游	17.78	11.66	6.12
	雅砻江	25.00	11.78	13.22
	金沙江下游	55.54	4.41	51.13
	岷江	12.67	5.71	6.96
	嘉陵江	20.22	0.82	19.4
	乌江	10.25	0.01	10.24
	三峡	221.50	30.79	190.71
上游合计(不含三峡)		141.46	34.39	107.07
上游合计(含三峡)		362.96	65.18	297.78
长江中游	清江	10.00	8.33	1.67
	洞庭湖	42.20	9.76	32.44
	丹江口	110.20	29.51	80.69
	汉江	125.04	29.51	95.53
	鄱阳湖	31.92	5.82	26.1
中游合计		210.79	55.05	155.74
联合调度水库群合计		573.75	120.23	453.52

表 5.4-2   "2020·7·23场景"重点水库使用情况统计表

| 水库名称 | 汛限水位(m) | 正常高水位(m) | 7月1日8时 | | 7月23日8时 | | 水位涨幅(m) | 拦蓄水量(亿 m³) | 总防洪库容(亿 m³) | 已用防洪库容(亿 m³) | 剩余防洪库容(亿 m³) |
			库水位(m)	蓄量(亿 m³)	库水位(m)	蓄量(亿 m³)					
溪洛渡	560	600	553.03	62.52	555.50	64.86	2.47	2.34	46.51	0	46.51
向家坝	370	380	370.55	41.21	375.03	45.14	4.48	3.93	9.03	4.41	4.62
三峡	145	175	145.00	171.50	150.96	202.29	5.96	30.79	221.50	30.79	190.71
丹江口	160	170	159.00	190.00	163.47	227.71	4.47	37.71	110.20	29.51	80.69

表 5.4-3   "2020·7·23场景"长江中下游干流及"两湖"出口控制站水位情况统计表

站名	23日8时(m)	距警戒(m)	距保证(m)	超警时间(d)	最高水位(m)	最高水位出现时间	警戒水位(m)	保证水位(m)
枝城	45.35	−3.65	−5.40	—	47.58	7月7日20时	49.0	50.75
沙市	41.36	−1.64	−3.64	—	42.53	7月8日02时	43.0	45.00
监利	36.46	0.96	−1.77	23	36.80	7月8日14时	35.5	38.23
七里山	34.32	1.82	−0.23	26	34.50	7月14日14时	32.5	34.55
莲花塘	34.21	1.71	−0.19	26	34.40	7月14日14时	32.5	34.40
螺山	33.25	1.25	−0.76	24	33.44	7月14日20时	32.0	34.01
汉口	29.20	1.90	−0.53	24	29.37	7月15日08时	27.3	29.73
九江	22.52	2.52	−0.73	37	23.03	7月16日08时	20.0	23.25
湖口	21.76	2.26	−0.74	37	22.36	7月16日08时	19.5	22.50
大通	16.51	2.11	−0.59	35	16.85	7月18日14时	14.4	17.10

洞庭湖澧水、沅江,鄱阳湖赣江、信江、抚河来水即将快速上涨,考虑洞庭湖"四水"、鄱阳湖"五河"水库群实施防洪调度,未来 5d 分别拦蓄洪量约 11 亿 m^3、1.5 亿 m^3,预计 27 日前后洞庭湖"四水"、鄱阳湖"五河"合成流量将分别出现 30000 m^3/s、20000 m^3/s 量级的洪水过程。

若三峡水库不再进行补偿调度且不使用分蓄洪区,预计中下游干流水位将快速上涨,莲花塘、汉口站分别将于 7 月 25 日、27 日突破保证水位,7 月 28 日 8 时将涨至 35.3m、30m 左右,此后仍呈上涨态势,未来 5d,长江中下游超额洪量约 30 亿 m^3。

(4)调度分析

依据水雨情预报和当前防洪形势,按照长江水利委员会水旱灾害防御局的安排,三峡水库及蓄滞洪区运用考虑 3 种调度方案,流域内其余主要水库根据来水情况配合三峡水库拦蓄洪水,以本系统分别进行各方案的模拟计算。

1)方案 1

三峡水库水位达到 155m 后由对城陵矶地区防洪补偿调度转为对荆江补偿调度,超额洪量约 15 亿 m^3,需依次启用大通湖东、共双茶 2 处蓄滞洪区。

7 月 23—24 日,三峡水库出库流量为 25000～30000 m^3/s,7 月 24 日 20 时最高调洪水位 155m。7 月 25 日 14 时启用大通湖东、共双茶 2 处蓄滞洪区,莲花塘 7 月 26 日 14 时最高水位在 34.4m 左右;汉口站、湖口站 7 月 28 日 8 时水位将分别涨至 29.45m、22.15m 左右。

2)方案 2

三峡水库水位达到 158m 后由对城陵矶地区防洪补偿调度转为对荆江补偿调度,超额洪量约 5 亿 m^3,需启用城西垸蓄滞洪区。

7 月 23—25 日,三峡水库出库流量为 25000～30000 m^3/s,7 月 26 日 14 时最高调洪水位 158m。7 月 26 日 14 时启用城西垸蓄滞洪区,莲花塘站水位 7 月 26 日 20 时涨至 34.4m 后小幅波动;汉口、湖口站 7 月 28 日 8 时水位将分别涨至 29.4m、22.15m 左右。

3)方案 3

城陵矶河段堤防适当抬高水位运行,三峡水库按莲花塘水位 34.9m 进行补偿调度。

三峡水库按对莲花塘 34.9m 补偿调度,出库流量在 30000 m^3/s 左右,7 月 28 日 8 时库水位将涨至 158m 左右。莲花塘站水位 7 月 26 日 8 时将突破保证水位 34.4m,7 月 28 日 8 时莲花塘、汉口、湖口站水位将分别涨至 34.6m、29.55m、22.2m 左右,此后仍呈上涨态势。

在 5d 预见期内,方案 1 和方案 2,城陵矶、汉口最高水位基本一致,方案 2 可在方案 1 的基础上推迟蓄滞洪区使用时间 1d,预见期 5d 内减少分洪量约 10 亿 m^3;方案 3 考虑城陵矶、武汉附近堤防分别抬高水位至 34.6m、29.55m 运行,不需要启用蓄滞洪区。

各方案主要指标的对比情况见表 5.4-4。

表5.4-4   "2020·7·23场景"调度方案对比

站名	项目	方案1	方案2	方案3
三峡水库	最高调洪水位(出现时间)	155m(7月24日20时)	158m(7月26日14时)	158m(7月28日8时)
	调度方案	库水位达到155m后停止对城陵矶地区补偿,23—24日出库在25000~30000m³/s	库水位达到158m后停止对城陵矶地区补偿,23—25日出库在25000~30000m³/s	三峡水库按莲花塘水位34.9m补偿调度,出库在30000m³/s左右,考虑城陵矶附近堤防抬高水位运行
蓄滞洪区运用	启用方式	25日14时启用大通湖东、共双茶	26日14时启用城西垸	无
	有效容积(亿m³)	26.71	7.92	
	影响人口(万人)	28.88	6.70	
	淹没耕地(万亩)	24.80	8.83	
	经济影响(亿元)	138.27	43.09	
沙市	最高水位(m,出现时间)	41.40(7月28日8时)	41.36(7月23日8时)	41.36(7月23日8时)
莲花塘	最高水位(m,出现时间)	34.40(7月26日14时)	34.40(7月26日20时)	34.60(7月28日8时)
汉口	最高水位(m,出现时间)	29.45(7月28日8时)	29.40(7月28日8时)	29.55(7月28日8时)
湖口	最高水位(m,出现时间)	22.15(7月28日8时)	22.15(7月28日8时)	22.20(7月28日8时)

（5）风险分析

上述 3 种方案涉及上游水库群联合调度，适当抬高堤防水位运行和蓄滞洪区分洪运用，与现状工况有紧密关联。下面进一步从堤防运行、蓄滞洪区运用、荆江河段防洪和三峡库区淹没 4 个方面对各方案进行风险分析。

1）堤防运行方面

方案 1 和方案 2 堤防最高水位均未超保证水位。方案 3 城陵矶站最高水位 34.6m，超保证水位 0.2m，将导致长江干流 130km 河段和洞庭湖区 470km 堤防超设计水位运行，考虑到城陵矶附近长江干堤堤顶超高已额外增加 0.5m，具备超高运行的条件，洞庭湖区堤防虽然形象达标但堤身单薄，存在一定风险，建议加强堤防防守。

2）蓄滞洪区运用方面

方案 1 运用重要蓄滞洪区大通湖东垸和共双茶垸，目前两处蓄滞洪区围堤均已达标，分洪闸在建，需要采用爆破扒口分洪，安全区尚未建成。方案 2 运用重要蓄滞洪区城西垸，目前城西垸蓄滞洪区围堤已达标，未建分洪闸，未建设安全区。方案 3 无蓄滞洪区的运用。方案 1 和方案 2 分别需要提前做好 29 万人和 7 万人转移至蓄滞洪区外、爆破分洪等准备。

3）荆江河段防洪方面

目前，溪洛渡、向家坝有约 51 亿 m³ 剩余防洪库容，在两库的配合下，三峡 158m 以上库容可保证荆江河段抵御百年一遇洪水，且不影响荆江河段对 1870 年或千年一遇洪水的防御能力。

4）三峡库区淹没方面

上述 3 种方案的三峡水库最高调洪水位均在 158m 以下，三峡入库流量低于 50000m³/s，回水不超过土地征用线，各方案均不存在库区淹没风险。

综上，建议按方案 3 调度，即三峡水库为城陵矶地区防洪补偿运用水位提高至 158m，同时适当抬高城陵矶河段运用水位。三峡水库为城陵矶地区防洪补偿运用至 158m，莲花塘水位按不超过 34.9m 控制，其中按方案 3 计算所得的实际控制水位为 34.6m。上游其他水库在留足为本河段防洪库容的前提下，配合三峡水库加大拦蓄，其中金沙江下游溪洛渡、向家坝水库仍有剩余防洪库容 50 亿 m³，应配合三峡继续拦蓄，减轻中下游防洪压力，同时避免三峡库尾发生临时淹没。以上分析表明，采用方案 3 可以推迟或避免大通东、共双茶 2 个蓄滞洪区的运用，同时城陵矶附近堤防具备适当抬高水位运行条件、库区没有回水淹没风险、荆江河段防洪风险可控，因此建议按方案 3 进行调度。

5.4.1.2　长江 1954 年洪水"2020·7·28"演练场景

以 2020 年 7 月 28 日为面临时间，开展 1954 年典型洪水的预报调度演练。2020 年 7 月 23 日以来，通过抬高三峡水库对城陵矶补偿运用水位至 158m 左右、抬高莲花塘堤防运行水位至 34.6m，配合洲滩民垸行蓄洪，在暂不运用蓄滞洪区的情况下，已初步实现了阶段性调度目标。预计未来一周大范围强降雨过程仍将持续,流域整体处于快速涨水过程,干流来水与洞庭湖来水将发生明显遭遇。

(1)雨情实况

2020年7月23—25日,金沙江中下游、乌江、两湖水系中北部有大到暴雨、局地大暴雨;7月26—27日,清江、江汉平原、汉江中下游有大到暴雨、局地大暴雨。经统计,7月23—27日主要降雨区域的累计面雨量为修水171mm、信江164mm、沅江150mm、澧水129mm、乌江中游119mm、乌江上游113mm、皇庄以下108mm、抚河106mm(图5.4-3)。

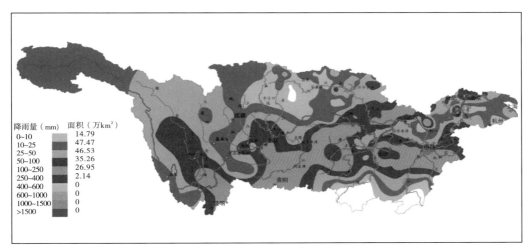

图5.4-3 2020年7月23—27日长江流域降雨实况图

(2)水情实况

长江上游金沙江、乌江出现明显涨水,其余支流来水平稳,三峡水库入库流量持续增加;长江中下游两湖水系部分支流出现较大涨水过程。

金沙江来水增加,7月28日8时溪洛渡水库入库流量增加至15900m³/s,库水位为568.51m,出库流量一直维持在电站满发出流左右,7月28日起增加至11700m³/s左右;向家坝水库基本维持出入库平衡;干流寸滩站流量波动消退,7月28日8时达到25500m³/s。

乌江出现较大涨水过程,其中构皮滩水库7月26日2时出现入库洪峰流量10200m³/s,水库实施拦洪调度,最大出库流量6200m³/s,削峰率为39%,下游梯级水库同时实施拦洪;武隆站流量波动增加,7月28日8时流量增至11900m³/s,水位192.88m,距警戒水位仅0.12m。

三峡水库7月22日出现入库洪峰49200m³/s后波动消退,7月22日起水库再次为城陵矶地区实施补偿调度,出库流量逐步减少,库水位持续抬升,7月28日8时,库水位157.93m,入出库流量分别为37200m³/s、30000m³/s。

两湖水系来水明显增加。洞庭湖澧水石门站7月27日出现洪峰流量8140m³/s,沅江桃源站流量7月26日最大增至14600m³/s(入汛来最大);鄱阳湖赣江外洲站7月28日8时流量增至 7910m³/s；其余支流来水平稳波动。洞庭湖"四水"、鄱阳湖"五河"合成流量洪峰分别为 28400m³/s（7 月 27 日 2 时）、21200m³/s（7 月 26 日 2 时），7 月 28 日 8 时分别为 24200m³/s、16500m³/s。

丹江口水库入库流量减少，出库流量维持在 2250m³/s（最大供水能力）左右，7 月 26 日库水位最高升至 163.81m 后缓降，7 月 28 日 8 时水位 163.74m，入、出库流量分别为 1580m³/s、2250m³/s。

长江上中游水库群继续按照前期调度指令运行，截至 7 月 28 日 8 时，已用防洪库容约 201.6 亿 m³，剩余防洪库容约 372.1 亿 m³，其中上游水库群剩余防洪库容约 228.7 亿 m³（含三峡水库 145.4 亿 m³），中游水库群剩余防洪库容约 143.5 亿 m³。与 23 日相比，联合调度水库群拦蓄量约 101.50 亿 m³，其中上游水库群拦蓄量 85.71 亿 m³（含三峡水库 45.3 亿 m³），中游水库群拦蓄量 15.79 亿 m³（洞庭湖水系约 11 亿 m³）。各重点水库的防洪库容使用情况见表 5.4-5，水库调蓄情况见表 5.4-6。

表 5.4-5　　　　　　　"2020·7·28 场景"水库群防洪库容使用情况　　　　　（单位：亿 m³）

水系	水库名称	总防洪库容	已用防洪库容		剩余防洪库容
			7 月 23 日	7 月 28 日	
长江上游	金沙江中游合计	17.78	11.66	12.30	5.48
	雅砻江合计	25.00	11.78	19.38	5.62
	金沙江下游合计	55.54	4.41	13.12	42.42
	岷江合计	12.67	5.71	7.33	5.34
	嘉陵江合计	20.22	0.82	0.45	19.77
	乌江合计	10.25	0.01	5.64	4.61
	三峡	221.50	30.79	76.09	145.40
上游合计(不含三峡)		141.50	34.39	58.22	83.24
上游合计(含三峡)		363.00	65.18	134.31	228.70
长江中游	清江合计	10.00	8.33	9.06	0.94
	洞庭湖合计	42.20	9.76	18.23	23.97
	丹江口	110.20	29.51	31.97	78.23
	汉江合计	125.00	29.51	31.97	93.07
	鄱阳湖合计	31.92	5.82	6.42	25.50
中游合计		210.80	55.05	67.31	143.50
联合调度水库群合计		573.70	120.23	201.60	372.10

金沙江中游梯级水库基本维持出入库平衡，剩余防洪库容 5.48 亿 m³；雅砻江梯级水库持续拦蓄，剩余防洪库容 5.62 亿 m³；金沙江下游溪洛渡、向家坝水库水位均呈上升态势，金沙江下游梯级剩余防洪库容 42.42 亿 m³；金沙江梯级总体剩余防洪库容 53.52 亿 m³。岷

江水库群剩余防洪库容 5.34 亿 m³,嘉陵江梯级剩余防洪库容 19.77 亿 m³;乌江主要水库实施拦洪调度,尚有剩余防洪库容 4.61 亿 m³。洞庭湖水系水库群剩余防洪库容 23.97 亿 m³。

长江中下游干流监利以下江段仍全线处于警戒水位以上,监利以下各站水位波动或仍持续上涨。沙市站 7 月 20 日 14 时出现最高水位 42.38m,接近警戒水位 43.00m,7 月 28 日 8 时水位为 40.65m;莲花塘站水位 7 月 19 日起持续上涨,7 月 28 日 8 时为 34.6m,超保证水位 0.2m;汉口站水位 7 月 26 日起快速抬升,7 月 28 日 8 时涨至 29.53m,距保证水位仅 0.20m,已超分洪水位 0.03m。九江、湖口、大通站水位维持高水位波动,7 月 28 日 8 时水位分别为 22.88m、22.15m、16.42m,分别超警戒 2.88m、2.65m、2.02m,距保证水位均在 1m 以内。长江中下游主要控制站水位情况统计见表 5.4-7。

(3)预报分析

1)降雨预报

①短中期预报。

根据最新气象资料分析,目前副高位置偏南,其北侧暖湿气流强盛,且伴随有高空冷空气南下,引发长江中下游的强降雨过程,预计未来一段时间副高缓慢东退而后逐渐西进。受其影响,7 月 28 日,长江上游干流南部、两湖水系北部有中到大雨、局地暴雨;7 月 29 日,乌江、长江中下游干流、洞庭湖水系、汉江中下游有大到暴雨、局地大暴雨;7 月 30—31 日,长江流域南部区域和中下游干流附近有中到大雨、局地暴雨;8 月 1—3 日,长江上游自西向东有大到暴雨的强降雨过程。7 月 28 日至 8 月 3 日,乌江、长江中下游干流、三峡区间、汉江、洞庭湖水系累计降雨 80～120mm。

②延伸期预报。

8 月 4—9 日,嘉陵江、乌江、三峡区间、汉江上中游有中到大雨、局地暴雨的降雨过程;8 月 10—13 日,金沙江中下游、岷沱江、嘉陵江有中到大雨、局地暴雨的降雨过程;8 月 15—16 日,嘉陵江上游、岷沱江中下游有中到大雨、局地暴雨的降雨过程。

2)水情预报

考虑预见期强降雨影响,未来一周长江上游来水将明显增加。为减轻长江中下游防洪压力,长江上游水库群仍维持前期调度策略拦蓄水量,预计未来 5d 上游水库群拦蓄量将在 33 亿 m³ 左右,相当于减少入库流量约 7500m³/s 或降低三峡水库水位 4.5m 左右。其中,除嘉陵江因无水可拦,其他梯级仅剩预留给本地区的防洪库容外,基本都将拦蓄至正常高水位。金沙江来水继续增加,水库群调度后向家坝出库流量将在 13000m³/s 左右;岷江高场站 7 月 31 日最大流量将在 8200m³/s 左右;嘉陵江来水平稳波动;寸滩站来水 7 月 29 日起将持续上涨,8 月 2 日涨至 39000m³/s 左右;乌江武隆站 7 月 30 日 2 时前后将出现洪峰流量 14000m³/s 左右,略有消退后仍将维持在 10000m³/s 以上波动,洪峰水位将超警戒水位 2.5m 左右,之后会在警戒水位附近波动。受其影响,预计三峡水库将有一次较大涨水过程,

表 5.4-6　"2020·7·28场景"重点水库使用情况统计表

水库名称	汛限水位 (m)	正常高水位 (m)	7月23日		7月28日		水位涨幅 (m)	拦蓄水量 (亿m³)	总防洪库容 (亿m³)	已用防洪 库容(亿m³)	剩余防洪 库容(亿m³)
			库水位(m)	蓄量(亿m³)	库水位(m)	蓄量(亿m³)					
溪洛渡	560	600	555.5	64.86	568.51	77.94	13.01	13.08	46.51	8.71	37.80
向家坝	370	380	375.03	45.14	375.03	45.14	0	0	9.03	4.41	4.62
三峡	145	175	150.97	202.31	157.93	247.59	6.96	45.28	221.5	76.09	145.40
丹江口	160	170	163.47	227.71	163.74	230.17	0.27	2.46	110.2	31.97	78.23

表 5.4-7　"2020·7·28场景"长江中下游主要控制站水位情况统计表

站名	28日8时水位(m)	距警戒水位(m)	距保证水位(m)	超警时间 (d,自6月10日)	7月20日以来最高 水位(m)	7月20日以来最高水位 出现时间(月-日-时)
枝城	45.09	-3.91	-5.66	0	47.41	7-20-8
沙市	40.65	-2.35	-4.35	0	42.38	7-20-20
监利	36.25	0.75	-1.98	28(7-1)	36.70	7-21-14
七里山	34.69	2.19	0.14	31(6-28)	34.69	7-28-8
莲花塘	34.60	2.10	0.20	31(6-28)	34.60	7-28-8
螺山	33.61	1.61	-0.4	29(6-30)	33.61	7-28-8
汉口	29.53	2.23	-0.2	29(6-30)	29.53	7-28-8
黄石港	25.73	1.23	-1.77	27(7-2)	25.73	7-28-8
码头镇	23.85	2.35	-0.65	33(6-26)	23.85	7-28-8
九江	22.88	2.88	-0.37	41(6-17)	22.88	7-28-8
安庆	18.85	2.15	-0.49	39(6-19)	19.09	7-20-8
湖口	22.15	2.65	-0.35	41(6-17)	22.18	7-20-8
大通	16.42	2.02	-0.68	39(6-19)	16.75	7-20-8

7月30日最大入库流量接近55000m³/s;清江梯级水库维持出入库平衡,高坝洲站流量将在2500m³/s左右波动。洞庭湖大部分支流来水维持高位,水库群按前期调度规则进行拦洪,预计未来5d拦蓄量约13亿m³(联合水库均按拦蓄至正常高水位考虑),调度影响后,预计洞庭湖"四水"合成流量仍将波动增加,7月30日最大合成流量在31000m³/s左右;鄱阳湖"五河"合成流量维持消退态势,8月2日前后将退至10000m³/s以下。

考虑上述预报,干流来水与洞庭湖来水将明显遭遇,城陵矶地区合成流量洪峰90000m³/s左右,将形成大量超额洪量(预见期5d内超额洪量达80亿m³),若三峡水库不拦蓄且不使用蓄滞洪区,7月31日8时沙市站水位将涨至44m,超警戒水位1.0m;莲花塘站水位将于7月29日20时超过34.9m,8月2日8时涨至36.6m左右,超保证水位2.2m;汉口站水位将波动后快速上涨,7月29日20时超过其保证水位29.73m,8月2日8时涨至31.0m左右;湖口站水位30日14时将超过其保证水位22.5m,8月2日8时涨至22.9m。

(4)调度分析

为保障长江中下游堤防安全,需考虑三峡水库继续拦洪及启用蓄滞洪区分洪,为此分析以下3种调度方案,以本系统分别进行各方案的模拟计算。

1)方案1

三峡水库按对荆江补偿调度,中下游超额洪量约80亿m³,7月28日起依次启用钱粮湖、大通湖东、共双茶、洪湖等4处蓄滞洪区。

7月31日8时沙市站水位将涨至44m,超警戒水位1.0m;7月28日14时启用钱粮湖蓄滞洪区,7月29日8时启用大通湖东、共双茶蓄滞洪区,14时启用洪湖蓄滞洪区,共计4处蓄滞洪区,预计莲花塘站7月31日20时最高水位34.78m;汉口站7月30日2时将达最高水位29.73m后缓退,8月2日退至29.0m左右,湖口站7月31日20时将达最高水位22.62m后缓退,8月2日退至22.5m左右。

2)方案2

三峡水库继续为城陵矶地区适度拦洪,库水位拦蓄至162.5m;中下游超额洪量约50亿m³,7月28日起依次启用钱粮湖、大通湖东、共双茶、澧南垸、西官垸、围堤湖垸、民主、城西垸等8处蓄滞洪区。

三峡水库出库流量先维持30000m³/s,7月29日8时起加大至35000m³/s,库水位达到162.5m后按入出库平衡调度。8月2日8时沙市站水位将涨至43.6m,超警戒水位0.6m;7月28日14时开启钱粮湖、大通湖东、共双茶;7月29日8时开启澧南垸、西官垸、围堤湖垸;7月29日14时民主、城西垸,共计8处蓄滞洪区,预计8月2日8时莲花塘水位将涨至34.8m后波动;汉口站7月30日14时涨至29.73m后波动;湖口站水位8月1日2时涨至22.63m后转退。

3)方案3

三峡加大拦洪,水库水位拦蓄至167.8m;中下游超额洪量约30亿m³,7月28日起依次启用钱粮湖、大通湖东、共双茶等3处蓄滞洪区。

三峡水库出库流量7月28日14时起减至26000m³/s维持，8月1日水库水位达到167.8m后按入出库平衡调度。8月2日8时沙市站水位将涨至42.3m，距警戒水位0.7m；7月28日14时启用钱粮湖、大通湖东、共双茶，共计3处蓄滞洪区，预计莲花塘站7月28日20时出现最高水位34.64m后波动，8月2日将在34.5m左右；汉口站7月30日14时出现最高水位29.73m后缓退，8月2日水位将在29.60m左右，湖口站7月31日20时出现最高水位22.67m后转退，8月2日将在22.6m左右。

各方案主要站点控制指标统计见表5.4-8。

（5）风险分析

分别从堤防运行、蓄滞洪区运用、三峡库区淹没和荆江河段防洪4个方面，对上述3种方案进行风险分析。

1）堤防运行方面

方案1、方案2和方案3的城陵矶（莲花塘）最高水位分别超过保证水位0.38m、0.40m、0.24m，但都未超过34.90m；湖口分别超过保证水位0.12m、0.13m、0.17m，并超过历史最高水位22.59m；汉口站最高水位达到保证水位29.73m。水位抬高将导致长江干流620～1030km、洞庭湖区420～700km、鄱阳湖区1640～1720km堤防超设计水位运行。另外，8月2日城陵矶水位达34.8m，根据延伸期预报，后期仍有持续强降雨过程，城陵矶水位持续上涨，为控制河道行洪水位不超过34.9m，需提前做好其他蓄滞洪区运用准备。同时堤防长时间高水位运行可能出现重大险情，需特别注意长江干流重要险工段、洞庭湖、鄱阳湖区重点垸堤防的巡堤防守，提前做好抢险准备。

2）蓄滞洪区运用方面

方案1运用钱粮湖、大通湖东、共双茶、洪湖4处蓄滞洪区，涉及转移169万人和淹没耕地196万亩。洪湖蓄滞洪区东、中、西分块隔堤尚未建成，需整体运用，将淹没洪湖市城区，洪湖主隔堤建成之后从未挡水，需一方面做好整体运用的分洪运用准备，另一方面需做好洪湖主隔堤的防守和抢险准备。

方案2运用钱粮湖、大通湖东、共双茶、澧南、西官、围堤湖、民主、城西8处蓄滞洪区，涉及转移73万人和淹没耕地99万亩。澧南、西官、围堤湖分洪闸和安全建设均已完成；钱粮湖、大通湖东、共双茶分洪闸和安全区在建，民主和城西分洪闸和安全区未建，均需采用爆破扒口分洪，同时人员需转移至蓄滞洪区外。

方案3运用钱粮湖、大通湖东、共双茶3处蓄滞洪区运用，涉及转移48万人和淹没耕地61万亩，需要采取爆破扒口分洪和人员转移。

表5.4-8　"2020·7·28场景"各方案主要站点控制指标统计表

站名	项目	基础	方案1	方案2	方案3
三峡水库	最高调洪水位（出现时间,m）	158.0	157.9	162.5（7月31日2时出现）	167.8（8月1日8时出现）
	出库流量	按入出库平衡	按入出库平衡	29日8时,起加大至35000m³/s维持,到达162.5m后按入库出平衡出流	28日14时,起减至26000m³/s维持,8月1日按出入库平衡维持
蓄滞洪区应用	启用时间	无	28日14时,开启钱粮湖蓄滞洪区；29日8时,开启大通湖东、共双茶蓄滞洪区；29日20时,开启洪湖蓄滞洪区	28日14时,开启钱粮湖、大通湖东,共双茶蓄滞洪区；29日8时,开启澧南垸、西官垸、围堤湖垸蓄滞洪区；29日14时,民主、城西垸蓄滞洪区	28日14时,启动钱粮湖、大通湖东,共双茶蓄滞洪区
	总个数（个）		4	8	3
	有效容积（亿m³）		110.2	79.6	50.5
	影响人口（万人）		169.1	72.5	48.3
	淹没耕地（万亩）		195.7	99.1	60.7
	经济影响（亿元）		505	397	273
沙市	最高水位(m,出现时间)	44.00(7月31日8时)	44.00(7月31日8时)	43.60(8月2日8时)	42.30(8月2日8时)
莲花塘	最高水位(m,出现时间)	36.60(8月2日8时)	34.78(7月31日20时)	34.80(8月2日8时)	34.64(7月28日20时)
汉口	最高水位(m,出现时间)	31.00(8月2日8时)	29.73(7月30日2时)	29.73(7月30日14时)	29.73(7月30日14时)
湖口	最高水位(m,出现时间)	22.90(8月2日8时)	22.62(7月31日20时)	22.63(8月1日2时)	22.67(7月31日20时)

注：最高水位为预期5d内的最大值。

3）三峡库区淹没方面

预报未来5d内三峡入库流量在50000～55000m³/s,方案1、方案2和方案3调洪后三峡水库最高调洪水位分别为157.9m、162.5m、167.8m,各方案库区回水均未超移民迁移线,三峡库区在预见期内无淹没风险。根据降雨预报,8月1日后强降雨中心位于长江上游,需注意库区淹没风险。

4）荆江河段防洪方面

方案1、方案2、方案3三峡水库在171m水位以下剩余防洪库容分别为105.4亿m³、72.7亿m³和29.1亿m³,且溪洛渡、向家坝剩余42亿m³防洪库容,若后续长江上游发生较大洪水,方案1和方案2可基本保障荆江百年一遇防洪安全,方案3不能保障荆江百年一遇防洪安全,荆江河段存在分洪风险。

总体而言,各方案在对堤防运行影响幅度相当的情况下,方案1运用了4处蓄滞洪区,分洪损失最大,但三峡水位最低,库区的淹没和荆江的防洪风险最小;方案2运用了洞庭湖区的8处蓄滞洪区,三峡水库水位相对方案1高了4.5m;方案3启用蓄滞洪区最少,三峡库水位最高达167.8m,存在影响荆江河段防洪安全的风险,后期库区淹没风险较大。

综合考虑,建议按方案3调度,三峡水库进一步拦洪,运用钱粮湖、大通湖东、共双茶3处蓄滞洪区分蓄洪。具体方案为:三峡水库按方案3进一步拦蓄,提高拦洪水位至167.8m左右;金沙江中游和雅砻江的水库除了观音岩为攀枝花市预留的2.53亿m³防洪库容外,其余防洪库容均可拦蓄;大渡河瀑布沟、嘉陵江亭子口及乌江梯级在满足所在河段防洪要求的前提下,应继续拦蓄洪水;金沙江下游溪洛渡、向家坝水库目前仍有防洪库容42亿m³,应配合三峡水库加大拦蓄;洞庭湖、鄱阳湖水系的水库做好相应调度,在尽量减轻两湖地区防洪压力的同时,避免与干流洪水遭遇;鉴于洲滩民垸已基本运用完毕,建议下一步有序实施蓄滞洪区运用,考虑洪湖蓄滞洪区建设现状,一旦分洪运用,损失巨大,因此拟在预见期内暂不考虑运用洪湖蓄滞洪区分洪,按要求将依次启用钱粮湖、大通湖东、共双茶等蓄滞洪区分洪运用。

按方案3调度,预计沙市最高水位42.30m,莲花塘最高水位34.64m,汉口最高水位29.73m,湖口最高水位22.67m,湖口附近蓄滞洪区暂不运用。

5.4.1.3　长江2020年实时洪水应用场景

2020年汛期,长江发生了新中国成立以来仅次于1954年、1998年的流域性大洪水,防汛形势异常严峻。7—8月,长江干流发生了5次编号洪水,其中寸滩站洪峰水位居有实测记录以来第2位,三峡水库最大入库洪峰达75000m³/s,创建库以来新高。

（1）雨情特征

1）入梅早、出梅晚、梅雨量大

2020年长江中下游6月1日入梅,8月2日出梅,梅雨季持续时间为62d,较常年偏长

22d,为自 1961 年有完整连续降雨监测资料以来最长。梅雨期降水量达 759.2mm,仅次于 1954 年,较常年偏多 1.2 倍,为 1961 年以来最多。

2)暴雨强度大、范围广、极端性强

6—8 月,流域日雨量 50mm 以上笼罩面积超过 5 万 km² 的天数共有 32d,超过 10 万 km² 的天数共有 9d,其中 7 月 7 日 50mm 以上笼罩面积达 17.5 万 km²,100mm 以上笼罩面积达 6.0 万 km²。7 月上旬,鄱阳湖水系 10d 累计雨量 250mm,较同期均值偏多 3.1 倍,较 7 月雨量均值偏多 6 成。

3)强雨区重叠度高、累计雨量大

6—7 月,长江中下游暴雨过程频繁、雨区重叠度高、累计雨量大。在发生的 11 次暴雨过程中,有 9 次强雨区位于长江中下游干流附近,雨区高度重叠导致 6—7 月中下游干流附近各分区累计面雨量普遍超过 600mm,其中饶河 1206mm、青弋水阳江 1000mm。8 月,强雨区移动到长江上游。8 月 11—17 日,长江上游及汉江上游出现持续性强降水过程,强雨区稳定在嘉岷流域,7 日累积雨量涪江 390mm、沱江 313mm、嘉陵江 148mm、岷江 140mm、汉江石泉以上 109mm,强降雨持续时间及累计雨量均超了"81·7"洪水。

(2)水情特征

1)上游来水早、洪水发生范围广

6 月,长江上游主要支流均较早发生不同程度涨水过程,大渡河、横江、綦江、乌江发生超警甚至超历史洪水。6—8 月,金沙江及 16 条主要支流中,除湘江、汉江外,均发生超警以上洪水过程,三峡水库出现 5 次入库洪峰流量超过 50000m³/s 的洪水,长江干流发生 5 次编号洪水。其中,鄱阳湖发生流域性超历史洪水,岷江、洪湖、长湖、巢湖发生超历史洪水;长江上游干流发生超保证洪水。

2)中下游水位涨势猛、洪峰水位高、持续时间长

6—7 月,受持续强降雨影响,流域来水快速增加。长江中下游干流及两湖出口控制站莲花塘、汉口、九江、大通、七里山、湖口站水位 7 月总涨幅 3.33~4.69m,最大日涨幅达 0.37~0.63m,莲花塘至大通江段主要控制站水位日均涨幅均大于 1998 年,各站从起涨至超警的速度均比 1998 年更快,莲花塘和七里山站从超警至超保历时均比 1998 年更短。洪水过程中,中下游监利至大通河段主要控制站洪峰水位高,位居历史最高水位第 2~5 位,其中九江、湖口站洪峰水位居历史最高水位第 2 位,仅次于 1998 年,且干流监利以下江段及两湖湖区高水位持续时间长,主要控制站超警戒水位累积天数达 28~60d。

3)上游洪水遭遇严重、洪水峰高量大

8 月中旬,岷江高场、沱江富顺、涪江小河坝、嘉陵江北碚、长江干流朱沱站发生较大洪水过程,洪峰流量分别位列历史第 1~11 位,且均呈现复式双峰过程。其中,朱沱站与北碚站来水几乎全过程遭遇,导致寸滩站出现峰高量大的洪水过程,实况洪峰流量位居历史第 5 位,重现期约 20 年,洪峰水位位居历史最高水位第 2 位,最大 7 天洪量约 40 年一遇,还原后

洪峰流量位于历史第 1 位,约 90 年一遇,最大 7 天洪量约 130 年一遇。大江大河洪水齐发,峰高量大。长江、嘉陵江、乌江分别发生 5 次、2 次、1 次编号洪水。特别是"20·8"长江、嘉陵江出现复式涨水过程,发生历史罕见洪水,长江寸滩站出现洪峰水位 191.62m,超保证水位 8.12m,比"81·7"洪水洪峰水位高 0.21m,为 1939 年建站以来最高洪水位。

(3)预报调度功能运用

为精准预报并科学调度长江流域洪水,综合应用现有系统及新建示范系统的核心功能模块,滚动开展实时预报调度工作,全过程支撑长江流域的防汛调度决策。通过对 5 次编号洪水的实践运用,一方面及时、准确地把握了长江流域主要干支流的来水情势及洪水组成情况;另一方面充分发挥了以三峡水库为核心的长江流域梯级水库群防洪作用,有效减轻了长江中下游防洪压力,避免了荆江河段及城陵矶地区的分蓄洪区运用,最大限度地保障了人民的生命财产安全。

2020 年长江干流 5 次编号洪水的具体形成时间分别为:7 月 2 日 1 号洪水形成,7 月 17 日 2 号洪水形成,7 月 26 日 3 号洪水形成,8 月 14 日 4 号洪水形成,8 月 17 日 5 号洪水形成。各场编号洪水的流量过程及对应时期三峡水库的实际运行情况见图 5.4-4。

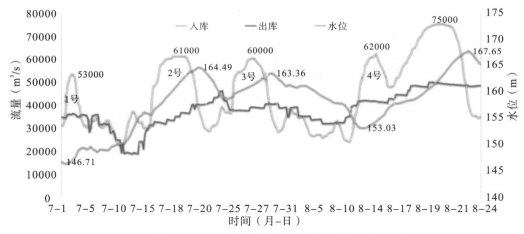

图 5.4-4　长江流域 2020 年 5 次编号洪水及对应三峡坝上水位

现以 2020 年 7 月 17 日的长江流域 2 号洪水实时预报调度为例,对示范系统的主要应用过程及相关功能操作界面进行简要说明。

1)实时水情分析

实时水情分析功能主要根据流域内主要水雨情站点的实时监测数据,以图表形式展示重点水情状态(图 5.4-5),分析时间默认为当前时间,也可人工切换到其他任意历史时间。

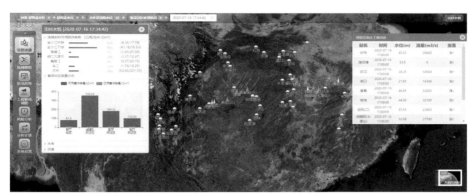

图 5.4-5　2020 年 2 号洪水实时水情分析

可查看当前流域内主要水文（水位）站点的水位、流量实时状态及涨落趋势；可自动计算流域内主要水库工程的防洪库容实时使用情况和剩余情况，辅助防汛调度人员了解当前主要干支流的实时拦蓄能力；可对各蓄滞洪区的已用、可用蓄洪容积分布情况进行实时统计；可通过 GIS 地图以不同颜色等级高亮闪烁方式，展示当前实时状态下所有超保证水位（或保证流量）站点、超警戒水位（或警戒流量）站点，以及超汛限水位的水库站点等，直观呈现面临时刻的防洪重点区域和主要控制断面；针对任意地图上的实体站点，查询对应的基础特征信息，包括站点特征值、工程设计参数等。

2）洪水预报计算

洪水预报计算功能主要根据流域内主要水雨情站点的历史监测数据，以及各预报分区的未来气象降雨过程、产汇流模型及参数等信息，开展流域内各干支流预报断面的洪水过程预报计算（图 5.4-6）。具体包括：可人工设置预报时间、时段类型、预热时长、计算时长、预报断面及产汇流模型；所有监测数据提取、模型参数调用和预报计算过程全部一键自动完成；任一预报断面的预报计算都包括历史预热段和预报计算段，其中预报计算段的预报模型结果会自动根据历史预热段的预报模型计算结果与历史实际监测数据为依据进行实时校正。

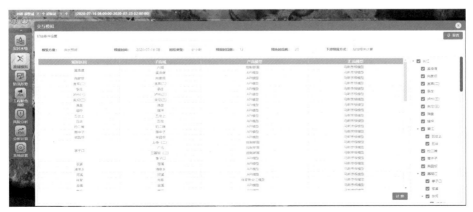

图 5.4-6　2020 年 2 号洪水实时预报计算

3)预报结果交互展示

预报结果交互展示功能主要针对流域干支流各预报断面历史预热段和预报计算段的全过程结果进行图表展示,并支持修改重算(图 5.4-7)。具体包括:可切换不同的预报断面对象;可图表展示面雨量、实测流量、模型流量、预报校正流量、预报水位等预报过程;可查看预报断面的历史实测流量和预报分区内各雨量站实测降雨过程;任一预报断面可查看当前参与预报计算的所有模型参数,并支持修改重算;任一预报断面的未来降雨过程支持图形拖动或表格修改并重新计算;任一预报断面的预报校正流量支持图形拖动或表格,且修改后可人工选择是否刷新下游所有存在水力联系的预报断面结果;所有水库类型的预报断面,可人工设置水库的调蓄方式,系统自动根据预报流量完成调蓄计算后将出库流量继续往下游演算,从而实现预报调度一体化;预报结果可保存入数据库。

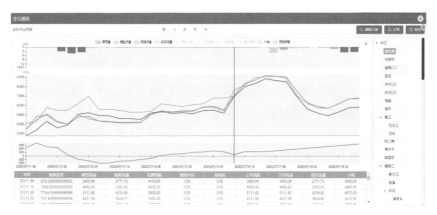

图 5.4-7　2020 年 2 号洪水预报结果交互展示

最终,根据系统实时自动校正及人工校正后的计算结果,7 月 16 日预报未来 7 日内城陵矶水位将达到 35m 以上,超过了其保证水位(34.4m),见图 5.4-8。

图 5.4-8　2020 年 2 号洪水城陵矶未来 7d 水位预报

4）预报预警统计

预报预警统计功能主要针对流域干支流各预报断面预报结果对应的预警情况进行统计并分级可视化展示。具体包括：根据预报结果，自动统计河道超警戒（包括警戒水位和警戒流量）、河道超保证（包括保证水位和保证流量）和水库超汛限水位的预警站点数量，其中超警戒站点中不含超保证站点；以瓦片方式自动推送最关注站点的详细预报结果过程图，站点对象支持人工自定义切换；自动显示所有预警站点的预警数值（最高水位或最大流量）；所有预警站点在 GIS 地图上高亮闪烁，其中黄色代表测站超警戒或水库超汛限水位预警（见图中的宜昌站、枝城站、监利站），红色代表超保证预警（见图 5.4-9 中的七里山站、莲花塘站、螺山站、汉口站）。

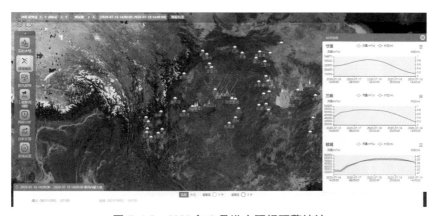

图 5.4-9　2020 年 2 号洪水预报预警统计

5）水工程联合调度

水工程联合调度功能主要根据实时洪水预报结果，采用不同的模型方法，对长江流域防洪工程体系的调度运用方式进行联合模拟（图 5.4-10，图 5.4-11）。具体包括：可人工设置调度时间、时段类型、计算时长、水工程对象及调度模型；可直接关联系统中保存的预报方案（支持本系统计算生成的预报方案、从第三方系统接入集成的预报方案，以及历史洪水等多种数据来源），自动提取水工程对应预报断面的预报洪水过程，并根据预报结果的起止时间重置调度期起止时间；可分类设置单值数据、过程数据、控制性工程（包括所有重点调洪水库和蓄滞洪区）、控制边界和洲滩民垸等各类水工程调度参数及边界约束信息；调度模拟支持按单项水工程"先支流后干流，先上游后下游"的水力顺序逐一完成计算，也支持将所有水工程作为一个独立整体纳入联合模拟计算，具体计算模式由系统根据用户选择的调度模型自动识别和切换；可根据所有相邻水工程的预报流量成果，自动还原生成当前调度场景下两相邻水工程之间的区间天然流量，充分保障各水工程调蓄成果与洪水预报结果的相对一致性；水工程调度计算与河道洪水演进全过程一体化，任意水工程调度方式发生改变，均自动演进至下游相邻水工程并叠加对应的区间天然流量，重新生成下游水工程的来水流量过程，从而动态响应各水工程的调蓄影响。

图 5.4-10　2020 年 2 号洪水水工程联合调度

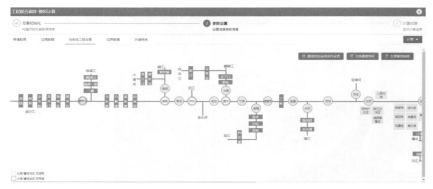

图 5.4-11　2020 年 2 号洪水调度边界设置

6）调度结果交互展示

调度结果交互展示功能主要针对所有水工程的调度结果过程和对应河段演进过程进行图表展示，并支持修改重算（图 5.4-12）。具体包括：可切换不同的水工程和河段对象；可图表展示不同水工程及河段的水位、流量等调度演进结果过程；各类水位、流量过程均支持调度前历史实况与调度后决策过程的衔接展示；可直接修改水库的起调水位、入库流量等边界信息后重新计算，并自动刷新下游所有存在水力联系的水工程调度及河段演进结果；调度结果可保存数据库。

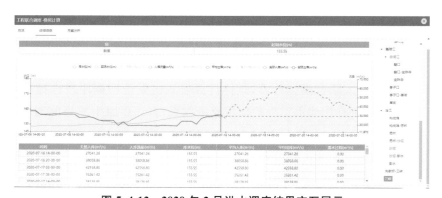

图 5.4-12　2020 年 2 号洪水调度结果交互展示

针对预报结果,依据调度规则进行模拟调度计算,通过上游水库群拦蓄,三峡水库水位高于158m后转为对荆江河段防洪,生成调度方案。其中,城陵矶水位最高上涨达到34.91m,仍然超过保证水位(图5.4-13),防洪形势严峻,将需要启用蓄滞洪区,防止严重洪灾。

图 5.4-13　2020 年 2 号洪水按规则调度后城陵矶结果(不启用洲滩民垸)

随后,考虑启动洲滩民垸行蓄洪水,再次进行调度计算,结果表明,城陵矶水位上涨最高还可达到34.86m,仍然超过保证水位,洪灾风险严重(图5.4-14)。

图 5.4-14　2020 年 2 号洪水按规则调度后城陵矶结果(启用洲滩民垸)

7)洪水调控

洪水调控功能包括人工调控和模型优选调控。人工调控主要针对水库的调度结果过程进行人工交互控制重算(图5.4-15),具体包括:可选择按库水位、出库流量、蓄水流量等任意一种或多种组合方式对水库进行人工调控计算(当前水库计算不再依赖前期设定的调度模型),并自动刷新下游所有存在水力联系的水工程调度及河段演进结果。而模型优选调控则根据用户设定的防洪控制目标,自动优化水库防洪库容分配,生成优化调度决策。

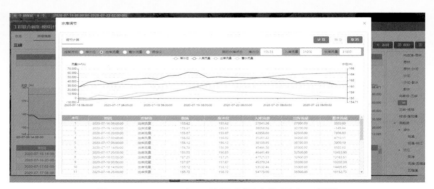

图 5.4-15　2020 年 2 号洪水调度结果人工调控

在上述调度场景中,由于城陵矶超保证水位,跳出既定的调度规程模式,根据实际情况,按 35000～40000m³/s 进行三峡水库下泄流量人工调控,直到控制城陵矶水位不超过 34.4m(图 5.4-16)。

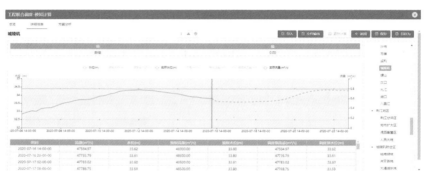

图 5.4-16　2020 年 2 号洪水人工调控三峡后城陵矶调度结果

上述结果中,由于三峡水库控泄,城陵矶水位被控制到 34.33m,但三峡水库坝上水位抬高至 164m,对库区造成了较大淹没风险(图 5.4-17)。因此,启用基于目标的联合优化调度方式,对水库群联合调度方案进行优化(图 5.4-18)。控制三峡水库下泄流量不超过 40000m³/s,并控制三峡的最高水位不超过 160m,优化分配上游参加联合调度的水库及其库容应用,在保证下游安全的情况下,同时有效控制三峡库区淹没风险。按此方式优化后,上游更多水库参与了联合防洪调度,并显著降低了三峡库区的淹没风险(图 5.4-19,图 5.4-20)。

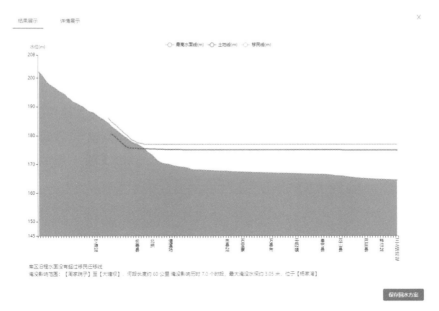

图 5.4-17　2020 年 2 号洪水三峡人工调控后库区回水结果

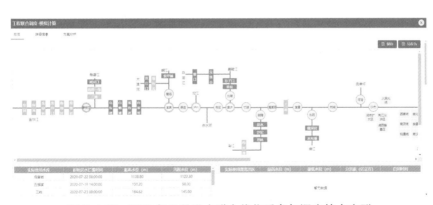

图 5.4-18　2020 年 2 号洪水联合优化后参与调度的水库群

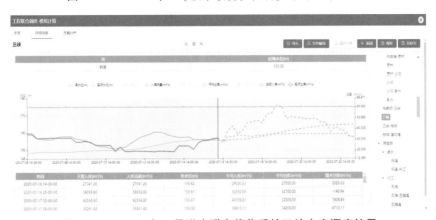

图 5.4-19　2020 年 2 号洪水联合优化后的三峡水库调度结果

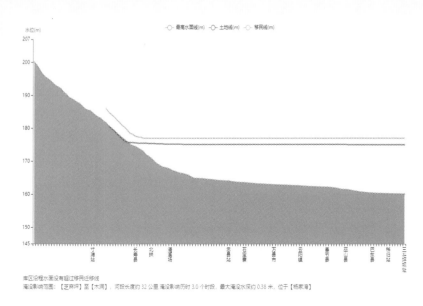

图 5.4-20　2020 年 2 号洪水联合优化后的三峡库区回水结果

8）方案对比分析

方案对比优选功能主要针对某一场预报洪水及其对应的多种调度成果进行对比分析，辅助方案优选和会商决策。具体包括：可人工选择预报方案结果；可人工勾选当前预报对应的调度方案结果进行对比，包括方案总览对比和工程调度详情对比（图 5.4-21，图 5.4-22）；不同对比模式均支持按图形方式直观展示各种防洪关键指标的多方案对比情况。

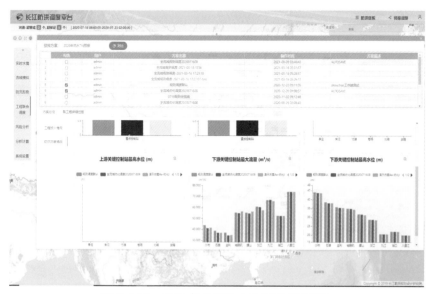

图 5.4-21　2020 年 2 号洪水多方案总览对比

图 5.4-22　2020 年 2 号洪水多方案详情对比

5.4.2　预报预警分析

5.4.2.1　预报方案体系

长江流域荆江河段来水主要受三峡水库控制影响,因此,选取三峡水库入库流量开展预报方案分析验证。该断面以长江干支流控制性水库或水文站为上边界,主要包括向家坝—三峡干流区间、岷江流域瀑布沟和紫坪铺以下区间、沱江流域、嘉陵江流域亭子口以下区间及乌江流域武隆以下区间。具体子流域划分为:岷江流域紫坪埔—彭山、多营坪以上、多营坪—夹江、尼日河岩润以上、瀑布沟(岩润)—峨边、峨边—沙湾、彭山(夹江、沙湾)—五通桥、清水溪以上、五通桥(清水溪)—高场;沱江流域三皇庙以上、三皇庙—登瀛岩、登瀛岩—富顺;嘉陵江支流东河清泉乡以上、亭子口(清泉乡)—河溪、西河肖家以上、河溪(肖家)—金溪、金溪—武胜,涪江江油以上、涪江支流平通河甘溪以上、涪江支流通口河北川以上、江油(甘溪、北川)—涪江桥、梓江河天仙寺以上、涪江桥(天仙寺)—射洪、射洪—小河坝,渠江巴河巴中以上、通江河碧溪以上、巴中(碧溪)—凤滩、州河罗江以上、凤滩(罗江)—三汇、流江河静边以上、三汇(静边)—罗渡溪、武胜(小河坝、罗渡溪)—北碚;向家坝—三峡干流区间的向家坝(横江、福溪、高场)—李庄、李庄(富顺)—泸州、泸州(赤水)—朱沱、朱沱(北碚、五岔)—寸滩、寸滩(武隆)—三峡及支流横江以上、南广河福溪以上、赤水河赤水以上、綦江五岔以上等预报分区,见图 5.4-23。

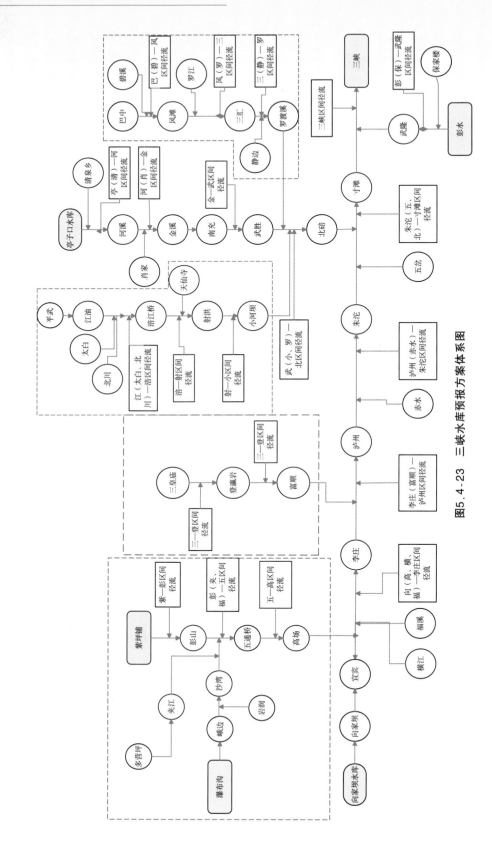

图5.4-23 三峡水库预报方案体系图

5.4.2.2　降雨预报精度分析

降雨预报精度分析主要收集三峡水库以上短期降雨预报成果,整理并分析降雨预报精度,分析长江上游三峡水库以上流域降雨预报水平,为三峡水库入库流量预报提供基础支撑。

收集了三峡水库建库以来长江上游2008—2020年共13年4—10月期间日常短期降雨预报成果,预报内容为降雨量范围预报及降雨量倾向值预报,各分区预报样本数为2549个。统计预报分区为:金沙江、岷沱江、嘉陵江、向家坝—寸滩区间、乌江、三峡区间、长江上游,其中日常预报分区细分后,上述统计分区为面积权重计算值。

短期降雨预报评定内容为上述样本中不同预见期不同降雨量级预报的准确率、漏报率、空报率、实际降雨量级的频次频率。采用统计学的方法,结合降雨对水情的影响,考虑相对极端情况下的空报率及漏报率,定义针对中雨及以上量级,如果预报与实况属于相同的降雨量级,则视该次预报为正确,针对无雨和小雨量级,如果预报无雨,实况无雨或小雨均视为预报正确,如果预报小雨,实况无雨或小雨也均视为正确;如果预报的降雨量级较实况降雨量级大两级或两级以上,则为预报空报;如果预报的降雨量级较实况降雨量级小两级或两级以上,则为预报漏报。实际降雨量级的频次频率为分预见期、分降雨量级的前提下分别统计各量级所有预报样本中实际出现各种降雨量级的次数和频率,降雨量级的划分采用江河流域面雨量等级划分标准,见表5.4-9。

表5.4-9　　　　　　　　　　　　江河流域面雨量等级划分表

等级	12h 面雨量值(mm)	24h 面雨量值(mm)
小雨	0.1～2.9	0.1～5.9
中雨	3.0～9.9	6.0～14.9
大雨	10.0～19.9	15.0～29.9
暴雨	20.0～39.9	30.0～59.9
大暴雨	40.0～80.0	60.0～150.0
特大暴雨	>80.0	>150.0

不同等级降雨量预报准确率 η、漏报率 β、空报率 κ 计算式如下:

$$\eta = (n/m) \times 100\% \tag{5.4-1}$$

$$\beta = (u/m) \times 100\% \tag{5.4-2}$$

$$\kappa = (p/m) \times 100\% \tag{5.4-3}$$

式中,m 为发布预报次数;n 为按照书中定义预报正确次数;u 为按照书中定义预报漏报次数;p 为按照书中定义预报空报次数。

根据上述评定方法,对各分区降雨预报误差准确率、漏报率、空报率(以下简称"三率")进行统计计算,统计实际各量级降雨发生频次与相应频率,统计相同预见期所有预报分区的综合预报准确率。24h、48h及72h预见期各分区短期降雨预报准确率分别见

表 5.4-10 至表 5.4-12。

表 5.4-10 各分区 24h 短期降雨预报"三率"分析

24h 预报	漏报		准确		空报	
	漏报次数（次）	漏报率（%）	准确次数（次）	准确率（%）	空报次数（次）	空报率（%）
金沙江	2	0.8	1957	76.8	9	0.4
岷沱江	17	0.7	1811	71.0	44	1.7
嘉陵江	24	0.9	1892	74.2	48	1.9
向家坝—寸滩区间	25	1.0	1701	66.7	96	3.8
乌江	37	1.5	1839	72.1	78	3.1
三峡区间	39	1.5	1914	75.1	75	2.9
长江上游	0	0.0	2051	80.5	0	0.0
平均值	0.91		73.77		1.97	

表 5.4-11 各分区 48h 短期降雨预报"三率"分析

48h 预报	漏报		准确		空报	
	漏报次数（次）	漏报率（%）	准确次数（次）	准确率（%）	空报次数（次）	空报率（%）
金沙江	1	0.04	1944	76.3	15	0.60
岷沱江	14	0.50	1746	68.5	35	1.40
嘉陵江	10	0.40	1857	72.9	41	1.60
向家坝—寸滩区间	24	0.90	1680	65.9	79	3.10
乌江	22	0.90	1829	71.8	58	2.30
三峡区间	29	1.10	1927	75.6	69	2.70
长江上游	0	0.00	2001	78.5	1	0.04
平均值	0.55		72.79		1.68	

表 5.4-12 各分区 72h 短期降雨预报"三率"分析

72h 预报	漏报		准确		空报	
	漏报次数（次）	漏报率（%）	准确次数（次）	准确率（%）	空报次数（次）	空报率（%）
金沙江	5	0.2	1881	73.8	23	0.9
岷沱江	14	0.5	1724	67.6	44	1.7
嘉陵江	17	0.7	1857	72.9	54	2.1
向家坝—寸滩区间	36	1.4	1613	63.3	104	4.1

72h 预报	漏报		准确		空报	
	漏报次数（次）	漏报率（%）	准确次数（次）	准确率（%）	空报次数（次）	空报率（%）
乌江	36	1.4	1765	69.2	89	3.5
三峡区间	36	1.4	1832	71.9	82	3.2
长江上游	0	0.0	1968	77.2	3	0.1
平均值	0.8		70.84		2.23	

上述表 5.4-10 至表 5.4-12 可见：

24h 短期降雨预报平均准确率为 73.77%，平均漏报率 0.91%，平均空报率为 1.97%；48h 短期降雨预报平均准确率为 72.79%，平均漏报率 0.55%，平均空报率为 1.68%；72h 短期降雨预报平均准确率为 70.84%，平均漏报率 0.8%，平均空报率为 2.23%；流域面积大的预报区域准确率相对较高，漏报率相对较低。

24h、48h 及 72h 预见期各分区各量级预报精度统计分别见表 5.4-13 至表 5.4-15。由表 5.4-13 至表 5.4-15 可见：

24h 无雨预报的平均准确率为 97.5%，平均漏报率为 2.5%；24h 小雨预报的平均准确率为 92.6%，平均漏报率为 0.7%，平均空报率为 0%；24h 中雨预报的平均准确率为 36.8%，平均漏报率为 0.6%，平均空报率为 2.2%；24h 大雨预报的平均准确率为 38.1%，平均漏报率为 0.3%，平均空报率为 18.2%；24h 暴雨预报的平均准确率为 40.1%，平均漏报率为 0%，平均空报率为 23.7%。

48h 无雨预报的平均准确率为 99.3%，平均漏报率为 0.7%；48h 小雨预报的平均准确率为 93.0%，平均漏报率为 0.5%，平均空报率为 0%；48h 中雨预报的平均准确率为 34.9%，平均漏报率为 0.8%，平均空报率为 2.1%；48h 大雨预报的平均准确率为 35.3%，平均漏报率为 0.2%，平均空报率为 15.1%；48h 暴雨预报的平均准确率为 32.3%，平均漏报率为 0%，平均空报率为 24.7%。

72h 无雨预报的平均准确率为 98.1%，平均漏报率为 1.9%；72h 小雨预报的平均准确率为 91.4%，平均漏报率为 0.8%，平均空报率为 0%；72h 中雨预报的平均准确率为 32.6%，平均漏报率为 1.0%，平均空报率为 2.4%；72h 大雨预报的平均准确率为 27.3%，平均漏报率为 0%，平均空报率为 22.5%；72h 暴雨预报的平均准确率为 32.0%，平均漏报率为 0%，平均空报率为 27.4%。

虽然 3d 内无雨预报的漏报率较高，但是无雨预报时，实际发生中雨及以上量级的频率很低。3d 内小雨预报时，实际发生大雨及以上量级的频率很低。

中雨及以上量级预报的准确率低，但漏报率也低，从各区统计的空报率看普遍较高，因此当预报中雨及以上量级时，实际发生的降雨强度可能比预报小。

表 5.4-13

各分区未来24h各量级降雨预报精度统计

（单位：%）

24h预报	无雨		小雨			中雨			大雨			暴雨			大暴雨		
	漏报率	准确率	漏报率	准确率	空报率	漏报率	准确率	空报率	漏报率	准确率	空报率	漏报率	准确率	空报率	漏报率	准确率	空报率
金沙江	2.1	97.9	0.1	93.1	0.0	0.0	40.9	0.6	0.0	40.0	16.0	/	/	/	/	/	/
岷沱江	1.3	98.7	0.6	92.9	0.0	0.9	33.8	1.4	0.0	24.8	23.4	0.0	50.0	12.5	/	/	/
嘉陵江	2.0	98.0	1.3	92.8	0.0	0.0	34.9	1.3	0.5	37.8	18.4	0.0	38.9	16.7	/	/	/
向家坝—寸滩区间	3.8	96.1	0.8	91.0	0.0	0.8	28.4	4.3	0.5	29.4	27.9	0.0	42.9	42.8	/	/	/
乌江	4.7	95.3	1.1	92.2	0.0	1.4	34.3	4.2	0.4	38.1	20.4	0.0	27.3	18.2	/	/	/
三峡区间	3.6	96.4	1.2	91.7	0.0	1.3	35.6	3.6	0.5	36.5	21.3	0.0	41.3	28.3	/	/	/
长江上游	0.0	100.0	0.0	94.6	0.0	0.0	49.6	0.0	0.0	60.0	0.0	/	/	/	/	/	/
平均值	2.5	97.5	0.7	92.6	0.0	0.6	36.8	2.2	0.3	38.1	18.2	0.0	40.1	23.7	0.0	0.0	0.0

注："/"表示无数据，下同。

表 5.4-14

各分区未来48h各量级降雨预报精度统计

（单位：%）

48h预报	无雨		小雨			中雨			大雨			暴雨			大暴雨		
	漏报率	准确率	漏报率	准确率	空报率	漏报率	准确率	空报率	漏报率	准确率	空报率	漏报率	准确率	空报率	漏报率	准确率	空报率
金沙江	0.0	100.0	0.0	93.2	0.0	0.1	41.7	1.2	0.0	36.0	20.0	/	/	/	/	/	/
岷沱江	1.3	98.7	0.4	93.4	0.0	0.8	28.5	0.6	0.0	27.4	17.7	0.0	28.6	42.9	/	/	/
嘉陵江	1.1	98.9	0.3	93.8	0.0	0.3	31.9	1.4	0.5	35.4	13.7	0.0	33.3	16.7	/	/	/
向家坝—寸滩区间	1.0	99.0	0.8	91.9	0.0	1.3	27.3	3.5	0.0	28.7	21.3	0.0	35.0	35.0	/	/	/

续表

48h预报	无雨		小雨			中雨			大雨			暴雨			大暴雨		
	漏报率	准确率	漏报率	准确率	空报率	漏报率	准确率	空报率	漏报率	准确率	空报率	漏报率	准确率	空报率	漏报率	准确率	空报率
乌江	0.9	99.1	0.6	92.9	0.0	1.5	32.7	3.2	0.4	40.2	14.0	0.0	25.0	14.3	/	/	/
三峡区间	0.5	99.5	1.4	91.3	0.0	1.3	35.7	4.4	0.5	36.9	19.2	0.0	39.6	14.6	/	/	/
长江上游	0.0	100.0	0.0	94.2	0.0	0.0	46.6	0.1	0.0	42.3	0.0	/	/	/	/	/	/
平均值	0.7	99.3	0.5	93.0	0.0	0.8	34.9	2.1	0.2	35.3	15.1	0.0	32.3	24.7	0.0	0.0	0.0

表5.4-15　各分区未来72h各量级降雨预报精度统计

（单位：%）

72h预报	无雨		小雨			中雨			大雨			暴雨			大暴雨		
	漏报率	准确率	漏报率	准确率	空报率	漏报率	准确率	空报率	漏报率	准确率	空报率	漏报率	准确率	空报率	漏报率	准确率	空报率
金沙江	5.6	94.4	0.1	91.4	0.0	0.2	39.0	1.8	0.0	30.0	26.6	/	/	/	/	/	/
岷沱江	0.0	100.0	0.5	92.2	0.0	0.7	27.5	1.1	0.0	20.3	23.9	0.0	33.3	22.2	/	/	/
嘉陵江	1.7	98.3	0.5	92.9	0.0	0.9	32.2	2.0	0.0	35.1	18.5	0.0	37.5	31.3	/	/	/
向家坝—寸滩区间	3.1	96.9	1.3	89.1	0.0	1.5	24.1	3.7	0.0	24.3	31.5	0.0	29.4	47.1	/	/	/
乌江	1.4	98.6	1.5	90.9	0.0	1.6	30.1	3.7	0.0	32.1	25.0	0.0	25.0	20.0	/	/	/
三峡区间	1.5	98.6	1.4	90.2	0.0	2.1	30.7	4.5	0.0	12.4	24.8	0.0	34.7	16.3	/	/	/
长江上游	0.0	100.0	0.0	92.8	0.0	0.0	44.9	0.1	0.0	37.0	7.4	/	/	/	/	/	/
平均值	1.9	98.1	0.8	91.4	0.0	1.0	32.6	2.4	0.0	27.3	22.5	0.0	32.0	27.4	0.0	0.0	0.0

5.4.2.3 水情预报精度分析

以超标准洪水调度决策支持系统为工具,长江上游降雨预报为输入边界,采用水力学模型及水库调洪演算等方法,选取 2008—2020 年期间三峡入库流量超过 $50000\mathrm{m^3/s}$ 的洪水过程进行洪水预报模拟计算。通过整理并分析洪水预报精度,阐述三峡水库入库流量预报水平,为超标准洪水调度决策提供技术支撑。

(1)水情预报精度评定方法

1)绝对误差

水文要素的预报值减去实测值为预报的绝对误差。多个绝对误差绝对值的平均值表示多次预报的平均误差分析。水位预报误差用绝对误差的形式表示,计算公式为:

$$绝对误差=预报值-实际值$$

2)相对误差

绝对误差除以实测值为相对误差,以百分数表示。多个相对误差绝对值的平均值表示多次预报的平均相对误差水平。相对误差绝对值与百分之百的差值为准确率。流量预报误差用相对误差的形式表示,计算公式为:

$$相对误差=[(预报值-实际值)/实际值]\times100\%$$

3)保证率误差

将各预见期入库流量预报的绝对误差、相对误差的绝对值进行从小到大排序,采用如下经验频率公式分别计算其保证率 P。

$$P=m/(n+1)\times100\% \tag{5.4-4}$$

式中,m 表示序号,$m=1,2,3,\cdots n$;n 表示预报样本总数。

4)合格率

一次预报的误差小于许可误差时,为合格预报。合格预报次数与预报总次数之比的百分数为合格率,表示多次预报总体的精度水平。合格率计算公式如下:

$$QR=n/m\times100\% \tag{5.4-5}$$

式中,QR 为合格率(取 1 位小数),%;n 为合格预报次数;m 为预报总次数。

水位预报许可误差取预见期内实测变幅的 20%,当许可误差小于相应流量的 5% 对应的水位幅度值或小于 0.1m 时,则以该值作为许可误差;三峡入库流量及累计水量 1~5d 预报许可误差则分别按 5%、10%、15%、20%、25%控制。

(2)三峡入库流量预报精度评定结果

收集统计三峡入库流量预见期为 1~3d 的预报模拟计算成果,预报和实况值均为每日 8 时入库流量,样本数为 31 个。依据前述方法分析不同预见期三峡入库流量预报的平均相对误差和合格率,评定结果统计见表 5.4-16、图 5.4-24、图 5.4-25。

表 5.4-16   三峡入库流量预报精度评定

预见期(d)	预报次数(次)	平均相对误差(%)	合格率(%)
1	31	4.27	93.55
2	31	7.02	90.32
3	31	10.35	83.87

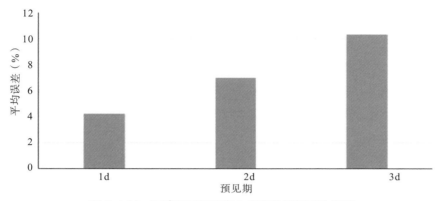

图 5.4-24   三峡不同预见期入库流量预报平均误差

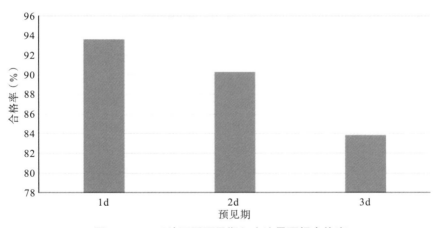

图 5.4-25   三峡不同预见期入库流量预报合格率

从总体上来看,随着预见期的延长,相对误差呈增长趋势,预报合格率呈下降趋势;1~3d 预报平均误差均在 10.35% 以下,预报合格率在 83.87%~93.55%。根据《水文情报预报规范》(GB/T 22482—2008)(合格率高于 85%,预报精度等级为甲级),可知本书预报模拟计算预见期 1d、2d 的预报精度为甲级,3d 的预报精度为乙级。

5.4.2.4 预见期分析

根据前述降雨预报精度分析内容,长江上游短期降雨预报 24~72h 降雨预报的平均准确率为 71.6%~74.8%,平均漏报率为 0.9%~1.2%,平均空报率为 1.8%~2.4%;且 72h 预见期内,预报无雨时,实际发生中雨及以上量级的频率很低,预报小雨时,实际发生大雨及以上量级的频率很低,对超标准洪水水情预报提供了准确的降水预报边界,为调度决策支持给予了重要的基础支撑。

根据前述水情预报精度分析内容,以超标准洪水调度决策支持系统为工具,长江上游降雨预报为输入边界,采用降雨径流模型(API-UH 模型)、NAM 模型、新安江模型、合成流量法、马斯京根河道演算法、水力学模型及水库调洪演算等方法,对三峡水库入库流量开展超标准洪水预报时,通过水文气象耦合技术,有效增长预见期。在发生大洪水时,降雨预报基本可保证 3d 有效预见期,综合考虑不同降雨落区汇流时间,确定三峡水库入库流量在 3d 预见期内的预报均较为可靠,为调度决策提供了重要的技术支撑。

5.4.2.5 典型洪水预报模拟分析

2020 年长江第 4、5 号洪水为复式洪水,具有典型代表性。本节以这两次洪水的三峡水库洪水过程预报模拟计算及误差情况进行分析。

(1)水雨情实况概述

2020 年 8 月 11—17 日,长江上游发生了入汛以来最强降雨过程,长江上游嘉岷流域出现大范围暴雨—大暴雨的强降雨,过程维持时间长达 7d。受持续强降雨影响,长江上游多条支流发生较大洪水过程,受上游干流和嘉陵江来水叠加影响,干流寸滩站发生 1 次复式涨水过程,8 月 14 日 5 时流量涨至 50900m³/s,形成长江 2020 年第 4 号洪水。8 月 14 日 19 时出现第 4 号洪水洪峰流量 59400m³/s,8 月 16 日来水退至 46000m³/s 后返涨,8 月 17 日 14 时再次涨至 50400m³/s,形成长江 2020 年第 5 号洪水。8 月 20 日 4 时出现第 5 号洪水洪峰流量 74600m³/s(相应),位居历史最大流量第 5 位。8 月 20 日 8 时 15 分出现洪峰水位 191.62m(超保证水位 8.12m),位居历史最高水位第 2 位,仅次于 1905 年的 192.00m。洪水形成之前,结合水文气象预报,为统筹流域防洪安全,减轻三峡库区防洪压力,三峡水库主动消落库水位,8 月 14 日 12 时最低降至 153.03m,预留防洪库容约 178 亿 m³,同时继续联合调度长江上游水库群拦蓄洪水,其间三峡水库最大入库流量 75000m³/s,最大出库49400m³/s,最高调洪水位 167.65m,调度过程见图 5.4-26。

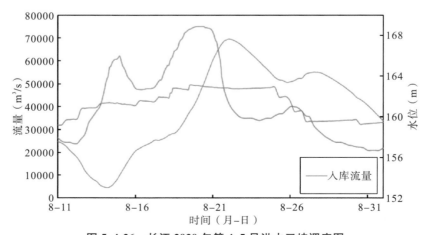

图 5.4-26　长江 2020 年第 4、5 号洪水三峡调度图

受上游来水影响,长江中下游宜昌至九江江段水位出现不同程度的返涨,其中宜昌至螺山江段水位超警幅度 0.2～1.1m。

(2)模拟预报分析

为增长洪水预报预见期,采用长江 2020 年第 4、5 号洪水期间长江上游 1～3d 短期逐日降雨预报作为模拟预报边界。考虑到第 4、5 号洪水洪峰出现时间分别为 2020 年 8 月 15 日 8 时、2020 年 8 月 20 日 8 时,为充分检验超标准洪水调度决策支持系统预报成效,选取 2020 年 8 月 11 日 20 时、8 月 12—14 日 8 时作为预报依据时间对长江第 4 号洪水进行滚动模拟预报,选取 2020 年 8 月 16—19 日 8 时作为预报依据时间对长江第 5 号洪水进行滚动模拟预报,并对每次模拟预报的洪峰流量进行评定分析。

三峡水库入库过程实况与模拟预报对比分别见表 5.4-17、表 5.4-18 及图 5.4-27。由表 5.4-17、表 5.4-18、图 5.4-27 可知,在第 4、5 号洪水期间整体预报趋势、量级均把握较好。模拟预报成果表明,8 月 11 日提前 4d 确定洪峰流量将达到 60000m³/s 量级;14 日精准预报 15 日前后出现洪峰流量 61000m³/s 左右,实况 15 日 8 时三峡入库洪峰 62000m³/s,相对误差仅 1.6%。8 月 16 日确定长江第 5 号洪水洪峰流量在 70000m³/s 左右;18 日,考虑金沙江来水变化溪洛渡、向家坝水库调度调整,以及嘉陵江草街电站滞洪作用,预计 20 日洪峰流量74000m³/s 左右,相对误差仅 1.3%;19 日继续滚动分析,调整三峡入库洪峰 20 日 8 时75000m³/s,实况 20 日 8 时三峡入库洪峰 75000m³/s,提前 1d 精准预报三峡入库洪峰,相对误差为 0。综上,第 4、5 号洪水期间,三峡水库整个来水过程涨水、退水面的模拟预报均与实况高度吻合。

表 5.4-17　　　　　　　　长江 2020 年第 4 号洪水三峡水库入库流量预报

预报依据时间	入库洪峰(m³/s)				相对误差(%)	预见期(d)
	预报		实况			
2020-08-11 20:00	2020-08-14 20:00	60000			−3.23	3.5
2020-08-12 8:00	2020-08-14 20:00	57000	2020-08-15 8:00	62000	−8.06	3
2020-08-13 8:00	2020-08-15 2:00	59000			−4.84	2
2020-08-14 8:00	2020-08-15 8:00	61000			−1.61	1

表 5.4-18　　　　　　　　长江 2020 年第 5 号洪水三峡水库入库流量预报

预报依据时间	入库洪峰(m³/s)				相对误差(%)	预见期(d)
	预报		实况			
2020-08-16 8:00	2020-08-19 8:00	63000			−16.00	4
2020-08-17 8:00	2020-08-19 14:00	70000	2020-08-20 8:00	75000	−6.67	3
2020-08-18 8:00	2020-08-20 8:00	74000			−1.33	2
2020-08-19 8:00	2020-08-20 8:00	75000			0.00	1

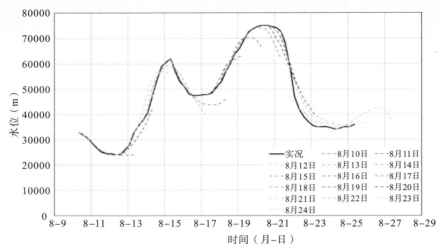

图 5.4-27　三峡水库第 4、5 号洪水期间入库流量过程实况与预报对比图

5.4.2.6　预报预警制作时间分析

通过前述 2020 年长江流域洪水的系统应用场景可知,影响预报预警制作时间的因素,关键在于对洪水预报功能的操作运用。结合洪水预报功能的内部运行逻辑及预报预警发布过程,影响预报预警制作时间的具体因子可分解为:所有预报断面的历史实测流量提取时间、所有预报分区内各雨量站的历史实测雨量数据提取时间、所有预报分区的模型参数提取时间、所有预报分区的产汇流模型计算及实时校正时间、预报结果人工修正时间、预警判别时间等。

现以某预报区间为例,其中上边界站点 1 个、出口站点 1 个、分区雨量站 12 个、预报模型为 API、实时校正采用卡尔曼滤波算法;时段步长 6h,时段数 24 个;预报计算完成后,再进行多次人工修正和预警判别,最终发布预警;按前述章节的软硬件环境要求,选取最低配置进行模拟计算;单一服务接口测试 100 次,记录各服务接口每次请求响应的实际时间(含各类转换处理)。各分项任务的系统响应测试耗时情况统计见表 5.4-19。

表 5.4-19　　　　　　　　　　　预报预警系统任务响应时间统计表

序号	系统任务名称	次数(次)	最长耗时(s)	最短耗时(s)	平均耗时(s)
1	2 个站实测流量提取转换	100	0.042	0.023	0.031
2	12 个站实测雨量提取转换	100	0.3	0.228	0.252
3	1 套产汇流参数提取转换	100	0.004	0.002	0.003
4	产汇流模型计算转换	100	0.012	0.008	0.01
5	实时校正转换	100	0.006	0.003	0.004
6	预警判别(含界面渲染)	100	0.128	0.102	0.113
7	单次任务合计	1	0.492	0.366	0.413

由表 5.4-19 可知,对于一个具有上边界衔接的通用性预报区间,在系统中的预报预警响应总时间最长为 0.492s,最短为 0.366s,平均为 0.413s,且主要耗时集中在雨量站数据的提取与转换任务。本系统总共搭建了 78 个预报区间,雨量站合计 515 个,平均每个预报区间不超过 7 个雨量站。因此,每个预报区间的实际单次任务平均消耗时间不会超过上例中含有 12 个雨量站的测试预报区间。

现假定 78 个预报区间同时参与计算,并以上例中测试预报区间的最长计算耗时为依据,则所有预报区间单次预报预警的系统计算及处理响应总时间最长为 78×0.492=38.376s。

一般而言,洪水预报结果需要反复进行修改重算和人工调整确认。假定每个预报区间需人工调整 4 次(加上首次计算,实际计算次数为 5 次),调整方式为用户界面拖拽图形重绘或直接修改表格数据,每个预报区间每次调整的人工决策判断及系统界面修改操作时间为 5s,则确定全部预报区间最终预报预警结果的最长耗时为 5×38.376+4×78×5=1751.88s,约 30min。

最后,流域洪水的预报预警信息制作除了需要在系统内开展各类交互计算外,还需要进一步将所有系统计算成果进行人工分析,统计河道、堤防、水库、蓄滞洪区等各类天然与非天然、工程与非工程的防洪预警指标,并转化为对应的格式化文案。根据实际工作情况统计,此过程一般不超过 60min。

综上,采用本系统进行流域洪水预报预警计算,并分析制作预报预警文案,最终实现预报预警制作任务的总体响应时间最长约为 90min,不超过 2h。

5.4.3 应急响应分析

由防汛应急方案的总体要求、启动条件、响应行动及调度指挥任务可知,长江流域从洪水发生到启动应急响应的总体流程为:水工程调度模拟→应急响应判别→信息报送处理→调度指挥决策→应急响应发布。

通过前述 2020 年长江流域洪水的系统应用场景可知,影响水工程调度模拟时间的因素,关键在于对水工程调度功能的操作运用。结合水工程调度功能的内部运行逻辑和模拟分析,影响水工程调度模拟时间的具体因子可分解为:洪水预报成果提取时间、所有水库及河道站(含水文站和水位站)的实时水位流量状态提取时间、所有水库及河段的模型参数提取时间、所有水库的调度模型计算时间、所有河段的洪水演进计算时间及所有蓄滞洪区的分洪计算时间等。

示范系统搭建的水工程调度体系主要包括水库站 31 座、河段 30 个、河道站 9 个、蓄滞洪区 46 个。调度模型为规则调度,河道演进模型为滞时演算,蓄滞洪区为分洪运用模型。时段步长 6h,时段数 28 个。调度演进计算完成后,再进行多次人工交互修正重算。按前述章节的软硬件环境要求,选取最低配置进行模拟计算,单一服务接口测试 100 次,记录各服务接口每次请求响应的实际时间(含各类转换处理)。各分项任务的系统响应测试耗时情况统计见表 5.4-20。

表 5.4-20   水工程调度模拟响应时间统计表

序号	系统任务名称	次数（次）	最长耗时（s）	最短耗时（s）	平均耗时（s）
1	洪水预报成果提取转换	100	1.842	1.023	1.515
2	31 座水库实时状态提取转换	100	0.159	0.148	0.152
3	9 个河道站实时状态提取转换	100	0.068	0.045	0.056
4	61 套调度演进参数提取转换	100	0.102	0.088	0.094
5	31 座水库调度计算转换	100	38.688	35.439	36.576
6	30 个河段洪水演进计算转换	100	23.256	21.598	22.639
7	46 个蓄滞洪区分洪计算转换	100	1856.987	1765.560	1803.487
8	任务合计	1	1921.102	1823.901	1864.519

由表 5.4-20 可知,采用本系统完成一次包含主要水库、河道站及蓄滞洪区的联合调度计算,其主要耗时集中在 46 个蓄滞洪区分洪计算转换任务,完成计算的总时间最长为 1921.102s、最短为 1823.901s、平均为 1864.519s。以上水工程调度结果需要反复进行修改重算和人工调整确认,按调整 4 次考虑(加上首次计算,实际计算次数为 5 次),调整方式为用户界面拖拽图形重绘或直接修改表格数据,每个水库调度节点每次调整的人工决策判断及系统界面修改操作时间为 3s,则最终完成全部调度模拟计算及人工修正确认的最长耗时为 $5 \times 1921.102 + 4 \times 31 \times 3 = 9977.51s$,约为 166.3min。

应急响应判别主要是整合流域洪水预报及水工程调度模拟后的各类计算结果,与防汛应急方案的启动响应条件进行逐条对比,从而自动判别出当前洪水预报调度场景对应触发的应急响应等级。根据前述的 4 级防汛应急方案,Ⅰ~Ⅳ级的判别条件总共为 6+7+8+7=28 条,每条判别依据从数据提取转换到判别的时间约为 3s,则该过程约为 $28 \times 3 = 84s$,不超过 1.5min。

信息报送处理主要需将水情、雨情及预报调度成果等信息完成从省(直辖市)到流域再到国家的层层上报。该过程一般不超过 30min。

调度指挥决策主要根据应急响应判别得出的启动等级,根据调度权限分级进行预报调度成果的对比分析、决策讨论和会商研判,并最终做出应急响应决定。该过程一般不超过 60min。

应急响应发布主要根据调度指挥决策达成的应急响应决定,正式启动应急响应程序,撰写正式的应急响应预警文案并对外发布,并部署对应响应级别的行动计划。该过程一般不超过 60min。

由此可见,采用本系统辅助流域洪水应急响应工作,运用洪水预报成果开展水工程调度模拟计算,分析判别应急响应等级,报送防汛信息,开展会商研讨,制作发布应急响应预警文案,启动响应计划,最终实现应急响应任务的总体时间最长为 166.3+1.5+30+60+60=317.8min,约 5.3h。

若仅考虑荆江河段示范区域对应荆江地区 4 个蓄滞洪区,则水工程联合调度的单次模拟计算时间可大幅缩减至 530s 左右。考虑人工交互修改和模拟重算,最终确定计算结果的时间可降低至 50.37min。以此为依据,按上述过程进行统计,最终实现应急响应任务的总体时间约为 3.4h。

综上,无论是仅考虑荆江河段示范区域的 4 个蓄滞洪区,还是长江流域所有 46 个蓄滞洪区,采用本系统辅助完成应急响应任务的总时间均不超过 6h。

5.4.4　减灾效益分析

5.4.4.1　1954 年典型洪水减灾分析

在两个防洪调度演练应用场景中,针对 1954 年洪水峰高量大、受灾范围广、持续时间长等特点,假定遭遇 1954 年洪水过程,分别以 7 月 23 日和 7 月 28 日为面临时间,开展了多种调度方案的模拟计算,并推荐了优选方案。

通过两次水工程联合调度模拟,7 月 28 日以后的总体防洪调度效果为:8 月 2 日 8 时三峡水库水位 167.8m、沙市水位 42.32m、城陵矶水位 34.53m、汉口水位 29.60m、湖口水位 22.59m,钱粮湖、大通湖东、共双茶爆破分洪,投入运用;8 月 2—7 日,乌江、汉江以及长江中游干流附近发生强降雨,8 月 8—15 日,降雨转移至长江上游西部及汉江上游,预计城陵矶水位将在 8 月 12 日上涨至 37m 左右,为缓解城陵矶水位快速上涨压力,需于 8 月 3 日 8 时启用洪湖蓄滞洪区(东、中、西),8 月 10 日 14 时启用城西垸蓄滞洪区,以控制城陵矶水位不超过 34.9m;同时,受长江上游强降雨影响,三峡水库迎来年最大洪水过程,8 月 7 日入库洪峰达 64800m³/s,三峡水库实施对荆江防洪补偿调度,控制沙市水位不超过 44.5m,出库流量在 55000m³/s 左右,8 月 12 日达最高调洪水位 171.6m,此后按出入库平衡调度;在此期间,三峡库区自清溪场至杨家湾约 76km 回水高程超过移民线,最大淹没水深 1.93m,最长淹没历时 7d;8 月 15 日后,长江中下游的强降雨过程基本结束,长江上游降雨强度也逐渐转弱,流域内总体呈退水态势。

本次调度通过合理挖掘防洪工程体系的潜力,确保了全流域尤其荆江河段的防洪安全。各类防洪工程的调度运用情况如下:

长江上中游控制性水库群联合调度,共拦蓄洪量 449 亿 m³,其中上游水库群(含三峡)拦蓄洪量 291 亿 m³,防洪库容投入占比达 80%,三峡拦蓄洪量 188 亿 m³,最高调洪水位 171.6m,最大削峰 29000m³/s。

干流河道自石首至湖口河段共运用 182 个洲滩民垸行蓄洪,增大河道槽蓄容积约 55 亿 m³,转移人口约 60 万人,淹没面积约 195 万亩;长江中下游地区共运用 7 处蓄滞洪区分蓄长江洪水,均在城陵矶附近地区,分别为钱粮湖、大通湖东、共双茶、洪湖(东、中、西)和城西垸,总计分蓄洪量约 227 亿 m³,转移人口约 176 万人,淹没耕地约 205 万亩。

通过上述防洪工程运用,中下游主要防洪控制站沙市站最高水位 44.5m,未超 45.0m

保证水位;城陵矶站最高水位34.86m,超保证水位34.40m共21d,未超过34.9m;汉口站最高水位29.73m,与保证水位相平,历时1d;湖口站最高水位22.67m,超保证水位22.5m共5d。

本次洪水模拟调度后的灾损指标与1954年洪水实际洪灾损失的对比情况见表5.4-21。

表5.4-21　　　　　　　　　　　1954年洪水演练减灾效益统计表

序号	灾损指标	权重(%)	1954年实况	调度结果	减灾量	降幅(%)
1	中下游分洪量(亿m³)	30	1023	282	741	72.43
2	农田淹没面积(万亩)	35	4750	400	4350	91.57
3	受灾人口(万人)	35	1888	236	1652	87.5
4	加权平均	—	—	—	—	84.4

由表5.4-21可以看出,在遭遇1954年洪水情形下,按本系统进行调度,通过充分发挥水库群的拦蓄作用,抬高城陵矶河段河道行洪水位,洪湖蓄滞洪区整体投入运用等措施,可大幅降低长江流域的洪灾损失。其中,减少中下游分洪溃口量约741亿m³,降幅72.43%;减少农田淹没约4350万亩,降幅91.57%;减少受灾人口约1652万人,降幅87.5%。考虑中下游分洪量占30%权重,农田淹没面积占35%权重,受灾人口占35%权重,则3项指标加权平均后的综合减灾率约为84.4%,防洪减灾效益非常显著。

5.4.4.2　2020年实况洪水减灾分析

针对2020年的5次编号洪水,运用本系统开展了大量的预报调度模拟及调控分析计算,为辅助防汛调度决策提供了可靠支撑,最终成功防御了各场洪水。

(1)洪水防御概况

在防御长江第1号洪水过程中,调度三峡水库拦洪削峰,7月6日起将出库流量自35000m³/s逐步压减至19000 m³/s,削峰率约34%。上中游控制性水库群配合三峡水库拦蓄洪量约73亿m³,三峡水库自身拦蓄洪水约25亿m³;同时,江西省运用湖口附近的洲滩民垸及时行蓄洪水,其中鄱阳湖区185座单退圩全部运用,蓄洪容积总计约24亿m³;湖南、湖北、江西、安徽等省,统一调度和合理限制城陵矶、湖口附近河段农田涝片排涝泵站对江对湖排涝,将莲花塘、汉口、湖口站最高水位分别控制在34.34m、28.77m、22.49m(均未超保证水位)。另外,精细调度陆水水库逐步加大出库流量并加强工程巡查防守应对陆水7月7日洪水,实现出库流量不大于2500m³/s、库水位不超防洪高水位的调度目标,保障了枢纽工程和水库下游的防洪安全;调度乌江梯级水库联合拦蓄洪量约1.35亿m³,降低乌江彭水—武隆河段洪峰水位1~1.5m;调度湖南省江垭、皂市水库拦洪削峰,削减洪峰流量约55%,降低了洪峰水位约3.7m,避免了澧水石门河段水位超保证。

在防御长江第2号洪水过程中,联合调度金沙江、雅砻江、乌江和大渡河、嘉陵江等水系梯级水库群配合三峡水库进一步安排拦蓄洪水约35亿m³,全力减小进入三峡水库洪量,精细调度三峡水库与洞庭湖洪水错峰,上中游水库群拦蓄洪水约 173 亿 m³。其中,三峡水库拦蓄洪水约 88 亿 m³,上中游其他控制性水库拦蓄洪水约 50 亿 m³,将三峡水库入库洪峰流量从 70000m³/s 削减至 61000m³/s;结合城陵矶附近河段农田涝片限制排涝和洲滩民垸行蓄洪运用,将莲花塘站最高水位控制在 34.39m,低于保证水位 34.40m。同时,安徽及时运用荒草三圩、荒草二圩分蓄洪,有效保障了滁河防洪安全。

在防御长江第 3 号洪水过程中,调度金沙江、雅砻江和嘉陵江等水系水库群配合三峡水库进一步拦蓄洪水约 8 亿 m³,调度三峡水库继续拦洪削峰,将 60000m³/s 的入库洪峰流量削减为 38000m³/s,削峰率为 36.7%。同时精细协调洞庭湖、清江水系水库调度,有效避免长江上游及洞庭湖来水遭遇。上中游水库群拦蓄洪水约 56 亿 m³。其中,三峡水库拦蓄洪水约 33 亿 m³,上游其他控制性水库共拦蓄约 15.5 亿 m³,洞庭湖流域主要水库、清江梯级等中游水库共拦蓄 7.5 亿 m³;同时采取城陵矶附近河段农田涝片限制排涝、洲滩民垸行蓄洪运用,以及适当抬高城陵矶河段行洪水位,莲花塘、汉口站最高水位分别控制到了34.59m、28.50m。

在防御长江第 4、5 号复式洪水过程中,调度三峡及上游水库群在前期已运用较多防洪库容的基础上,再拦蓄洪水约 190 亿 m³,其中三峡水库拦蓄洪水约 108 亿 m³,其他水库拦蓄约 82 亿 m³,将寸滩站洪峰流量由 87500m³/s 削减为 74600m³/s,将宜昌站洪峰流量由 78400m³/s 削减为 51500m³/s,将高场、北碚、寸滩站最高水位分别控制在 291.08m、200.23m、191.62m,避免了上游金沙江、岷江、沱江、嘉陵江洪峰叠加形成重现期超百年一遇的大洪水。

(2)减灾效益分析

在应对长江第 1 号洪水中,水库群拦蓄洪水约 73 亿 m³,降低城陵矶江段洪峰水位约 0.8m,汉口江段洪峰水位约 0.5m,湖口江段洪峰水位约 0.2m,避免了城陵矶、湖口附近蓄滞洪区运用。

在应对长江第 2 号洪水中,水库群拦蓄洪水约 173 亿 m³,降低沙市江段洪峰水位约 1.5m,监利江段洪峰水位约 1.6m,城陵矶江段洪峰水位约 1.7m,汉口江段洪峰水位约 1m,显著减轻了长江中下游尤其是洞庭湖区的防洪压力,再次避免了城陵矶附近蓄滞洪区运用。

在应对长江第 3 号洪水中,水库群共拦蓄洪水约 56 亿 m³,降低城陵矶江段洪峰水位约 0.6m,降低汉口江段洪峰水位约 0.4m。

在应对长江第 4、5 号复式洪水中,通过上游水库群联合调度拦蓄洪水约 190 亿 m³,分别降低岷江下游、嘉陵江下游洪峰水位 1.4m 和 2.3m,降低长江干流川渝河段洪峰水位 2.9～3.3m,减少洪水淹没面积约 224km²,减少受灾人口约 70 万人;同时,避免了荆江分洪区的运用,避免了 60 余万人转移和 49.3 万亩耕地、10 万亩水产养殖田(塘)被淹没,发挥了巨大的防洪减灾效益。

综上,在 5 次编号洪水防御过程中,流域控制性水库群共计拦蓄洪水约 500 亿 m³,配合中下游农田涝片限制排涝、洲滩民垸行蓄洪运用等调度措施,有效防御了 2020 年长江流域性大洪水,防洪减灾效益显著。

5.5　小结

本章的示范系统典型应用立足于长江荆江河段防洪调度,同时考虑到长江流域防洪的系统性和整体性,实际应用范围从荆江河段进行了扩展延伸,覆盖了长江中上游重点控制性水库群和中下游地区的主要蓄滞洪区和洲滩民垸,基本实现了对整个长江流域核心防洪工程体系的防汛调度决策模拟。

首先,简要介绍了长江流域的河流水系、水文气象、地形地貌、流域大洪水、社会经济、防洪工程体系、防洪标准等基本情况,以及荆江河段的防洪特点;其次,围绕数据加工处理、数据库构建、功能模块搭建等环节,详细阐述了示范系统的实例化建设过程;最后,分别以长江流域 1954 年的历史典型洪水演练和 2020 年 5 次编号洪水的实时预报调度为应用场景,对示范系统的主要功能模块进行了实例应用。

2020 年实时洪水预报运用表明,采用示范系统开展实时洪水预报预警,以荆江河段的主要控制站三峡水库为参照典型,其预见期达到了 72h,通过多模型灵活组合运用,预报精度较传统的单模型预报显著提高,预报预警制作时间总体上可在 90min 内完成。

1954 年典型洪水的两次模拟调度演练表明,应对长江流域的洪涝灾害应急处置响应时间在 6h 内可全部完成,若仅考虑荆江河段示范地区则可进一步缩短到 4h 以内;减灾效益方面,通过示范系统调度模拟后与 1954 年实况相比,减少了中下游分洪溃口量约 741 亿 m^3,降幅达 72.43%;减少农田淹没约 4350 万亩,降幅达 91.57%;减少受灾人口约 1652 万人,降幅达 87.5%,综合减灾率约为 84.4%,防洪减灾效益非常显著。

综上,本章的系统建设成果可全面应对长江流域荆江河段的超标准洪水调度决策,可对现有系统形成有效补充,大幅提升了长江流域的洪水调度决策水平和超标准洪水应对能力,为进一步夯实防洪非工程体系、高效支撑科学防汛奠定了重要基础,可有效支撑变化环境下遭遇超标准洪水时的决策辅助需求。

第6章 淮河沂沭泗流域典型应用

6.1 沂沭泗流域概况

沂沭泗水系位于淮河流域东北部,主要由沂河、沭河、泗河组成,均发源于沂蒙山区。流域面积约 8 万 km^2。流域内有耕地 5756 万亩,人口约 5000 万人,其中城镇人口约 850 万人。行政区划包括山东菏泽、济宁、枣庄、临沂、日照及江苏省徐州、淮安、宿迁、连云港等地级市。

沂沭泗流域地形大致由西北向东南倾斜,由山地丘陵逐渐过渡为冲积平原、滨海平原。区域内地貌可分为中高山区、低山丘陵、岗地和平原四大类。山地丘陵区面积占 31%,平原区面积占 67%,湖泊面积占 2%。

北中部的中高山区(沂蒙山),是沂河、沭河、泗河的发源地,既有海拔超 800m 的高山(沂河上游最高峰龟蒙顶海拔高程达 1156m),也有低山丘陵。长期以来,地壳较为稳定或略有上升,地面以剥蚀作用为主,形成广阔、平坦和向东南微微倾斜的山麓面,加之流水侵蚀破坏,形成波状起伏高差不大的丘岗和洼地。岗地分布在赣榆中部、东海西部、新沂东部、灌云西部陡沟一带和宿迁的东北部及沭阳西部等地。岗地多在低山丘陵外围,是古夷平面经长期侵蚀、剥蚀,再经流水切割形成的岗、谷相间排列的地貌形态,其平面呈波浪起伏状。

平原区主要由黄泛平原、沂沭河冲积平原、滨海沉积平原组成。黄泛平原分布于流域西、南部,地势高仰,延伸于黄河故道两侧,由于历史上黄河多次决口、改道,微地貌发育,地势起伏、高低相间。沂沭河冲积平原分布于黄泛平原和低山丘陵、岗地之间,由黄河泥沙和沂沭河冲积物填积原来的湖荡形成,地势低平。滨海沉积平原分布东部沿海一带,由黄河和淮河及其支流携带的泥沙受海水波浪作用沉积而成,地势低平。平原区近代沉积物甚厚,南四湖湖西平原的第四纪沉积物在 100m 以上。

6.1.1 水文气象

沂沭泗地区属暖温带半湿润季风气候区,四季分明。春旱多风,夏热多雨,秋旱少雨,冬寒晴燥。

沂沭泗流域多年平均降水量为 790mm。年际变化较大,最大年降水量为 1174mm

（2003 年），最小年降水量为 492mm（1988 年）。年内分布不均，多集中在汛期，多年平均春季（3—5 月）为 126mm，占 15.9％；夏季即汛期（6—9 月）为 560mm，占 70.9％；秋季（10—12 月）为 75mm，占 9.5％；冬季（1—2 月）为 29mm，占 3.7％。

沂沭泗流域暴雨成因主要是黄淮气旋、台风及南北切变。长历时降雨多数由切变线和低涡接连出现造成。台风主要影响沂沭河及南四湖湖东区。暴雨移动方向由西向东较多。降雨一般自南向北递减，沿海多于内陆，山地多于平原。

年平均气温 13～16℃，由北向南，由沿海向内陆递增，年内最高气温达 43.3℃（1955 年 7 月 15 日发生在徐州），最低气温为 −23.3℃（1969 年 2 月 6 日发生在徐州）。流域南部在 11 月上旬到次年 3 月中旬为霜期，平均一年无霜期为 230d。流域北部在 10 月下旬到次年 4 月上旬为霜期，平均一年无霜期为 200d，山区一般为 180～190d。流域南部小，北部大，自南向北，多年平均水面蒸发量为 1180～1320mm。历年最高为 1755mm（韩庄闸站），历年最低为 903mm（响水口站）。全流域年平均日照时间为 2100～2400h，由南向北递增。本流域为季风区，随季节而转移，冬季盛行东北与西北风。夏季盛行东南与西南风。年平均风速为 2.5～3.0m/s，最大风速为 23.4m/s（发生在徐州，6 月）。

全流域多年平均径流深为 181mm，年径流系数为 0.23。年径流分布与降水分布相似，南大北小，沿海大于内陆，同纬度山区大于平原。沂沭河上中游年径流深 250～300mm，年径流系数 0.3～0.4；南四湖湖东年径流深 75～250mm，年径流系数 0.2～0.3，湖西年径流深 50～100mm，年径流系数 0.1～0.2；中运河及新沂河南北年径流深 200～250mm，年径流系数 0.2～0.3。

沂沭泗上游沂蒙山区植被覆盖差，水土流失严重。据统计，沂河临沂站多年平均含沙量 0.615kg/m³，多年平均输沙率 58.1kg/s，多年平均输沙量 183 万 t。沭河莒县站多年平均含沙量 0.984kg/m³，多年平均输沙率 14.5kg/s，多年平均输沙量 45.8 万 t（沭河莒县站 1992 年之后含沙量及输沙率已停测）。沭河大官庄（新）站多年平均含沙量 0.572kg/m³，多年平均输沙率 15.4kg/s，多年平均输沙量 48.5 万 t。中运河运河站多年平均含沙量 0.126kg/m³，多年平均输沙率 10.6kg/s，多年平均输沙量 33.6 万 t。

6.1.2　河流水系

沂沭泗流域内主要有泗运河、沂河及沭河三大水系，其干流均发源于沂蒙山区。有干、支流 510 余条，其中流域面积超过 500km² 的河流 47 条、超过 1000km² 的河流 26 条，平均河网密度 0.25km/km²。沂河、沭河、泗河上游均为山区性河道，坡陡，源短流急，每逢暴雨，山洪暴发，峰高量大，历时短；但洪水进入下游，地势平坦，行洪缓慢，历时长，再加上历史上黄河夺淮，水系紊乱，洪水出路不足，造成这一地区水旱灾害频繁。

沂沭泗水系见图 6.1-1。

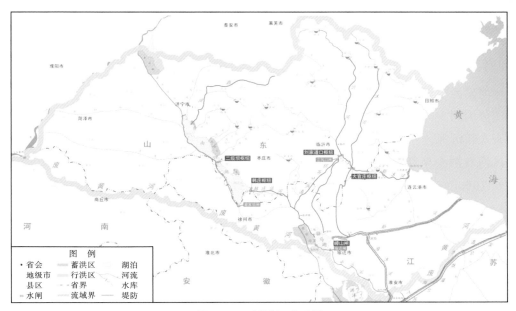

图 6.1-1　沂沭泗水系图

（1）沂河水系

沂河发源于鲁山南麓，流经沂水、沂南、临沂、郯城、邳州、新沂注入骆马湖，20 世纪 50 年代初，在沂河左岸开辟了 20km 的分沂入沭水道，可分沂河洪水入沭河；在沂河右岸开辟了 74km 的邳苍分洪道，可分沂河水入中运河，区间流域面积 2357km²。沂河源头至骆马湖，河道全长 333km，流域面积 11820km²。较大的支流有东汶河、蒙河、祊河、白马河等，大部分在沂河右岸汇入。沂河上段为山区；下段为平原区，水流平缓，泥沙淤积河床。河道坡降变化大，为 2.38‰～0.10‰。

分沂入沭水道全长 20km，上起沂河刘家道口枢纽彭家道口闸，下接沭河大官庄枢纽，是分泄沂河洪水入沭河的通道。大官庄枢纽是扩大沂沭河洪水东调的关键控制工程，根据沂沭泗河洪水调度要求，分别控制沭河来水和分沂入沭水道分泄的沂河洪水入新沭河和老沭河。大官庄枢纽包括新沭河泄洪闸、人民胜利堰节制闸等工程。

邳苍分洪道自江风口闸下起至大谢湖入中运河，全长 74km。邳苍分洪道除分泄沂河洪水外，还承泄 2300km² 的区间来水。

骆马湖原是沂河和中运河滞洪洼地，新中国成立后通过治理，成为有效调蓄南四湖、邳苍区间及沂河来水的湖泊。骆马湖湖底高程 18～21m。当湖水位 22.83m 时，相应库容 9 亿 m³；当湖水位 24.83m 时，相应库容 17.52 亿 m³。

新沂河西起骆马湖嶂山闸，向东流经新沂、宿豫、沭阳、灌云、灌南等 5 个县（市、区），至燕尾港灌河口入海，是 1949 年"导沂整沭"时开挖的排洪入海河道。新沂河全长 144km，主要承泄骆马湖和沭河人民胜利堰下泄的洪水，区间流域面积 2000km²。新沂河按河道比降大致分为 3 段。嶂山闸至沭阳城段河道比降 0.4‰，水流湍急，流势不稳；沭阳城至小潮河段比降 0.3‰,河面逐渐变宽;小潮河至入海口段比降平缓,河口则成倒比降(−0.05‰),河面开阔。

(2)沭河水系

沭河发源于沂山南麓,流经沂山莒县、莒南、临沂、临沭、郯城、新沂等县(市)境。沭河在大官庄分为两支:向东一支是新沭河,流经石梁河水库,于临洪口入海;向南一支是老沭河,于口头入新沂河。

沭河自源头至新沂口头,河道全长 300km,流域面积 6400km²。源头至临沭大官庄,河道长 196.3km,区间流域面积 4519km²。大官庄至口头,河道长 104km,区间流域面积 1625km²。较大的支流有袁公河、浔河、高榆河、汤河等,大部分从左岸汇入。沭河至大官庄与分沂入沭水道分泄的沂河洪水汇合后由大官庄枢纽控制,东经新沭河泄洪闸由新沭河东调入海,南由人民胜利堰闸控制南下至口头入新沂河。

新沭河西起大官庄枢纽新沭河泄洪闸,东至临洪口入海,全长 80km,区间流域面积 2850km²。

(3)泗运河水系

泗运河发源于新泰市太平顶山西,过泗水县西流,经曲阜、兖州汇小沂河,至济宁东南辛闸村附近注入南四湖。南四湖有韩庄、蔺家坝两大出口,分别通过韩庄运河和不牢河泄水入中运河,经骆马湖调蓄,经新沂河入海。从南四湖韩庄出口至淮阴杨庄止河长 222km,上段 42.5km 为韩庄运河,以下为中运河。泗运河水系流域面积约 4 万 km²(包括南四湖)。不牢河、韩庄运河、中运河是京杭大运河的一部分,也是南水北调东线的输水通道。

南四湖由南阳、独山、昭阳、微山等 4 个湖泊组成,主要承接沂蒙山区西部及湖西平原各支流洪水,湖面总面积 1280km²,总库容 59.59 亿 m³。南四湖湖西为黄泛平原,流域面积 21600km²,较大的入湖河流有梁济运河、洙赵新河、万福河、东鱼河、复新河及大沙河等。湖东为山丘区,流域面积 8500km²,河流源短流急,主要支流有洸府河、泗河、白马河、城漷河、新薛河等。二级坝水利枢纽将南四湖分隔为上级湖和下级湖,上级湖死水位 32.79m,汛限水位 33.99m,汛末蓄水位 34.29m;下级湖死水位 31.29m,汛限水位 32.29m,汛末蓄水位 32.79m。

韩庄运河是南四湖及区间来水的主要泄洪通道,新中国建立后利用加运河一段增挖而扩挖而成。上起微山湖韩庄出口,东流经微山县、峄城区和台儿庄区,于苏鲁省界处陶沟河口接中运河,全长 42.5km,河道比降 1/1000～1/5000,区间流域面积 1828km²。主要支流有峄城大沙河、陶沟河等。

中运河是南四湖下泄洪水和邳苍地区来水的主要行洪通道,是在明、清两代开挖的加运河和中运河基础上拓浚而成。中运河上与韩庄运河相接,向东南流经邳州,在新沂二湾至皂河闸与骆马湖相通,皂河闸以下基本与废黄河平行,流经宿迁、泗阳,至淮安杨庄,全长 179km,区间流域面积 6800km²。二湾以上河段长 54.1km,区间有不牢河、邳苍分洪道、老西加河、城河、房亭河、民便河等汇入;二湾以下河段长124km,是桃汛和排涝的主要出路。

6.1.3 洪水特点

沂沭泗流域因地形等差异导致不同区域的洪水特性差异。沂沭河洪水来势凶猛,峰高量大;南四湖湖东河流源短流急,洪水暴涨暴落;湖西地区河流为平原坡水河道,洪水变化平缓;邳苍地区上游洪水陡涨陡落,中下游地区洪水变化平缓。

6.1.4 社会经济状况

沂沭泗流域包括江苏、山东、河南、安徽4省的12个地(市)。

流域内耕地面积5756万亩,约占全国耕地面积的3.8%;人口5833万人,约占全国人口的4%,2019年沂沭泗流域国内生产总值达28577亿元。流域内盛产小麦、水稻、油菜、花生、棉花和各种豆类,是我国商品粮棉基地之一,其中铜山、鱼台等11个县(市)是国家重点投资的商品粮基地县。2019年粮食产量为2885万t,油料产量为129万t,棉花产量为11万t。随着区域产业结构调整,形成了一批食品、轻纺等优势产业。流域内交通便利,铁路有京沪、陇海、兖新、兖石、青连铁路、青连镇、徐淮宿盐、徐连、鲁南高铁、日兰高铁、京沪二线高铁和京沪高铁等,高速公路有连霍、京沪、京台、京沪、日东、青兰、长深、临枣等纵横其间,水运有京杭运河贯穿南北,是极具发展潜力的地区之一。流域内国家重要防洪城市有徐州,流域重要防洪城市有临沂、枣庄、济宁、日照、连云港、宿迁等。

徐州市地处江苏省西北部,面积11258km²,常住人口1028.7万人。2019年,全市实现地区生产增加值达7151.35亿元。京杭大运河从中穿过,陇海、京沪两大铁路干线在徐州交会,为国内重要的铁路枢纽。徐州是华东重要的门户城市,华东地区重要的科教、文化、金融、旅游、医疗、会展中心,也是江苏省重要的经济、商业和对外贸易中心。

济宁市位于山东省西南部,地处鲁、苏、豫、皖4省的交接地带。济宁属暖温带季风气候,面积11187km²,人口829.92万人,2019年,全市实现地区生产增加值达4370.17亿元。济宁矿产资源丰富,已发现和探明储量的矿产有70多种,以煤为主。全市含煤面积4826km²,占济宁市总面积的45%,储量为260亿t,主要分布于兖州、曲阜、邹城、微山等地,为全国重点开发的八大煤炭基地之一。

枣庄市总面积4563km²,常住人口407万人。枣庄处在京沪铁路大动脉与陇海铁路大动脉的中间位置,是一个交通节点城市,位置十分显要。枣庄市是著名的煤城,境内已发现矿种57种,查明资源储量的矿种12种。2019年全市实现地区生产增加值达2402.38亿元。

临沂市位于山东省东南部,东连日照,西接枣庄、济宁、泰安,北靠淄博、潍坊,南邻江苏。总面积17191km²,人口1031万人,是山东省面积最大的市。2019年,全市实现地区生产增加值达4600.3亿元。临沂市境内兖石、胶新铁路形成十字交叉,京沪、日东、青兰、长深、临枣5条高速公路纵横交错,高速公路、公路通车里程分别达516万km、2.4万km。临沂水资源丰富,主要河流为沂河和沭河,有较大支流 1035 条,10km 以上河流 300 余条。

连云港市位于中国大陆东部沿海、长江三角洲北翼、江苏省东北部,是我国首批 14 个沿海开放城市之一、江苏沿海大开发的中心城市、国家创新型城市试点城市。总面积 7500km²,人口 530.56 万人,2019 年全市实现地区生产增加值达 3139.29 亿元。连云港境内主要排洪河道有新沂河、新沭河等均从市内入海,故有"洪水走廊"之称。

宿迁市位于江苏省北部、地处长江三角洲地区,是长三角城市群成员城市,也是淮海经济圈、沿海经济带、沿江经济带的交叉辐射区。宿迁市土地面积 8524km²,人口 586 万人,是江苏省最年轻的地级市,2019 年全市实现地区生产增加值达 2126.19 亿元,位列我国地级以上城市百强。宿迁水资源丰富,是闻名中外的"水产之乡",水域面积 350 余万亩,境内有两湖(洪泽湖、骆马湖)和三河(大运河、淮河、沂河)。宿迁历史悠久、文化繁荣,古称下相、宿豫、钟吾,是西楚霸王的故乡,京杭大运河穿境而过,北倚骆马湖,南临洪泽湖。

6.1.5 现状防洪体系

经过 70 多年的治理,沂沭泗流域已形成由水库(大型水库 18 座,其中沂河 5 座、沭河 4 座、湖东 4 座,其他 5 座)、湖泊(2 个,其中南四湖总容量 59.58 亿 m³、蓄洪容量 43.52 亿 m³,骆马湖总容量 21.39 亿 m³、蓄洪容量 3.87 亿 m³)、河湖堤防(主要堤防长 2930km,其中南四湖湖西大堤、新沂河堤防等 1 级堤防长 476km,2 级堤防长 734km)、控制性水利枢纽(包括二级坝、韩庄、嶂山闸、刘家道口、大官庄 5 大控制性水利枢纽)、分洪河道(包括沂河、沭河、泗运河、新沂河、新沭河、分沂入沭水道、邳苍分洪道等 7 条主干河道)及蓄滞洪区工程(包括湖东、黄墩湖 2 个滞洪区,分沂入沭水道以北、石梁河水库以上新沭河以北 2 个应急处理区)等组成的防洪工程体系。

(1)水库

沂沭泗水系现有各类水库 2000 多座,总库容 77 亿 m³,其中大型水库 18 座,控制面积约 0.92 万 km²,总库容 47.87 亿 m³,防洪库容 22.31 亿 m³,见表 6.1-1。

表 6.1-1　　　　　　　　　沂沭泗水系现状大型水库基本情况表

序号	水库名称	所在河流	所在地区	流域面积（km²）	设计洪水标准（%）	校核洪水标准（%）	总库容（亿 m³）	防洪库容（亿 m³）	兴利库容（亿 m³）
1	岸堤	东汶河	山东蒙阴	1690	1	0.01	7.49	2.78	4.51
2	田庄	沂河	山东沂源	(424)	1	0.01	1.31	0.23	0.68
3	跋山	沂河	山东沂水	1782	1	PMF	5.09	2.82	2.09
4	许家崖	温凉河	山东费县	580	1	0.01	2.93	1.19	1.68
5	唐村	浚河	山东平邑	263	1	0.1	1.5	0.9	0.59

序号	水库名称	所在河流	所在地区	流域面积 (km²)	设计洪水标准(%)	校核洪水标准(%)	总库容 (亿 m³)	防洪库容 (亿 m³)	兴利库容 (亿 m³)
6	沙沟	沭河	山东沂水	(163)	1	0.1	1.02	0.7	0.31
7	青峰岭	沭河	山东莒县	770	1	PMF	4.1	1.48	2.69
8	小仕阳	袁公河	山东莒县	281	1	0.01	1.25	0.63	0.69
9	陡山	浔河	山东莒南	431	1	0.01	2.9	1.2	1.7
10	会宝岭	西泇河	山东苍山	420	1	PMF	1.97	0.94	0.93
11	日照	傅疃河	山东日照	548	1	PMF	3.21	1.27	1.82
12	尼山	小沂河	山东曲阜	264	1	0.01	1.13	0.56	0.61
13	西苇	大沙河	山东邹县	114	1	0.01	1.07	0.58	0.41
14	岩马	城河	山东枣庄	357	1	0.01	2.2	0.77	1.13
15	马河	北沙河	山东滕州	240	1	PMF	1.38	0.63	0.7
16	石梁河	新沭河	江苏东海	926	0.33	0.05	5.31	3.23	2.34
17	小塔山	青口河	江苏赣榆	386	0.33	0.05	2.82	1.46	1.16
18	安峰山	厚镇河	江苏东海	176	1	0.1	1.2	0.95	0.5
合计				9228			47.88	22.32	24.54

（2）河道、堤防

沂沭泗水系主要堤防长 2930km,其中南四湖湖西大堤、新沂河堤防等1级堤防长 476km,2级堤防长 734km。

骨干河道中下游河段的泄洪能力为:沂河祊河口—刘家道口—江风口—苗圩为 16000～12000～8000m³/s;分沂入沭 4000m³/s;沭河大官庄 8150m³/s,老沭河 2500～3000m³/s,新沭河石梁河水库以下 6000～6400m³/s;韩庄运河、中运河 5000～6700m³/s;新沂河沭阳以下 7800m³/s。入海总泄洪能力 14200m³/s。

（3）控制枢纽

沂沭泗河水系共有5大控制性水利枢纽工程:刘家道口枢纽、大官庄枢纽、韩庄枢纽、二级坝枢纽、嶂山闸。

1)刘家道口枢纽

由刘家道口闸、彭道口闸组成,控制沂河洪水东调和南下流量。刘家道口闸设计流量 12000m³/s、校核流量 14000m³/s;彭道口闸设计流量 4000m³/s、校核流量 5000m³/s。

2)大官庄枢纽

由新沭河泄洪闸、人民胜利堰闸组成,控制沂河经分沂入沭东调洪水和沭河大官庄以上来水东调和南下流量,新沭河泄洪闸设计流量 6000m³/s、校核流量 7000m³/s;人民胜利堰闸设计流量 2500m³/s、校核流量 3000m³/s。

3)韩庄枢纽

位于山东省济宁市微山县韩庄镇,是下级湖洪水的主要控制工程,韩庄枢纽由韩庄闸、伊家河闸、老运河闸组成。韩庄闸控制下级湖洪水经韩庄运河下泄,设计标准为微山岛水位 33.29m 时下泄流量 2050m³/s、微山岛水位 36.49m 时下泄流量 4600m³/s;伊家河闸控制下级湖洪水经伊家河下泄,设计标准为微山岛水位 33.29m 时下泄流量 200m³/s、微山岛水位 36.29m 时下泄流量 400m³/s;老运河闸控制下级湖洪水经老运河下泄,设计标准为微山岛水位 33.29m 时下泄流量 250m³/s、微山岛水位 36.29m 时下泄流量 500m³/s。

4)二级坝枢纽

二级坝枢纽横跨昭阳湖湖腰最窄处,将南四湖分为上、下级湖,全长 7360m,自东向西建有溢流坝,南水北调二级坝泵站,微山二线船闸,第一、二、三节制闸,微山一线船闸,第四节制闸,其间以拦湖土坝相连。4 座水闸共 312 孔,总宽 2140m。第一、二、三节制闸和溢流坝设计总泄量 14520m³/s。

5)嶂山闸

位于江苏省宿迁市骆马湖东岸,新沂河入口处,是骆马湖洪水控制工程。嶂山闸设计流量 8000m³/s,相应闸上水位 24.83m,校核流量 10000m³/s,相应闸上水位 25.83m。

沂沭泗水系洪水总的治理原则是"上蓄,下排,统筹兼顾,合理调度"。防洪工程总体布局为:利用沂沭泗河上游修建的水库,拦蓄山丘区洪水;下游利用已扩大的新沭河、新沂河排洪能力,增加沂沭泗河洪水入海出路;在沂河、沭河上分别修建有刘家道口和大官庄枢纽工程,控制沂河、沭河洪水尽量由新沭河就近东调入海,从而腾出骆马湖、新沂河调蓄洪、泄洪能力接纳南四湖南下洪水,以提高沂沭泗水系中下游地区防洪标准。目前,沂沭泗河中下游地区主要防洪保护区的防洪标准已达 50 年一遇。沂沭泗水系现状防洪工程体系(50 年一遇)、洪水安排分别见图 6.1-2、图 6.1-3。

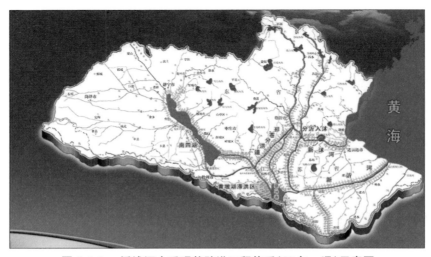

图 6.1-2　沂沭泗水系现状防洪工程体系(50 年一遇)示意图

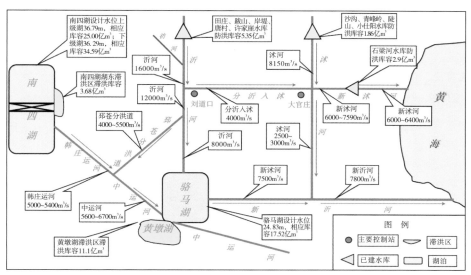

图 6.1-3　沂沭泗水系现状防洪工程体系(50 年一遇)洪水安排图

6.2 沂沭泗流域数据库建设

6.2.1 基础资料收集与整理

针对沂沭泗流域及其关联影响区域,主要收集整理以下数据资料(表 6.2-1)。

表 6.2-1　　　　　　　　　　　资料收集与整理清单表

资料类型	资料内容
水文气象资料	淮河沂沭泗流域水文/气象站网资料
	淮河沂沭泗流域降水、水位、流量、泥沙等逐日长系列水文观测资料和年最大洪峰流量长系列资料
	淮河沂沭泗流域设计洪水分析成果
	淮河沂沭泗流域历史暴雨、洪水调查资料
	淮河沂沭泗流域 1957 年、1974 年和 2020 年主要控制站洪水过程资料
	淮河沂沭泗流域洪水预报方案
水系及地形资料	淮河沂沭泗流域水系图
	淮河沂沭泗流域大断面数据
	淮河沂沭泗流域主要河流基础地图
	淮河沂沭泗流域全范围 1∶25 万基础地图
	淮河沂沭泗流域植被情况
	淮河沂沭泗流域河道、洼地、蓄滞洪区、重要防洪保护区 1∶1 万地形资料

资料类型	资料内容
洪涝灾害及 洪水风险信息	淮河沂沭泗流域历史洪涝灾害数据
	淮河沂沭泗流域第一次水利普查基本数据
	淮河沂沭泗流域经济社会资料（人口、房屋、耕地、经济等）
水利工程资料	淮河沂沭泗流域水利工程数据（工程分布图、防洪工程布局、设防标准、基本情况介绍资料、运行及调度情况等）
	淮河沂沭泗流域控制性防洪水库：调度规则、库容曲线、泄流曲线、特征水位，建库后每年汛期逐日水位过程，水库群联合调度方案、运行边界、控制约束等
	淮河沂沭泗流域湖泊数据
	示范区堤防工程：堤防长度、堤顶超高、等级、材料、结构、特征参数等
	示范区蓄滞洪区：蓄洪工程及安全工程建设情况、人口分布、耕地分布、蓄洪水位、有效容积、蓄洪面积、其他
	示范区涵闸泵站数据
	淮河沂沭泗流域大型水库群联合防洪调度方案
规划预案资料	淮河沂沭泗不同时期流域防洪治涝规划报告
	淮河沂沭泗流域防汛应急预案
	淮河沂沭泗流域洪水预警机制及预案
	淮河沂沭泗流域超标准洪水应急处置情况

（1）流域基础资料

主要包括示范区域内的流域水文、气象、河道地形、水力特征等。

（2）历史典型洪水及灾害资料

主要包括 1957 年、1974 年、2020 年主要站点洪水过程资料与降雨资料，以及相应的洪涝灾害资料。

（3）防洪工程体系基础资料

主要包括示范区域内的防洪工程各类特征指标、设计参数、关系曲线等。

（4）防洪工程运行资料

主要包括水库的历史运行水库水位、入库流量、出库流量等。

（5）防洪非工程措施

主要包括防洪工程的调度规程、调度方案、运行边界、控制约束、应急预案等。

（6）水文站网体系

主要包括水雨情站网分布。

（7）监测资料

主要包括雨量站的雨量监测过程，以及河道站的水位、流量监测过程等。

（8）社会经济资料

主要包括洪水淹没区域的面积、人口、房屋、耕地、GDP 等。

6.2.2　示范应用数据库实例搭建

根据第 2 章的研究成果和基础资料收集整理成果，开展了基础数据加工及专题数据库初始化工作，构建了淮河沂沭泗流域示范系统的超标准洪涝灾害数据库实例。数据库选型为 SQL Server2012 版本，数据库服务软件安装完成后，数据库实例化构建的主要过程如下：

6.2.2.1　数据库登录及配置管理

（1）用户登录数据库服务器

名称格式为"（localhost）\安装时填写的实例名"，身份验证采用 SQL 验证，登录名采用系统默认的 zs2021，密码是安装时选择混合模式自己设置的密码。登录成功后，创建 esflood 数据库实例。如果不能登录，则选择 Windows 方式登录，然后"安全性"→"登录名"→"zs2021"→"状态"设为启用。

（2）用户创建

用 sa 账户登录后，在"登录名"右键点击"新建登录名"，依次完成新建用户和密码管理。其中服务器角色要勾选 sysadmin，用户映射要勾选生效的目标数据库为 esflood。该用户将作为示范系统访问的专用授权用户。

（3）数据服务配置管理

打开配置管理器，选择 SQL Server 网络配置中自主建立的实例协议，将 TCP/IP 协议设置为启用状态，将其中一个 IP 设置为本机 IP（如 127.0.0.1）并设为启用；再将 IP ALL 的端口设置为 1433，动态端口设为空；将客户端的端口也设置为 1433，并设置为启用状态。

6.2.2.2　沂沭泗流域数据库表实例化搭建

数据库实例化搭建一般可通过两种方式：一种是通过图形界面直接操作，另一种是通过运行数据库建库 SQL 语句生成。其中，通过图形界面直接创建数据库操作（图 6.2-1）。输入拟创建的数据库名，设置初始大小、自动增长、存储路径等属性之后，点击确定即可创建完成。

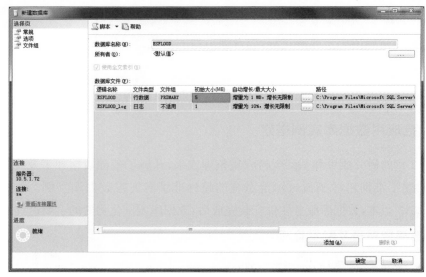

图 6.2-1 图形界面创建数据库

通过运行 SQL 语句创建超标准洪涝灾害数据库，其建库 SQL 语句如下：

USE［master］

GO

CREATE DATABASE［esflood］

CONTAINMENT＝NONE

ON PRIMARY

（NAME＝N′ESFLOOD′，FILENAME＝N′C：\Program Files\Microsoft SQL Server\ MSSQL11. MSSQLSERVER \ MSSQL \ DATA \ ESFLOOD. mdf ′， SIZE ＝ 5120kB， MAXSIZE＝UNLIMITED，FILEGROWTH＝10％）

LOG ON

（NAME ＝ N′ESFLOOD_log′，FILENAME ＝ N′C：\ Program Files \ Microsoft SQL Server \ MSSQL11. MSSQLSERVER \ MSSQL \ DATA \ ESFLOOD _ log. ldf ′， SIZE ＝ 1024KB，MAXSIZE＝2048GB，FILEGROWTH＝10％）

GO：ALTER DATABASE［esflood］SET COMPATIBILITY_LEVEL＝110

GO：IF（1＝FULLTEXTSERVICEPROPERTY（′IsFullTextInstalled′））

begin

EXEC［esflood］.［dbo］.［sp_fulltext_database］@action＝′enable′

end

GO：ALTER DATABASE［esflood］SET ANSI_NULL_DEFAULT OFF

GO：ALTER DATABASE［esflood］SET ANSI_NULLS OFF

GO：ALTER DATABASE［esflood］SET ANSI_PADDING OFF

GO：ALTER DATABASE [esflood] SET ANSI_WARNINGS OFF

GO：ALTER DATABASE [esflood] SET ARITHABORT OFF

GO：ALTER DATABASE [esflood] SET AUTO_CLOSE OFF

GO：ALTER DATABASE [esflood] SET AUTO_CREATE_STATISTICS ON

GO：ALTER DATABASE [esflood] SET AUTO_SHRINK OFF

GO：ALTER DATABASE [esflood] SET AUTO_UPDATE_STATISTICS ON

GO：ALTER DATABASE [esflood] SET CURSOR_CLOSE_ON_COMMIT OFF

GO：ALTER DATABASE [esflood] SET CURSOR_DEFAULT GLOBAL

GO：ALTER DATABASE [esflood] SET CONCAT_NULL_YIELDS_NULL OFF

GO：ALTER DATABASE [esflood] SET NUMERIC_ROUNDABORT OFF

GO：ALTER DATABASE [esflood] SET QUOTED_IDENTIFIER OFF

GO：ALTER DATABASE [esflood] SET RECURSIVE_TRIGGERS OFF

GO：ALTER DATABASE [esflood] SET DISABLE_BROKER

GO：ALTER DATABASE [esflood] SET AUTO_UPDATE_STATISTICS_ASYNC OFF

GO：ALTER DATABASE [esflood] SET DATE_CORRELATION_OPTIMIZATION OFF

GO：ALTER DATABASE [esflood] SET TRUSTWORTHY OFF

GO：ALTER DATABASE [esflood] SET ALLOW_SNAPSHOT_ISOLATION OFF

GO：ALTER DATABASE [esflood] SET PARAMETERIZATION SIMPLE

GO：ALTER DATABASE [esflood] SET READ_COMMITTED_SNAPSHOT OFF

GO：ALTER DATABASE [esflood] SET HONOR_BROKER_PRIORITY OFF

GO：ALTER DATABASE [esflood] SET RECOVERY FULL

GO：ALTER DATABASE [esflood] SET MULTI_USER

GO：ALTER DATABASE [esflood] SET PAGE_VERIFY CHECKSUM

GO：ALTER DATABASE [esflood] SET DB_CHAINING OFF

GO：ALTER DATABASE [esflood] SET FILESTREAM(NON_TRANSACTED_ACCESS＝OFF)

GO：ALTER DATABASE [esflood] SET TARGET_RECOVERY_TIME＝0 SECONDS

GO：EXEC sys. sp_db_vardecimal_storage_format N'esflood',N'ON'

同样地，数据库表的实例化搭建也可以通过图形界面操作和运行建表 SQL 语句两种方式实现。其中图形操作界面建表过程见图 6.2-2，以河道站防洪指标表为例，按照数据库表结构设计的内容，编辑字段名、数据类型、是否允许空值、是否主键等属性，直接生成数据库表。

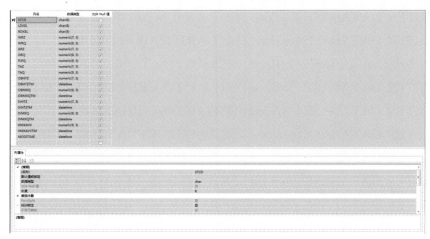

图 6.2-2　图形界面创建数据表

通过运行 SQL 语句直接生成数据库表，以河道站防洪指标表为例，其建表 SQL 语句如下：

/ * * * * * * Object：Table［dbo］.［ES_RVFCCH_B］　Script Date：2020/9/16 8：30：08 * * * * * */

SET ANSI_NULLS ON

GO

SET QUOTED_IDENTIFIER ON

GO

SET ANSI_PADDING ON

GO

CREATE TABLE［dbo］.［ES_RVFCCH_B］(

［STCD］［char］(8)NOT NULL,

［LDKEL］［char］(8)NULL,

［RDKEL］［char］(8)NULL,

［WRZ］［numeric］(7,3)NULL,

［WRQ］［numeric］(9,3)NULL,

［GRZ］［numeric］(7,3)NULL,

［GRQ］［numeric］(9,3)NULL,

［FLPQ］［numeric］(9,3)NULL,

［TAZ］［numeric］(7,3)NULL,

［TAQ］［numeric］(9,3)NULL,

［OBHTZ］［numeric］(7,3)NULL,

［OBHTZTM］［datetime］NULL,

```
[OBMXQ] [numeric](9,3)NULL,
[OBMXQTM] [datetime] NULL,
[IVHTZ] [numeric](7,3)NULL,
[IVHTZTM] [datetime] NULL,
[IVMXQ] [numeric](9,3)NULL,
[IVMXQTM] [datetime] NULL,
[HMXAVV] [numeric](9,3)NULL,
[HMXAVVTM] [datetime] NULL,
[MODITIME] [datetime] NULL,
CONSTRAINT [PK_ES_RVFCCH_B] PRIMARY KEY CLUSTERED
([STCD] ASC
)WITH(PAD_INDEX=OFF,STATISTICS_NORECOMPUTE=OFF,IGNORE_DUP_KEY=OFF,ALLOW_ROW_LOCKS=ON,ALLOW_PAGE_LOCKS=ON)ON [PRIMARY]
)ON [PRIMARY]
GO
SET ANSI_PADDING OFF
GO
```

6.2.2.3 沂沭泗流域数据录入

数据库表中数据的录入一般有两种方式。对于少量记录的数据表,可采用图形界面直接编辑的方式;对于大量的数据录入,一般采用从其他数据源批量导入的方法,导入的数据源可以是其他数据库表中的数据或本地 Microsoft Excel 文件。以 Microsoft SQLServer 数据库为例,直接编辑数据记录的界面见图 6.2-3。在单元格中输入相应内容,点击保存即可。

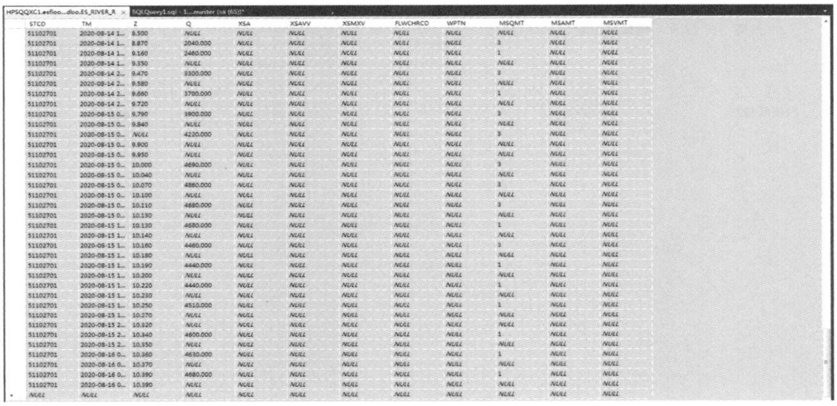

STCD	TM	Z	Q	XSA	XSAVV	XSMXV	FLWCHRCD	WPTN	MSQMT	MSAMT	MSVMT
51102701	2020-08-14 1...	8.500	NULL	NULL	NULL	NULL	NULL	NULL	NULL	NULL	NULL
51102701	2020-08-14 1...	8.870	2040.000	NULL	NULL	NULL	NULL	NULL	3	NULL	NULL
51102701	2020-08-14 1...	9.160	2460.000	NULL	NULL	NULL	NULL	NULL	1	NULL	NULL
51102701	2020-08-14 1...	9.350	NULL	NULL	NULL	NULL	NULL	NULL	NULL	NULL	NULL
51102701	2020-08-14 2...	9.470	3300.000	NULL	NULL	NULL	NULL	NULL	3	NULL	NULL
51102701	2020-08-14 2...	9.580	NULL	NULL	NULL	NULL	NULL	NULL	NULL	NULL	NULL
51102701	2020-08-14 2...	9.660	3700.000	NULL	NULL	NULL	NULL	NULL	1	NULL	NULL
51102701	2020-08-14 2...	9.720	NULL	NULL	NULL	NULL	NULL	NULL	NULL	NULL	NULL
51102701	2020-08-15 0...	9.790	3900.000	NULL	NULL	NULL	NULL	NULL	3	NULL	NULL
51102701	2020-08-15 0...	9.840	NULL	NULL	NULL	NULL	NULL	NULL	NULL	NULL	NULL
51102701	2020-08-15 0...	NULL	4220.000	NULL	NULL	NULL	NULL	NULL	3	NULL	NULL
51102701	2020-08-15 0...	9.900	NULL	NULL	NULL	NULL	NULL	NULL	NULL	NULL	NULL
51102701	2020-08-15 0...	9.950	NULL	NULL	NULL	NULL	NULL	NULL	NULL	NULL	NULL
51102701	2020-08-15 0...	10.000	4690.000	NULL	NULL	NULL	NULL	NULL	3	NULL	NULL
51102701	2020-08-15 0...	10.040	NULL	NULL	NULL	NULL	NULL	NULL	NULL	NULL	NULL
51102701	2020-08-15 0...	10.070	4860.000	NULL	NULL	NULL	NULL	NULL	3	NULL	NULL
51102701	2020-08-15 0...	10.100	NULL	NULL	NULL	NULL	NULL	NULL	NULL	NULL	NULL
51102701	2020-08-15 0...	10.110	4680.000	NULL	NULL	NULL	NULL	NULL	3	NULL	NULL
51102701	2020-08-15 0...	10.130	NULL	NULL	NULL	NULL	NULL	NULL	NULL	NULL	NULL
51102701	2020-08-15 1...	10.130	4680.000	NULL	NULL	NULL	NULL	NULL	1	NULL	NULL
51102701	2020-08-15 1...	10.140	NULL	NULL	NULL	NULL	NULL	NULL	NULL	NULL	NULL
51102701	2020-08-15 1...	10.160	4460.000	NULL	NULL	NULL	NULL	NULL	3	NULL	NULL
51102701	2020-08-15 1...	10.180	NULL	NULL	NULL	NULL	NULL	NULL	NULL	NULL	NULL
51102701	2020-08-15 1...	10.190	4440.000	NULL	NULL	NULL	NULL	NULL	1	NULL	NULL
51102701	2020-08-15 1...	10.200	NULL	NULL	NULL	NULL	NULL	NULL	NULL	NULL	NULL
51102701	2020-08-15 1...	10.220	4440.000	NULL	NULL	NULL	NULL	NULL	1	NULL	NULL
51102701	2020-08-15 1...	10.230	NULL	NULL	NULL	NULL	NULL	NULL	NULL	NULL	NULL
51102701	2020-08-15 1...	10.250	4510.000	NULL	NULL	NULL	NULL	NULL	1	NULL	NULL
51102701	2020-08-15 1...	10.270	NULL	NULL	NULL	NULL	NULL	NULL	NULL	NULL	NULL
51102701	2020-08-15 2...	10.320	NULL	NULL	NULL	NULL	NULL	NULL	NULL	NULL	NULL
51102701	2020-08-15 2...	10.340	4600.000	NULL	NULL	NULL	NULL	NULL	1	NULL	NULL
51102701	2020-08-15 2...	10.350	NULL	NULL	NULL	NULL	NULL	NULL	NULL	NULL	NULL
51102701	2020-08-16 0...	10.360	4630.000	NULL	NULL	NULL	NULL	NULL	1	NULL	NULL
51102701	2020-08-16 0...	10.370	NULL	NULL	NULL	NULL	NULL	NULL	NULL	NULL	NULL
51102701	2020-08-16 0...	10.390	4680.000	NULL	NULL	NULL	NULL	NULL	1	NULL	NULL
51102701	2020-08-16 0...	10.390	NULL	NULL	NULL	NULL	NULL	NULL	NULL	NULL	NULL
NULL	NULL	NULL	NULL	NULL	NULL	NULL	NULL	NULL	NULL	NULL	NULL

图 6.2-3 图形界面数据录入

对于大批量的数据导入,其步骤如下:

①选择数据源,见图 6.2-4。

图 6.2-4　选择数据源

②选择需要导入数据的目标数据库,见图 6.2-5。

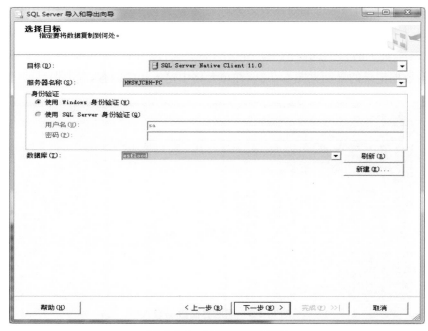

图 6.2-5　目标数据库选择

③选择需要导入的数据表,可选择一个或多个,对于单个表格,可以编辑数据源和目标表字段的映射关系,见图 6.2-6、图 6.2-7。

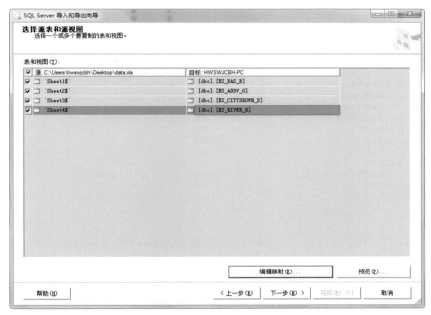

图 6.2-6 选择导入的数据表

图 6.2-7 编辑数据源和目标表字段映射关系

④设置完成后,点击运行,即可进行数据批量导入,导入完成后,出现数据导入完成提示,见图 6.2-8。

图 6.2-8　数据批量导入完成

⑤数据导入完成，以河道实时水情表为例，数据导入后的数据库表所存储的数据，见图 6.2-9。

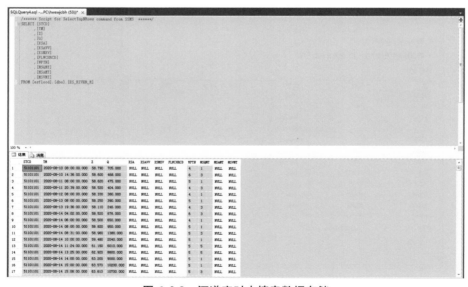

图 6.2-9　河道实时水情表数据存储

6.2.2.4 建设成果

数据导入完成后，数据库实例化搭建工作已全部完成，可对数据库中的数据进行增、删、改、查操作，可为超标准洪水调度决策支持系统提供数据支撑，见图 6.2-10 至图 6.2-13。

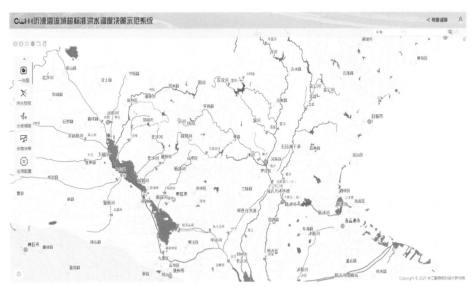

图 6.2-10 沂沭泗流域超标准洪水调度决策支持系统

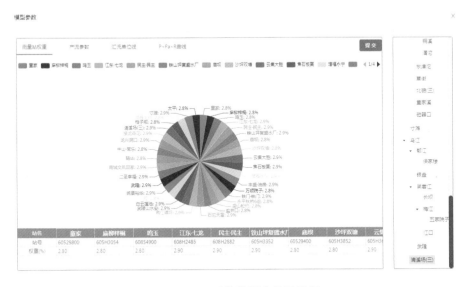

图 6.2-11 系统数据查询及展示

图 6.2-12　数据库为系统预报功能提供支撑截图 1

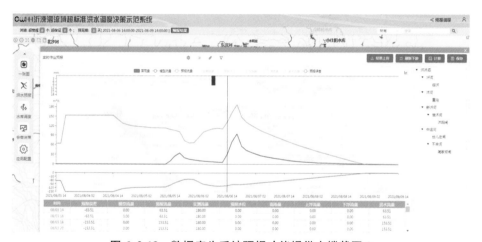

图 6.2-13　数据库为系统预报功能提供支撑截图 2

6.3　超标准洪水调度决策支持系统构建平台建设

6.3.1　基础配置工作

配置工具对对象、模型、流程、参数、拓扑关系等各项进行功能与方案配置(图 6.3-1),解决超标准洪水计算的对象和模型数量大、类型多的管理问题,实现超标准洪水的业务快速搭建,支撑实现决策支持系统。

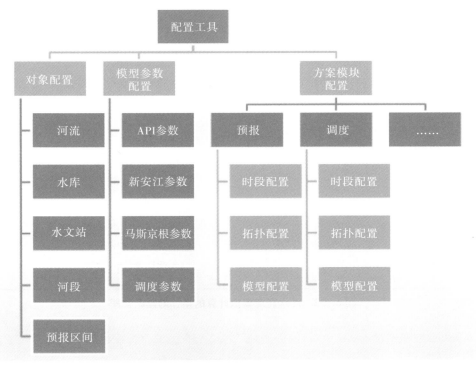

图 6.3-1 配置工具结构示意图

应用配置管理主要提供对象配置、模型配置、功能配置等相关功能，为超标准洪水业务搭建提供计算时需要的初始化对象、计算模型及功能属性的录入、配置、维护等通用操作。

6.3.2 业务对象配置

将沂沭泗流域业务涉及的水利对象，以标准结构配置（图 6.3-2）。涵盖河流、水文站、水位站、雨量站、水库气象区间、子流域、预报区间等。业务对象配置功能中，可通过树节点切换不同的业务对象类型，然后配置对应的业务对象及属性。不同对象类型的配置操作方式完全相同，但需要实例化的属性则各有差异。

（1）河流（湖泊）配置

沂沭泗流域沂河、沭河、泗河、邳苍分洪道、分沂入沭、新沭河、新沂河、南四湖、韩庄运河、中运河、骆马湖、东汶河、祊河、蒙河、柳青河、涑河、袁公河、浔河、新薛河、北沙河、城漷河、梁济运河、洙水河、洙赵新河、万福河、东鱼河、不牢河、沭新河等河湖进行配置，填写代码和名称（图 6.3-3）。

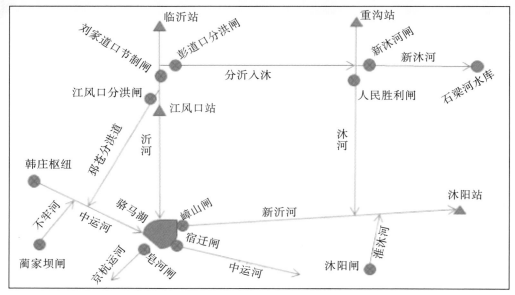

图 6.3-2　洪水调度模拟计算的拓扑对象概化图

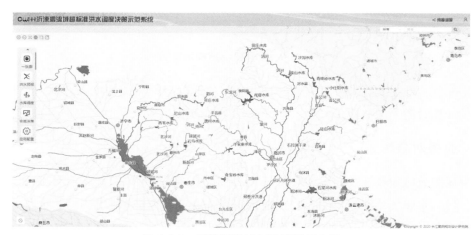

图 6.3-3　沂沭泗流域河流配置示意图

（2）水位站、水文站配置

水位站包括沂沭泗流域滩上集、林子、口头、石拉渊、微山、马口、南阳、苗圩等 12 个站点配置（图 6.3-4），并填入水位站编码、名称、河流编码。

水文站包括沂沭泗流域二级坝、韩庄、运河镇、嶂山闸、沭阳、临沂、重沟、角沂、石梁河、刘家道口、彭家道口、新沭河闸、人民胜利堰闸等 35 个站点配置（图 6.3-5），并填入水文站编码、名称、河流编码设防水位、保证水位、警戒流量、保证流量、水位流量曲线编码、水位数据编码、流量数据编码、集水面积、流量预报编码、区间流量预报编码集、描述等属性。

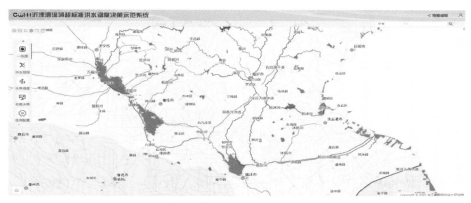

图 6.3-4　沂沭泗流域主要水位站站点配置示意图

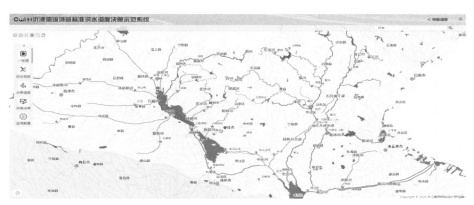

图 6.3-5　沂沭泗流域主要水文站站点配置示意图

（3）雨量站配置

雨量站包括沂沭泗流域蒲旺、李家庄、角沂、鲁山、复程、蒋自崖、黄寺次、泗水、邹县等232个雨量站配置（图 6.3-6），并填入雨量站编码、名称。

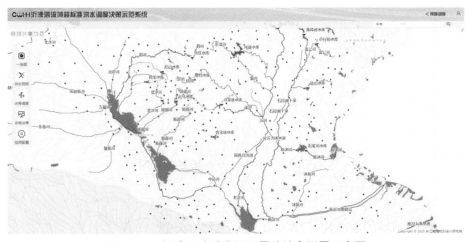

图 6.3-6　沂沭泗流域主要雨量站站点配置示意图

（4）水库配置

沂沭泗流域大型水库有 20 座，泗运河干支流上游建有尼山、西苇、岩马、马河、会宝岭、贺庄、庄里等 7 座大型水库；沂河干支流上游山丘区建有田庄、跋山、岸堤、唐村、许家崖等 5 座大型水库；沭河干支流上游修建了沙沟、青峰岭、小仕阳、陡山等 4 座大型水库；新沭河干支流建有安峰山和石梁河等 2 座大型水库；废黄河及滨海诸河建有小塔山和日照 2 座大型水库。可以配置编码、名称、下游水库编码、下游断面编码、所属河流、所属区域、控制面积、调节类型、校核洪水位、设计洪水位、防洪高水位、正常蓄水位、死水位、汛限水位、下游河道安全泄量、水位库容曲线编码、水库库容曲线单位、水位面积曲线编码、泄流能力曲线编码、汛限水位时间序列编码、坝上水位编码、坝下水位编码、入库流量编码、出库流量编码、弃水流量编码、发电流量编码、面雨量编码、库区河段编码、入库预报编码、区间预报编码、下游控制对象编码、下游区间预报编码集、下游水位流量曲线编码、航运最小流量、航运最大流量、航运最低水位、航运最高水位、水电站编码、描述等属性。

（5）气象区间配置

对沂沭泗示范区内沂河（刘家道口以上）子流域、沭河（大官庄以上）子流域等气象区间进行配置，并填入气象区间编码、名称、小时间隔和面雨量编码。

（6）子流域配置

对沂沭泗流域的沂河（刘家道口以上）子流域、沭河（大官庄以上）子流域等进行配置（图 6.3-7），并填入子流域编码、名称、下游子流域（用于子流域预报流量上下游传递）、子流域面积（新安江模型必备）、雨量站权重（冒号衔接权重，多站逗号分隔，录入不留空格）、所属气象区间（未来降雨接口，与气象分区编码关联）。

图 6.3-7　沂沭泗流域子流域配置示意图

（7）预报区间配置

对沂河（刘家道口以上）、沭河（大官庄以上）等预报区间进行配置（图 6.3-8），并填入编码、名称、控制断面编码（用于龙头非闭合区间上边界接口；若为闭合区间则留空）、中间断面编码(当预报区间内存在多个子流域时,按从上到下依次填写各中间衔接子流域的出口断面站点编码;若预报区间只对应一个子流域则留空)、出口断面编码(最下游子流域的出口断面站点编码)、下游预报区间(用于预报区间之间的流量上下游传递)。

图 6.3-8　沂沭泗流域预报区间配置示意图

6.3.3　专业模型配置

对模型库中所管理的各类基础模型算法类型的实例化,通过配置具体的模型参数,形成对应于各个示范区实际水利对象的具体计算模型。专业模型配置包括预报模块和调度模块的基础模型配置,含有产流模型、坡面汇流模型、河道汇流模型、洪水预报模型等。这些模型参数与模型库中所管理的对应模型算法实例进行耦合,即可形成对应于示范区内各实际水利对象的具体业务计算。所有模型都包含模型类型、模型编码、模型名称、时段数、时段类型等 5 个基本属性,而模型参数则根据模型类型不同各有差异。此处的模型参数配置仅从客观层面管理不同的模型参数,不赋予任何业务含义,也不直接与任何具体水利对象进行逻辑关联,模型参数与水利对象之间的逻辑耦合在后续的模块功能配置中实现。因此,在当前功能页面下,同一对象针对同一模型,可配置多套不同的模型参数集合,通过模型编码进行区分即可。

(1)产流模型配置

目前,项目中包括 xaj 和 api 两类(模型类型必须按该缩写填写,下同),各模型本质上是管理针对不同对象的差异化参数,模型编码和名称均可自定义,时段数与时段类型(12—分钟;11—小时;5—日;18—旬;2—月)共同构成了模型方案的时间属性,API 模型中的单位线和 PPR 曲线编码也可自定义。

1)新安江模型参数设定

新安江模型是集总式水文模型(划分子流域时成为分散式水文模型),可用于湿润地区与半湿润地区的湿润季节。当流域面积较小时,新安江模型采用集总模型,当面积较大时,采用分散模型。它把全流域分为许多块单元流域,对每个单元流域作产汇流计算,得出单元流域的出口流量过程,再进行出口以下的河道洪水演算,求得流域出口的流量过程。把每个单元流域的出流过程相加,就求得了流域的总出流过程。该模型按照 3 层蒸散发模式计算流域蒸散发,按蓄满产流概念计算降雨产生的总径流量,采用流域蓄水曲线考虑下垫面不均匀对产流面积变化的影响。在径流成分划分方面,对三水源情况,按"山坡水文学"产流理论用一个具有有限容积和测孔、底孔的自由水蓄水库把总径流划分成饱和地面径流、壤中水径流和地下水径流。在汇流计算方面,单元面积的地面径流汇流一般采用单位线法,壤中水径流和地下水径流的汇流则采用线性水库法。河网汇流一般采用分段连续演算的 Muskingum 法或滞时演算法。

新安江模型的参数大多具有明确的物理意义,参数值原则上可根据其物理意义直接定量。但由于缺乏降雨径流形成过程中各要素的实测与试验过程,故在实际应用中只能根据出口断面的实测流量过程,用系统识别的方法推求。模型通用参数如下,具体应结合实际流域特点和地区水文参数经验值进行率定。

SM,自由水蓄水容量,40;WM,流域平均蓄水容量(不低于 50),120;WUM,流域土壤上层蓄水容量,20;WLM,流域土壤下层蓄水容量,75;WDM,流域土壤深层蓄水容量,不用配置,$WDM = WM - WUM - WLM$;K:流域蒸散发折减系数,1.2;B,流域蓄水容量不均匀分配系数,0.2;C,深层蒸散发系数,0.15;IMP,不透水面积比例,0.02;KG,地下出流系数,0.5;KSS,壤中流出流系数,0.5;EX,自由水容量曲线指数,1.2;$KKSS$,壤中流消退系数,0.5;KKG,地下水消退系数,0.974;滞时模型 lt:配套新安江模型使用;CS,退水系数,0.93;L,滞时参数(时段步长的倍数),1.677。

2)API 模型参数设定

API 模型是传统的以前期影响雨量(P_a)为参数的降雨径流相关图法、单位线(或等时线)法与计算机技术相结合的产物,能预报连续的过程线。API 模型是以流域降雨产流的物理机制为基础,以主要的影响因素作参变量,建立降雨 P 和产流量 R 之间的定量相关关系。

降雨径流经验关系曲线有各种形式,一般有产流量 $R = f$(次雨量 P,前期影响雨量 P_a,季节,温度)、$R = f$(前期影响雨量 P_a,洪水起涨流量 Q_0)和考虑雨强的超渗式关系曲线形式。这里介绍国内普遍使用的产流量与降雨量和前期影响雨量三者的关系,即 P—P_a—R 相关图(图 6.3-9)。

建立 P—P_a—R 的关系曲线,根据降雨量 R 以及前期降雨量指数 P_a 查相应的产流量。结合流域的雨洪特性,建立前期雨量指数 P_a 和综合产流系数 k 的函数关系。根据沂沭泗历年洪水预报经验,确定适用于沂沭泗流域的 API 模型通用参数。

WM,流域平均蓄水容量;K,蒸散发折减系数(即消退系数);B,蓄水容量不均匀分配系数。

UNITCODE,单位线编码,对应曲线数据可在实时作业预报的"模型参数"子页面导入(数据格式可参考其他有数据的站点对象的导出表格);PPARCODE,降雨径流关系曲线编码(对应曲线数据导入同上)。

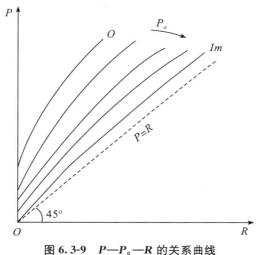

图 6.3-9　$P—P_a—R$ 的关系曲线

（2）坡面汇流模型配置

目前项目中仅包含 lt 滞时模型,与新安江模型配套使用。

（3）河道汇流模型配置

目前项目中仅包含马斯京根模型,与各类产流模型配套使用。

（4）洪水预报—计算时段配置

配置当前预报方案的计算时间属性。

（5）洪水预报—拓扑结构配置

配置当前预报方案中参与计算的站点对象及其拓扑关系,所有水文站及水库站对象通过河流对象进行串联,"指向节点"用于反映父子衔接关系(代表当前对象的水流去了哪里),"下级节点"用于反映兄弟相邻关系(代表指向同一河流的多个同层级对象的上下游顺序)。

（6）洪水预报—模型配置

对于上一步配置的所有水文站和水库站对象,分别配置其产汇流模型编码(所有模型编码均来自(1)～(3)中的定义,此处配置是为了调用对应的计算模型并准确提取参数),若某对象有多个模型或多套参数(都是通过不同的模型编码进行区分),则以逗号分隔(中间不能留空格)。默认模型编码用于指定参与当前对象预报计算的缺省选中模型。

上述所有步骤中,每一步配置完成后点击"提交更改"即可。所有配置全部完成并提交更改后,任意界面点击"刷新"即可生效。此时进入洪水预报的实时作业预报页面,则可自动解析上述所有配置,并自动提取雨水情数据及模型参数信息进行预报计算。

沂沭泗流域洪水预报模拟实例化搭建数据清单见表 6.3-1,沂沭泗流域水工程联合调度实例化建设清单见表 6.3-2。

表 6.3-1　　　　　　　　　沂沭泗流域洪水预报模拟实例化搭建数据清单

序号	实例化类型	实例清单	统计	备注
1	河流	沂河、沭河、泗河、邳苍分洪道、分沂入沭、新沭河、新沂河、南四湖、韩庄运河、中运河、骆马湖、东汶河、祊河、蒙河、柳青河、涑河、袁公河、浔河、新薛河、北沙河、城漷河、梁济运河、洙水河、洙赵新河、万福河、东鱼河、不牢河、沭新河等大小河流	77 条	河流为基础水利对象,所有模块公用,后续模块不再重复建设
2	水位站	滩上集、林子、口头、石拉渊、微山、马口、南阳、苗圩等各级断面	12 个	水库为基础水利对象,所有模块公用,后续模块不再重复建设
3	水文站	二级坝、韩庄、运河镇、嶂山闸、沭阳、临沂、重沟、角沂、石梁河、刘家道口、彭家道口、新沭河闸、人民胜利堰等各级断面	35 个	
4	水库	石梁河、田庄、岸堤、唐村、许家崖、沙沟、青峰岭、小仕阳、陡山、石梁河等大型水库	20 个	
5	雨量站	蒲旺、李家庄、角沂、鲁山、复程、蒋自崖、黄寺次、泗水、邹县等各类雨量站	232 个	
6	气象区间	示范气象分区 1、示范气象分区 2	2 个	
7	子流域	沂河(刘家道口以上)子流域、沭河(大官庄以上)子流域等	10 个	
8	预报区间	沂河(刘家道口以上)子流域、沭河(大官庄以上)子流域等	8 个	
9	预报模型	新安江、API、坡面汇流、河道汇流模型等模型集合	8 个	
10	计算时间配置	功能计算时间配置	2 套	
11	计算拓扑配置	功能计算水利关系配置项	79 条	
12	计算模型配置	功能计算模型配置项	12 条	
13	流域降雨预报接入转换计算	气象数值预报按照预报区间转换	1 套	
14	流域模拟计算方案	方案计算时间、预报区间拓扑结构、预报区间产流汇流计算模型、水库节点调度模型	1 套	
15	流域模拟功能界面	含实时模拟、交互模拟、方案管理、自动模拟、精度评定等	1 套	

表 6.3-2 沂沭泗流域水工程联合调度实例化建设清单

序号	实例化类型	实例清单	统计	备注
1	河流	沂河、沭河、泗河、邳苍分洪道、分沂入沭、新沭河、新沂河、南四湖、韩庄运河、中运河、骆马湖、东汶河、祊河、蒙河、柳青河、涑河、袁公河、浔河、新薛河、北沙河、城漷河、梁济运河、洙水河、洙赵新河、万福河、东鱼河、不牢河、沭新河等大小河流	77 条	集成流域预报模拟建设成果
2	水位站	滩上集、林子、口头、石拉渊、微山、马口、南阳、苗圩等各级断面	12 个	
3	水文站	二级坝、韩庄、运河镇、嶂山闸、沭阳、临沂、重沟、角沂、石梁河、刘家道口、彭家道口、新沭河闸、人民胜利堰等各级断面	35 个	
4	水库	石梁河、田庄、岸堤、唐村、许家崖、沙沟、青峰岭、小仕阳、陡山、石梁河等大型水库	20 个	
4	蓄滞洪区	湖东、黄墩湖的蓄滞洪区	2 个	系统实际应用区域的蓄滞洪区
5	应急处理区	分沂入沭应急处理区、大官庄以北应急处理区	2 个	系统应用区域的应急处理区
6	河段	水库及水文站之间的衔接河段	62 个	
7	调度模型	新安江、API、坡面汇流、河道汇流模型等模型集合	12 个	
8	计算时间配置	功能计算时间配置	2 套	
9	计算拓扑配置	功能计算水利关系配置项,含全流域规则调度与全流域优化调度	120 条	
10	计算模型配置	功能计算模型配置项含全流域规则调度与全流域优化调度	110 条	
11	调度规则库建立	石梁河、田庄、岸堤、唐村、许家崖、沙沟、青峰岭、小仕阳、陡山、石梁河等水库工程体系的联合调度规则	10 座	
12	水工程联合调度功能界面	含模拟计算、结果管理、方案对比等	1 套	

6.3.4 系统功能建设

6.3.4.1 专业模型配置

对模型库中所管理的各类基础模型算法类型实例化,通过配置具体的模型参数,形成对应于各个实际水利对象的具体计算模型,完成预报模块和调度模块的基础模型配置。

(1)流域预报模拟

按照气象分区,获取流域未来降雨量成果,系统主要通过接入中央气象台气象数据后转换为预报区间面雨量,获得预见期内的降雨预报数据,是延长预见期的基础。

(2)水工程调度

实现覆盖水库工程、蓄滞洪区工程、闸站工程等多种水工程的联合防洪调度。通过标准化业务和数据流程,对各类调度提供通用的业务处理流程,实现基于流域联合调度规则的智能调度、支持人工干预调度过程的人机交互干预调度、方案对比、方案管理等功能。联合调度过程中,支持全流域按照水力拓扑关系,实现"拓扑自创建、模型自识别、数据自衔接"、调度演进一体化计算以及水文学与水力学耦合计算。水工程联合调度主要含调度计算、调度方案管理、调度方案对比等子功能。通过使用各项子功能,支撑水工程联合调度。

6.3.4.2 业务应用配置

主要配置管理各业务的计算方案与流程以及界面交互。通过本功能的配置管理,将前述对象、模型等独立的要素按具体业务需求进行计算,同时进一步搭建应用交互面板,形成预报预警、调度计算等功能。

洪水精细模拟主要针对遭遇超标准洪水时堤防溃口、蓄滞洪区启用等的非常规调度工况,开展洪水演进过程的精细化水动力模拟,包括分洪溃口模拟、沂沭泗骨干河道一维水动力演进及蓄滞洪区二维洪水淹没耦合模拟等。分洪溃口模拟以不同堤防材质的溃口演变机理为基础,动态模拟计算堤防溃口情况下,洪水从产生到随时间推进的演变发展全过程。溃口洪水产生后,必然对天然河道的洪水演进和溃口影响区域(一般为蓄滞洪区)的洪水淹没过程产生重大水力影响,沂沭泗骨干河道的一维水动力演进及蓄滞洪区(应急处理区)二维洪水淹没的耦合模拟功能,正是对这一特殊场景的水动力过程进行精细化模拟计算,为准确预判洪水在河道中的传播变化,以及在淹没影响区域内的扩散形态等,提供定性和定量的精细化计算支持。

水工程联合调度以流域预报预警产生的天然洪水过程为背景场,以防洪工程体系的洪水调度规程或方案为依据,充分利用水库、堤防、蓄滞洪区等防洪工程的调蓄和防洪能力,开展大规模、多类型水工程群的联合调度模拟预演,尤其是应对超标准洪水时的非常规调度方式演练(如水库超蓄、堤防漫堤、溃口分洪、蓄滞洪区启用等),生成多种调度决策方案,为调度人员提供决策支撑。

洪灾损失评估是以淹没区域内(一般为蓄滞洪区)的二维水动力学模型计算结果为基础,分别统计洪水淹没水深、最大流速、到达时间等洪水淹没特征,并将面积、人口、GDP、财产、耕地、房屋、企业工厂、道路交通等各类社会经济资料,按空间关系展布在单个网格上进行耦合,从而定量评估洪水淹没所带来的各类灾害损失。

洪水风险调控是基于水工程联合调度、洪水精细模拟及洪灾损失评估,以洪水风险最小并尽可能降低洪灾损失为目标,综合比对不同洪水调度方式所带来的潜在风险,为防洪调度提供技术支撑。

应急避险转移是当蓄滞洪区经过前述洪水调控后仍然存在分洪任务时,提供对蓄滞洪区内人员进行预警和转移监控的功能,具体包括人群分布分析、应急避险预案管理、预警信息管理、人员实时监控和转移推演等,为准确掌握蓄滞洪区的人员动态信息、安全推进转移任务提供在线跟踪和辅助支持。

6.4 沂沭泗河洪水调度

沂沭泗河洪水按照国务院批复的《沂沭泗河洪水调度方案》(国汛〔2012〕8 号)进行枢纽调度,以及大型水库调度办法进行水库调度。

6.4.1 洪水调度原则及目标

6.4.1.1 调度原则

①以人为本,依法防洪,科学调度。

②统筹兼顾,蓄泄兼筹,团结协作,局部利益服从全局利益。

③沂河、沭河洪水尽可能东调,预留骆马湖部分蓄洪容积和新沂河部分行洪能力接纳南四湖及邳苍地区洪水。当中运河及骆马湖水位较低时,南四湖洪水尽可能下泄;当中运河及骆马湖水位较高时,南四湖洪水控制下泄。骆马湖洪水应尽可能下泄。必要时启用南四湖湖东滞洪区及黄墩湖滞洪区滞洪。

④在确保防洪安全的前提下,兼顾洪水资源利用。

6.4.1.2 调度目标

标准内洪水,合理利用水库、水闸、河道、湖泊等,确保防洪工程安全。遇超标准洪水,除利用水闸、河道强迫行洪外,并相机利用滞洪区和采取应急措施处理超额洪水,地方政府组织防守,全力抢险,确保南四湖湖西大堤、骆马湖宿迁大控制、新沂河大堤等重要堤防和济宁、临沂、徐州、宿迁、连云港等重要城市城区的防洪安全,尽量减轻灾害损失,实现流域防洪目标,提高整体防洪效益,兼顾洪水资源利用。

6.4.2 重点水库洪水调度方式

沂、沭河上游现有大型水库 9 座,其中,沂河及其支流有田庄、跋山、岸堤、许家崖、唐村,沭河及其支流有沙沟、青峰岭、小仕阳和陡山水库,总控制流域面积 5375km^2,占临沂、大官庄以上控制面积的 39%(图 6.4-1)。

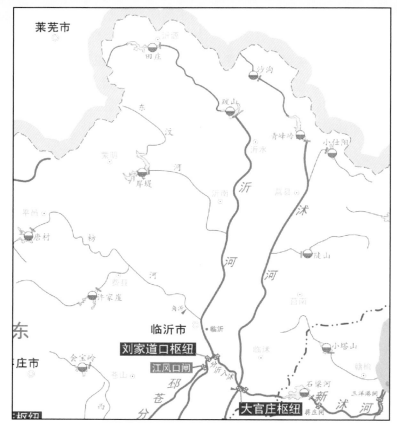

图 6.4-1 沂、沭河上游现有大(中)型水库分布示意图

(1)田庄水库

田庄水库位于沂河干流距沂源县城西 3km 处,是一座以防洪、灌溉为主等综合利用的大(2)型水库。控制流域面积 424km²。100 年一遇洪水标准设计,5000 年一遇洪水标准校核。水库有效灌溉面积 5.1 万亩,年均发电量 40 万 kW·h。汛期调度运行办法如下:

①当水库水位为 311.94m 时,控制泄量 1000m³/s;

②当水库水位为 312.51m 时,控制泄量 2000m³/s;

③当水库水位超过 312.51m 时,溢洪闸敞开自由泄洪。

(2)跋山水库

跋山水库位于沂水县城西北,沂河干流上,是一座以防洪、灌溉为主,结合养殖、发电等综合利用的大(2)型水库。控制流域面积 1782km²。总库容 52837 万 m³,兴利库容 26721 万 m³。100 年一遇洪水标准设计,10000 年一遇洪水标准校核。水库有效灌溉面积 20.48 万亩,年均发电量 906 万 kW·h。汛期调度运行办法如下:

①当水库水位不高于起调水位 176.50m 或经过发电调节能将水库水位降至 176.50m 以下时,可不启闸调洪。

②当水库水位高于起调水位 176.50m,不超过 179.02m 时,控制溢洪闸出库流量不大于 2000m³/s。当洪水入库流量小于 2000m³/s 时,出库流量等于入库流量。水位 176.00～179.02m,控制泄量 2000m³/s。

③当水库水位超过 179.02m,不超过 179.95m 时,控制溢洪闸出库流量 3120m³/s。

④当水库水位高于 179.95m 时,启闸泄洪。

(3)岸堤水库

岸堤水库位于泰沂山南、蒙山北麓,东汶河与梓河的交汇处,蒙阴县城西南,是一座以防洪、灌溉、发电于一体的大(2)型水库。控制流域面积 1693.3km²。总库容 74940 万 m³,调洪库容 43250 万 m³,兴利库容 45086 万 m³。100 年一遇洪水标准设计,10000 年一遇洪水标准校核。水库年城市供水量 3154 万 m³,设计灌溉面积 57 万亩,年均发电量 982 万 kW·h。汛期调度运行办法如下:

①当水库水位为 173.0～175.0m 时,控制泄量 400m³/s;当水库水位 175.0～176.0m 时,控制泄量 800m³/s。

②当水库水位为 176.0～177.8m 时,控制泄量 2000m³/s。

③当雨前水位为 173.0m,日净雨 240～843mm 时,新老闸 15 孔全开泄洪,最高库水位达 180m。

(4)唐村水库

唐村水库位于平邑县城西南 12.5km 处,沂河水系泌河支流唐村河上游,是一座以防洪为主,兼有灌溉、养殖、发电等综合利用的大(2)型水库。控制流域面积 263km²。总库容 14399 万 m³,调洪库容 4880 万 m³,兴利库容 9440 万 m³。100 年一遇洪水标准设计,5000 年一遇洪水标准校核。水库有效灌溉面积 10 万亩,年均发电量 125 万 kW·h。汛期调度运行办法如下:

①当水库水位为 185.00～187.57m 时,控制泄量 660m³/s。

②当水库水位为 187.57～188.33m 时,控制泄量 900m³/s。

③当水库水位超过 188.33m 时,敞泄。

(5)昌里水库

昌里水库为中型水库,汛期调度运行办法如下:

①当水库水位为 192.5～193.6m 时,控制泄量 100m³/s。

②当水库水位为 193.6～195.1m 时,控制泄量 500m³/s。

③当水库水位超过 196.06m 时,敞泄。

(6)许家崖水库

许家崖水库位于费县县城西南,沂河水系在祊河支流温凉河上,是一座以防洪、灌溉为主,兼具发电、养殖等综合利用的大(2)型水库。控制流域面积 580km²。总库容 29290 万 m³,

调洪库容 15983 万 m³,兴利库容 16727 万 m³。水库按 100 年一遇洪水标准设计,10000 年一遇洪水标准校核。水库有效灌溉面积 13.3 万亩,养鱼水面面积 2 万亩,年均发电量 253.8 万 kW·h。汛期调度运行办法如下:

①当水库水位低于 145.00m 时,不泄洪;

②当水库水位为 145.00~147.92m(20 年一遇)时,控制泄量 600m³/s。

③当水库水位高于 147.92m 并继续上涨时,全开溢洪闸闸门自由泄洪,确保大坝防洪安全。

(7)沙沟水库

沙沟水库位于沭河水系泳河干流上,沂水县城北 35km 处,是一座以防洪、灌溉为主,兼顾发电、养殖等综合利用的大(2)型水库。控制流域面积 163km²。总库容 10437 万 m³,调洪库容 5730 万 m³,兴利库容 4588 万 m³。工程按 100 年一遇洪水标准设计,10000 年一遇洪水标准校核。水库有效灌溉面积 16.2 万亩,年均发电量 260 万 kW·h,养鱼水面面积 1.71 万亩。汛期调度运用办法如下:

①当水库水位不高于 231.50m 时,不泄洪。

②当水库水位超过汛限水位 231.50m,不超过 234.77m 时,控制泄量 351m³/s。

③当水库水位高于 234.77m,而不高于 235.63m 时,控制泄量 500m³/s。

④当水库水位超过警戒水位 235.63m 时,启闸自由泄洪。

(8)青峰岭水库

青峰岭水库位于沭阳干流上,距莒县城西北 28km 处,是一座以防洪为主,结合灌溉、供水、养殖、发电等综合利用的大(2)型水库,控制流域面积 770km²,总库容 4.1 亿 m³。汛期调度运行办法如下:

①当水库水位低于 160.0m 时,不泄洪。

②当水库水位 160.0~162.0m(20 年一遇)时,控制泄量 1000m³/s,闸门同步开启 1.40m。

③当水库水位 162.0~162.43m(200 年一遇)时,控制泄量 2370m³/s,闸门同步开启 5.4m。

④当水库水位超过 162.43m 时,敞泄。

(9)小仕阳水库

小仕阳水库在沭河支流袁公河上,位于莒县招贤镇小仕阳村东,是一座以防洪、灌溉为主,兼顾发电、养殖等综合利用的大(2)型水库。流域面积 281km²,总库容 1.25 亿 m³。汛期调度运用办法如下:

①当水库水位已达 153.0m 时,预计雨后水位超过 154.0m,控制泄量小于 400m³/s。

②当水库水位已达 154.0m 时,预计雨后水位不超过 155.10m,逐级控制泄洪不超过 800 m³/s;

③当水库水位超过 155.10m 时,根据预报情况,逐级提闸泄洪,直至全开敞泄。

(10)陡山水库

陡山水库位于莒南县城城北 10km 处,是一座以防洪、灌溉为主,兼顾发电、养殖等综合利用的大(2)型水库。控制流域面积 431km²,总库容 2.9 亿 m³,调洪库容 15182 万 m³,兴利库容 16955 万 m³,工程按 100 年一遇洪水标准设计,10000 年一遇洪水标准校核。有效灌溉面积 16.2 万亩,年均发电量 260 万 kW·h,养鱼水面面积 1.71 万亩。汛期调度运行办法如下:

①当水库水位高于汛限水位 125m 低于 127.24m(20 年一遇)时,开闸控制泄量 600～1000 m³/s;当水库水位 125～125.3m 时,控制泄量 600m³/s;当水库水位 125.3～127.24m 时,控制泄量 1000m³/s。

②当水库水位高于 127.24m 时,混凝土溢流坝闸门全开泄洪。

沂沭河大型水库调度运用方式见表 6.4-1。

表 6.4-1 沂沭河大型水库调度运用方式

河名	水库名	起调水位(m)	控制参数	控制运用办法			
沂河	田庄	309	水位(m)	309	311.94	312.51	314
			泄量(m³/s)		1000	2000	4933
	跋山	176.0	水位(m)	176.50	179.02	179.95	184
			泄量(m³/s)		2000	3120	11624
	岸堤	173.0	水位(m)	173	175	176	177.8
			泄量(m³/s)		400	800	2000
	唐村	185	水位(m)	185	187.57	188.33	192
			泄量(m³/s)		660	900	2185
	昌里	192.5	水位(m)	192.5	193.6	195.1	196.06
			泄量(m³/s)		100	500	1000
	许家崖	145.0	水位(m)	145	147.92	149	151.22
			泄量(m³/s)		600	3393	4474
沭河	沙沟	231.5	水位(m)	231.5	234.77	235.63	240
			泄量(m³/s)		351	500	1537
	青峰岭	161.0	水位(m)	160	162	162.43	166
			泄量(m³/s)		1000	2370	5617
	小仕阳	153.0	水位(m)	153	154	155.1	158
			泄量(m³/s)		400	800	6427
	陡山	125	水位(m)	125	125.3	127.24	131
			泄量(m³/s)		600	1000	3233

6.4.3 滞洪区运用方案

6.4.3.1 南四湖湖东滞洪区

湖东滞洪区包括白马片(泗河—青山段)、界涛片(垤斛—城涛河段)及蒋集片(新薛河—郗山段)。滞洪区域为地面高程在 1957 年设计洪水位以下至湖东堤之间的区域,即泗河—青山、垤斛—城涛河段 36.99m 等高线以下,新薛河—郗山段 36.49m 等高线以下至湖东堤之间的区域。滞洪区面积为 232.13km²,相应滞洪容积为 3.68 亿 m³,其中上级湖两段滞洪区(白马片、界涛片)面积为 198.50km²,滞洪容积为 3.01 亿 m³,下级湖一段蒋集片滞洪区面积为 33.63km²,滞洪容积为 0.67 亿 m³。

根据《全国蓄滞洪区建设与管理规划》,南四湖湖东滞洪区为国家级蓄滞洪区名录的一般滞洪区,当南四湖发生超 50 年一遇洪水,即上级湖南阳站水位超过 36.79m 时,上级湖滞洪区启用,当南四湖下级湖微山站水位超过 36.29m,下级湖滞洪区启用。

6.4.3.2 黄墩湖滞洪区

黄墩湖滞洪区原滞洪区范围为邳睢公路以东黄墩湖地区,相应面积 358km²,相应滞洪库容 14.7 亿 m³。2011 年 7 月对黄墩湖滞洪区进行了调整,调整后的滞洪区东以骆马湖二线堤防和中运河西堤为界,西至徐洪河东堤北至房亭河,南至废黄河,相应滞洪面积 230km²,滞洪库容 11.1 亿 m³。

根据《淮河流域综合规划》《沂沭泗河洪水调度方案》(国汛〔2012〕8 号),骆马湖水位达到 25.33m,预报将超过 25.83m 时,启用黄墩湖滞洪区滞洪。

6.4.4 超标准洪水应急处理方案

6.4.4.1 分沂入沭以北应急处理区

分沂入沭应急处理区分洪地点在沂河左岸朱家庙,分洪口长度 200m,采用炸药临时爆破,分出的洪水滞蓄在分沂入沭以北、沂沭河之间的地区。最大分洪流量为 2000m³/s,最大滞洪总量为 8668 万 m³,滞洪面积 53.534km。

预报沂河临沂站洪峰流量超过 16000m³/s 时,彭道口闸分洪流量 4000~4500m³/s,控制刘家道口闸下泄流量 12000m³/s。江风口闸分洪流量 4000m³/s,沂河江风口以下流量 8000m³/s。当采取上述措施仍不能满足要求时,超额洪水在分沂入沭以北地区采取应急措施处理。

6.4.4.2 大官庄以上应急处理区

沭河大官庄以上应急处理区,分洪地点在沭河左岸小庄子,分洪口长 100m,分洪口门采取炸药临时爆破,分出的洪水滞蓄在沭河左岸牛腿沟流域南部地区,最大分洪流量为 1000m³/s,最大滞洪总量为 7143 万 m³,淹没面积 34.93km²。

预报沭河大官庄枢纽洪峰流量超过 8500m³/s，来水尽量东调，控制新沭河闸下泄流量不超过 6500m³/s；视新沂河、老沭河洪水，人民胜利堰闸下泄流量不超过 3000m³/s。当采取上述措施仍不能满足要求时，超额洪水在大官庄枢纽上游地区采取应急措施处理。

6.5 典型应用案例及成效分析

6.5.1 典型洪水模拟演练

运用沂沭泗调度系统开展沂沭泗流域 1957 年、1974 年、2020 年"8·14"典型洪水调度演练，系统各功能模块得到了充分运用和验证，可用于开展淮河沂沭泗流域超标准洪水调度。

6.5.1.1 1957 年典型洪水

（1）典型洪水简介

1957 年全流域大水，暴雨集中，量大面广，最大点雨量达 817mm（图 6.5-1）。7 月由于西太平洋副热带高压位置偏北，副热带高压西南侧偏南气流与北侧的西风带偏西气流在淮河流域北部长期维持，以致 3 次高空涡切变造成沂沭泗水系上游的大范围连续降雨。沂沭泗河流域出现新中国成立以来最大洪水，沂河、沭河连续出现 6、7 次洪峰。沂河临沂站 7 月 13、15、19 日 3 次洪峰流量均在 10000m³/s 以上，其中 19 日最大洪峰流量达 15400m³/s。经分沂入沭和邳苍分洪道分洪后，沂河华沂站 20 日洪峰流量为 6420m³/s。沭河大官庄 11 日出现最大洪峰流量为 4910m³/s，经新沭河分泄 2950m³/s 后，新安站最大洪峰流量为 2820m³/s。南四湖湖东、湖西同时来水，最大入湖流量约为 10000m³/s。泗河书院站 24 日最大洪峰流量为 4020m³/s。南四湖南阳站 25 日出现最高水位 36.48m，微山站 8 月 3 日最高水位为 36.28m。由于洪水来不及下泄，南四湖周围出现严重洪涝。中运河承汇南四湖下泄洪水及邳苍区间部分来水，7 月 23 日运河镇站出现最高水位为 26.18m，相应的洪峰流量为 1660m³/s。骆马湖在没有闸坝控制，又经黄墩湖蓄洪的情况下，7 月 21 日出现最高水位为 23.15m。新沂河沭阳站 21 日出现最大流量为 3710m³/s。根据水文分析计算，本年南四湖 30d 洪量为 114 亿 m³，相当于 91 年一遇。沂河临沂 3d、7d、15d 洪量分别为 13.2 亿、26.5 亿、44.6 亿 m³，均为新中国成立以来最大。沭河大官庄 3d、7d、15d 洪量分别为 6.32 亿、12.25 亿、18.5 亿 m³，除 3d 洪量小于以后的 1974 年外，其他均为新中国成立以来历年最大。骆马湖 15d、30d 洪量分别达 191.2 亿 m³ 和 214 亿 m³，都居新中国成立以来首位。沂、沭河及各支流漫溢决口 7350 处，受灾面积 40.33 万 hm²，伤亡 742 人，倒房 19 万间。南四湖 30d 洪量达 114 亿 m³，受灾面积 123.33hm²，倒房 230 万间。

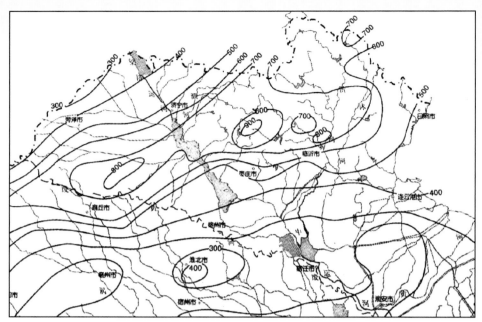

图 6.5-1　沂沭泗流域 1957 年 7 月 6—26 日典型洪水降雨等值线图

（2）洪水预报

1）1957 年气象降雨情况

7 月 6—26 日，沂沭泗水系出现 7 次暴雨，最大雨量点蒋自崖达 975.2mm，角沂、鲁山、复程点雨量分别为 874.3m、862.0m、846.4mm，在暴雨集中的 6—20 日 15d 内降雨量 400mm 以上的面积达 7390km²，相应沂河、沭河连续发生数次洪峰。7 月 6—8 日暴雨中心在沂河、沭河上中游及南四湖湖西。沭河崖庄次雨量 208.9mm，湖西复程 188.8mm，该降雨基本上集中在 6 日一天。7 月 9—16 日出现一次更大范围的降雨，出现大片暴雨区，次雨量普遍达 300mm 以上，沂沭泗地区出现多处雨量超过 500mm 的暴雨区，角沂、蒋自崖、黄寺次降雨量分别达 561.0mm、530.8mm 和 514.7mm。7 月 17—26 日在前次降雨尚未全部停止时又出现大降雨过程。暴雨先在淮河水系沙颍河上游，随后向东扩展到沂沭泗地区。最大暴雨中心出现在南四湖湖东，泗水、蒋自崖、邹县次降雨量分别为 404.2mm、329.5mm 和 285.8mm。

2）重要站点洪水预报

结合气象部门历史降雨预报成果，进行沂沭泗重要站点控制断面流量预报，结果见图 6.5-2。

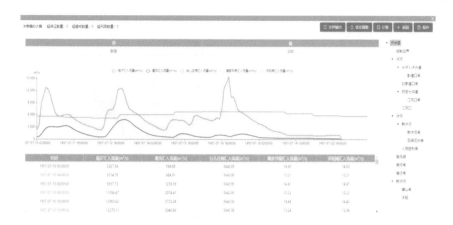

图 6.5-2 1957 年典型洪水预测临沂站、重沟站控制断面流量过程

运用本系统模型预报，临沂站控制断面流量为 15430m³/s，重沟站控制断面流量为 5055m³/s。沂沭泗水利管理局 1957 年洪水复演调度，预报临沂站洪峰流量 15500m³/s，大官庄 5200m³/s。

临沂站、重沟站实测流量分别为 15400m³/s、4910m³/s，本系统模型预报成果较上述复演调度成果沂河临沂站相对误差由 0.65％降低至 0.19％、沭河重沟站相对误差由 5.91％降低至 2.95％，预报精度提高 5％以上（洪峰流量误差低于 10％、水位误差低于 0.25m），见表 6.5-1。

表 6.5-1   **临沂站、重沟站预报精度评定**

站点	相对误差（％）		
	研究前	研究后	降幅
临沂站	0.65	0.19	70.77
重沟站	5.91	2.95	50.08

（3）洪水调度成果

沂沭泗 1957 年洪水发生时，沂沭泗东调南下防洪工程体系尚未建成。系统模拟在现有东调南下防洪工程体系下，按照《沂沭泗河洪水调度方案》进行调度，即在沂沭泗河上游利用已建水库，拦蓄山丘区洪水；下游扩大新沭河、新沂河排洪，增加沂沭泗河洪水入海出路；利用刘家道口和大官庄枢纽工程，控制沂河、沭河洪水，使沂河、沭河上游洪水尽量由新沭河就近东调入海，腾出骆马湖、新沂河调蓄洪、泄洪能力接纳南四湖南下洪水，调度成果见图 6.5-3 至图 6.5-10。

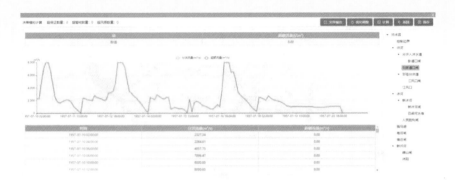

图 6.5-3　沂沭泗"1957 年型"洪水刘家道口闸分洪过程

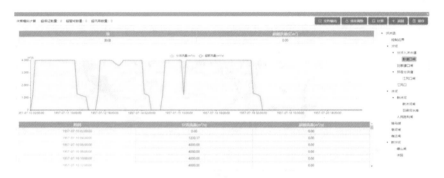

图 6.5-4　沂沭泗"1957 年型"洪水彭道口闸分洪过程

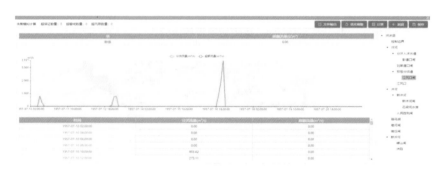

图 6.5-5　沂沭泗"1957 年型"洪水江风口闸分洪过程

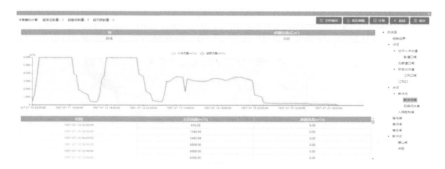

图 6.5-6　沂沭泗"1957 年型"洪水新沭河闸分洪过程

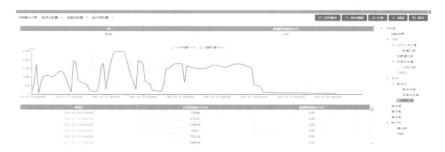

图 6.5-7   沂沭泗"1957 年型"洪水人民胜利堰闸分洪过程

图 6.5-8   沂沭泗"1957 年型"洪水石梁河水库入库、水位过程

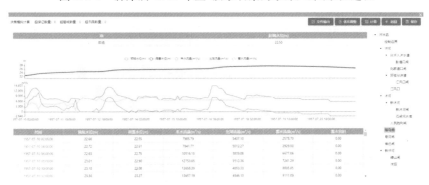

图 6.5-9   沂沭泗"1957 年型"洪水骆马湖入库、水位过程

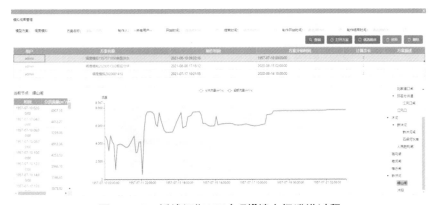

图 6.5-10   沂沭泗"1957 年型"嶂山闸泄洪过程

通过沂沭河上游水库与刘家道口枢纽、大官庄枢纽联合调度,充分发挥上游水库拦洪削峰作用,最大限度地减轻沂沭河干支流防洪压力。沭河上游青峰岭水库最大入库流量2485m³/s,最大出库流量1000m³/s,削减洪峰1485m³/s;陡山水库最大入库流量1408m³/s,最大出库流量600m³/s,削减洪峰808m³/s,联合沙沟、小仕阳等水库统筹调度,减少了沭河重沟站洪峰流量569m³/s。沂河上游跋山水库最大入库流量5996m³/s,最大出库流量2000m³/s,削减洪峰3996m³/s;岸堤水库最大入库流量4370m³/s,最大出库流量2000m³/s,削减洪峰2370m³/s,联合田庄、跋山、唐村、许家崖等水库统筹调度,减少了沂河临沂站洪峰流量3813m³/s,将沂河最大洪峰流量控制在15430m³/s。分沂入沭水道分洪由实际3180m³/s提高至4000m³/s,使沂沭河洪水尽早尽快地东调入海;刘家道口以下沂河流量控制为7587m³/s,避免了启用邳苍分洪道,保护邳苍分洪道11.2万亩耕地,保护区内人民群众的财产免受损失。

系统调度结果为:骆马湖在现状防洪工程下水位为24.33m,黄墩湖滞洪区达不到启用条件(当骆马湖水位达到25.53m,预报将超过25.83m时,启用滞洪区滞洪);1957年洪水时,骆马湖水位达到22.98m(废黄河高程23.15m,超设计水位0.15m),黄墩湖破堤滞洪,蓄水6.0亿m³。

系统进行洪水模拟调度后的灾害损失指标与1957年洪水造成的实际灾害损失的对比情况见表6.5-2。

表6.5-2 示范系统对1957年洪水模拟演练减灾效益统计表

序号	减灾指标		1957年实际情况	模拟成果	减灾量	提高减灾效益
1	邳苍分洪道分洪流量(m³/s)		3380	0	/	避免邳苍分洪道启用,保护河道内耕地等
2	沂沭河农田淹没面积(万亩)		605	341	264	43.6%
3	黄墩湖滞洪区	耕地(万亩)	31.3(调整后20.8)	0	20.8	100%
		人口(万人)	21.5(调整后13.4)	0	13.4	100%

从表6.5-2可以看出,在遭遇1957年洪水情形下,利用示范系统进行调度,通过充分发挥水库群的拦蓄作用,增加分沂入沭水道分洪量,可避免启用邳苍分洪道和黄墩湖滞洪区,大幅降低沂沭泗流域的洪灾损失。其中,分沂入沭水道分洪量由3180m³/s提高至4000m³/s,使沂沭河洪水尽早尽快东调入海;沂沭河流域减少农田淹没约264万亩,降幅43.6%;邳苍分洪道不启用,有效保护区内11.2万亩耕地;黄墩湖滞洪区不启用,有效保护区内13.4万人和20.8万亩耕地,综合减灾率大于10%,防洪减灾效益非常显著。

此外,2021年沂沭泗水利管理局(以下简称"沂沭泗局")开展了流域大洪水调度专项预演(图6.5-11),洪水调度演练以新中国成立以来最大洪水——"1957年"全流域大洪水为背景,结合当前沂沭泗流域防洪工程体系现状,重点选取了沂河干流发生接近设计流量洪水,以"预报沂河将发生大洪水、预报沂河洪峰流量 $15400m^3/s$"防洪形势严峻、调度决策难的场景开展演练,主要涉及各枢纽联合调度、邳苍分洪道分洪、蓄滞洪区运用等关键决策过程,涵盖预报、调度、会商、协调、决策、指挥等各个环节。演练统筹考虑上下游、左右岸、区域和流域相协调,充分发挥沂沭泗河东调南下工程体系作用,配合蓄滞洪区等工程运用,合理挖掘工程体系防洪潜力,尽最大努力减轻洪涝灾害损失,保障流域重点保护对象防洪安全,确保人民群众生命安全。

图 6.5-11 2021 年沂沭泗"1957 年型"洪水调度预演

系统对"1957 年型"洪水的复盘演练结果与沂沭泗局 2021 年开展的"1957 年型"洪水专项演练成果基本一致。

6.5.1.2 1974 年典型洪水

(1)典型洪水简介

1974 年 8 月,受 12 号台风(从福建莆田登陆)影响,沂沭河、邳苍地区出现大洪水(图 6.5-12)。暴雨后沂河临沂 8 月 13 日早上从 $79m^3/s$ 起涨,14 日凌晨出现洪峰流量 $10600m^3/s$,当天经彭家道口闸和江风口闸先后开闸分洪后,沂河港上站同日出现洪峰流量为 $6380m^3/s$。沭河大官庄站 14 日与沂河同时出现洪峰,新沭河流量为 $4250m^3/s$,老沭河胜利堰流量为 $1150m^3/s$。由于沭河暴雨中心出现在中游,莒县洪峰流量小于 1956 年、1957年,而大官庄洪峰为历年最大。老沭河新安站在上游及分沂入沭来水情况下,14 日出现洪峰流量为 $3320m^3/s$。邳苍地区处于暴雨中心边缘,加上邳苍分洪道分泄沂河来水,中运河运河镇出现新中国成立以后最大洪峰流量为 $3790m^3/s$,最高水位 26.42m(废黄河高程)。骆马湖在沂河及邳苍地区同时来水的情况下,嶂山闸 16 日最大下泄流量为 $5760m^3/s$,同日骆马湖退守宿迁大控制,16 日晨骆马湖洋河滩出现历年最高水位 25.47m(废黄河高程),新沂河沭阳站 16 日晚出现历年最高水位 10.76m(废黄河高程),相应的最大流量 6900m³/s。本年沂沭泗水系洪水历时较短,南四湖来水不大。根据水文分析计算,沂河临沂站还原后的洪峰流量为 13900m³/s,3d 洪量与 1957 年、1963 年接近,而 7d、15d 洪量相差较大。沭河大官庄还原后的洪峰流量为 11100m³/s,相当 100 年一遇,3d 洪量为历年最大,7d、15d 洪量仅次于 1957 年。邳苍地区 7d、15d 洪量均超过 1957 年、1963 年,为历年最大。

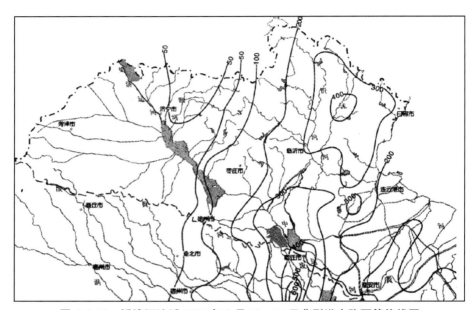

图 6.5-12　沂沭泗流域 1974 年 8 月 10—14 日典型洪水降雨等值线图

山东省临沂地区受灾面积 557 万亩,其中绝产 98 万亩,倒塌房屋 21.4 万间,死 92 人,伤 4705 人。江苏省徐州、淮安、连云港 3 市受灾面积 417 万亩,倒塌房屋 20.9 万间,死 39 人。

(2)洪水预报

1)1974 年气象降雨情况

1974 年 8 月,受 12 号台风(从福建莆田登陆)影响,沂沭河、邳苍地区出现大洪水。降雨过程从 8 月 10 日起至 14 日结束,暴雨集中在 11—13 日,沂沭河出现南北向的大片暴雨区,最大点雨量蒲旺达 435.6mm。12 日暴雨强度最大。13 日暴雨中心区移至沂沭河,李家庄 1d 降雨量为 295.3mm,14 日降雨逐渐停止。

2)重要站点洪水预报

在沂沭泗流域超标准洪水调度决策支持系统的基础上,结合气象部门历史降雨预报成果,进行沂沭泗重要站点控制断面的流量预测,结果见图 6.5-13。

根据本系统模型预报成果,临沂站控制断面流量为 10124m³/s,重沟站控制断面流量为 5554m³/s。临沂站、重沟站实测流量分别为 10600m³/s、5300m³/s,沂河临沂站流量相对误差为 4.5%、沭河重沟站相对误差为 4.8%。

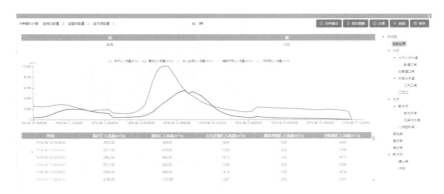

图 6.5-13 临沂站、重沟站 1974 年典型洪水流量预测过程

（3）洪水调度成果

沂沭泗 1974 年洪水发生时，沂沭泗河洪水东调南下一期工程尚未建设，分沂入沭水道入沭河口在人民胜利堰以下，尚未调尾。本次调度在现有东调南下工程条件，按照《沂沭泗河洪水调度方案》进行调度，调度成果见图 6.5-14 至图 6.5-19。

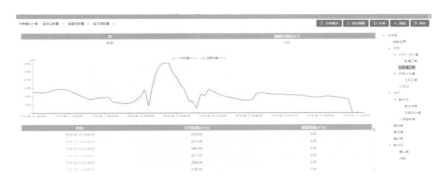

图 6.5-14 沂沭泗 1974 年洪水刘家道口闸分洪过程

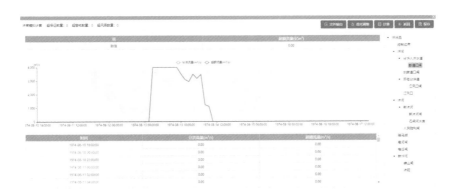

图 6.5-15 沂沭泗 1974 年洪水彭道口闸分洪过程

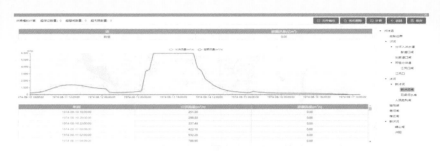

图 6.5-16　沂沭泗 1974 年洪水新沭河闸分洪过程

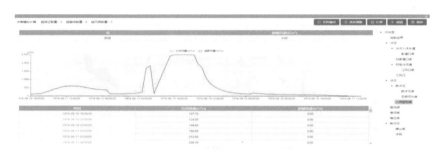

图 6.5-17　沂沭泗 1974 年洪水人民胜利堰闸分洪过程

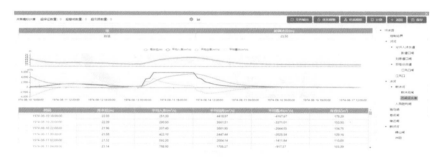

图 6.5-18　沂沭泗 1974 年洪水石梁河水库入库、水位过程

图 6.5-19　沂沭泗 1974 年洪水骆马湖入库、水位过程

通过水库、枢纽、河道联合调度,临沂站控制断面流量由 13900m³/s 削减至 10124m³/s,分沂入沭水道分洪流量由 3130m³/s 提高至 4000m³/s,且按照分沂入沭调尾后,通过新沭河将分沂入沭的洪水尽早尽快东调入海;刘家道口以下沂河泄洪规模为 6124m³/s,邳苍分洪

道不再分洪(当年实际情况江风口闸最大分洪为1550m³/s,下游林子站约4500m³/s),避免河道内11.2万亩耕地受灾。

6.5.1.3 2020年"8·14"洪水

(1)"8·14"洪水介绍

2020年,沂沭河发生洪水(图6.5-20),主要是沂河、沭河上游,受副高边缘暖湿气流和蒙古气旋南部的冷空气共同影响,8月13—14日,沂沭河流域发生超强暴雨天气,沂河、沭河累积平均降雨量165mm,100mm以上暴雨笼罩面积1.07万km²,几乎笼罩沂河临沂站以及沭河重沟站以上所有区域;200mm以上暴雨笼罩面积0.5万km²,笼罩沂河临沂站以及沭河重沟站以上核心区域。降雨中心最大点雨量沭河上游张家抱虎站,24h降雨量为497mm,其次沂河和庄站490mm(图6.5-21)。沂河临沂站14日19时出现洪峰流量10900m³/s,为1960年以来最大洪水,刘家道口闸出现最大泄量7900m³/s,彭道口闸出现最大泄量3360m³/s;沭河重沟14日19时出现洪峰流量6320m³/s,为1974年以来最大洪水,大官庄人民胜利堰14日23时出现最大泄量2800m³/s(超设计流量2500m³/s),新沭河泄洪闸14日23时最大泄量6500m³/s(超设计流量6000m³/s),均超历史(新沭河泄洪闸历史最大5040m³/s)。石梁河最大入库流量6080m³/s,超过历史最大3870m³/s(1974年8月14日),为了腾空库容,水库提前预泄,最大下泄流量出现在14日23时,最大流量4700m³/s,超历史最大泄量3950m³/s。新沭河下游河道多处超历史水位或设计水位。持续性强降水对工农业和公共设施均造成较大损失。沂南、莒南、蒙阴等县和中心城区发生灾情险情,农田被淹,道路桥梁受损,房屋进水,转移避险1.99万人,设置安置点48处,集中安置12.85万人。

图6.5-20 2020年沂沭河大洪水报道情况

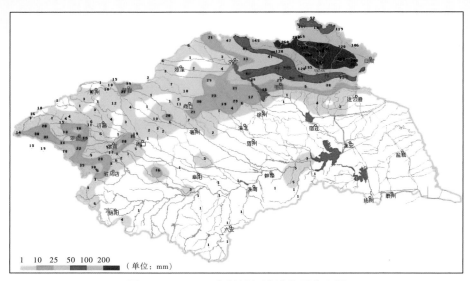

图 6.5-21　2020 年沂沭泗流域降雨分布图

（2）洪水预报

系统通过气象预报成果（图 6.5-22 至图 6.5-24）与水文模型的耦合，有效延长洪水预见期至 72h 以上，通过系统应用，提前 3d 预报了沂沭泗流域的降水过程。

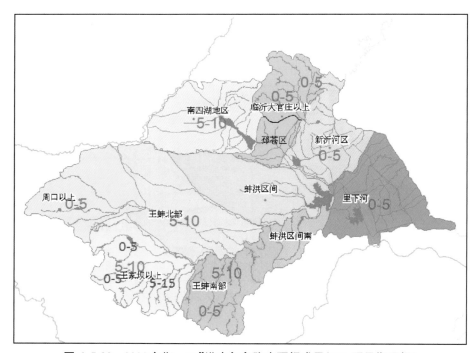

图 6.5-22　2020 年"8·14"洪水气象降水预报成果（24h 预见期预报）

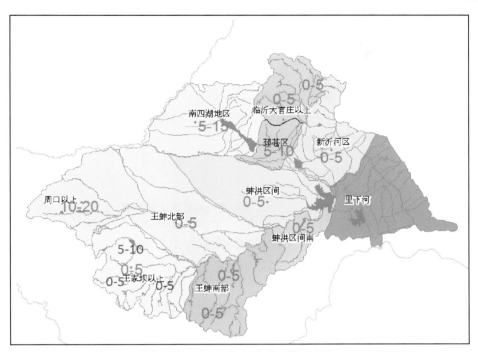

图 6.5-23　2020 年"8·14"洪水气象降水预报成果（48h 预见期预报）

图 6.5-24　2020 年"8·14"洪水气象降水预报成果（72h 预见期预报）

　　设置系统模型参数，结合 2020 年沂沭泗"8·14"洪水各雨量站降雨成果，对 2020 年"8·14"洪水进行预报，结果见图 6.5-25。

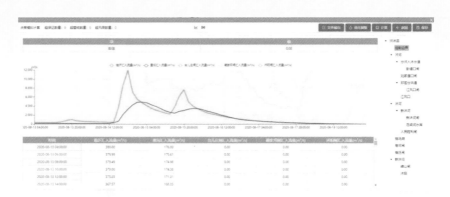

图 6.5-25　临沂站、重沟站控制断面流量过程

根据本系统模型预报成果,临沂站控制断面流量为 $10824m^3/s$,重沟站控制断面流量为 $6559m^3/s$。根据淮河水情预测预报成果,临沂站控制断面流量为 $11000m^3/s$,重沟站控制断面流量为 $5000m^3/s$。

2020 年 8 月 14 日临沂站、重沟站实测流量分别为 $10900m^3/s$、$6320m^3/s$。本系统模型较上述水情预测预报成果,沂河临沂站相对误差由 0.92% 降低至 0.70%、沭河重沟站相对误差由 20.89% 降低至 3.78%,预报精度提高 5% 以上,见图 6.5-3。

表 6.5-3　　　　　　　　　　临沂站、重沟站预报精度评定

站点	相对误差(%)		
	研究前	研究后	降幅
临沂站	0.92	0.70	23.9
重沟站	20.89	3.78	81.9

(3)预警预报制作时间

通过数据缓存、多线程并发编程等关键技术,沂沭泗流域超标准洪水调度决策支持系统能够实现海量雨情、水情和工情数据的查询、计算和展示功能,极大地缩短了用户事务提交的响应时间,具有较高的敏捷性。

多场次洪水预报调度应用的实践表明,系统可以在 5min 内生成全流域的洪水预报及调度结果,单站洪水预报时长不超过 20s,对预报和调度成果的查询和展示基本可以做到即时响应,即响应时间小于 2s。通过本系统的应用,汛期雨水情报汛数据汇集完毕后,全流域所有站点包含雨水情数据预处理、形势分析、预报调度计算、专家经验修正等在内的洪水预报全流程制作完成时间缩短至 2h 以内。经过测试,本系统功能模块运行的平均时间见表 6.5-4。

表 6.5-4　　　　　　　　　　　　系统功能模块运行平均耗时

序号	系统任务	系统运行耗时（s）
1	实时雨水情数据查询	＜2
2	全流域洪水预报计算	＜60
3	预报计算成果查询	＜2
4	全流域洪水调度计算	＜30
5	调度计算成果查询	＜2
6	预报预警文案自动生成	＜20

在制作洪水预报之前，需要对流域的防洪形势进行分析，并结合经验初步确定本次洪水预报调度的重点关注地区。全流域的雨水情总览以及单个站点系统查询响应时间均小于2s，对全流域雨水情的总览时间一般为1min，单站雨水情信息的浏览时间一般不超过20s。以最不利因素考虑，本次洪水预报需重点察看的站点为20个，则总时长为$20×(2+20)+60=500s$，即通过系统的技术支持，该过程一般最长为8min左右。

对于单站的洪水预报计算，一般可拆分为以下几个子任务，即实时数据提取（流量、雨量）、参数提取、产汇流计算、实时校正计算等。通过大量测试表明，单站的洪水预报计算时间一般不超过1s，平均仅为0.526s（表6.5-5），对于全流域的洪水预报计算，60s左右完成。

表 6.5-5　　　　　　　　　　　　单站洪水预报耗时表

序号	任务名称	测试次数（次）	平均耗时（s）
1	流量数据提取	2000	0.036
2	雨量数据提取	2000	0.150
3	模型参数提取	2000	0.060
4	产汇流模型计算	2000	0.220
5	实时校正计算	2000	0.060
6	合计	2000	0.526

在实际情况下，一般需要对洪水预报结果进行反复修改计算和人工经验调整，以人工经验调整修正5次为例，假设每次对所有需要修改站点的预报结果修正的时间为5min，加上首次预报以及系统5次修正后重新运行计算的时间，整个过程一般耗时需要$1+5×(5+1)=31min$。

对防洪工程的调度计算一般仅限于重点工程，如大型水库、重要控制性闸坝等，一般单次人工交互操作的时间为2min，同样以人工反复修改调度成果5次为例，调度过程一般耗时$0.5+5×(2+0.5)=13min$。

对于预报调度成果，系统可以统计河道、堤防、水库、蓄滞洪区等各类天然与非天然、工程与非工程的防洪预警指标，并自动转化为对应的格式化文案。该功能的系统响应时间一般不超过30s，加上人工选择文案中的统计范围以及文案生成后的部分调整和修改，该过程一般不超过 10min。洪水预警的发布文案可通过系统生成,预警发布操作时长一般不超过 10min。

综上,以不利条件考虑,洪水预报预警制作为 8+31+13+10+10=72min(即 1.2h),在 2h 以内。

(4)洪水调度成果

沂沭泗河洪水按照《沂沭泗河洪水调度方案》进行枢纽调度。沂沭河 2020 年"8·14"洪水通过刘家道口枢纽、大官庄枢纽实况洪水东调南下,调度成果见图 6.5-26 至图 6.5-30。

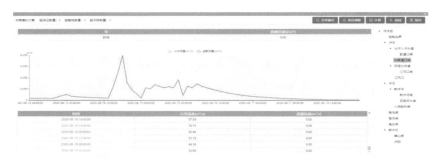

图 6.5-26　刘家道口枢纽刘家道口闸调度分洪过程线

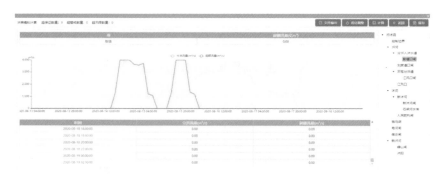

图 6.5-27　刘家道口枢纽彭道口闸调度分洪过程线

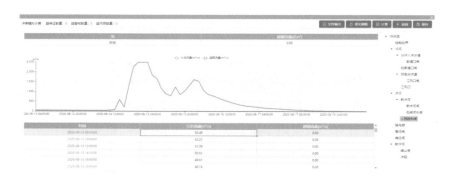

图 6.5-28　大官庄枢纽人民胜利堰调度分洪过程线

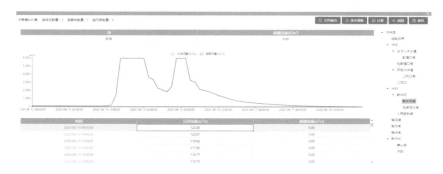

图 6.5-29 大官庄枢纽新沭河闸调度分洪过程线

图 6.5-30 石梁河水库调度成果（水位、流量过程）

根据调度成果,沂沭河上游水库与刘家道口枢纽、大官庄枢纽联合调度,充分发挥上游水库拦洪削峰作用,上游水库拦蓄洪水 3.36 亿 m³,削峰率 15.8%～97.6%,最大限度地减轻沂沭河干支流防洪压力。

沂河上游岸堤水库最大入库流量 4770m³/s,最大出库流量 1060m³/s,削减洪峰 3710m³/s,联合田庄、跋山、唐村、许家崖等大型水库统筹调度,减少了沂河临沂站洪峰流量 3400m³/s,沂河临沂站 14 日 19 时出现洪峰流量 10824m³/s(实际洪峰流量 10900m³/s),刘家道口闸出现最大泄量 8000m³/s(实际最大泄量 7900m³/s),彭道口闸出现最大泄量 4000m³/s(实际最大泄量 3360m³/s),江风口分洪闸水位控制在 58.5m 以下,避免了启用邳苍分洪道,保护了分洪道内 11.2 万亩耕地和群众生命财产安全,防洪减灾效益显著。

沭河上游陡山水库最大入库流量 2700m³/s,最大出库流量 1050m³/s,削减洪峰 1650m³/s,联合沙沟、青峰岭、仕阳等 10 座大中型水库统筹调度,减少了沭河重沟站洪峰流量 1574m³/s,沭河重沟站 14 日 19 时出现洪峰流量 6559m³/s(实际洪峰流量 6320m³/s),大官庄人民胜利堰出现最大泄量 2500m³/s(实际最大泄量 2800m³/s),新沭河泄洪闸最大泄量 6000m³/s(实际最大泄量 6500m³/s)。石梁河最大出库流量 6000m³/s(实际最大泄量 6080m³/s)。

将上述调度结果与实际情况对比分析,彭道口分洪闸因分沂入沭水道阻水、大官庄水位顶托以及彭道口闸前水流不畅等问题,不能按照 4000m³/s 调度指令分洪(闸门全部抬出水面,闸上水位、闸下水位均超设计水位且过闸水头差大于设计值,但最大泄量仅3360m³/s),因此刘家道口闸出现最大泄量大于实际泄量是合理的。本次沂河与沭河洪水基本同频率,实际调度过程没有考虑彭道口反控制(当大官庄流量超过8500m³/s,减少分沂入沭水道泄洪,沂河洪水加大泄量但不超过12000m³/s),因此大官庄洪水(沭河洪水加分沂入沭洪水)将会超过8500m³/s,人民胜利堰分洪闸实际下泄流量为2800m³/s,超过设计分洪流量2500m³/s;新沭河泄洪闸实际下泄流量为6500m³/s,超过设计分洪流量6000m³/s。

综上,通过本次模拟预报调度成果与实际情况对比分析,本次利用沂沭泗流域超标准洪水调度决策支持系统演练的预报调度成果是合理的。

6.5.2 预报预警分析

根据典型洪水的模拟演练结果,本系统在预报精度、预报预警制作时间和预见期等指标相较于现有方法或系统效能均有所提升。

(1)洪水预见期

2020年沂沭河"8·14"洪水期间,依托本系统,通过气象预报成果与系统水文模型的耦合,有效延长洪水预见期至72h以上,提前3d预报了沂沭泗流域的降水过程。

(2)预报精度

多场次洪水预报应用实践表明,沂沭泗流域超标准洪水调度决策支持系统具有较高的预报精度,1957年洪水预报沂河临沂站流量相对误差为0.19%,沭河重沟站流量相对误差为2.95%;2020年沂沭河洪水预报沂河临沂站流量相对误差为0.7%,沭河重沟站流量相对误差为3.78%。系统投入使用之前,沂沭泗流域洪水预报流量相对误差均值在15%左右,见表6.5-6。

表6.5-6　　　　　　　　各场次洪水预报精度统计表

洪水场次	站点	本模型预报流量(m³/s)	水文模型预报流量(m³/s)	实测流量(m³/s)	相对误差降幅(%)	提高精度(%)
1957年洪水	临沂	15430	15500	15400	70.77	>5
	重沟	5055	5200	4910	50.08	>5
2020年沂沭河大洪水	临沂	10824	11000	10900	23.90	>5
	重沟	6559	5000	6320	81.90	>5

(3)预报预警制作时间

多场次洪水预报调度应用的实践表明,系统进行雨水情数据预处理时间可忽略、防洪形势分析8min、预报及修正31min、调度计算及修正13min、预警文案生成10min、预警发布操作时间10min,全流程制作完成时间1.2h。

6.5.3　应急响应分析

6.5.3.1　防汛应急方案

为做好淮河沂沭泗流域洪水灾害突发事件的防范与处置工作,使灾害处于可控状态,最大地限度减少人员伤亡和财产损失,淮河沂沭泗流域制定了沂沭泗防汛应急预案。涉及应急响应相关的方案内容主要包括以下几个方面。

（1）应急响应原则

1）以人为本、安全第一

应急处置工作以保障人民群众的生命安全为出发点和落脚点,最大限度地减少水旱灾害突发事件造成的人员伤亡和财产损失及社会危害。

2）集中领导、统一指挥

在淮河水利委员会的领导下,沂沭泗局防汛抗旱应急处置工作实行沂沭泗局局长负责制,统一指挥,分级分部门负责。

3）条块结合、属地管理

地方人民政府是水旱灾害突发事件的应急处置主体,沂沭泗局加强流域水旱灾害突发事件的协调和指导。

4）信息准确、反应迅速

加强与地方人民政府和水行政主管部门的信息沟通,建立信息通报制度,及时准确掌握信息,在第一时间作出快速有效的反应。

5）预防为主、平战结合

实行"安全第一,预防为主"的方针,坚持突发事件应急与预防工作相结合。加强预防、预报、预测和预警工作,做好应急物资储备、应急队伍建设以及完善应急装备和应急预案演练等工作。

6）依法处置、统筹兼顾

坚持依法防汛抗旱,强化水行政执法力度。坚持防汛抗旱统筹兼顾,在确保防洪安全的前提下,尽可能利用洪水资源,促进人与自然和谐相处。

（2）洪水标准

1）一般洪水

洪水要素重现期大于等于 5 年小于 10 年,为一般洪水。

2）较大洪水

洪水要素重现期大于等于 10 年小于 20 年,为较大洪水。

3）大洪水

洪水要素重现期大于等于 20 年小于 50 年,为大洪水。

4）特大洪水

洪水要素重现期大于等于 50 年，为特大洪水。

（3）应急响应

沂沭泗流域应急响应按灾害的严重程度和范围，沂沭泗局防汛抗旱应急响应行动分为四级，即Ⅰ、Ⅱ、Ⅲ、Ⅳ级。并根据应急响应级别，响应行动。例如，Ⅰ级响应行动如下：

①由领导小组组长主持会商，沂沭泗局相关部门（单位）参加，作出应急防汛抗旱工作部署，并将突发事件立即报告淮河水利委员会、淮河防总办公室和当地人民政府。

②按照权限进行防汛调度，加强对汛情旱情的监视，按照预案采取相应应急措施。

③派出工作组，工作组由局领导带队，有关部门和单位参加，奔赴第一线，督促落实责任制，协助地方开展抗洪抗旱工作；并将有关应急处置的工作情况及时报告淮河水利委员会和淮河防总办公室。

（4）信息报送和处理

领导小组办公室接到防汛抗旱信息后，应及时处理，重要信息应立即上报，因客观原因一时难以准确掌握的信息，应及时报告基本情况，同时抓紧了解详细情况，随后补报。

领导小组办公室应当对沂沭泗局应急处置行动做出详细记录。

（5）指挥和调度

沂沭泗流域出现防汛抗旱突发事件后，领导小组应按照分级应急响应程序的要求立即启动本预案。

在采取紧急措施的同时，根据事发地上报的现场情况，及时收集、掌握相关信息，判明事件的性质和危害程度，并及时将事态的发展变化情况报告上级防汛抗旱机构，并通报事件所在地人民政府。

领导小组成员应迅速上岗到位，分析事件的性质，预测事态发展趋势和可能造成的危害程度，并按规定的处置程序，组织指挥各有关部门（单位）按照职责分工，迅速采取处置措施，控制事态发展。

（6）信息发布

领导小组办公室负责防汛抗旱应急处置信息的收集和整理，领导小组负责审核，按照《沂沭泗局新闻宣传工作管理办法》和《沂沭泗局突发公共事件新闻发布应急预案》统一对外发布。

6.5.3.2 应急响应时效

根据防汛应急方案的总体要求、启动条件、响应行动及调度指挥任务可知，淮河沂沭泗流域从洪水发生到启动应急响应的总体流程为：水工程调度模拟→应急响应判别→信息报送处理→调度指挥决策→应急响应发布。

根据沂沭河 2020 年"8·14"洪水的模拟成果，影响水工程调度模拟时间的因素，关键在于对水工程调度功能的操作运用。

系统进行水工程调度模拟(雨水情数据预处理、防洪形势分析、预报调度计算及修正、预警文案生成及发布等)全流程制作完成时间 1.2h 左右,不超过 2h。

信息报送处理过程一般不超过 0.5h,主要需将水情、雨情及预报调度成果等信息完成从省市到流域再到国家的层层上报。

调度指挥决策过程一般不超过 1h,主要根据应急响应判别得出的启动等级,根据调度权限分级进行预报调度成果的对比分析、决策讨论和会商研判,并最终做出应急响应决定。

应急响应发布过程一般不超过 1h,主要根据调度指挥决策达成的应急响应决定,正式启动应急响应程序,撰写正式的应急响应预警文案并对外发布,并部署对应响应级别的行动计划。

采用本系统辅助流域洪水应急响应工作,运用洪水预报成果开展水工程调度模拟计算,分析判别应急响应等级,报送防汛信息,开展会商研讨,制作发布应急响应预警文案,启动响应计划,最终实现应急响应任务的总体时间最长为 2+0.5+1+1=4.5h。采用系统辅助完成洪涝灾害应急响应任务的总时间不超过 6h。

6.5.4 减灾效益分析

根据典型洪水的模拟演练结果,系统实现了减灾效益的提升。

在遭遇 1957 年洪水情形下,利用系统进行调度,通过充分发挥水库群的拦蓄作用,增加分沂入沭水道分洪量,避免启用邳苍分洪道和黄墩湖滞洪区。沂沭河流域减少农田淹没约 264 万亩,降幅 43.6%;邳苍分洪道不启用,有效保护区内 11.2 万亩耕地;黄墩湖滞洪区不启用,有效保护区内 13.4 万人和 20.8 万亩耕地。综合减灾率大于 10%,防洪减灾效益非常显著。

在遭遇 2020 年 "8·14" 洪水的情形下,运用示范系统进行调度及调控计算,避免了启用邳苍分洪道,保护了分洪道内 11.2 万亩耕地和群众生命财产安全,防洪减灾效益显著。

6.6 小结

沂沭泗流域开展了基础资料收集与整理、淮河流域防汛抗旱指挥系统现状调研分析、系统迁移融合及管控方法研究等工作,同时针对现有系统的总体架构、核心功能、业务流程、数据库结构、开发技术、网络通信环境以及相关的软硬件支撑条件进行了梳理,提出了系统建设成果纳入现有系统的集成方法,构建了系统的专题数据库,完成淮河沂沭泗流域实例化搭建,并选取了 1957 年、1974 年及 2020 年 "8·14" 典型洪水进行模拟。结果表明,系统可全面支撑淮河沂沭泗流域超标准洪水的调度决策,并为全面提升水旱灾害综合防治能力和抗御自然灾害现代化提供技术保障。

第7章 嫩江齐齐哈尔河段典型应用

7.1 流域概况

7.1.1 地理位置

嫩江为松花江北源,发源于大兴安岭伊勒呼里山南坡,由北向南流经黑河市、大兴安岭地区、嫩江县、讷河市、富裕县、齐齐哈尔市、大庆市等县(市、区),在肇源县三岔河附近与第二松花江汇合后,流入松花江干流,河道全长 1370km,流域面积 29.85 万 km²,约占松花江全流域面积的 52%。行政区划属黑龙江省、内蒙古自治区和吉林省。嫩江干流左岸位于黑龙江省境内,右岸诺敏河以上河段、雅鲁河—绰尔河段为黑龙江省与内蒙古自治区界河,绰尔河—三岔河口段为黑龙江省与吉林省的界河,其余河段位于黑龙江省境内。

嫩江流域西部以大兴安岭与额尔古纳河分界,海拔高程 700~1700m。北部以小兴安岭与黑龙江分界,海拔高程 1000~2000m。东部以明青坡地与呼兰河分界,南至三岔河与松花江干流和第二松花江分界,东南部为广阔的松嫩平原,海拔高程 110~160m,整个地形由西北向东南倾斜,三面环山,呈独特的喇叭口状地形。

7.1.2 地形地貌

嫩江在嫩江县以上属山区,山高林密,植被好,森林覆盖率高,是我国著名的大兴安岭林区。嫩江县到莫力达瓦达斡尔族自治旗(即尼尔基水库坝址)逐渐由山区转向丘陵地带。

尼尔基水库坝址至齐齐哈尔市段河道为山区与平原过渡地带,左岸地势平坦,右岸地势略有起伏。滩地宽多在 8~10km。河道比降 10‰~2‰,河道坡降变幅大,主江道蜿蜒曲折。河床多为砂砾石结构。该段支流数量较多,干流洪水受支流控制影响较大。

齐齐哈尔至江桥(绰尔河口)河道右岸除雅鲁河、绰尔河口外均为岗地。左岸岗地间为天然缺口,洪水通过缺口可进入松嫩平原。该段河道蜿蜒曲折,滩地上分布着湿地、牛轭湖。河道比降在 0.6‰左右。河床为细砂,局部有砂壤及壤土。滩地行洪宽度 8~12km。在库勒河入口以下嫩江分成两支,左侧为托力河,右侧为嫩江干流。两江间滩地上有托力河围堤,该堤 1998 年洪水时溃决。

江桥至大赉段河道行洪宽度比较宽,河道比降0.4‰左右。河床多为粉细砂、砂壤土、壤土等结构。该段左岸多为砂丘岗地,堤段间断,洪水可从大排排、老龙口等天然口子进入松嫩平原腹地。右岸上游砂岗较多,下游较平缓,为松嫩平原的西南部。

大赉至三岔河口段江道是嫩江、第二松花江的汇合口地段,为第二松花江回水顶托影响区,水流条件复杂。该段行洪宽度多在10km左右,河道比降0.9‰左右。沿江两岸河滩地势平坦,土地肥沃,是极好的农业区。左岸有连绵的岗地,岗地间有一天然缺口,称"茂兴泡子",洪水可流经缺口侵入松嫩平原、松花江干流沿岸。

7.1.3 河流水系

嫩江发源于大兴安岭伊勒呼里山中段南侧,正源名南瓮河(又名南北河),河源海拔高程1030m。嫩江自河源由西北流向东南,流经172.2km后,在十二站林场南约1km处与二根河汇合,之后转向南流,始称嫩江干流。由此水流从北向南,流经鄂伦春、呼玛、嫩江、莫力达瓦达斡尔、讷河、富裕、甘南、齐齐哈尔、龙江、泰来、杜尔伯特、大安、肇源和扶余等市(县、旗),在吉林省扶余县三岔河附近与二松汇合后,称松干。嫩江右岸多支流,左岸支流较少,左、右岸支流均是发源于大、小兴安岭各支脉,且是顺着大、小兴安岭的坡面而形成东北至西南向,或是西北至东南向汇入干流,支流河网呈树枝状,与干流的流向交会角均在40°以上。嫩江流域面积等于和大于50km²的河流有229条,其中流域面积50~300km²的河流有181条;300~1000km²的河流有32条;1000~5000km²的河流有11条;大于5000km²的河流有17条。大支流多分布于右岸,从上游到下游依次是罕诺河、那都里河、多布库尔河、甘河、诺敏河、阿伦河、音河、雅鲁河、绰尔河、洮儿河和霍林河等;左岸分布的支流从上到下依次是卧都河、固固河、门鲁河、科洛河、讷漠尔河、乌裕尔河和双阳河等。嫩江主要支流基本情况见表7.1-1,流域水系分布情况见图7.1-1。

表 7.1-1   嫩江主要支流基本情况表

左岸					右岸				
一级支流	二级支流	河长(km)	流域面积(km²)	平均坡降(‰)	一级支流	二级支流	河长(km)	流域面积(km²)	平均坡降(‰)
卧都河		92	1488		罕诺河				
固固河		51	619		那都里河		186	5409	
门鲁河		142	5464			古里河	157	2879	
	泥鳅河	136.5	2594		多布库尔河		278	5760	
科洛河		322	8417	1.46	甘河		446	19549	1.98
讷漠尔河		569	14061	0.59		阿里河	115	2180	
乌裕尔河		576	23110	0.71		奎勒河	188	4725	
双阳河					诺敏河		441.2	25543	0.85

续表

左岸					右岸				
一级支流	二级支流	河长(km)	流域面积(km²)	平均坡降(‰)	一级支流	二级支流	河长(km)	流域面积(km²)	平均坡降(‰)
						毕拉河	216	7807	
						格尼河	206	5023	
					阿伦河		318	6297	
					音河		223	4778	
					雅鲁河		398	19640	2.08
						阿木牛河	78	1814	
						济沁河	185	4141	
						罕达罕河	135	4356	1.69
					绰尔河		501.7	17332	1.68
						托欣河	89	1901	
					洮儿河		595	28787	2.32
						归流河	243	9619	
						蛟流河		6170	
					霍林河		590	37655	
						洪都尔河		4205	

7.1.4 气象概况

嫩江流域的水汽主要来源为太平洋,进入夏季水汽充沛,天气炎热,暖湿气团向北推进与北方的冷空气交绥,加上大兴安岭山地的抬升作用,从而形成大面积降水,降水多集中于夏秋季节。嫩江流域降水量上游大于下游,山区大于平原,上游山区一般降水量为 470~500mm,中下游降水量为 400~460mm,下游低平原区降水量为 300~400mm。降水量年际变化较大,年内分布不均匀,降水主要集中在 7—9 月,占年降水量的 70% 左右,春季多风少雨,4—6 月降水量仅占全年的 20%,春旱严重,形成十年九春旱。蒸发量与降水的分布相反,由南向北、由平原向山区递减,年蒸发量为 1000~1700mm(20cm 蒸发皿),蒸发量年际、年内变化均较大,其中 4—6 月蒸发量最大,可占全年的 50% 左右,11 月至次年 3 月蒸发量仅为全年的 10%。

嫩江流域处于中高纬度地区,全年有一半时间处于严寒冬季,多年平均气温为 1~4℃,极端最低气温为 −42~−37℃,极端最高气温为 36.3~39℃,大于 10℃ 积温在 2600~2850℃。

全年日照时数为 2800h 左右,其中 5—9 月生长季节日照时数在 1217~1374h。一般 9 月中下旬出现初霜,无霜期 120~150d。最大冻土厚度 2.0~2.9m,冻结期在 5 个月以上。

冬季受大陆季风控制,冷空气活动频繁,多西风和西北风,气候严寒,水汽含量少,相对湿度仅 50%;春季 3—5 月风大,经常出现 8 级以上大风,占全年风日数的 30% 以上,5 月平均风速在 5m/s 左右。

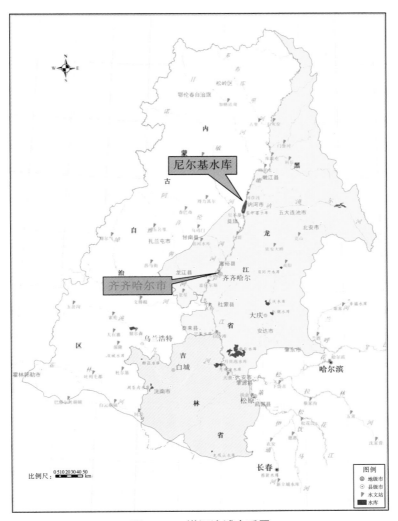

图 7.1-1　嫩江流域水系图

7.1.5　暴雨洪水特性

（1）暴雨特性

暴雨是形成嫩江流域洪水的主要因素。尼尔基以上流域处于大、小兴安岭构成的喇叭口内,盛夏季节,南及东南方向吹来的暖湿气流在此流域内与北方干冷气团交绥后迫使气流抬升辐合而形成暴雨。尼尔基以上流域纬度较高,东南季风停留时间较短,西风系统的影响占绝对优势。形成暴雨的天气系统主要是低压(蒙古低压、贝湖低压、河套低压)、高空槽、气旋(蒙古气旋、华北气旋)、切变线、冷锋等,有时是两种以上天气系统共同作用或与北移副高相结合。

经历史暴雨资料统计,嫩江暴雨中心经常出现在大兴安岭东南坡的甘河上游,嫩江干流上游的嘎拉山、石灰窑、小兴安岭西南坡的科洛河上游等地。尼尔基水库以下暴雨中心发生在诺敏河、阿伦河、绰尔河及音河一带,如1998年8月上中旬大暴雨,暴雨中心甘南站日雨量达164.1mm,累计总雨量485mm。暴雨走向一般呈西南东北方向。

受东亚季风影响,流域内暴雨多发生在7、8月,占84%左右,6月和9月也有暴雨发生,但场次较少,约占16%。一次降雨过程一般在3d左右,主要雨量集中在1d内。从点暴雨资料分析,1d雨量占3d雨量的90%左右,最高可达95%。

时程分配集中的暴雨易形成峰高而量集中的洪水过程,如1988年、1998年6月洪水。还有一种类型的降雨,历时较长,但日雨量往往达不到暴雨量级标准,由于降雨历时长、范围广,累计总雨量大,往往也能造成大洪水,如1969年、1998年8月洪水。

(2)洪水特性

嫩江流域的洪水多数是在几次降雨过程叠加后再遇强度较大的短历时暴雨而形成,一次洪水过程可达30d以上,而主要洪量集中在15d左右。如阿彦浅站15d洪量占30d洪量的56.3%~78.3%;富拉尔基站15d洪量占30d洪量的55.3%~71.4%,由于一次大洪水是由几次降雨过程叠加而成的,因而洪水峰型一般为矮胖的单峰型。主汛期为6—9月,多数洪水发生在7、8月,占统计的50场洪水总数的58%,其中8月发生洪水的场次最多,占统计总数的34%。

嫩江流域集水面积较大,河源至河口距离长达1370km,上下游降雨及洪水过程不完全同步,洪水地区组成较为复杂。根据暴雨分布及洪水地区组成的特性,嫩江流域的洪水特性可分为上游型、中下游型、支流型和全流域型4种类型。

尼尔基坝址以上的洪水主要来自嫩江上游及右侧支流多布库尔河、甘河及左侧支流科洛河、门鲁河,区间来水相对较少。经分析,尼尔基以上嫩江干流及各支流控制站库漠屯、科后、柳家屯至阿彦浅水文站区间面积为6235km²,占阿彦浅以上面积的9.5%,该区间为河谷地带,产流量相对较少,30d洪量仅占阿彦浅站的4.8%,均小于面积比的百分数。富拉尔基洪水主要由嫩江库漠屯以上干流来水和甘河、诺敏河以及讷谟尔河来水组成。江桥以上来水除富拉尔基以上干流来水外,主要由右岸支流雅鲁河和绰尔河来水形成。

尼尔基以上属山区河流,河槽较窄,蓄水量小,洪水传播速度快;尼尔基以下嫩江进入平原地区,河槽渐宽,一般河宽达数千米,在江桥—大赉河段,洪水跑滩时水面宽达10km以上,并有大量湖泊沼泽,河槽蓄水量大,河道比降小,洪水传播速度缓慢。

嫩江干流各河段洪水平均传播时间见表7.1-2。

表 7.1-2　　　　　　　　　　　嫩江干流各河段洪水平均传播时间表　　　　　　　　（单位:d）

石灰窑							
2	库漠屯						
4	2	阿彦浅					
5	3	1	同盟				
9	7	5	4	富拉尔基			
11	9	7	6	2	江桥		
17	15	13	12	8	6	大赉	
21	19	17	16	12	10	4	下岱吉

7.1.6　防洪基本情况

(1)防洪标准

嫩江干流防洪任务由尼尔基水库加堤防承担,同时考虑文得根、毕拉河口水库对嫩江干流洪水的错峰作用。

根据国务院批复的《松花江流域防洪规划》(国函〔2008〕14 号)的规定,嫩江尼尔基水库以上农田的防洪标准为 20 年一遇,嫩江县城防洪标准为 50 年一遇;尼尔基水库至齐齐哈尔段防洪保护区防洪标准为 50 年一遇,其中堤防承担 20 年一遇,与尼尔基水库结合防洪标准提高到 50 年一遇;齐齐哈尔至三岔河段保护区防洪标准为 50 年一遇,其中堤防承担 35 年一遇,与尼尔基水库结合防洪标准提高到 50 年一遇。

齐齐哈尔市城区的西堤、南堤,富拉尔基堤和齐富堤防保护区防洪标准为 100 年一遇,其中堤防承担 50 年一遇,与尼尔基水库结合防洪标准提高到 100 年一遇。

(2)水库工程

嫩江流域已建成有防洪任务的大型水库 6 座,总库容 115.31 亿 m^3,防洪库容 29.6 亿 m^3。嫩江流域已建大型水库防洪特性见表 7.1-3。

表 7.1-3　　　　　　　　　　嫩江流域已建大型水库防洪特性一览表

序号	水库名称	建设时间	集水面积 (km²)	主要任务	总库容 (亿 m^3)	防洪库容 (亿 m^3)	兴利库容 (亿 m^3)
1	尼尔基	2005	66400	防洪、供水、发电、航运	86.11	23.68	59.68
2	太平湖	1941	683	防洪、灌溉	1.56	0.69	0.67
3	音河	1959	1660	防洪、灌溉	2.56	0.49	1.61
4	绰勒	2006	15100	灌溉、发电、防洪	2.60	0.31	1.54
5	察尔森	1990	7780	防洪、灌溉	12.53	3.11	10.33
6	山口	1999	3745	灌溉、防洪	9.95	1.32	6.05
	合计		95368		115.31	29.6	79.88

嫩江干流已建大型水库为尼尔基水利枢纽工程。尼尔基水利枢纽位于嫩江干流上游，距齐齐哈尔市 130km，是流域防洪的控制性骨干工程，坝址集水面积 6.64 万 km^2，占嫩江流域面积的 22.4%，坝址多年平均径流量 104.7 亿 m^3，占嫩江多年平均径流量的 45.7%。水库具有防洪、供水、发电、航运及水资源保护等综合效益。水库正常蓄水位 216.00m，设计洪水位 218.15m，校核洪水位 219.90m，死水位 195.00m，防洪高水位 218.15m，汛期限制水位 213.37m，总库容 86.11 亿 m^3，兴利库容 59.68 亿 m^3，防洪库容 23.68 亿 m^3。

（3）堤防工程

嫩江干流堤防总长 987km（干流堤防长 891km，回水堤防长 96km），其中内蒙古 164km，黑龙江 665km，吉林 158km。尼尔基以上嫩江县城区防洪标准 50 年一遇，堤防级别为 2 级，其余段防洪标准为 20 年一遇，堤防级别为 4 级；尼尔基以下齐齐哈尔主城区及齐富堤保护区防洪标准为 100 年一遇，堤防级别为 1 级，其余段防洪标准为 50 年一遇，堤防级别为 2 级。嫩江干流堤防共分 18 个保护区，保护总面积 2545.45 万亩，其中耕地面积 1597.73 万亩，人口 422.15 万人。内蒙古保护面积 405.53 万亩，保护耕地 398.03 万亩，保护人口 51.88 万人；黑龙江保护面积 1862.57 万亩，保护耕地 1031.92 万亩，保护人口 294.77 万人；吉林省保护面积 277.35 万亩，保护耕地 167.78 万亩，保护人口 75.5 万人。

嫩江干流 1 级堤防设计超高为 2.2m；2 级堤防设计超高为 2.0m，其中黑龙江省肇源县胖头泡蓄滞洪区段堤防设计堤顶高程按蓄滞洪区启用时嫩江水位加 1.5m 超高取值；3 级堤防设计超高为 1.8m；4 级堤防设计超高为 1.7m；回水堤河口 500m 范围内堤防设计超高与干堤相同，其余段为 1.5m。

嫩江干流尼尔基—齐齐哈尔段堤防基本情况见表 7.1-4。

（4）蓄滞洪区

嫩江流域规划建设胖头泡、月亮泡两个蓄滞洪区。

胖头泡蓄滞洪区位于黑龙江省肇源县西部，北以南引水库为界，西、南以嫩江、松花江干流堤防为界，东以林肇路和安肇新河为界，总面积 2116km²，总容积 57 亿 m^3，主要防洪任务是分蓄嫩江洪水。

月亮泡蓄滞洪区位于洮儿河入嫩江河口处，吉林省镇赉县和大安市境内，为原月亮泡水库扩大范围而成，总面积 606km²，总容积 22 亿 m^3，主要防洪任务是拦蓄洮儿河洪水，当洮儿河洪水与嫩江洪水不遭遇时，可分蓄嫩江洪水。

胖头泡、月亮泡两个蓄滞洪区需承担哈尔滨市 100～200 年一遇的部分防洪任务，当预报哈尔滨水文站洪峰流量达到堤防设计流量 17900m³/s，而且水位还将上涨时，开始启用蓄滞洪区分洪。

表 7.1-4　　嫩江干流尼尔基—齐齐哈尔段堤防基本情况表

岸别	省（自治区）	县（市、区、旗、场）	堤段名称	保护区	规划防洪标准（年）	规划堤长（km）	保护面积（万亩）	保护耕地（万亩）	保护人口（万人）	保护对象
左	黑龙江	讷河市	二克浅堤防	二克浅—讷富	50	17.20	95.19	65.18	11.80	齐加铁路、齐黑公路、北部引嫩工程、黑龙江造纸厂、黑龙江中部引嫩干渠等重要企业、交通设施、水利设施等
			大和堤防		50	21.82				
			拉哈堤防		50	15.97				
			团结堤防		50	27.28				
		富裕牧场	富裕牧场堤防		50	4.01				
		富裕县	讷富堤防		50	46.77				
			塔哈河回水堤		50	13.50				
			齐富堤防	齐富	100	33.83	393.50	177.80	43.80	齐齐哈尔市、大庆油田、阿拉新气田
左/右		齐齐哈尔市	齐齐哈尔城防	齐齐哈尔主城区	100	84.05		199.37	139.47	除塔哈、昌昌溪区等地区外，近郊区，保护包括下游的广大农村及大庆地区腹地油田

续表

岸别	省（自治区）	县（市、区、旗、场）	堤段名称	保护区	规划防洪标准(年)	规划堤长(km)	保护面积(万亩)	保护耕地(万亩)	保护人口(万人)	保护对象
右	内蒙古	莫旗	尼尔基段	尼博汉	50	4.89	12.73	12.73	3.17	尼尔基、博荣段
			博荣段		50	15.79				
		甘南县	汉古尔段		50	31.90				汉古尔段
			东阳堤防		50	34.09				
			巨宝堤防		50	10.88				
	黑龙江		莽格吐堤防	东阳－梅里斯	50	29.01	60.75	51.44	19.70	达斡尔少数民族区域以及齐查公路等设施；新建江西工业园区
			额尔门沁堤防		50	3.22				
		梅里斯区	东卧牛吐堤防		50	12.63				
			西卧牛吐堤防		50	7.45				
			雅尔塞堤防		50	25.21				
			梅里斯堤防		50	24.74				

7.2 数据库实例化搭建

7.2.1 基础数据加工处理

对本次收集的嫩江流域雨情、水情和工情资料按照相关的规范进行了标准化处理，并开发了嫩江流域基础数据管理系统，将有关数据录入了数据管理系统(图 7.2-1)。

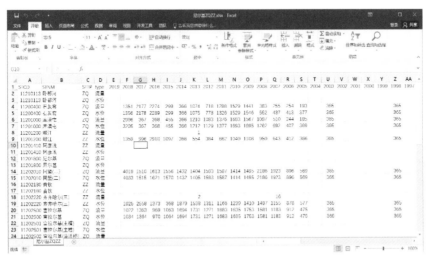

(a)降水资料列表

(b)水位流量资料

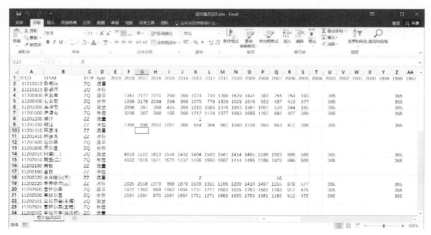

（c）水库运行数据

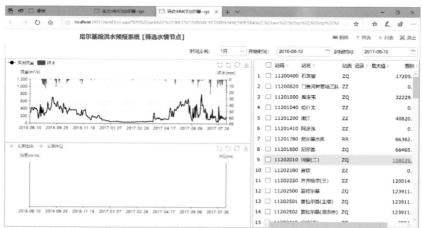

（d）数据管理系统

图 7.2-1　嫩江流域基础数据加工处理

7.2.2　数据库实例化搭建

根据相关研究成果和嫩江流域的基础资料,开展专题数据库初始化工作,构建了嫩江流域齐齐哈尔以上河段示范系统的超标准洪涝灾害实例数据库。

（1）数据库表创建

根据相关研究成果,将数据库表结构采用标准 SQL 脚本语句进行描述,然后通过 SQL Server 数据库管理工具执行该脚本,完成数据库表的实例化创建（图 7.2-2）。

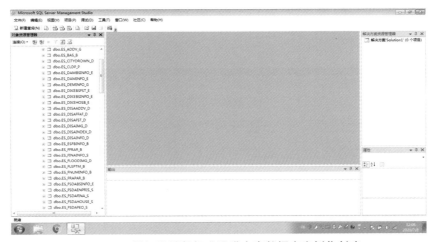

图 7.2-2　嫩江流域超标准洪涝灾害数据库实例化创建

（2）基础数据入库

首先将已收集和加工处理的基础数据按照数据库表结构进行进一步的分类和加工整理,生成与数据库表及字段一一对应的 xls 格式数据文件;然后采用 SQL Server Management Studio 的数据导入功能将各数据文件分别导入与之对应的数据表,具体过程见图 7.2-3。

（a）源数据与目标数据选择

（b）数据类型映射

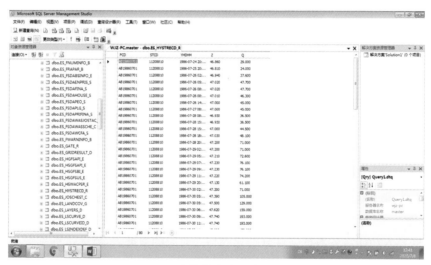

（c）数据成功入库

图 7.2-3　嫩江流域超标准洪涝灾害数据库数据导入

（3）数据库成果

将收集到的嫩江流域各类超标准洪水相关数据导入完成后，嫩江流域超标准洪涝灾害数据库实例化搭建工作即全部完成。这些数据将为超标准洪水调度决策系统提供数据支撑。嫩江流域超标准洪涝灾害数据库数据成果见图 7.2-4。

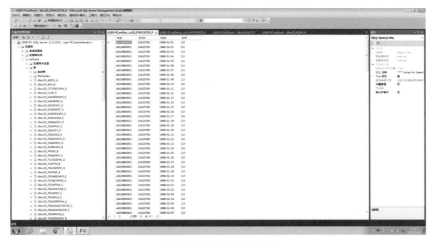

(a)雨量站日雨量数据

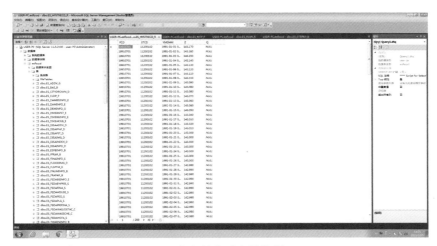

(b)水文站实时水情数据

图 7.2-4　嫩江流域超标准洪涝灾害数据库数据成果

7.3　示范系统实例化搭建

依托相关研究成果,构建了嫩江流域示范系统的总体框架,完成了流域洪水预报模拟、水工程联合调度等功能模块和核心计算业务功能建设。

7.3.1　基础配置工作

（1）业务对象配置

将嫩江流域涉及的水利对象,按照标准结构进行配置(图 7.3-1)。业务对象涵盖流域、区域、河流、河段、水库、水文站、雨量站、气象区间、子流域、预报区间、河道断面、蓄滞洪区等。

图 7.3-1　对象配置工作示例

（2）专业模型配置

对超标准洪水调度决策支持系统模型库中的各类基础模型进行实例化，通过配置具体的模型参数，形成嫩江示范区各类实际水利对象的具体计算模型，目前示范系统完成了洪水预报模块和水库调度模块的基础模型配置（图 7.3-2）。

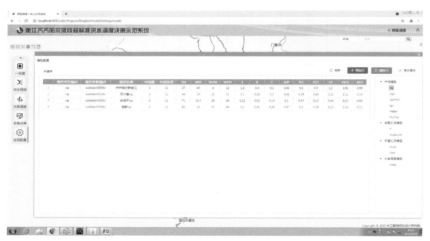

图 7.3-2　模型配置工作示例

（3）业务应用配置

主要配置管理各类业务的计算方案以及不同业务之间的计算流程。通过业务配置管理，将前述对象、模型等独立的要素按照具体业务组织起来，同时进一步搭建应用交互面板，建设形成洪水预报预警和水库调度计算等功能实例（图 7.3-3，图 7.3-4）。

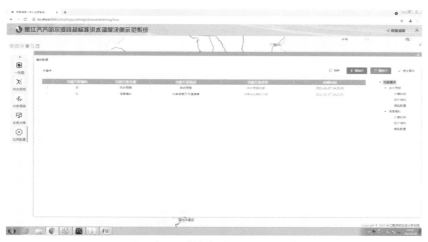

图 7.3-3　功能类型配置工作示例

图 7.3-4　功能业务配置示例(水利拓扑、模型映射等)

综上,嫩江流域示范系统主要配置的实例清单见表 7.3-1、表 7.3-2。

表 7.3-1　　　　　　　　　　　　　　　洪水预报模拟实例化建设清单

序号	实例化类型	实例清单	备注
1	河流	嫩江、那都里河、多布库里河、甘河、诺敏河、阿伦河、音河、门鲁河、科洛河、讷谟尔河、乌裕尔河等	河流为基础水利对象,所有模块公用,后续模块不再重复建设
2	水文站	富拉尔基、同盟、尼尔基、库漠屯、柳家屯、古城子、德都、那吉等	水文站为基础水利对象,所有模块公用,后续模块不再重复建设

序号	实例化类型	实例清单	备注
3	水库	尼尔基、山口、音河、太平湖等	水库为基础水利对象,所有模块公用,后续模块不再重复建设
4	雨量站	石灰窑、古里、门鲁河、库漠屯、阿里河、柳家屯、阿彦浅、德都、小二沟等	
5	气象区间	示范气象分区	
6	子流域	尼尔基以上、诺敏河、阿伦河、音河、讷谟尔河、乌裕尔河等	
7	预报区间	尼尔基以上、诺敏河、阿伦河、音河、讷谟尔河、乌裕尔河等	
8	预报模型	CREST、API、NAM、马斯京根法等	
9	计算时间配置	功能计算时间配置	
10	计算拓扑配置	功能计算水利关系配置项	
11	计算模型配置	功能计算模型配置项	
12	流域降雨预报接入转换计算	气象数值预报按照预报区间转换	
13	流域模拟计算方案	预报区间拓扑结构、预报区间产汇流计算模型、水库节点调度模型等	
14	流域模拟功能界面	实时模拟、交互模拟、方案管理、自动模拟、精度评定等	

表 7.3-2   **水工程联合调度实例化建设清单**

序号	实例化类型	实例清单	备注
1	河流	嫩江、那都里河、多布库里河、甘河、诺敏河、阿伦河、音河、门鲁河、科洛河、讷谟尔河、乌裕尔河等	集成流域预报模拟建设成果
2	水文站	富拉尔基、同盟、尼尔基、库漠屯、柳家屯、古城子、德都、那吉等	集成流域预报模拟建设成果
3	水库	尼尔基、山口、音河、太平湖等	集成流域预报模拟建设成果
4	河段	水库及水文站之间的衔接河段	
5	调度模型	模型内置调度模型	
6	计算时间配置	功能计算时间配置	

续表

序号	实例化类型	实例清单	备注
7	计算拓扑配置	功能计算水利关系配置项,含全流域规则调度与全流域优化调度	
8	计算模型配置	功能计算模型配置项含全流域规则调度与全流域优化调度	
9	调度规则库建立	尼尔基水库调度规则	
10	水工程联合调度功能界面	含模拟计算、结果管理、方案对比等	

7.3.2 系统功能建设

(1)洪水作业预报

嫩江流域示范系统洪水作业预报的业务流程见图 7.3-5。

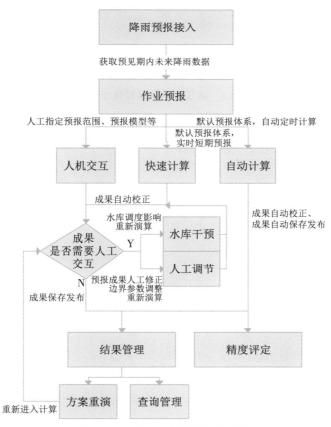

图 7.3-5 洪水作业预报业务流程

①首先通过流域降雨预报，按照气象分区，获取流域未来降雨量成果。本示范系统主要通过接入国家气象科学数据中心的 GRAPES_MESO 区域集合预报业务系统产生的东亚区域模式预报产品后转换为预报区间面雨量获得，获得 72h 预见期内的降雨预报数据，是延长流域模拟预见期的基础。

②洪水作业预报是流域模拟的核心业务，提供人机交互模式、自动模式两种计算模式。主要实现的系统功能界面见图 7.3-6 至图 7.3-9。

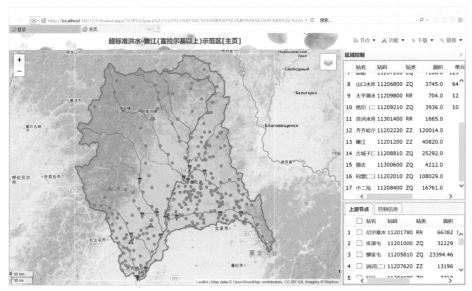

图 7.3-6　嫩江流域洪水预报作业系统

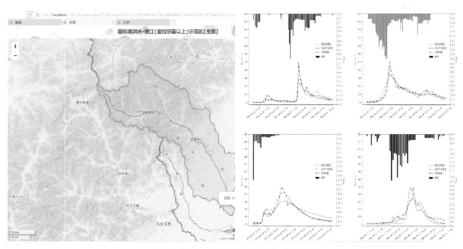

图 7.3-7　子流域洪水作业预报

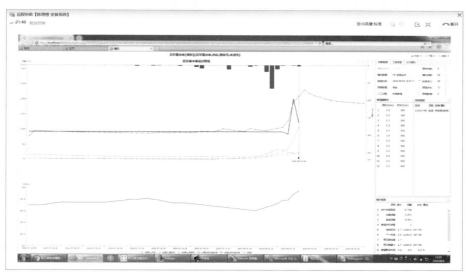

图 7.3-8　尼尔基以上流域洪水作业预报

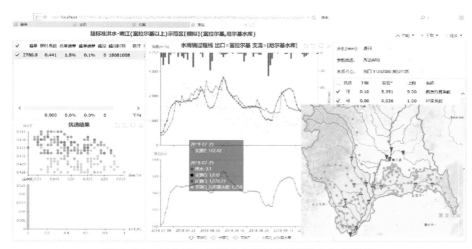

图 7.3-9　尼尔基—富拉尔基区间流域洪水作业预报

（2）水工程联合调度

水工程联合调度主要含调度计算、调度方案管理、调度方案对比等子功能。通过使用各项子功能，对完成水工程联合调度提供完整的业务支撑。主要的业务流程按图 7.3-10 执行。

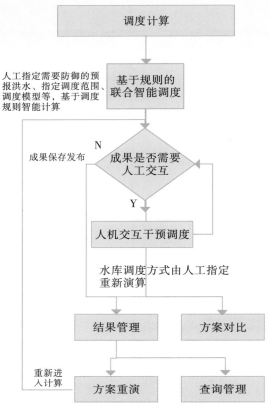

图 7.3-10　水工程联合调度功能业务流程

①调度计算功能是水工程联合调度的核心业务，主要实现的功能实例界面见图 7.3-11 至图 7.3-13。

图 7.3-11　调度计算方案建立

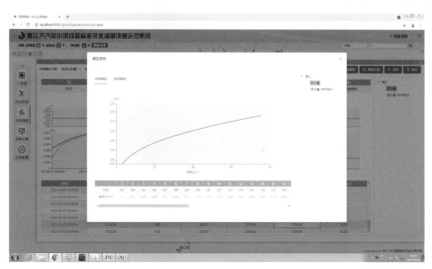

图 7.3-12 计算参数设置

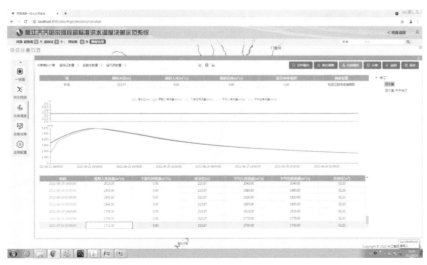

图 7.3-13 调度计算成果信息

②对于上述保存的方案成果,可通过结果管理功能进行成果的查询管理(图 7.3-14),查看方案成果数据、删除指定方案等。同时对关注的方案,可以利用方案重演,将计算方案的输入数据重新提取并组织重现。

对于已保存的方案成果,可利用方案对比功能,对已有方案的调度成果以多个指标进行评估分析(图 7.3-15)。

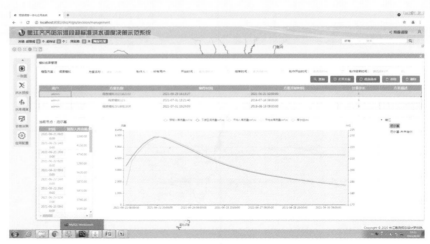

图 7.3-14　联合调度方案管理

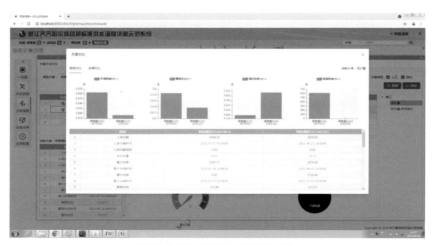

图 7.3-15　调度方案成果对比

7.3.3　专业模型配置

嫩江流域齐齐哈尔河段超标准洪水调度决策支持系统的主要模型包括洪水预报模型与洪水演进模型两大类。

7.3.3.1　洪水预报系统

（1）产汇流模型简介

流域产汇流采用单元蓄满产流与汇流耦合的分布式水文模型。模型主要输入是降水和蒸发能力；建模基础数据主要是数字高程模型及其提取出的流域特征参数。模型基于两层非线性产汇流的径流框架（图 7.3-16），产流部分借用新安江模型中的下渗理论，假定径流是由一些地区的降雨在补充了土壤前期缺水量后超过土壤含水量而产生的；同时用土壤下渗率把径流分为地表径流和地下径流两个部分；蒸发则考虑冠层蒸散和植被土壤蒸散两部分，其中后者采用 3 层蒸发模式计算;汇流计算通过部分地表水再入渗、土壤含水量变化描述上游网格的出流对下一网格产流的影响,得到产汇流耦合的效果(图 7.3-16)。

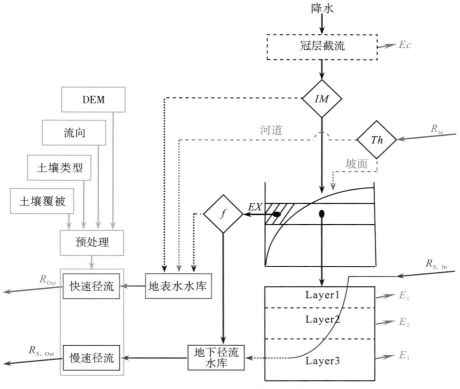

图 7.3-16　产汇流模型原理示意图

(R_{In} 是来自上游单元的快速径流;R_{Out} 是离开本单元的快速径流;$R_{S,In}$ 是来自上游单元的慢速径流;$R_{S,Out}$ 是离开本单元的慢速径流;IM 是不透水比例;Th 是坡面/河道阈值;f 是土壤稳定下渗率;EX 是单元蓄满产流量;E_c、E_1、E_2 和 E_3 是冠层和三个土壤层的蒸发量)

（2）雨量站权重动态计算

流域面雨量是洪水预报时最重要的一个输入参数。流域的流量、江河的抗洪能力及水库的蓄洪规模均与流域的平均面雨量密切相关。流域面雨量的计算依赖于雨量站点雨量的观测,观测资料的质量直接影响到面雨量的计算结果,从而影响洪水预报的精度。目前,水文模型多利用泰森多边形法来计算面雨量,建立预报方案时,每种方案均使用一个固定的雨量站列表和权重,这种控制流程会带来 3 个问题:①当流域内有新增雨量站时,需对原有的配置方案进行修编才能引用该站资料;②已有的某个雨量站出现故障、需要检修或被撤时,均应该立即修编所有使用了该雨量站的方案,否则预报结果会有误;③使用历史次洪率定参数时,只能使用历史上一直存在的少数雨量站点建立方案,而近年来大量新建的雨量站点只能闲置。本研究提出一种根据雨量站资料情况动态计算面雨量方法,应用于嫩江流域示范系统,从而提高了流域面雨量的计算精度。该方法主要步骤如下:

步骤1,依据流域的 DEM 数据外扩 20～25km,找出该范围内历史可能的雨量站列表(站点类型不单是雨量站,部分水位、水文、水库站点也会以相同站码报送降水资料)。

步骤2,遍历次洪(示范系统在线预报时是仅有一场次洪,参数率定时有多达 50 场或更多的次洪),剔除此时段内的无效站(如无记录或记录很少、总量特别小或特别大等),形成资料有效的雨量站列表。

步骤3,遍历流域内单元,在资料有效的雨量站列表中按照距离最近原则找到对应的雨量站,双向标注。

步骤4,在资料有效的雨量站列表中剔除覆盖单元数为零的雨量站,得到对应次洪的雨量站列表,根据每个雨量站覆盖的单元数量计算出泰森多边形法权重。

1)模型参数优选 ARS 算法

ARS 算法的基本原理可以参见图 7.3-17。每个参数都有一个预先确定的参数范围,可以用最小值 P_{min} 到最大值 P_{max} 的区间来表示;在某一次随机搜索时,每个参数都先按照平均分布在其取值范围内随机生成一个参数值 p_j^i(i 是参数序号,j 是某次随机搜索计算的编号),然后模型在随机生成的参数组 $[p_j^1,\cdots,p_j^i,\cdots,p_j^I]$ 控制下计算出模拟值(大多为出口径流),最后将模拟值与基准值(大多为实测径流)比较得到相应的优选指标 D_j,完成一次随机搜索计算。实际使用时视模型结构及其适用性、参数数量、驱动数据质量等的不同,往往需要重复搜索上万次乃至几十万次。

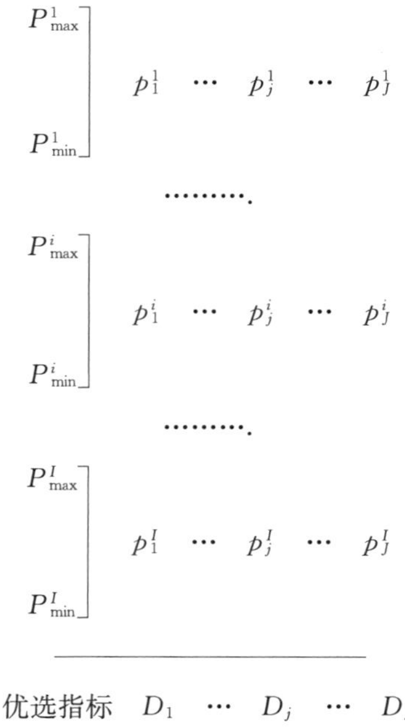

(图中:P 是参数,下标 min 表示参数的最小值,下标 max 表示参数的最大值,p 是在 $P_{min}\sim P_{max}$ 区间按照平均分布随机得到的参数值,上标 $1,i$ 和 I 是参数序号,下标 $1,j$ 和 J 是某次随机搜索计算的编号,D 是某次搜索计算得到的优选指标)

图 7.3-17 随机搜索算法原理示意图

2）参数与优选指标的关系分析

在 ARS 算法的使用中发现：敏感参数的优值区间仅需要一次全面的随机搜索计算就可以确定，参数在此区间内的取值与其他参数的特定组合能够得到更好的优选指标。以本研究模型为例：随机搜索 8.7 万次可以得到约 3000 组优选指标较好（指 $NSCE>0$，当有 3000 组结果的优选指标较优时即结束本轮搜索，下同）的随机搜索结果，参数取值与优选指标关系图表明：①敏感参数慢速径流线型水库出流系数 rUL 在 0.25 附近有一个十分明显的优值区间（图 7.3-18(e1)）；②敏感参数蒸发折算系数 pKE 在 0.65 附近也有一个十分明显的优值区间（图 7.3-18(c1)）；③快速径流线性水库出流系数 rSL 的敏感性较弱（7.3-18(d1)），在 0.2 左右有一个范围较大的优值区间；④相对不敏感的参数是土层最大含水量 pWm（7.3-18(a1)）和蓄水容量曲线指数 pB（见 7.3-18(b1)），其取值与优选指标的关系点均匀分布在整个变域上。

在 ARS 算法的迭代使用中发现：当敏感参数的变域接近其优值区间时，原来不敏感参数的优值区间也会逐渐出现。例如，当我们利用前面搜索结果中优选指标最好的 10 组结果重新确定敏感参数 rUL、pKE 和 rSL 的变域之后，再进行 2.7 万次随机搜索就会发现：不敏感参数 pWm 在 60mm 附近出现一个明显的优值区间（7.3-18(a2)）。当我们利用第二组随机搜索结果中优选指标最好的 10 组结果再次重新确定 rUL、pKE、rSL 和 pWm 的变域之后，第三次进行 0.8 万次随机搜索就会发现：不敏感参数 pB 在 0.9 附近出现了一个十分明显的优值区间（7.3-18(b3)）。

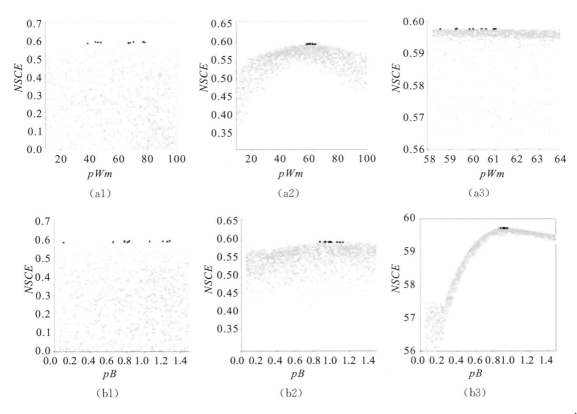

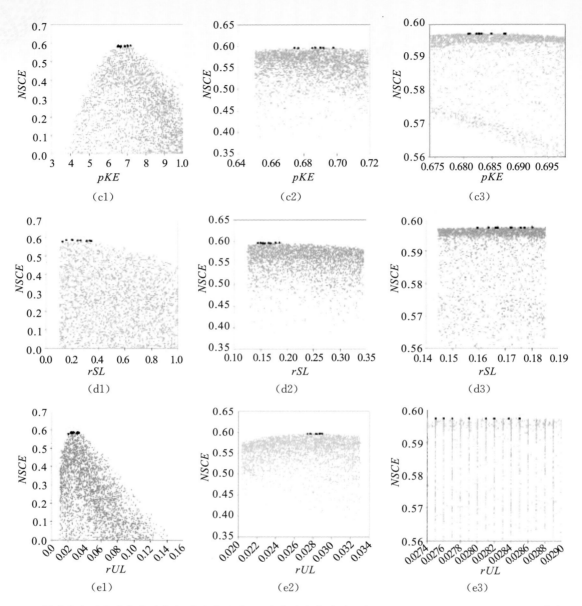

敏感参数的取值与优选指标的关系很明显,关系图存在峰值(图 7.3-18(c1)和 7.3-18(e1));当敏感参数的变域接近其最优值时,原来不敏感的参数其取值与优选指标的关系变得明显,出现峰值(图 7.3-18(a2)和图 7.3-18(b3)),图中每一个点对应一个随机搜索结果,突出的黑色点对应最优的 10 个结果。

图 7.3-18　五参数实验模型的参数与优选指标关系分析

3)迭代 ARS 算法的建立

上述参数与优选指标的关系分析揭示了一种获取模型参数优值区间的方法:可以使用简单的 ARS 全局优选算法估计敏感参数的优值区间;缩小敏感参数的变域重复使用 ARS 方法,依次确定原来不敏感参数的优值区间,直到获得满意的结果。在此基础上我们建立了迭代 ARS 算法,其主要原理见图 7.3-19。

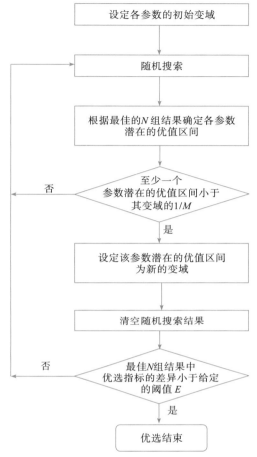

图 7.3-19　迭代 ARS 算法示意图

迭代 ARS 算法是一个连续的自动过程,优选控制参数有 3 个:①参照的随机搜索结果数量 N,优选算法将根据最优的 N 组结果确定潜在的优值区间。N 值越大,参数变域削减的速度越慢,但是漏掉最优区间的可能性就越小,建议取值 10 或更多。②给定的比值 $1/M$,当某个参数潜在的优值区间最先小于其搜索变域的 $1/M$ 时,优选算法判定该参数为当前变域下的相对最敏感参数,随后设定其潜在的优值区间为新的搜索变域,重新开始随机搜索计算。M 值越大,变域缩减的速度越慢,漏掉最优区间的可能性就越小,建议取值 3 或更多。③结束控制阈值 E,即当最优 N 组结果的优选指标相差小于该阈值时结束计算,E 值越小,最后优选出的参数变域范围越小,当用 $NSCE$ 作为优选指标时,建议取 E 值为 0.001 或更小。

(3)算法的评测

评价优选算法的指标有很多,比较重要的是自回归能力和结果稳定性两个方面。

自回归能力是指对任意一组预设参数模拟出的结果进行优选分析,优选算法重现该组参数及其模拟结果的能力。本书以随机生成的参数模拟出的径流过程作为目标,设定优选控制参数取值为 $N=10$、$M=3$、$E=0.001$,测定优选算法对该结果的重现能力。重复 100

次的结果表明,任意预设参数都包含在优选结果给出的参数最优值区间内,预设参数虚拟的径流过程能够通过优选得到精确重现,平均结果是 $Nash=0.993$、$Bias=-0.041\%$。

优选结果稳定性主要是指多次优选结果在相同和不同优选控制条件下的差异。大量的测试结果证明:设定优选控制参数为 $N=10$、$M=3$、$E=0.001$ 时,50 次独立的优选测试中参数最优值区间的差异在 10% 左右,更严格的优选控制条件下这一差异会进一步减小。例如,当取 $N=20$、$M=5$、$E=0.0005$ 时,50 次独立的优选结果中参数最优值区间的差异降低到 2% 左右,但后者随机搜索的重复次数也将增加到 20 万次左右。

(4)洪水预报方案

嫩江流域示范系统需要建立两种产汇流模拟方案:一是尼尔基水库控制流域,另一个是尼尔基—齐齐哈尔区间。时间步长是 6h,空间分辨率 $30'$(俗称 1km)。雨量站权重采用逐年判断的泰森多边形法,参数优选使用 SCRE_UA 算法。

本模型用到嫩江流域 638 个雨量站和 3 个水文站:①尼尔基水库站,有 2006 年后的入库流量反演数据;②尼尔基坝下站,有 2006 年后的出库流量实测数据;③齐齐哈尔水位站,有 1991 年迄今的水位实测数据。

1)尼尔基水库以上产汇流模拟方案

现有实测资料中,2006—2018 年资料条件较好,以每年 1 月 1 日至 12 月 31 日作为次洪、预热期 30d。其中,2006—2015 年 8 场次洪用于参数率定,2016—2018 年 3 场次洪用于方案验证,模型率定及验证结果见表 7.3-3 与图 7.3-20 至图 7.3-30。按照《水文情报预报规范》(GB/T 22482—2008),11 场次洪 9 场合格,合格率为 82%,达到乙级标准。

表 7.3-3 尼尔基水库模型率定与验证情况

阶段	洪峰时刻 (年-月-日)	洪峰流量 (m³/s)	确定性系数	洪水总量误差(%)	洪峰流量误差(%)	峰现时刻误差(h)	备注
率定期	2006-07-28	2170	0.97	9	15	−6	
	2008-07-28	909	0.88	3	−6	−6	
	2010-08-22	1990	0.95	−5	−5	30	不合格
	2011-06-12	1310	0.90	−6	−3	−6	
	2012-07-11	1250	0.90	−3	12	−12	
	2013-08-12	9440	0.94	1	−5	0	
	2014-09-04	1680	0.88	−8	−1	0	
	2015-05-22	1270	0.86	−7	−8	6	
	平均		0.91	−2.0	−1		
验证期	2016-09-22	968	0.75	−7	−4	6	
	2017-08-15	1320	0.90	−5	−6	12	
	2018-07-25	3410	0.95	1	9	−30	不合格
	平均		0.87	−3.7	−0.3		

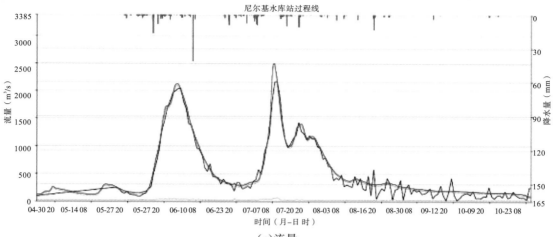

（a）流量

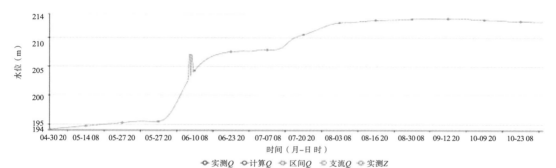

（b）水位

图 7.3-20　模型率定（2006 年）

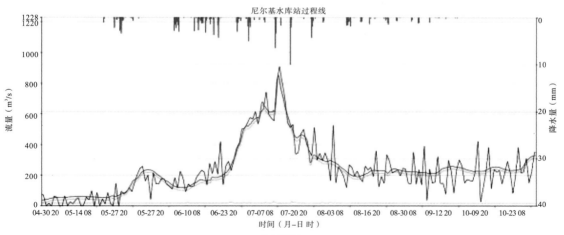

（a）流量

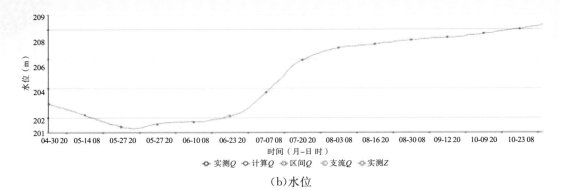

（b）水位

图 7.3-21　模型率定（2008 年）

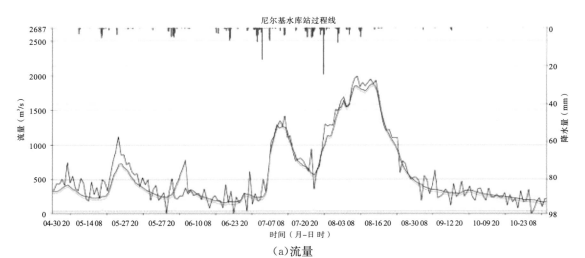

（a）流量

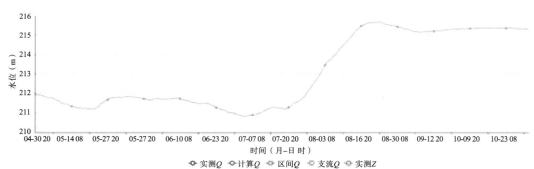

（b）水位

图 7.3-22　模型率定（2010 年）

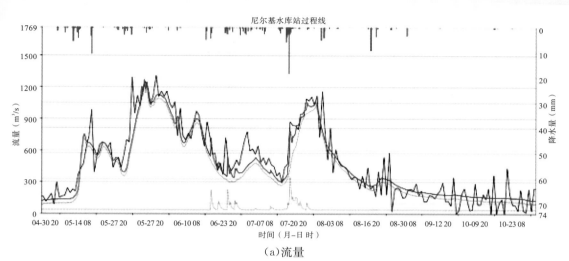

(a)流量

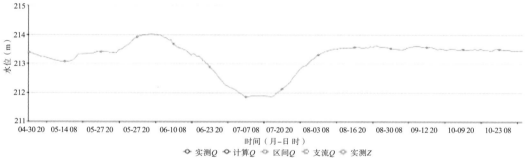

(b)水位

图 7.3-23 模型率定(2011 年)

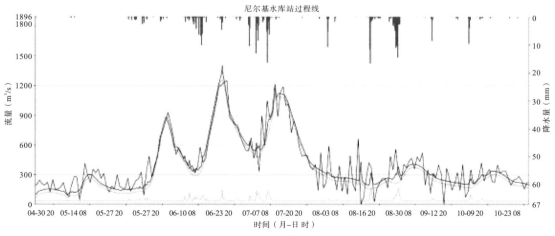

(a)流量

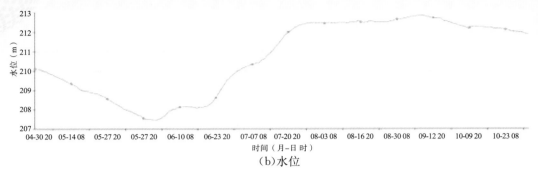

（b）水位

图 7.3-24　模型率定（2012 年）

尼尔基水库站过程线

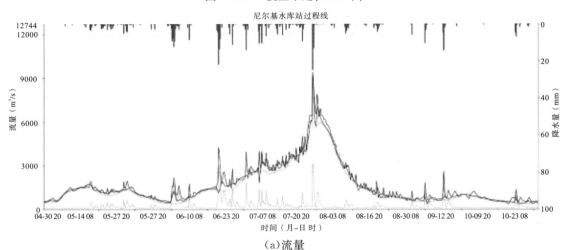

（a）流量

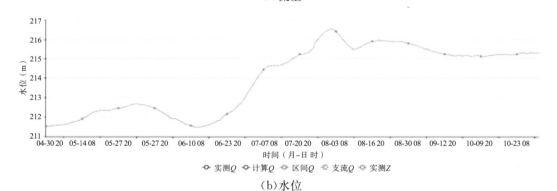

（b）水位

图 7.3-25　模型率定（2013 年）

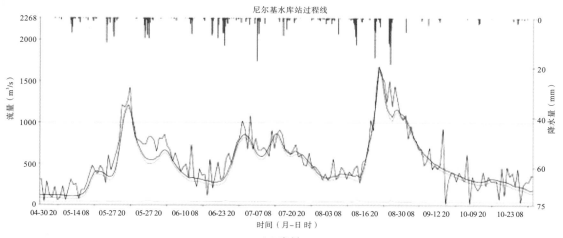

（a）流量

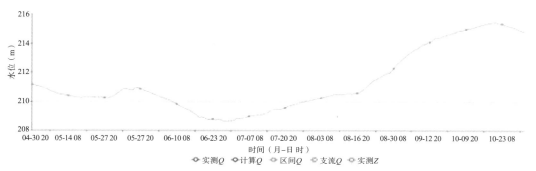

（b）水位

图 7.3-26　模型率定（2014 年）

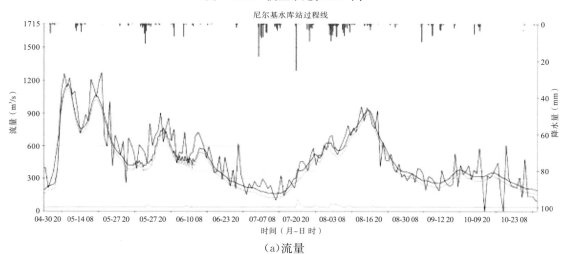

（a）流量

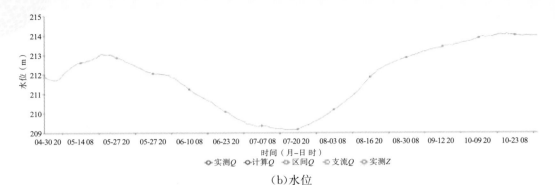

（b）水位

图 7.3-27　模型率定（2015 年）

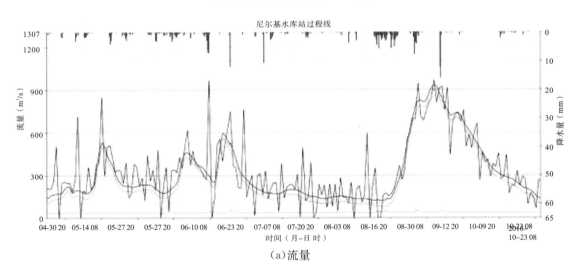

（a）流量

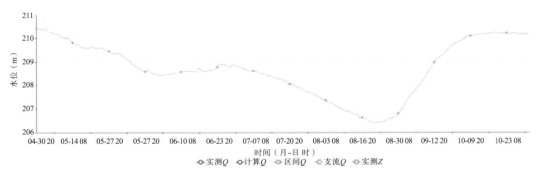

（b）水位

图 7.3-28　模型验证（2016 年）

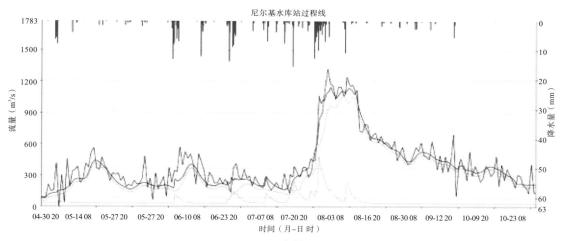

（a）流量

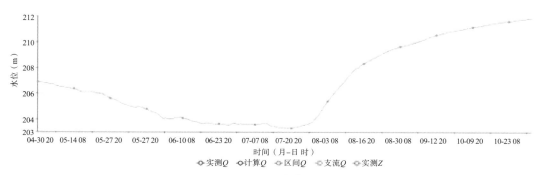

（b）水位

图 7.3-29　模型验证（2017 年）

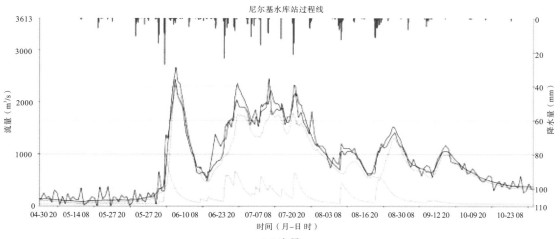

（a）流量

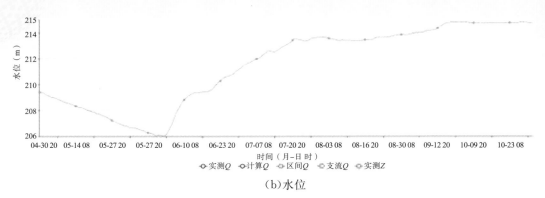

（b）水位

图 7.3-30　模型验证（2018 年）

2）尼尔基坝下—齐齐哈尔区间产汇流模拟方案

齐齐哈尔站的流量数据由实测水位经水位—流量关系换算而来。库存资料中 2006—2018 年资料条件较好，以每年 1 月 1 日至 12 月 31 日作为次洪。其中，2006—2015 年 8 场次洪用于参数率定，2016—2018 年 3 场次洪用于方案验证，结果见表 7.3-4。按照《水文情报预报规范》（GB/T 22482—2008），11 场次洪 9 场合格，合格率达 82%，达到乙级标准。

表 7.3-4　尼尔基坝下—齐齐哈尔区间模型率定与验证情况

阶段	洪峰时刻 （年-月-日）	洪峰流量 （m³/s）	确定性 系数	洪水总 量误差（%）	洪峰流 量误差（%）	峰现时 刻误差（h）
率定期	2006-08-07	1550.0	0.92	−10	−9	0
	2008-09-05	474.5	0.80	−7	−21	−6
	2009-09-02	2100.0	0.91	−8	8	−6
	2010-08-30	1428.9	0.81	−11	−4	6
	2011-08-05	1883.5	0.90	−12	−8	0
	2012-08-01	1127.5	0.77	−4	−3	12
	2013-08-16	8450.0	0.97	−4	−5	−6
	2014-09-06	2101.4	0.84	−10	5	0
	平均		0.86	−8.3	−4.3	
验证期	2015-06-24	1792.6	0.83	−15	−19	6
	2016-09-23	678.3	0.65	−17	−3	−6
	2017-06-26	611.8	0.62	−17	8	0
	平均		0.70	−16.3	−4.7	

7.3.3.2　洪水演进系统

（1）水动力学模型简介

一维水动力学模型采用基于垂向积分的质量和动量守恒方程，即一维 Saint-Venant 方

程组,具体公式如下:

$$\frac{\partial A}{\partial t}+\frac{\partial Q}{\partial x}=q$$

$$\frac{\partial Q}{\partial t}+\frac{\partial\left(\alpha\dfrac{Q^2}{A}\right)}{\partial x}g+gA\,\frac{\partial h}{\partial x}+\frac{gn^2Q|Q|}{AR^{\frac{4}{3}}}=q$$

式中,x,t 分别为计算点空间和时间的坐标;A 为过水断面面积;Q 为过流流量;h 为水位;q 为旁侧入流流量;R 为水力半径;α 为动量校正系数;g 为重力加速度。

方程组利用 Abbott-Ionescu 六点隐式有限差分格式求解。该格式在每一个网格点不同时计算水位和流量,而是按顺序交替计算水位或流量,分别称为 h 点和 Q 点。Abbott-Ionescu 格式具有稳定性好、计算精度高的特点。离散后的线性方程组用追赶法求解。

溃口流量采用宽顶堰公式计算,具体如下:

$$Q_b=m\sigma B\sqrt{2g}\,(z-z_b)^{1.5}$$

式中,Q_b 为溃口处出流,m^3/s;z 为溃口处河道水位,m;z_b 为溃口顶部高程,m;B 为溃口宽度,m;m 为自由溢流的流量系数;σ 为淹没系数。

二维水动力学模型的控制方程如下所示:

连续方程:

$$\frac{\partial H}{\partial t}+\frac{\partial M}{\partial x}+\frac{\partial N}{\partial y}=q$$

动量方程:

$$\frac{\partial M}{\partial t}+\frac{\partial(uM)}{\partial x}+\frac{\partial(vM)}{\partial y}+gH\frac{\partial Z}{\partial x}+g\,\frac{n^2u\sqrt{u^2+v^2}}{H^{1/3}}=0$$

$$\frac{\partial N}{\partial t}+\frac{\partial(uN)}{\partial x}+\frac{\partial(vN)}{\partial y}+gH\frac{\partial Z}{\partial y}+g\,\frac{n^2v\sqrt{u^2+v^2}}{H^{1/3}}=0$$

式中,H 为水深;Z 为水位;M 与 N 分别为 x 和 y 方向的单宽流量;u 和 v 分别为 x 和 y 方向上的流速分量;n 为糙率系数;g 为重力加速度,q 为源汇项。方程没有考虑科氏力和紊动项的影响。

(2)模型构建

采用嫩江的尼尔基出库、诺敏河古城子站、讷谟尔河汇入口的设计洪水过程线作为上游边界条件,采用嫩江富拉尔基站的水位—流量关系曲线作为河道水动力模型的下游边界条件。一维数学模型上、下边界条件见表 7.3-5。

河道糙率依据现状河道主行洪区内滩地状况,并参照《嫩江干流治理工程可行性研究报告》中河道糙率表确定糙率取值大致范围。河道主槽糙率采用值为 0.017～0.030,滩地变化范围较大,取值为 0.040～0.072。

表 7.3-5 一维数学模型上、下游边界条件

项目	水文站所属河流	边界条件	类型
上游边界	嫩江	尼尔基出库设计洪水过程线	开边界
	诺敏河	古城子设计洪水过程线	开边界
	讷谟尔河	讷谟尔河汇入口设计洪水过程	点源
下游边界	嫩江	富拉尔基站水位流量关系	开边界

淹没区下垫面糙率根据土地利用现状图中的土地利用和地物分布,参考《洪水风险图编制导则》(试行)关于各类下垫面糙率的数值选取,见表 7.3-6。

表 7.3-6 下垫面糙率取值参考表

耕地	村庄	林地	自然用地	道路
0.060	0.070	0.065	0.035	0.035

(3)模型参数率定与验证

选用 1998 年 8 月 1—25 日洪水过程,对一维河道模型参数进行率定。以阿彦浅演进流量过程、德都站实测流量、古—德—阿区间流量过程和古城子的实测流量作为嫩江、讷谟尔河、古、德、阿区间和诺敏河的入流过程,通过调整河道主槽和滩地的糙率参数,使得同盟站的水位、流量值与实测水位、流量值最大程度地吻合。模拟结果与实测值对比,洪峰流量误差控制在 10% 以内,水位误差控制在 20cm 以内(表 7.3-7),河道参数取值较为合理。

表 7.3-7 同盟站流量与水位率定结果统计表

类型	实测值	计算值	最大误差
洪峰流量(m³/s)	3520	3784	264(7.5%)
最高水位(m)	169.30	169.45	0.15

选用 2013 年 8 月 9—20 日洪水过程,对一维河道模型率定得到的河道糙率成果进行验证,同盟站流量和水位验证结果见表 7.3-8。由表 7.3-8 可见,洪水涨、落趋势与实测情况拟合较好,流量过程误差在 ±8% 以内,水位波动较小,误差不超过 10cm,验证结果符合要求。

表 7.3-8 同盟站流量与水位验证结果统计表

类型	实测值	计算值	最大误差
洪峰流量(m³/s)	6830	6590	−240(−3.5%)
最高水位(m)	170.27	170.20	−0.07

选用 1998 年 8 月中下旬嫩江泰来大堤决口后的洪水过程验证二维水动力学模型。泰来大堤决口后泰来县与镇赉县实况淹没范围采用中水东北勘测设计研究有限责任公司 2010 年通过现场调查以及收集黑龙江省水利勘测设计研究院在 1998 年大水过后的洪水调查相

关资料确定。实况淹没范围与模型计算淹没范围对比见图 7.3-31。

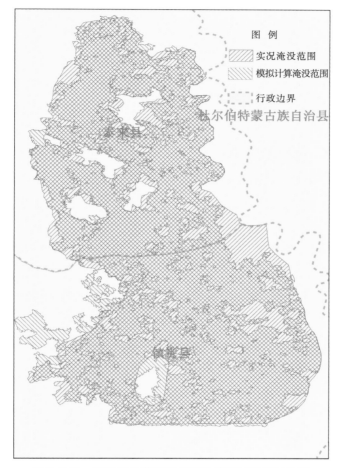

图 7.3-31 实况淹没范围与模型计算淹没范围对比图

由图 7.3-31 可知,模型计算淹没范围与实况调查范围基本一致,外边界整体相差不大。本次模型计算西部淹没范围比实况稍大,主要是由 DEM 数据精度导致局部地形与实际情况不符。

综上,虽然模型计算淹没范围与实况淹没范围存在一定的差异,但整体模拟效果较好,可见各地表类型所选取糙率比较符合研究区域的实际情况,二维水力学模型可用于嫩江齐齐哈尔以上超标准洪水调度决策支持系统。

7.4 示范系统部署集成与调试

具体方法见 4.10 节。

7.5 典型应用案例

嫩江流域超标准洪水调度决策支持示范系统建成后,先后开展了嫩江流域 1998 年、2013 年典型洪水调度演练和 2021 年第 1 号与第 2 号两场洪水实时预报调度分析,系统各功能模块得到了充分运用和验证。

在嫩江流域 1998 年和 2013 年洪水演练中,运用本系统开展了流域洪水预报模拟、水库调度方案制定、调度方案风险评估、水工程体系联合调度效益总结等工作,为顺利完成演练任务提供了坚实保障。在 2021 年第 1 号与第 2 号洪水应对过程中,本系统的洪水预报预警分析、水库调度方案制定、调度方案风险评估等功能模块得到了充分运用,对嫩江流域的洪水防御工作起到了重要的技术支撑作用。

7.5.1 嫩江齐齐哈尔以上超标准洪水安排

7.5.1.1 防洪工程概况

齐齐哈尔防洪任务由尼尔基水库和堤防共同承担,规划防洪标准为 100 年一遇。城区堤防由嫩江堤防和乌裕尔河堤防组成,包含西堤、南堤、东堤和富拉尔基堤,堤防总长 103.02km,其中西堤长 24.75km,南堤长 26.6km,东堤长 38.95km,富拉尔基堤长 12.72km。西堤为城市主堤,东堤为乌裕尔河堤防,西堤与东堤构成的城区围堤主要保护中心城区。防御嫩江洪水的西堤、南堤、富拉尔基堤防堤身断面达到 50 年一遇标准,经尼尔基水库调蓄后防洪能力达到 100 年一遇;防御乌裕尔河洪水的东堤防洪标准基本达到 50 年一遇。

嫩江干流已建大型水库为尼尔基水利枢纽工程,是嫩江流域防洪的控制性骨干工程。水利枢纽位于嫩江干流中游,坝址处是嫩江干流最后一个峡谷,扼嫩江由山区丘陵地带流入广阔的松嫩平原的咽喉,坝址控制流域面积 6.64km²,占嫩江流域面积的 22.35%,多年平均径流量 104.7 亿 m³,占嫩江流域的 45.7%。下距黑龙江省重要的工业城市齐齐哈尔市约 130km。尼尔基水库任务是以防洪、城镇生活和工农业供水为主,结合发电,兼有改善下游航运及水环境,并为松辽流域水资源优化配置创造条件的大型水利枢纽工程。水库承担齐齐哈尔以上 20～50 年一遇、齐齐哈尔以下 35～50 年一遇,齐齐哈尔城市 50～100 年一遇防洪任务。水库正常蓄水位 216m,死水位 195m,汛限水位 213.37m,防洪高水位 218.15m,1000 年一遇洪水设计洪水位 218.15m,可能最大洪水校核洪水位 219.90m,水库总库容 86.10 亿 m³,防洪库容 23.68 亿 m³。

7.5.1.2 嫩江齐齐哈尔以上洪水调度方案

(1)尼尔基水库

6 月 1—20 日的汛限水位为 216.00m,6 月 21 日至 8 月 25 日的汛限水位为 213.37m,8

月 26 日至 9 月 5 日的汛限水位由松花江防汛抗旱总指挥部视流域水、雨情在 213.37～216.00m 合理确定。9 月 6—30 日的汛限水位为 216.00m。尼尔基水利枢纽在防洪调度上,根据水库下游防洪目标和区间洪水的预报条件以及水库的控制作用,确定采取补偿凑泄的方式。首先根据诺敏河上的古城子水文站、讷谟尔河上的讷河水位站以及水库入流,预报齐齐哈尔将发生的洪水。当预报齐齐哈尔站流量不超过 8850m³/s(20 年一遇)时,尼尔基水库按出库流量不超过入库流量控制泄流。当预报齐齐哈尔站流量超过 8850m³/s 但不超过 12000m³/s(50 年一遇)时,尼尔基水库按齐齐哈尔站流量不超过 8850m³/s 控制泄流。当预报齐齐哈尔站流量超过 12000m³/s 但不超过 14300m³/s(100 年一遇)时,尼尔基水库按齐齐哈尔站流量不超过 12000m³/s 控制泄流。当预报齐齐哈尔站流量超过 14300m³/s 且尼尔基水库水位低于 218.15m(设计洪水位)时,尼尔基水库尽量按齐齐哈尔站流量不超过 12000m³/s 控制泄流。当尼尔基水库水位达到 218.15m 时,水库按保坝要求调度。

(2)尼尔基水库至齐齐哈尔河段

当齐齐哈尔站水位达到 148.01m,且有继续上涨趋势时破河道内大昂围堤(启用滨州铁路避溢桥)行洪,弃守四间房、托力河围堤。

当齐齐哈尔站流量不超过 8850m³/s 时,充分利用河道行洪,保证两岸干流堤防防洪安全。

当齐齐哈尔站流量超过 8850m³/s 但不超过 12000m³/s 时,确保齐齐哈尔市城区防洪安全,进一步加强干流堤防防守,适当利用干流堤防超高挡水加大河道行洪能力,确保齐富堤防防洪安全,尽力保证干流两岸粮食主产区防洪安全。

当齐齐哈尔站流量超过 12000m³/s 时,视情况适当利用堤防超高挡水并抢筑子堤强迫行洪,必要时弃守或扒开讷河、富裕、甘南县境内堤防,确保齐齐哈尔主城区和齐富堤防防洪安全。

7.5.1.3　超标准洪水应对措施

(1)嫩江尼尔基水库

①当预报齐齐哈尔站流量不超过 8850m³/s(20 年一遇)时,尼尔基水库按出库流量不超过入库流量控制泄流。

②当预报齐齐哈尔站流量超过 8850m³/s 但不超过 12000m³/s(50 年一遇)时,尼尔基水库按齐齐哈尔站流量不超过 8850m³/s 控制泄流。

③当预报齐齐哈尔站流量超过 12000m³/s 但不超过 14300m³/s(100 年一遇)时,尼尔基水库按齐齐哈尔站流量不超过 12000m³/s 控制泄流。

④当预报齐齐哈尔站流量超过 14300m³/s 且尼尔基水库水位低于 218.15m(设计洪水位)时,尼尔基水库尽量按齐齐哈尔站流量不超过 12000m³/s 控制泄流。

⑤当尼尔基水库水位达到 218.15m 时,水库按保坝要求调度。当水库入库流量不大于 18000m³/s(设计洪水位时的泄洪能力)时,控制水库进出库平衡运用,维持库水位不变;当水

库入库流量大于 18000m³/s 时,开启全部泄洪设施泄洪,确保大坝安全。

(2)嫩江齐齐哈尔站(尼尔基水库至齐齐哈尔市南堤河段)

1)概况与洪水分级

尼尔基水库至齐齐哈尔市南堤河段涉及二克浅—讷富、齐富、齐齐哈尔主城区、尼博汉、东阳—梅里斯 5 个防洪保护区 20 段堤防,堤防总长 459km,保护区面积 562 万亩,保护耕地507 万亩,保护人口 218 万人。齐齐哈尔主城区和齐富堤防保护区防洪标准 100 年一遇,其余段堤防保护区防洪标准为 50 年一遇。

该河段控制站为齐齐哈尔站,齐齐哈尔站 50 年一遇洪水位为 148.66m,100 年一遇洪水位为 149.18m。

超标洪水分级:①当齐齐哈尔站水位超过 148.66m(50 年一遇)但不超过 149.18m(100年一遇)时,干流堤防为超标洪水,齐齐哈尔主城区堤防和齐富堤防为标准内洪水;②当齐齐哈尔站水位超过 149.18m(100 年一遇)时,齐齐哈尔市主城区堤防和齐富堤防为超标洪水。该河段内有大昂、四间房和托力河 3 处围堤,为《松花江流域防洪规划》明确的保留围堤。齐齐哈尔站水位超过 148.01m(约 20 年一遇)时,3 处围堤为超标洪水。

该河段超标洪水最重要的保护目标是齐齐哈尔城市防洪安全。

2)齐齐哈尔站水位达到 148.66m

当齐齐哈尔站水位达到 148.66m(20 年一遇),且有继续上涨趋势时,转移围堤内 1.16万人,破河道内大昂围堤(启用滨洲铁路避溢桥)行洪,弃守四间房、托力河围堤。

3)齐齐哈尔站水位超过 148.66m 但不超过 149.18m

当齐齐哈尔站水位超过 148.66m(50 年一遇)但不超过 149.18m(100 年一遇)时,干流堤防为超标洪水,主城区和齐富堤防为标准内洪水,需加强干流堤防防守,采取允许越浪的工程抢险措施,利用干流堤防 0.4m 超高挡水加大河道行洪能力(水位 149.06m),力保干流堤防防洪安全。加强监测预报,做好转移人员准备。当齐齐哈尔站水位超过 149.06m 时,按洪水风险图转移嫩江干流防洪保护区人员,加强齐齐哈尔市主城区防守,保证城市堤防行洪安全。

4)齐齐哈尔站水位超过 149.18m

当齐齐哈尔站水位超过 149.18m 时,主城区和齐富堤防为超标洪水。如果尼尔基水库水位低于 218.15m 时,充分利用水库拦洪。齐齐哈尔市主城区抢筑子堤或采取允许越浪的工程抢险措施,利用 0.5m 堤防超高挡水,强迫河道行洪(水位 149.68m),可保证齐齐哈尔市主城区和齐富堤防防洪安全。

5)齐齐哈尔站水位超过 149.68m

当齐齐哈尔站水位超过 149.68m 时,视情况弃守讷河、富裕、甘南县(市)境内干流堤防,确保齐齐哈尔市主城区和齐富堤防防洪安全。

7.5.2 嫩江1998年洪水调度预演

7.5.2.1 1998年嫩江暴雨洪水

（1）降雨过程

1998年汛期嫩江流域主要降雨可分为5场，即6月14—24日、7月5—10日、7月17—21日、7月22—30日、8月2—14日。

1）第一场（6月14—24日）

主雨区位于嫩江流域上游，累积雨量在100mm以上的面积约5.8万km²，占嫩江流域面积的19.5％。极值区位于右侧支流甘河、诺敏河一带，在此极值区中，有两个极值中心：一是甘河的甘河农场249mm，二是诺敏河上的得力其尔249mm。这场降雨使甘河、诺敏河及嫩江干流出现了第一场洪水。

2）第二场（7月5—10日）

降雨主要分布在嫩江中下游，主雨区累积雨量达50mm以上的面积约12.9万km²，100mm以上的面积约1万km²，分别占嫩江流域面积的43.4％和3.4％。暴雨中心在雅鲁河上游，最大累积雨量为雅鲁河的哈拉苏站150mm。这场降雨导致了嫩江支流雅鲁河、绰尔河、洮儿河的第一场洪水。

3）第三场（7月17—21日）

降雨主要分布在嫩江右侧的各支流，主雨区分布在洮儿河及霍林河，累积雨量达100～200mm，其中累积雨量100mm以上的面积约2.2万km²，占嫩江流域面积的7.4％，最大暴雨中心为霍林河的吐列毛都站220mm，其次为洮儿河的索伦站149mm，黑牛圈站148mm。这场降雨为嫩江流域的第二场洪水奠定了基础。

4）第四场（7月22—30日）

嫩江流域日雨量达100mm以上的有10站次，其中最大的为雅鲁河五公里站25日192.6mm，其次为黄蒿沟的太平湖水库27日191.9mm。累积雨量在100mm以上的面积约为10.6万km²，占嫩江流域面积的35.7％。主雨区位于嫩江中游支流诺敏河、阿伦河、雅鲁河、乌裕尔河及下游右侧支流，累积雨量最大点为雅鲁河上游的五公里站285mm。这场强降雨对嫩江流域产生了很大影响，与第三场降雨一起导致了嫩江流域的第二场洪水。

5）第五场（8月2—14日）

主雨区位于嫩江中下游，在雅鲁河、阿伦河、诺敏河一带有3个300mm以上的强降雨区，暴雨中心雨量都在400mm以上，累积雨量最大点为阿伦河的复兴水库站517mm，其次为该河的甘南县站499.5mm。累积雨量100mm以上的面积约16万km²，200mm以上的面积6.5万km²，300mm以上的面积约1.7万km²，分别占嫩江流域面积的53.9％、21.9％和5.7％。这场降雨的强度是整个汛期降雨强度最大的一场，日雨量100mm以上的有9站次，日雨量最大的点为阿伦河的甘南县站8月9日164.1mm。这次降雨造成了嫩江全流域的第三场洪水,并与前 4 场降雨一起引发了松花江干流的特大洪水。

在这 5 场降雨过程中,主要的造峰雨过程为第一场、第四场和第五场。嫩江流域 1998 年 6—9 月降雨量等值线分布情况见图 7.5-1,1998 年汛期 3 场主要造峰雨过程主要支流平均降雨量见表 7.5-1。

图 7.5-1 嫩江流域 1998 年 6—9 月降雨量等值线图

表 7.5-1　　　　　嫩江流域 1998 年汛期 3 场主要造峰雨主要支流平均降雨量表　　　　（单位:mm）

流域名称	6 月 14—24 日	7 月 22—30 日	8 月 2—14 日
多布库尔河	136.6	107.3	86.6
甘河	153.9	69.8	115.0
诺敏河	161.3	132.2	215.6
阿伦河	82.7	120.9	368.4
雅鲁河	65.1	144.2	326.6
讷谟尔河	110.4	69.5	86.6

续表

流域名称	6 月 14—24 日	7 月 22—30 日	8 月 2—14 日
乌裕尔河	80.5	109.7	195.5
绰尔河	49.9	118.7	205.6
洮儿河	62.9	98.4	143.2
霍林河	46.9	85.5	96.6
嫩江流域	89.1	93.1	171.7

（2）洪水过程

1998 年汛期,嫩江干流受降雨影响在一个半月的时间内发生了 3 场洪水,3 场洪水的来源分别是上游、中下游和全流域,以第 3 场洪水量级为最大。

第一场洪水发生在 6 月底至 7 月初,洪水主要来源于上游。受嫩江流域 6 月 14—24 日降雨过程影响,嫩江上游干流石灰窑水文站水位于 6 月 6 日起涨,6 月 25 日零时洪峰水位 250.93m,相应流量 1630m³/s。同时多布库尔河 469 m³/s 的洪峰流量和泥鳅河 306m³/s 的洪峰流量也汇入干流,使干流库漠屯水文站 6 月 25 日 20 时出现洪峰,洪峰水位 234.69m,超保证水位 0.19m,相应流量 3340m³/s,为 1950 年建站以来第 3 位洪水。阿彦浅水文站 6 月 27 日 2 时洪峰水位 198.73m,相应流量 7040m³/s,列实测记录的第 1 位。同盟水文站水位 6 月 10 日起涨,6 月 27 日 14 时洪峰水位 170.36m,超过保证水位 0.51m,相应流量 9270m³/s,为 1951 年建站以来第 2 位洪水。齐齐哈尔水位站水位于 6 月 11 日起涨,6 月 29 日 2 时洪峰水位 148.43m,仅低于 1969 年洪水位 0.18m,超保证水位 0.23m。齐齐哈尔洪水在向富拉尔基演进中,由于齐甘公路过水路面大量过水,水量汇至跃进路、齐甘路和富梅路所构成的三角区,不仅降低了峰量,同时也由于三角区的水量通过跃进路滩桥的回归影响而延滞了洪峰传播时间,所以齐齐哈尔洪水经过 34h 才到达富拉尔基,6 月 30 日 12 时出现洪峰,洪峰水位 145.47m,相应流量 7880m³/s,仅低于 1969 年洪水位 0.19m,超保证水位 0.47m。洪水在向江桥演进时,受几处堤防决口影响,7 月 2 日水位达 140.65m 时,出现两次回落,于 7 月 3 日 16 时出现洪峰,洪峰水位 140.72m,相应流量 7430m³/s,仅低于 1969 年洪水位 0.04m,超保证水位 0.32m。洪峰 7 月 10 日 14 时到达大赉水文站,洪峰水位 129.17m,相应流量 4630m³/s,已衰减成 5 年一遇的一般洪水。

第二场洪水发生在 7 月底至 8 月初,洪水主要来自同盟以下的嫩江中下游支流阿伦河、雅鲁河、绰尔河。嫩江干流江桥站 7 月 30 日 10 时出现洪峰,洪峰水位 141.27m,超过保证水位 0.87m,列 1949 年有实测记录以来的第 1 位,洪峰流量 9510m³/s,列有实测记录以来的第 2 位。大赉水文站 8 月 2 日 20 时洪峰水位 130.10m,超过保证水位 0.42m,洪峰流量 8080m³/s,列有实测记录以来的第 2 位。

第三场洪水发生在 8 月中旬,为全流域型特大洪水。本次洪水致使松花江干流发生特大洪水。受嫩江流域 8 月 2—13 日降雨过程影响,嫩江各支流都出现大洪水。阿彦浅水文站 8 月 7 日 2 时洪峰水位 197.01m,相应流量 3900m³/s。同盟水文站 8 月 12 日 6 时洪峰水位 170.69m,超过历史实测最高水位 0.26m,相应流量 12200m³/s,为 1951 年建站以来的最大洪水,略小于 1932 年调查洪水(洪峰流量 13500m³/s)。齐齐哈尔水位站 8 月 13 日 6 时出现洪峰,洪峰水位 149.30m,超过历史实测最高水位 0.69m,相应流量 14800m³/s,为 1952 年建站以来的最大洪水。富拉尔基水文站 8 月 13 日 9 时洪峰水位 146.06m,相应流量 15500m³/s,虽有分流影响,富拉尔基洪峰水位仍高于 1969 年洪水位 0.40m,超过保证水位 1.06m,为 1950 年建站以来的第 1 位特大洪水,而且大于 1932 年调查洪水(洪峰流量 10200m³/s)。干流洪水与雅鲁河、罕达罕河、绰尔河洪水汇合后,8 月 14 日 11 时 30 分江桥水文站出现洪峰,洪峰水位 142.37m,相应流量 26400m³/s。该次洪水虽受齐平铁路 5 处决口分流影响,洪峰水位仍超警戒水位 2.67m,超保证水位 1.97m,高于 1969 年洪水位 1.61m,为 1949 年建站以来的最大洪水,并超过 1932 年调查洪水(洪峰流量 15600m³/s)。在嫩江洪水向下游演进过程中,嫩江干堤江桥—大赉段有多处堤防段决口,大大削减了嫩江下游的洪峰。在上游决口分洪的情况下,大赉水文站 8 月 15 日 3 时洪峰水位仍高达 131.47m,超过历史实测最高水位 1.27m,相应流量达 16100m³/s,为 1949 年建站以来的最大洪水,并超过 1932 年调查洪水(洪峰流量 14600m³/s)。

7.5.2.2　洪水预报分析

利用嫩江流域 1998 年的实测降雨资料,采用示范系统的洪水预报模型预测尼尔基水库的入库流量,设置示范系统尼尔基水库调度规则为出库流量等于入库流量,将出库流量过程演进至齐齐哈尔站,与尼尔基—齐齐哈尔区间预报洪水过程相叠加,得出 1998 年洪水天然条件下的齐齐哈尔站模型预测的水位流量过程,预测成果与实测成果对比见图 7.5-2。与实测水位反推的流量过程线相比,示范系统预报洪水总量偏大 3.5%,洪峰流量偏大 4.0%。洪水预报精度提高了 5% 以上。

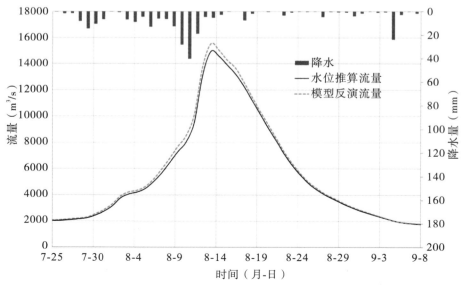

图 7.5-2　1998 年齐齐哈尔站洪水模拟与水位反推流量过程线

7.5.2.3 洪水调度分析

将示范系统中尼尔基水库的调洪规则设定为国家防总批复的洪水调度方案,重新计算尼尔基水库的出库流量,将其演进至齐齐哈尔站,并与尼尔基坝下—齐齐哈尔区间产汇流模型的预报洪水过程相叠加,计算得到齐齐哈尔经尼尔基水库调控的洪水过程,结果见图7.5-3。

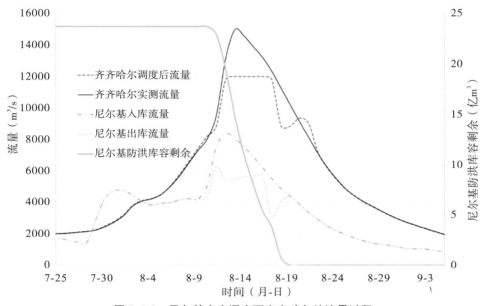

图 7.5-3　尼尔基水库调度下齐齐哈尔站流量过程

由图7.5-3可见,8月11日起,尼尔基水库按照齐齐哈尔预报洪水过程控制出流,到8月19日拦蓄洪量23.68亿 m³,已消耗掉所有防洪库容;8月19日,尼尔基水库按照入库流量下泄,次日在齐齐哈尔形成一个退水后的小涨水段(流量9370 m³/s);齐齐哈尔站调度后流量始终小于12000m³/s,小于1998年实测流量14800m³/s,上游河道沿线安全概率较大。

7.5.3　嫩江2013年洪水调度

（1）2013年嫩江暴雨洪水

2013年汛期,受中高纬度阻塞高压和西风带高空槽、冷涡、地面气旋等天气系统共同影响,嫩江流域出现连续阴雨天气,平均3～4d一个降雨过程,并有局地高强度降水发生,尼尔基水库以上流域7月15日至8月15日累计降雨263mm,较常年同期偏多9成,列历史同期首位。受多场降雨持续影响,嫩江干流尼尔基水库以上发生了超50年一遇的特大洪水。

1）降雨过程

嫩江流域2013年降雨主要发生在7—8月,主要降雨过程有7次。

7月1—7日流域平均降雨量70.1mm,降雨主要集中在嫩江上游左岸支流科洛河流域。

科洛河流域平均降雨量81.1mm,7日累积降雨量超过100mm的有3站。流域的最大日降雨量和最大7日累积降雨量均出现在嘎啦山站,分别为76.6mm和110.8mm。

7月15—16日流域平均降雨量38.9mm,降雨主要集中在嫩江上游右岸支流多布库尔河流域。多布库尔河流域平均降雨量50.1mm,2日累积降雨量超过50mm的有4站。流域最大2日累积降雨量为63.9mm,出现在多布库尔河松岭站。最大日降雨量为嘎啦山站55.8mm。

7月18—20日流域平均降雨量51.3mm,降雨主要集中在科洛河流域。科洛河流域平均降雨量68.5mm,3日累积降雨量超过100mm的有3站,最大3日累积降雨量是科洛河嫩北农场站139.7mm。最大日降雨量科洛河科后站125mm。

7月22—23日流域平均降雨量13.0mm,降雨主要集中在流域上游及多布库尔河流域,石灰窑以上平均降雨量29.7mm,多布库尔河流域平均降雨量40.3mm,其他地区降雨量较少。

7月27—30日流域平均降雨量42.1mm,降雨主要集中在科洛河流域。科洛河流域平均降雨量52.0mm,4日累积降雨量超过50mm的有8站,最大4日累积降雨量是科洛河山河农场站91.8mm。最大日降雨量科洛河科后站54.8mm。

8月1—5日流域平均降雨量58.6mm,降雨主要集中在科洛河流域。科洛河流域平均降雨量84.4mm,5日累积降雨量超过100mm的有3站,最大5日累积降雨量是科洛河龙门站188.5mm。最大日降雨量科洛河龙门站132.4mm。

8月7—9日流域平均降雨量64.4mm,降雨主要集中在门鲁河流域。门鲁河流域平均降雨量88.7mm,3日累积降雨量超过100mm的有3站,最大3日累积降雨量是门鲁河座虎滩站143mm。最大日降雨量门鲁河座虎滩站108.2mm。

在上述7场降雨过程中,有7月15—16日、7月27—30日、8月7—9日3场降水过程均覆盖了嫩江尼尔基水库以上流域大部分地区。其中,8月7—9日降水过程100mm、50mm雨区笼罩面积分别达到0.82万km²和3.13万km²,分别占水库控制流域面积的8.2%和47.1%。

2)洪水过程

嫩江洪水主要来源于上游尼尔基水库以上流域。支流甘河柳家屯站8月14日洪峰流量2000m³/s,为1998年以来最大洪水;科洛河科后站8月7日洪峰流量938m³/s,列1954年有实测资料以来第2位;讷谟尔河德都站8月7日洪峰流量833m³/s,列1973年有实测资料以来第2位。干流库漠屯站8月10日洪峰流量4400m³/s,列1950年有实测资料以来第1位;尼尔基水库8月12日14时最大6小时入库流量9440m³/s,为2005年建库以来最大入库流量,重现期超50年一遇,最大泄流量5500m³/s,调洪最高水位216.54m。嫩江干流尼尔基以下出现10~20年一遇的中洪水。经尼尔基水库调蓄,富拉尔基站洪峰流量7720m³/s,重现期14年一遇,洪峰水位超保证水位0.19m;江桥站洪峰流量8850m³/s,重现期11年一遇,洪峰水位超保证水位0.06m;大赉站洪峰流量7680m³/s,重现期9年一遇,洪峰水位仅比保证水位低0.08m。河道设障严重造成嫩江水位偏高,2013年江桥站、大赉站洪峰水位较 1998 年同流量对应水位分别偏高 0.54m、0.78m。

（2）洪水预报

嫩江流域示范系统中的洪水预报模块在模型参数率定时采用流域 2006—2015 年 8 场次洪用于参数率定,其中包括了 2013 年 8 月嫩江特大洪水。本次洪水应急预演重新采用 2013 年流域的实测降水资料预报了尼尔基水库及嫩江上游库漠屯站的实测洪水过程,两站洪水预报精度见表 7.5-2。

表 7.5-2　　　　　　　　　　尼尔基坝下—齐齐哈尔区间模型率定与验证情况

预报断面	洪峰流量（m³/s）	确定性系数	洪峰流量误差（%）	洪水总量误差（%）	峰现时刻误差（h）
库漠屯站	4330	0.92	—9	—5	0
尼尔基水库	9440	0.94	—5	1	0

（3）洪水调度

本次嫩江洪水调度预演自 2013 年 7 月 24 日 20 时尼尔基水库水位超汛限开始,至 8 月 25 日 9 时结束,历时 31d。水库调度过程可分为 5 个阶段。

第一阶段为兼顾河滩地保护和洪水资源利用阶段,时间为 7 月 25 日至 29 日 17 时。本阶段流域累计降雨量 43.1mm;尼尔基水库入库流量在 2100～3100m³/s,属于不足 5 年一遇的小洪水。阶段末水库水位为 214.55m。

考虑到当时嫩江干、支流未出现超警洪水,降雨形势未出现异常等情况,并根据尼尔基水库以上流域汇流时间 4～7d,下游河道承泄洪水能力大的特点,确定本阶段洪水调度的总体思路:控制尼尔基水库水位在 214.50m 以下,保证水库能及时腾空防洪库容,完成规定的防洪任务,在此前提条件下尽量控制水库的泄流量,减少河道内耕地的淹没损失,同时兼顾洪水资源利用。

本阶段洪水调度过程为:7 月 25 日,暂时维持尼尔基水库机组满发出流不变;7 月 27 日 14 时起出流量增加至 1600m³/s;7 月 28 日 14 时出库流量增加至 2200m³/s。

第二阶段为兼顾避免河道内村屯转移和减轻泰来县防洪抢险压力阶段,时间为 7 月 29 日 17 时至 8 月 6 日 8 时。本阶段流域累计降雨量 35.6mm;尼尔基水库入库流量在 2670～3960m³/s,为 5 年一遇左右的小洪水。阶段末水库水位为 215.0m。

根据未来的降水预测预报,且考虑避免嫩江河道内一村屯人员转移和有利于泰来县堤防抢险。经多方案综合比较,自 7 月 29 日 17 时起,出库流量控制在 2800m³/s,该流量持续超过 7d。

第三阶段为尽力减轻嫩江干流防洪压力阶段,时间为 8 月 6 日 8 时至 8 月 12 日 11 时。本阶段流域累计降雨量 55.2mm;尼尔基水库入库流量由 3590m³/s(5 年一遇左右),逐渐加大至 6360m³/s(20 年一遇)。阶段末水库水位上涨至 215.58m。

由于持续降雨,尼尔基水库入库流量不断加大,且预测未来还将有更强降雨过程,保护河道内村屯、耕地将不再作为水库的防洪目标。随着尼尔基水库泄流量的加大,嫩江同盟、齐齐哈尔、富拉尔基、江桥等水文站水位先后超过警戒水位,嫩江干流防汛形势日趋紧张。尽管按照有关规定,水库下游遇 20 年一遇以下洪水时,尼尔基水库不承担防洪任务,可以按照出库流量不超过入库流量进行泄流,但考虑到尼尔基水库的防洪能力以及嫩江干流的防洪形势,确定本阶段洪水调度的总体思路:在确保水库完成规定的防洪任务的前提下,尽量拦蓄洪水,以减轻水库下游嫩江干流的防洪压力。

本阶段,尼尔基水库出库流量调整了 5 次,由 2800m³/s 调整为 3100m³/s、3800m³/s、4100m³/s、4500m³/s,最后增加至 5500m³/s,水库出库流量始终较入库流量小 500~1000m³/s。

第四阶段为尼尔基水库全力完成规定防洪任务阶段,时间为 8 月 12 日 11 时至 8 月 17 日 14 时。本阶段流域累计降雨量 25.7mm,阶段末水库水位达到 216.54m。

正当尼尔基水库承担规定以外的应急任务,正常高水位以下的防洪库容接近用足的时候,8 月 12 日 11—14 时,尼尔基水库库区附近突发罕见短历时、局地高强度降雨过程,水库 6h 入库流量达 9440m³/s,为超 50 年一遇特大洪水。为应对这次强降雨过程,确定尼尔基水库洪水调度思路为全力防洪,完成规定的防洪任务,控制齐齐哈尔站流量不超过 8850m³/s。

考虑到嫩江即将全线超警戒水位,部分江段超保证水位,松花江干流已有多站超警戒水位,且洪水预报结果表明松花江将发生流域性洪水,因此自 8 月 12 日 22 时起,开始启用尼尔基水库正常高水位以上的防洪库容。13 日 15 时尼尔基水库水位上涨至 216.00m,17 日 5 时达到本次调洪的最高水位 216.54m。

8 月 15 日,为了减轻下游防洪压力,在雨水情预测预报的基础上,经多种方案比较,自 8 月 15 日 20 时起,尼尔基水库总出库流量减小至 5300m³/s。

第五阶段为退水调度阶段,时间为 8 月 17 日 14 时至 8 月 25 日 8 时。该阶段尼尔基水库调度的总体思路是及时减小水库出流量,尽早减轻下游的防洪压力,同时兼顾水库后期蓄水,争取防汛减灾兴利最大效益。

本阶段水库调度过程为出库流量由 5300m³/s 逐渐减小为 5000m³/s、4500m³/s、4000m³/s、3500m³/s,维持出入库水量平衡 1500m³/s,8 月 25 日 9 时,停止溢洪道泄洪,转入满发电运行,待水库流量小于 1070m³/s 后,按电力调度运行。

在 31d 的调度期内,尼尔基水库共调节洪量 107.2 亿 m³,最大拦蓄洪量 15.09 亿 m³,弃水 67 亿 m³,调洪最高水位 216.54m。尼尔基水库 6h 最大入库洪峰流量 9440m³/s,水库最大下泄流量 5500m³/s,削峰率达 42%,将水库超 50 年一遇的特大洪水削减为嫩江下游及松花江干流 10~20 年一遇洪水,充分发挥了水库拦洪削峰作用,有效减轻了下游省(自治区)的防洪压力。

7.5.4　嫩江 2021 年洪水调度

2021 年入汛以来,嫩江流域天气形势复杂多变,洪水发生早、时间长、量级大。流域共发生8次大范围强降雨过程,累计降雨量428mm,较常年同期偏多4成以上,降雨时间主要集中在6—7月,主雨区位于嫩江中上游,形成了嫩江3次编号洪水,嫩江流域共有14条河流发生超警以上洪水,其中8条河流发生超保洪水,3条河流发生超历史洪水。

(1)2021年嫩江暴雨洪水

1)降雨过程

2021年6—7月,嫩江流域主要发生了两场降雨,即6月14—19日、7月12—20日。

第一场降雨为6月14—19日。主雨区位于嫩江支流甘河一带,甘河流域降雨量高达124.8mm,尼尔基坝址以上流域平均降雨量为77.6mm,尼尔基—富拉尔基区间降雨量为69.3mm。该场降雨的主雨日分别出现在14日与16日,甘河流域两日的面平均降雨量分别为48.9mm和42.2mm,均达到了大雨标准。该场降雨形成了嫩江2021年1号洪水。

第二场降雨为7月12—20日。主雨区位于尼尔基水库库区,降雨量高达163.6mm,支流科洛河流域与干流库漠屯以上的降雨量也均在100mm以上,尼尔基坝址以上流域平均降雨量为108.5mm,尼尔基—富拉尔基区间降雨量为69.3mm。尼尔基坝址以上流域平均降雨量为77.6mm,尼尔基—富拉尔基区间降雨量为98.1mm。该场降雨的主雨日分别出现在13日与17—19日,其中尼尔基库区17日、18日降雨量分别为54.7mm和59.0mm,均达到了暴雨标准。该场降雨形成了嫩江2021年2号洪水。

2)洪水过程

2021年6—7月,嫩江干流受降雨影响在40余天的时间内发生了两场洪水,两场洪水的来源分别是中上游和全流域,其中第二场洪水量级较大。

第一场洪水发生在6月中下旬,洪水主要来源于中上游。嫩江支流多布库尔河松岭站6月18日3时洪峰水位102.2m,超保证水位0.70m;甘河加格达奇站19日8时水位101.07m,超保证水位0.07m。6月22日尼尔基水库入库洪峰流量达到5730m³/s,为超10年一遇洪水,诺敏河古城子站洪峰流量达到1760m³/s。该场洪水尼尔基水库最大出库流量2810m³/s,嫩江干流富拉尔基站实测洪峰流量4430m³/s。

第二场洪水发生在7月中下旬,洪水主要发生在尼尔基库区以及左岸支流诺敏河。18日8时,尼尔基水库入库流量为4110m³/s,嫩江2021年第2号洪水形成。受强降雨影响,13时48分,诺敏河二级支流西瓦尔图河永安水库发生溃坝;15时30分,诺敏河一级支流坤密尔提河新发水库发生溃坝。20时,诺敏河古城子站出现洪峰,洪峰水位206.77m,对应流量为7120m³/s(历史最大流量为1998年7740m³/s),超100年一遇,超过诺敏河堤防防洪标准(20年一遇,设计流量为4240m³/s)。

(2)洪水预报

利用嫩江流域2021年5—9月的实测降雨资料,采用示范系统洪水预报模型预测2021年第1号与第2号洪水尼尔基水库坝址的入库流量,成果见图7.5-4。与实测水位反推的流量过程线相比,预报洪峰流量误差0.7%。洪水预报精度提高5%以上(洪水总量误差

1.6%、峰现时间误差 0h)。

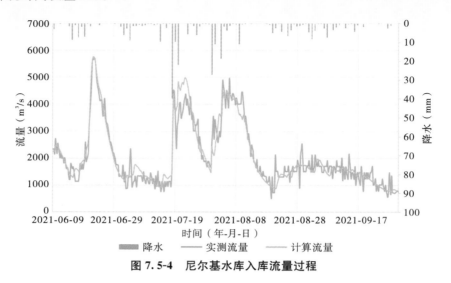

图 7.5-4　尼尔基水库入库流量过程

采用示范系统将尼尔基水库的出库流量过程演进至齐齐哈尔富拉尔基水文站,与尼尔基—富拉尔基区间预报洪水过程相叠加,得出经水库调节后富拉尔基站的流量过程,成果见图 7.5-5。与实测流量过程相比,洪峰流量误差 -4.5%、洪水总量误差 1.9%、峰现时刻误差 -3h,洪水预报精度提高 5% 以上。

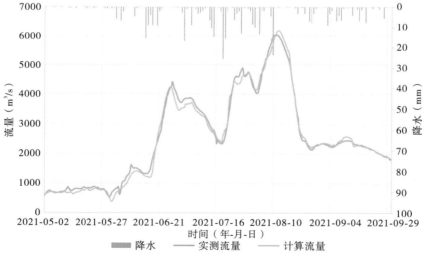

图 7.5-5　尼尔基水库调度下富拉尔基站流量过程

(3)洪水调度

7 月 18 日,嫩江发生 2021 年第 2 号洪水,18 日 13 时 48 分诺敏河二级支流西瓦尔图河永安水库发生溃坝;15 时 30 分,诺敏河一级支流坤密尔提河新发水库发生溃坝,造成诺敏河发生 70 年一遇特大洪水,古城子站实测洪峰流量达 6340m³/s。洪水期间诺敏河部分堤段出现漫堤险情,严重威胁下游地区防洪安全。

经优化调度,18 日 16 时 45 分起,尼尔基水库总出库流量由 $1300 \text{m}^3/\text{s}$ 减小至 $0 \text{m}^3/\text{s}$,到 7 月 19 日 20 时,尼尔基水库关闭闸门超过 27h,共拦蓄嫩江干流洪水约 2.84 亿 m^3 为诺敏河溃坝洪水错峰,降低了嫩江干流同盟以下江段水位 $0.37 \sim 0.60 \text{m}$,避免了嫩江同盟至富拉尔基江段超警、大赉江段超保,最大限度减轻了洪水对嫩江干流的影响。

7.6　示范系统应用成效

根据"重大自然灾害监测预警与防范"重点专项 2018 年度项目申报指南,嫩江流域齐齐哈尔河段示范应用的考核指标为:流域典型洪水预警预报制作时间缩短到 2h 以内,预见期增长到 72h 以上,预报精度提高 5% 以上(洪峰流量误差低于 10%,水位误差低于 0.25m),洪涝灾害应急处置响应时间缩短到 6h 以内,减灾效益提高 10% 以上。本节对应指南提出的各项考核指标分析了嫩江流域示范系统的应用成效。

7.6.1　预警预报分析

(1)预见期分析

示范系统的降雨预报接入了国家气象科学数据中心的 GRAPES_MESO 区域集合预报业务系统产生的东亚区域模式预报产品。模式产品空间分辨率 10km,时间分辨率 3h。预报时效最高 72h,要素包括气压、温度、风速、降水量等。

此外,嫩江干流尼尔基水库至齐齐哈尔区间洪水传播时间长达 5d,尼尔基—齐齐哈尔区间主要支流控制站古城子、格尼、德都至齐齐哈尔区间的洪水传播时间也在 5d 以上,因此齐齐哈尔站洪水预报的预见期可达 72h 以上。

(2)预报精度分析

在 7.4 节典型应用案例中,分别应用示范系统的洪水预报模块对嫩江流域的尼尔基水库或齐齐哈尔断面 1998 年、2013 年和 2021 年洪水过程进行了重演。结果表明,示范系统洪水预报精度提高了 5% 以上。鉴于模型在参数率定及验证阶段未采用嫩江流域 2019 年和 2020 年的次洪资料,本节采用率定好的参数拟合尼尔基水库这两年的实际来水情况,模拟效果见表 7.6-1、图 7.6-1、图 7.6-2。

表 7.6-1　　　　　　　　　　　　　洪水预报模型精度分析

洪峰时刻 (年-月-日)	洪峰流量 (m^3/s)	确定性系数	洪峰流量误差 (%)	洪水总量误差 (%)	峰现时刻误差 (h)
2020-09-05	4860	0.91	−7.0	−7.0	−24
2019-08-30	3410	0.91	0.0	−8.0	12
统计		0.91	−3.5	−7.5	−6

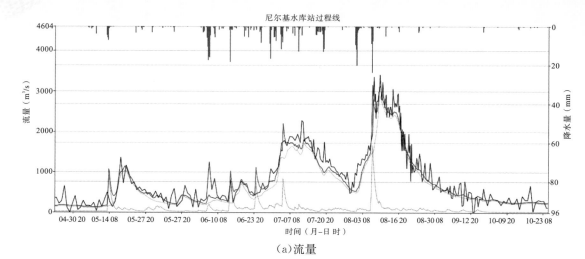

（a）流量

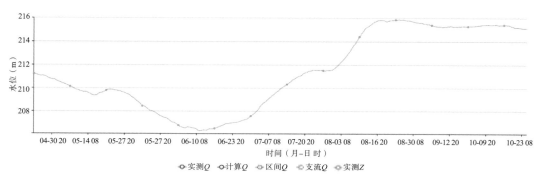

（b）水位

图 7.6-1　模型精度分析（2019 年）

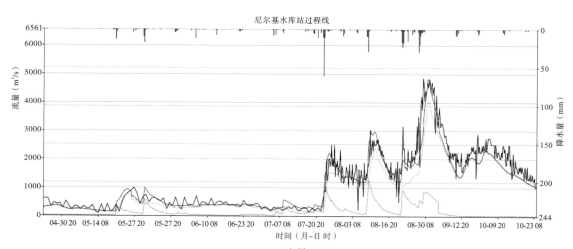

（a）流量

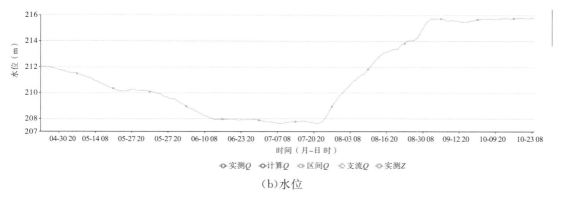

(b)水位

图 7.6-2 模型精度分析(2020 年)

7.6.2 应急响应工作规程

7.6.2.1 应急响应分析

为规范松辽水利委员会水旱灾害防御应急响应工作程序和应急响应行动,提高应急处置工作效率和水平,保证水旱灾害防御工作有力有序有效进行,松辽水利委员会制定了水旱灾害防御应急响应工作规程。与流域洪涝灾害应急响应相关的内容如下:

根据洪水灾害发生的性质、严重程度、可控性和影响范围等,松辽水利委员会洪灾防御应急响应从低到高分为 4 个级别,即Ⅳ级、Ⅲ级、Ⅱ级和Ⅰ级。

(1)Ⅳ级响应

1)启动条件与程序

当松辽流域发生或预计发生符合下列条件之一的事件时,松辽水利委员会启动Ⅳ级应急响应:

①当预测大江大河干流可能发生超警洪水时;

②当预测两条及以上重要一级支流(流域面积超过 1 万 km^2)或国境界河可能发生中洪水(5～20 年一遇)或超警洪水,有关省(自治区)已启动应急响应;

③主要江河干流堤防出现险情或大中型水库出现险情;

④发生较大山洪灾害;

⑤其他需要启动Ⅳ级响应的情况。

根据汛情和旱情发展,当发生或预计发生符合Ⅳ级应急响应条件的事件时,水旱灾害防御处提出启动Ⅳ级应急响应的建议,报分管副主任批准。遇紧急情况,由分管副主任决定。

2)响应行动

①分管副主任主持会商会,对水旱灾害防御工作作出部署,分管副总工程师参加会商,水旱灾害防御处、水文局(信息中心)等相关单位参加会商。

响应期内,根据汛情和旱情发展变化,受分管副主任委托,可由水旱灾害防御处主要负责人组织相关单位会商,并将情况报分管副主任。

②及时将启动Ⅳ级应急响应的情况通知流域相关省(自治区)水利厅,同时抄送水利部水旱灾害防御司,并要求相关省(自治区)做好相应的汛情旱情监测预报预警、水工程调度、山洪灾害防御、堤防巡查和抢险技术支撑等工作。

③根据需要,在12h内派出工作组或专家组赴一线协助指导地方开展水旱灾害防御工作。

④委有关单位(部门)各负其责做好应对工作。

水旱灾害防御处做好直调水库调度方案的拟定,提交会商会议决策,并监督调度命令的执行;每日及时掌握流域汛情、旱情、工情及4省(自治区)工作动态,每日向水利部水旱灾害防御司报送工作开展情况。

水文局(信息中心)加强值班值守,加强与流域气象中心联合会商和滚动预报,强化水情监测预报,按照规定发布洪水预警;每日至少提供1次气象预报和直调水库入库洪水预报;根据需要,提供流域重点地区水情预报。情况紧急时,需加密报送。

办公室适时报道流域汛情旱情和工作部署及成效,回应社会关切。

其他业务处室和事业单位做好技术支撑准备。

3)响应终止

视汛情变化,由水旱灾害防御处适时提出终止请示,报分管副主任同意后宣布终止。

(2)Ⅲ级响应

1)启动条件与程序

当松辽流域发生或预计发生符合下列条件之一的事件时,松辽水利委员会启动Ⅲ级应急响应:

①预测大江大河干流局部江段超警幅度较大或两个及以上水文站(水位站)可能发生超警洪水,且汛情有进一步发展趋势;

②预测丰满、白山或尼尔基水库可能出现中洪水或大洪水(5~50年一遇);

③重要一级支流或国境界河发生大洪水及以上洪水(超20年一遇)或发生超过保证水位洪水;

④主要江河干流堤防出现重大险情;

⑤重要一级支流堤防发生决口;

⑥大中型水库出现严重险情或小型水库发生垮坝;

⑦发生重大山洪灾害;

⑧其他需要启动Ⅲ级响应的情况。

根据汛情和旱情发展,当发生或预计发生符合Ⅲ级应急响应条件的事件时,水旱灾害防御处提出启动Ⅲ级应急响应的建议,报分管副主任批准。遇紧急情况,由分管副主任决定。

2）响应行动

①分管副主任主持会商会，对水旱灾害防御工作作出部署，委总工程师和分管副总工程师参加会商，水旱灾害防御处、水文局（信息中心）等相关单位参加会商。根据需要，组织有关省（自治区）水利厅、有关直调水库及国网东北分部以视频方式参加会商。

②及时将启动Ⅲ级应急响应的情况通知流域相关省（自治区）水利厅，同时抄送水利部水旱灾害防御司，并要求相关省（自治区）做好相应的汛情旱情监测预报预警、水工程调度、山洪灾害防御、堤防巡查和抢险技术支撑等工作。

③根据需要，在 10h 内派出工作组或专家组赴一线协助指导地方开展水旱灾害防御工作。

④分管副主任 24h 值班；全委处级以上干部不允许休假，保持手机 24h 畅通。委有关单位（部门）进入应急状态，各负其责做好应对工作。

水旱灾害防御处实行全员上岗值班，做好直调水库的调度方案的拟定，提交会商会议决策，并监督调度命令的执行；每日及时掌握流域汛情、旱情、工情及 4 省（自治区）工作动态，每日向水利部水旱灾害防御司报送工作开展情况。

水文局（信息中心）加强值班值守，加强与流域气象中心联合会商和滚动预报，强化水情监测预报，按照规定发布洪水预警；每日至少提供 1 次气象预报和直调水库入库洪水预报，以及重点地区水情预报。加密信息报送频次，每日至少报送 2 次重要测站雨水情信息，情况紧急时根据要求加密报送。

办公室适时报道流域汛情旱情和工作部署及成效，回应社会关切。

其他业务处室和事业单位做好技术支撑准备。

3）响应终止

视汛情和旱情变化，由水旱灾害防御处适时提出终止或降低应急响应级别的请示，报分管副主任同意后宣布终止或降低应急响应级别。

（3）Ⅱ级响应

1）启动条件与程序

当松辽流域发生或预计发生符合下列条件之一的事件时，松辽水利委员会启动Ⅱ级应急响应：

①预测大江大河可能发生接近或达到河道保证水位大洪水（20～50 年一遇）；

②预测丰满、白山或尼尔基水库可能发生特大洪水（超 50 年一遇）；

③大江大河一般河段或一级支流或国境界河堤防发生决口；

④一般大型和重点中型水库发生垮坝；

⑤发生特大山洪灾害；

⑥其他需要启动Ⅱ级响应的情况。

根据汛情和旱情发展，当发生或预计发生符合Ⅱ级应急响应条件的事件时，水旱灾害防御处提出启动Ⅱ级应急响应的建议,由分管副主任审核后,报委主任批准。遇紧急情况,由委主任决定。

2)响应行动

①委主任主持会商会,对水旱灾害防御工作作出部署,分管副主任、委总工程师和分管副总工程师参加会商,相关部门(单位)主要负责人参加会商。根据需要,组织有关省(自治区)水利厅、有关直调水库及国网东北分部以视频方式参加会商。

响应期内,根据汛情和旱情发展变化,受委主任委托,可由分管副主任主持会商,相关单位参加,并将情况报委主任。

②及时将启动Ⅱ级应急响应的情况通知流域相关省(自治区)水利厅,同时抄送水利部水旱灾害防御司,并要求相关省(自治区)做好相应的汛情旱情监测预报预警、水工程调度、山洪灾害防御、堤防巡查和抢险技术支撑等工作。

③根据需要,在8h内派出工作组或专家组赴一线协助指导地方开展水旱灾害防御工作。

④委主任24h值班;全委处级以上干部不允许休假,保持手机24h畅通。委有关单位(部门)进入应急状态,各负其责做好应对工作。

水旱灾害防御处实行全员上岗值班,做好直调水库的调度方案的拟定,提交会商会议决策,并监督调度命令的执行;每日及时掌握流域汛情、旱情、工情及4省(自治区)工作动态,每日向水利部水旱灾害防御司报送工作开展情况。同时,向有关省(自治区)发出通知部署工作、通报信息。

水文局(信息中心)加强值班值守,加强与流域气象中心联合会商和滚动预报,强化水情监测预报,按照规定发布洪水预警;每日至少提供2次气象预报和直调水库入库洪水预报,以及重点地区水情预报。加密信息报送频次,每日至少报送3次重要测站雨水情信息,情况紧急时根据要求加密报送。

办公室第一时间报道流域汛情旱情和工作部署及成效,回应社会关切。

其他业务处室和事业单位要安排专人与水旱灾害防御处对接,做好技术支撑准备。

3)响应终止

视汛情和旱情变化,由水旱灾害防御处适时提出终止或降低应急响应级别的请示,报委主任或分管副主任同意后宣布终止或降低应急响应级别。

(4)Ⅰ级响应

1)启动条件与程序

当松辽流域发生或预计发生符合下列条件之一的事件时,松辽水利委员会启动Ⅰ级应急响应:

①预测大江大河干流可能发生超过河道保证水位的大洪水或特大洪水;

②大江大河干流重要河段堤防发生决口;

③重点大型水库发生垮坝；

④ 其他需要启动Ⅰ级响应的情况。

根据汛情和旱情发展,当发生或预计发生符合Ⅰ级应急响应条件的事件时,水旱灾害防御处提出启动Ⅰ级应急响应的建议,由分管副主任审核后,报委主任批准。遇紧急情况,由委主任决定。

2)响应行动

①委主任主持会商会,对水旱灾害防御工作作出部署,所有委领导、委副总工程师、委各部门(单位)主要负责人参加会商。根据需要,组织有关省区水利厅、有关直调水库及国网东北分部以视频方式参加会商。

②及时将启动Ⅰ级应急响应的情况通知流域相关省(自治区)水利厅,同时抄送水利部水旱灾害防御司,并要求相关省(自治区)做好相应的汛情旱情监测预报预警、水工程调度、山洪灾害防御、堤防巡查和抢险技术支撑等工作。

③根据需要,在6h内派出工作组或专家组赴一线协助指导地方开展水旱灾害防御工作。

④委主任24h值班,全委进入应急状态,各负其责做好应对工作。

水旱灾害防御处实行全员上岗值班,做好直调水库和蓄滞洪区的调度运用方案的拟定,提交会商会议决策,并监督调度命令的执行;每日及时掌握流域汛情、旱情、工情及4省(自治区)工作动态,每日不少于2次向水利部水旱灾害防御司报送工作开展情况。同时,向有关省(自治区)发出通知部署工作、通报信息。

水文局(信息中心)加强值班值守,加强与流域气象中心联合会商和滚动预报,强化水情监测预报,按照规定发布洪水预警;每日至少提供2次气象预报、直调水库入库洪水预报或重点地区水情预报。加密信息报送频次,每日至少报送4次重要测站雨水情信息,情况紧急时根据要求加密报送。

办公室第一时间报道流域汛情旱情和工作部署及成效,回应社会关切。

其他部门(单位)要安排专人与水旱灾害防御处对接,做好技术支撑准备。

3)响应终止

视汛情和旱情变化,由水旱灾害防御处适时提出终止或降低应急响应级别的请示,报委主任或分管副主任同意后宣布终止或降低应急响应级别。

根据防汛应急方案的总体要求、启动条件、响应行动及调度指挥任务可知,嫩江流域从洪水发生到启动应急响应的总体流程为:水工程调度模拟→应急响应判别→信息报送处理→调度指挥决策→应急响应发布。

水工程调度模拟所需时长主要取决于技术人员对水工程调度各功能模块的操作运用。结合水工程调度功能的内部运行逻辑和模拟分析,影响水工程调度模拟时间的具体因子可分解为:洪水预报成果提取时间、水库及河道站实时水位流量状态提取时间、水库及河段的模型参数提取时间、水库调度模型计算时间、河道洪水演进计算时间、蓄滞洪区的分洪计算时间等。

本系统搭建的水工程调度体系主要包括水库站 1 座、河段 5 个、河道站 5 个、蓄滞洪区 3 个。水库调度模型为规则调度，河道演进模型为马斯京根法演算，蓄滞洪区为分洪运用模型。时段步长为 1h。

嫩江流域齐齐哈尔河段超标准洪水调度决策支持系统能够实现海量雨量、水情和工情的查询、计算和展示功能，极大地缩短了用户事务提交的响应时间，具有较高的敏捷性。多场次洪水预报调度应用的实践表明，系统可以在 5min 内生成齐齐哈尔以上流域的洪水预报及调度结果，单站洪水预报时长不超过 10s，对预报和调度成果的查询和展示基本可以做到即时响应，即响应时间小于 2s。通过本系统的应用，汛期雨水情报汛数据汇集完毕后，齐齐哈尔以上流域所有站点包含雨水情数据预处理、形势分析、预报调度计算、专家经验修正等在内的洪水预报全流程制作完成时间缩短至 1h 以内。

信息报送处理主要需将水情、雨情及预报调度成果等信息完成从省市到流域再到国家的层层上报，该过程一般不超过 0.5h。

调度指挥决策主要根据应急响应判别得出的启动等级，根据调度权限分级进行预报调度成果的对比分析、决策讨论和会商研判，并最终做出应急响应决定。该过程一般不超过 1h。

应急响应发布主要根据调度指挥决策达成的应急响应决定，正式启动应急响应程序，撰写正式的应急响应预警文案并对外发布，并部署对应响应级别的行动计划。该过程一般不超过 1h。

采用本系统辅助流域洪水应急响应工作，运用洪水预报成果开展水工程调度模拟计算，分析判别应急响应等级，报送防汛信息，开展会商研讨，制作发布应急响应预警文案，启动响应计划，最终实现应急响应任务的总体时间最长为 $1+0.5+1+1=3.5h$。采用本系统辅助完成洪涝灾害应急响应任务的总时间不超过 6h，满足洪涝灾害应急处置响应时间缩短到 6h 以内的要求。

2021 年 7 月 18 日 15 时 30 分，诺敏河一级支流坤密尔提河的新发水库及其上游永安水库相继发生溃坝，造成诺敏河发生 70 年一遇特大洪水。松辽水利委员会于 18 日 16 时紧急召开会商会议，决定尼尔基水库自 16 时 45 分关闭溢洪道闸门和发电机组，应急为诺敏河溃坝洪水错峰。18 日 16 时 45 分起，尼尔基水库总出库流量由 $1300m^3/s$ 减小至 $0m^3/s$，为诺敏河溃坝洪水错峰。

7.6.3 减灾效益分析

7.6.3.1 1998 年嫩江洪水

1998 年松花江大洪水使黑龙江省、吉林省的西部地区，内蒙古自治区的东部地区遭受了严重的洪涝灾害。受灾县、市 83 个，受灾人口 911.5 万人，被洪水围困 143.73 万人，紧急转移人口 254.78 万人,倒塌房屋 91.84 万间,死亡 46 人。农作物受灾面积 492.81 万 hm²,成灾面积 383.86 万 hm²,减产粮食 1149.54 万 t,损失粮食 272.1 万 t,死亡牲畜 137.56 万头(只),工业、交通、水利工程等损失也比较大,直接经济损失达 480 亿元,是新中国成立以来洪灾损失最重的年份。经调查,嫩江堤防大小决口共计 86 处,决口总长度 10.6km,其中齐齐哈尔—三岔河口段决口 64 处,决口长度 9.6km,累计决口水量 99.3 亿 m³。

针对该典型洪水,采用示范系统分析在现状工况和经济社会发展(2013 年)条件下的洪水风险,得出历史超标洪水重演造成的经济损失和社会影响,以及现状防御体系应对该洪水产生的防洪效益。

(1)洪水淹没分析

在现状工况下,若再遇 1998 年大洪水,胖头泡和月亮泡蓄滞洪区需要启用,嫩江干流下游和松花江干流堤防将受长时间高水位影响,泰来县、杜蒙县、肇源县、扎赉特旗、镇赉县等堤段堤防有漫堤风险,其保护区内人口需要转移,耕地可能被淹。

采用示范系统分析 1998 年嫩江洪水可能受淹区域,通过分析得出,1998 年洪水在现状工况下发生可能造成的淹没区域合计 4120.24km²,占松花江流域防洪区总面积的 3.54%。

(2)洪水影响分析

根据前述 1998 年松花江流域嫩江干流齐齐哈尔—三岔河口段洪水重演的淹没结果,在现状防御体系下,淹没总面积为 4120.24km²,将造成直接经济损失 77.6 亿元,占防洪区当年 GDP 的 0.74%。淹没区总人口 24.30 万人,占防洪区当年人口总数的 0.69%,见表 7.6-2。

表 7.6-2　　　　1998 年嫩江干流齐齐哈尔—三岔河口段洪水重演淹没影响及损失统计

洪水	防洪区面积(万 km²)	防洪区GDP(亿元)	防洪区人口(万人)	淹没面积		损失		淹没区人口	
				淹没面积(km²)	占防洪区面积比例(%)	损失值(亿元)	占防洪区GDP 比例(%)	人口(万人)	占防洪区人口比例(%)
1998 年洪水重演	11.64	10423.45	3510.12	4120.24	3.54	77.60	0.74	24.30	0.69

(3)防洪效益分析

根据调查,1998 年嫩江、松花江洪水当年共计造成淹没面积达 12470km²,涉及黑龙江、吉林和内蒙古 3 省(自治区)。其中,嫩江干流齐齐哈尔—三岔河口段淹没面积达 7405.09km²,涉及黑龙江和吉林两省。经计算,若基于 1998 年当年防御条件,1998 年松花江流域洪水将对当今经济(2013 年经济发展水平)造成约 146.13 亿元的损失,淹没区人口约 37.03 万人。

若再遇 1998 年洪水,历史工况与现状工情相比,松花江流域淹没面积将由

7405.09km² 减少到 4120.24km²，共计减少 3284.85km²，减少淹没面积比例达 44.36％；淹没区人口由 37.03 万人减少到 24.30 万人，共减少淹没人口 12.73 万人，减少淹没人口比例达 34.38％；经济损失由 146.13 亿元减少到 77.60 亿元，减轻损失比例 46.90％，也即遇 1998 年松花江流域大水现状防御体系（与当年防御体系比较）的防洪效益可达 68.53 亿元（表 7.6-3）。

表 7.6-3　嫩江干流齐齐哈尔—三岔河口段—现状防御体系下 1998 年洪水防洪效益计算表

指标	历史工况	现状工况	减少值及比例
淹没面积（km²）	7405.09	4120.24	3284.85（减少比例 44.36％）
淹没区人口（万人）	37.03	24.30	12.73（减少比例 34.38％）
经济损失（亿元）	146.13	77.60	68.53（减少比例 46.90％）

7.6.3.2　2013 年嫩江洪水

2013 年 8 月 12 日 14 时，尼尔基水库 6h 最大入库洪峰达 9440m³/s，为重现期超过 50 年一遇的特大洪水，经多方案优化比选，尼尔基水库启用了 216.00～218.15m 的防洪库容，控制下泄流量 5500m³/s，削减洪峰流量 3940m³/s，削减幅度达 41.7％，最高蓄水至 216.54m，拦蓄洪量 15.09 亿 m³，极大缓解了下游堤防的防洪压力。经统计，通过合理调度尼尔基水库，本次共减免农田受灾面积 5 万 hm²，减免受灾人口 77 万人，减免直接经济损失 11.25 亿元。

7.6.3.3　2021 年嫩江洪水

2021 年 7 月 18 日，受永安水库和新发水库溃坝影响，诺敏河发生 70 年一遇特大洪水。汉古尔河镇位于东诺敏河、西诺敏河和嫩江交汇处的冲积平原上，三面环水，主要防洪工程由东诺敏河、西诺敏河堤防及嫩江干流汉古尔堤防构成。诺敏河发生特大洪水时，汉古尔河镇是受洪水威胁最严重、防洪形势最严峻的地区。洪水期间诺敏河部分堤段出现漫堤险情，严重威胁全镇防洪安全，经及时调度，尼尔基水库持续 27h 零出流，为诺敏河洪水尽快下泄起到关键作用，减轻了防洪抢险压力，避免了全镇常住人口 9310 名群众转移，约 18 万亩耕地受灾。

7.7　小结

本章开展了基础资料收集与整理、嫩江流域防汛抗旱指挥系统现状调研等工作，构建了示范系统的专题数据库实例，完成嫩江齐齐哈尔河段示范系统的实例化搭建。

超标准洪水调度决策支持系统的示范应用场景主要选取了 1998 年 8 月和 2013 年 8 月洪水过程进行超标准洪水调度演练分析，选取 2021 年第 1 号与第 2 号两场洪水实时预报调度分析。

1998 年、2013 年、2021 年典型应用案例及 2019 年、2020 年洪水嫩江尼尔基断面及齐齐哈尔断面洪水预报结果表明:采用本系统开展嫩江齐齐哈尔断面实时洪水预报预警,其预见期达到了 72h,洪水总量与洪峰流量预报误差均低于 5%,预报精度较传统模型有所提高,预报预警制作时间总体上可在 1h 内完成。

采用本系统辅助流域超标准洪水应急响应工作,最终实现应急响应任务时间最长为 3.5h,满足洪涝灾害应急处置响应时间缩短到 6h 以内的要求。2021 年嫩江第 2 号洪水发生期间,嫩江支流诺敏河上两座水库先后发生溃决,在两座水库溃坝后 1.5h 内,松辽水利委员会即启动应急响应措施——关闭尼尔基水库闸门为下游错峰,应急处置响应时间远低于 6h。

1998 年典型洪水的反演淹没结果与实况淹没结果对比表明:历史工况与现状工情相比,嫩江流域淹没面积少 44.36%;淹没区人口减少 34.38%;经济损失减少 46.90%,即遇 1998 年嫩江流域大水,现状防御体系(与当年防御体系比较)的防洪效益可达 68.53 亿元,防洪减灾效益非常显著。2013 年 8 月尼尔基水库以上发生超 50 年一遇特大洪水,经过合理调度,共减少农田受灾面积 5 万 hm²,减免受灾人口 77 万人,减少直接经济损失 11.25 亿元。2021 年 7 月嫩江发生第 2 号洪水时,支流诺敏河上两座水库垮坝,经各类调度决策方案优选对比,采用尼尔基水库闭门错峰的方式进行调度,避免了诺敏河下游 9310 名群众转移、18 万亩耕地受灾。

综上,本系统能全面应对嫩江流域齐齐哈尔河段的超标准洪水调度决策,可对现有系统形成有效补充,大幅提升了嫩江流域的洪水调度决策水平和超标准洪水应对能力,为进一步夯实流域防洪非工程体系、高效支撑科学防汛奠定了重要基础。

第8章 总结与展望

8.1 研究总结

超标准洪水调度决策支持系统是对我国各流域现有防汛抗旱指挥系统建设成果的拓展和延伸,是为应对超标准洪水调度决策支持这一特殊应用场景和业务需求而打造的非工程措施体系。超标准洪水调度决策支持系统研发涉及数据库构建、面向服务开发、微服务治理、数据流管控、多专业异构模型封装集成、功能页面组件化动态渲染、业务模块组态化敏捷搭建,以及可视化交互响应等关键技术。本书分别对以上技术的核心原理、建设成果和运用过程进行了全面说明和系统性阐述。

第1章为绪论。首先,对超标准洪水的一般性特征及其危害,以及洪水调度决策支持的通用性技术进行了概要描述;其次,对当前洪水调度决策支持系统的国内外发展现状进行了分析阐述,总结了现有洪水调度决策支持系统普遍存在的薄弱环节及应用瓶颈;最后,结合新一代信息技术的发展趋势和超标准洪水的不确定性应对场景,提出了超标准洪水调度决策支持系统的开发需求,包括业务性需求、功能性需求和技术性需求等。

第2章为超标准洪涝灾害数据库。总结了《实时雨水情数据库表结构与标识符》《基础水文数据库表结构及标识符标准》《防洪工程数据库表结构及标识符》《历史大洪水数据库表结构及标识符》等现有数据库表结构的标准规范,同时对超标准洪水的数据特点、管理方式及调度决策支持需求等进行了深入分析,采用继承和发展的总体思想,求同存异,优化扩展,设计了全面适应超标准洪水调度管理的数据库表结构及标识符,并详细介绍了数据库实例化构建的过程及运行维护方法。

第3章为超标准洪水调度决策支持技术。全面阐述了系统支撑层面的主要环节、关键支撑技术及解决方案。首先,面向超标准洪水调度决策,从实现信息系统的关键技术角度,总体分析了关键问题及对应的技术需求;其次,从通用化支撑的角度,介绍了决策支持系统的主要架构;然后,结合超标准洪水决策业务,梳理了业务流程和支撑应用功能;最后,针对超标准洪水调度决策支持系统研发所依赖的数据库管理、异构专业模型封装、变化决策方案敏捷构建、数据流自诊断、计算流预处理、微服务化系统治理、可视化搭建等关键支撑技术,以及前端界面与后台服务开发的基础服务与配套技术,进行了系统介绍。综上,本章建立了一套能快速支撑超标准洪水不确定性计算需求的完整技术体系,为超标准洪水调度决策支持系统的组态搭建能力、高效扩展能力、便捷移植能力和动态适应能力奠定了核心基础,从技术层面解决了当前洪水(尤其超标准洪水)调度决策支持系统面临的功能构建、模块升级、范围扩展、模型集成、普适应用等关键难题,实现了主体系统功能从传统定制化开发模式到平台化、模块化按需自定义搭建的重大转变和技术跨越。

第4章为超标准洪水调度决策支持系统。详细介绍了超标准洪水调度决策的计算、分析、决策等业务流程,分析了业务人员和决策人员在不同业务环节中的工作流程,并在常规洪水调度防御的基础上,提出了遭遇超标准洪水时,调度决策支持系统应当提供的支撑方式。在此基础上,依托第3章的决策支持技术,详细说明了超标准洪水调度决策支持系统的建设方式、逻辑架构、开发架构、运行架构、物理架构、数据架构,以及洪水预报预警、水工程联合调度、洪水演进精细模拟、洪灾损失动态评估、洪水风险调控、防洪避险转移等具体功能。综上,本章针对超标准洪水调度决策的各个环节,系统阐述了超标准洪水调度决策支持系统的功能体系结构,以及各模块界面的实例化成果,从应用层面形成了对超标准洪水调度场景具有普遍适应性和充分有效性的一体化支撑,为在不同流域开展示范应用提供了一套通用化的系统载体。

第5章至第7章分别为超标准洪水调度决策支持系统在长江流域荆江河段、淮河沂沭泗流域、嫩江齐齐哈尔河段等地区的典型应用。以超标准洪水的专题数据库、决策支持技术和决策支持系统等各项研究成果为基础,详细介绍了各区域面向超标准洪水场景时,超标准洪水调度决策系统的搭建及应用全过程,包括基础数据处理、数据库实例构建、资料数据入库、水利对象建模配置、模型参数整理配置、决策业务流梳理配置、系统前后台服务发布、功能操作运行、实例计算分析等,充分体现了超标准洪水调度决策支持系统的搭建效率,以及系统建设成果的便捷性、通用性。最后,结合各示范区域的历史典型洪水预报调度关键指标模拟情况,围绕预报精度、预见期、预警时效、应急响应效率、减灾效益等多类指标,从效益层面对超标准洪水调度决策支持系统主体功能的示范应用成效进行了量化分析,验证了系统建设成果的实用性和准确性。

8.2 应用成效

研究开发的超标准洪水调度决策支持系统分别在长江流域荆江河段、淮河沂沭泗流域、嫩江齐齐哈尔河段开展了典型应用,主要应用成效如下:

长江流域荆江河段超标准洪水调度决策支持系统选取了2020年的5次实况编号洪水和1954年的典型洪水为应用场景。2020年各次编号洪水的实时预报结果表明,采用本系统开展实时洪水预报预警,以荆江河段的主要控制站三峡水库为参照典型,其预见期达到了72h,通过多模型灵活组合运用,预报精度较传统的单模型预报显著提高。在2020年第4、5号洪水期间整体预报趋势、量级均把握较好,8月11日提前4d确定洪峰流量将达到

60000m³/s量级,14日精准预报15日前后出现洪峰流量61000m³/s左右,实况为62000m³/s,相对误差仅1.6%;8月16日确定长江5号洪水洪峰流量在70000m³/s左右,18日预计20日早洪峰流量74000m³/s左右,实况为75000m³/s,相对误差仅1.3%;在预报预警制作时间方面,总体上可在90min内完成。1954年典型洪水的两次模拟调度演练表明,应对长江流域的洪涝灾害应急处置响应时间在5.3h内可全部完成,若仅荆江河段示范地区则可进一步缩短到3.4h;通过本系统调度模拟后与1954年实况相比,可减少中下游分洪溃口量约741亿m³,降幅达72.43%;可减少农田淹没约4350万亩,降幅达91.57%;可减少受灾人口约1652万人,降幅达87.5%;按分洪溃口量30%权重、淹没面积35%权重、受灾人口35%权重进行加权平均统计,综合减灾率可达84.4%。

淮河沂沭泗流域超标准洪水调度决策支持系统主要选取了2020年"8·14"洪水以及1957年、1974年的典型洪水模拟为应用场景。2020年沂沭河"8·14"洪水期间,通过系统应用,将气象预报成果与水文模型耦合,有效延长了洪水预见期至72h以上,提前3d预报了沂沭泗流域的降水过程以及将要发生一次大的洪水过程,并准确预报了临沂、重沟站的洪峰流量和峰现时间,其中沂河临沂站14日19时出现洪峰流量10824m³/s,实际洪峰为10900m³/s;沭河重沟14日19时出现洪峰流量6559m³/s,实际洪峰为6320m³/s。在遭遇1957年洪水情形下,按本系统进行调度,通过充分发挥水库群的拦蓄作用,增加分沂入沭水道分洪量,可避免启用邳苍分洪道和黄墩湖滞洪区,大幅降低沂沭泗流域的洪灾损失。其中,分沂入沭水道分洪量由3180m³/s提高至4000m³/s,使沂沭河洪水尽早尽快东调入海;沂沭河流域减少农田淹没约264万亩,降幅43.6%;邳苍分洪道不启用,有效保护区内11.2万亩耕地;黄墩湖滞洪区不启用,有效保护区内13.4万人和20.8万亩耕地,综合减灾率大于10%。1974年典型洪水按现有系统开展预报模拟,临沂和重沟站的预报洪峰流量较当年实际洪峰误差均低于10%,经系统开展水库、枢纽、河道联合调度后,分沂入沭水道分洪量增加,临沂站控制断面流量有效削减,邳苍分洪道无需启动分洪,避免了河道内11.2万亩耕地受灾。此外,多场次洪水预报调度应用实践表明,本系统可在5min内生成全流域的洪水预报及调度结果;全流域所有站点包含雨水情数据预处理、形势分析、预报调度计算、专家经验修正等在内的洪水预报全流程制作完成时间缩短至2h以内,平均时长1h左右。

嫩江齐齐哈尔河段超标准洪水调度决策支持系统主要选取了1998年典型洪水为应用场景。1998年8月的洪水过程实时预报表明,采用本系统开展齐齐哈尔断面实时洪水预报预警,其预见期达到了72h,洪水总量与洪峰流量预报误差均低于5%,预报精度较传统模型有所提高,预报预警制作时间总体上可在1h内完成;采用本系统辅助流域超标准洪水应急响应工作,最终实现应急响应任务时间最长仅为3.5h。1998年典型洪水的反演淹没结果与实况淹没结果对比表明,历史工况与现状工情相比,嫩江流域淹没面积少44.36%;淹没区人口减少34.38%;经济损失减少46.90%,即遇1998年嫩江流域大水现状防御体系时,与当年防御体系比较,防洪效益可达68.53亿元。

长江荆江河段、淮河沂沭泗流域和嫩江齐齐哈尔河段等3个典型区域的应用成效表明,本书研发的超标准洪水调度决策支持系统具有良好的普适性,预报准确,预警及时,响应高效,调控科学,防洪减灾效益显著。该系统既可应用于历史典型洪水的模拟演练,也可应用于实时洪水的预报调度场景,可全面支撑流域重要防洪工程体系的防汛调度决策,全面应对流域发生超标准洪水后的调度决策,可对各流域现有国家防汛抗旱指挥系统形成有效补充,大幅提升流域的洪水调度决策水平和超标准洪水应对能力,为进一步夯实防洪非工程体系、高效支撑科学防汛奠定了重要基础。

8.3 系统展望

超标准洪水调度决策支持系统的研究与开发过程,是充分结合不同专业人员的知识和经验,灵活运用计算机、数据库、信息通信、系统工程等手段,对超标准洪水的调度决策业务进行系统梳理、综合集成和全面赋能的过程。该系统以现有国家防汛抗旱指挥系统为基础,采用了先进的技术框架,进一步拓展了大规模多类型水工程的联合调度能力、不同功能模块的通用化封装与扩展移植能力、变化环境下不确定性计算需求的动态响应能力、基于调度评估反馈的风险调控能力,以及面向应急避险转移的决策辅助能力。系统建设完成并投入运行,就是前述赋能成果对超标准洪水调度决策业务工作的全面反哺,可大幅提升应对超标准洪水场景下各类不确定模拟计算响应及系统功能需求的配套支撑水平,具有广阔的应用前景和良好的推广价值。

然而,随着信息技术的飞速发展,水利行业的整体信息化程度会越来越深,洪水调度决策支持系统的建设手段将变得越来越丰富,洪水调度业务领域的新兴成果也会不断涌现,甚至会出现变革性、颠覆性理念,持续冲击传统的开发模式和现有的系统建设成果。因此,任何系统从研发之初,就不可避免会遇到不同程度的技术革新挑战,时刻面对深刻改变已成为当前系统建设领域的新常态。结合当前新一代信息技术和调度决策技术的前瞻性研究方向与总体发展趋势,超标准洪水调度决策支持系统在未来还可从以下几个方面进一步进行优化改进和应用提升。

(1)技术应用方面

探索基于5G技术的人、机、物互联网络,充分利用5G技术的高速率、低时延和大连接特点,以洪水调度决策业务为背景场底板,为决策人员提供增强现实、虚拟现实、超高清视频等更加身临其境的"沉浸式"作业体验;充分运用语言识别、图像识别、自然语言处理、视觉处理、机器学习和专家分析等人工智能技术,对洪水调度决策涉及的数据识别、作业意识、操作思维、决策生成等信息过程进行智能化模拟,使机器能够胜任一些通常需要人类智能才能完成的复杂工作,在决策过程中"智脑"越来越多的替代"人脑",让系统随着运行时间的持续积累变得越来越"聪明",从而不断提高系统的智慧化程度;深化运用云计算技术,通过网络云将巨大的数据计算处理程序分解成无数个小程序,然后通过多部服务器组成的系统进行处理和分析,这些小程序以微服务方式得到结果并返回给用户,从而大幅提升调度决策相关的模型计算性能；探索基于分布式单元的边缘计算技术应用，将具有分布式业务特征的计算单元在数据源头侧就近发起计算服务，在边缘侧完成计算，从而产生更快的网络服务响应，进一步提升洪水调度决策在实时预报、预警发布、智能分析、风险调控等方面的响应效率；推进数字孪生技术与洪水调度决策业务的融合进程，让数据孪生与业务孪生为洪水调度过程和决策行为赋予更加丰富、更加精准的行为内涵。

（2）建设模式方面

目前，整个水利行业各流域管理机构、各省（自治区、直辖市）水利厅（局）的业务应用系统基本都是采用独立建设、分散部署模式，如国家防汛抗旱指挥系统、国家水资源监控能力建设项目相关系统等。这种建设模式有利于各单位独立建设管控，也有利于根据自身需求进行各类定制化开发和维护。但由此也带来了软硬件资源利用程度相对较低、集约化水平和复用率不足、系统运行管理代价较大等问题。随着网络高度发达，未来，基于云服务、移动互联的系统建设模式将逐渐成为主流。因此，可尝试一次性建立超标准洪水调度决策云服务中心，支持开展全国所有流域（区域）的超标准洪水调度决策，并同时提供移动端和 PC 端。不同业务人员通过身份授权操作对应管辖范围内的应用功能模块，当发生跨范围洪水需开展协同调度决策时，则可根据洪水的实际发生范围申请跨权限操作功能。在操作终端方面，业务人员既可以通过办公电脑访问系统功能，也可以直接在移动手机 APP 端发起计算服务请求和计算结果查询，不同终端发起的后台数据服务和计算服务请求都由统一部署的云服务中心完成响应，确保数据、模型和计算全部同源。因此，系统建设模式的统一化、云服化转变，将极大提高超标准洪水调度决策支持系统的使用效率，并降低建设成本，且各类用户的系统访问也变得更为灵活便捷，只要有网络的地方，都可以随时随地开展业务。

（3）运行管理方面

超标准洪水调度决策支持系统的自身功能建设只是基础，还应进一步制定配套的系统运行管理制度，着力培养一批高水平的应用人才队伍，才能充分发挥系统的建设成效。一直以来，水利行业信息化系统重建轻管现象普遍存在。必须牢固树立依托系统平台开展决策支持业务的在线作业意识，并通过制度约束工作方式，建立一套规范化的业务流程及功能应用体系，让系统在线运行逐步取代传统的线下人工操作，才能真正意义上激活超标准洪水调度决策支持系统的生命力，提升超标准洪水调度决策的工作效率和准确性。同时，培养一批高水平业务骨干，让更多、更专业的人员参与到系统应用中来，才能让系统的生命力变得越来越强，从而不断提升我国超标准洪水的调度决策水平和综合应对能力。

参考文献

[1] 胡四一,宋德敦,吴永祥,等. 长江防洪决策支持系统总体设计[J]. 水科学进展, 1996,7(4):283-294.

[2] 敬明星. 吉林市防汛决策支持系统研究[D]. 大连:大连理工大学,2013.

[3] 张贵筱. 面向主题的防汛决策支持模式研究及其应用[D]. 西安:西安理工大学,2010.

[4] 王建. 防汛会商决策支持系统研究与实现[D]. 哈尔滨:哈尔滨工程大学,2005.

[5] 翁文斌,杨士荣,姚昆中. 防洪决策支持系统的建立与应用[J]. 山西水利科技,1994 (3):23-29.

[6] 李伟. 复杂防洪系统调度决策支持系统研究与应用[D]. 南京:河海大学,2004.

[7] 白小勇. 流域防洪调度决策支持系统建设研究[D]. 成都:四川大学,2005.

[8] 何斌. 省级防汛会商决策支持系统集成化方法及应用研究[D]. 大连:大连理工大学,2006.

[9] 张行南,罗健,陈雷,等. 中国洪水灾害危险程度区划[J]. 水利学报,2000,31(3):1-7.

[10] 喻杉,罗斌,张恒飞. 长江流域防洪调度决策支持系统设计初探[J]. 人民长江,2015,46(21):5-7.

[11] 王洪昌. 我国防汛应急指挥系统建设现状与发展思考[J]. 测绘与空间地理信息,2019,42(11):114-117.

[12] 王本德,周惠成,卢迪,等. 我国水库(群)调度理论方法研究应用现状与展望[J]. 水利学报,2016,47(3):337-344.

[13] 黄草,王忠静,鲁军,等. 长江上游水库群多目标优化调度模型及应用研究Ⅱ:水库群调度规则及蓄放次序[J]. 水利学报,2014,45(10):1175-1183.

[14] 王丽萍,黄海涛,张验科,等. 水库多目标调度风险决策技术研究[J]. 水力发电,2014,40(3):63-66.

[15] 刘心愿,朱勇辉,郭小虎,等. 水库多目标优化调度技术比较研究[J]. 长江科学院院报,2015,32(7):9-14.

[16] 张睿,张利升,王学敏,等. 金沙江下游梯级水库群多目标兴利调度模型及应用[J]. 四

川大学学报(工程科学版),2016,48(4):32-37.

[17] 黄刘芳,何丽琼,刘东,等.可定制化的工程移民信息采集系统开发及应用[J].人民长江,2017,48(16):98-102.

[18] 陈广才.长江干支流水库群综合调度的多利益主体协调框架探讨[J].长江科学院院报,2011,28(12):64-67.

[19] 王岩松,付洪涛,杨丹.国家水资源监控能力建设中数据集成方式探讨——以辽宁省为例[J].人民长江,2016,47(12):108-112.

[20] 唐海华,罗斌,周超,等.水库群联合调度多模型集成总体技术架构[J].人民长江,2018(13):95-98.

[21] 朱跃龙.水利信息化与云计算[J].水利水电技术,2013,44(1):7-11.

[22] 曾焱,王爱莉,黄藏青.全国水利信息化发展"十三五"规划关键问题的研究与思考[J].水利信息化,2015(1):14-19.

[23] 李建勋,解建仓,李维乾,等.面向水利业务构建的应用支撑信息服务中心[J].长江科学院院报,2013,30(1):71-75.

[24] 解建仓,柴立,高阳,等.平台支撑下面向主题服务的业务化应用模式[J].水利信息化,2015(6):18-24.

[25] 解建仓,罗军刚.水利信息化综合集成服务平台及应用模式[J].水利信息化,2010(4):18-22.

[26] 张世勇.软件体系结构风格——从 C/S 到 B/S[J].电脑知识与技术,2006(2):59-61.

[27] 郑守仁,仲志余,邹强,等.长江流域洪水资源利用研究[M].武汉:长江出版社,2015.

[28] 长江水利委员会.长江流域综合利用规划报告[R].武汉:长江水利委员会,1990.

[29] 长江水利委员会.长江防御洪水方案[R].武汉:长江水利委员会,2015.

[30] 长江水利委员会.长江治理开发保护 60 年[M].武汉:长江出版社,2010.

[31] 刘丹雅.三峡及长江上游水库群水资源综合利用调度研究[J].人民长江,2010,41(5):5-9.

[32] 胡维忠,刘小东.上游控制性水库群运用后长江防洪形势与对策[J].人民长江,2013,44(23):7-10.

[33] 黄建和.长江流域综合规划焦点关注[M].武汉:长江出版社,2018.

[34] 徐照明,等.缚龙捉鳖:长江防洪减灾 70 年[M].武汉:长江出版社,2019.